양봉 바이블

벌과 꿀에 대한 모든 것

양봉 바이블

벌과 꿀에 대한 모든 것

양봉의 역사부터 꿀벌의 생태, 꿀로 만드는 식음료 레시피까지

Published by THOMAS VARTY, 31, Strand, London.

THE BEE.

들어가며

역사를 통해 우리는 인간과 꿀벌이 오랜 세월 지속적인 관계를 맺어 왔음을 알 수 있다. 꿀과 밀랍, 미드(꿀로 만드는 술)는 전 세계 산업의 일부가 되었지만, 21세기에 들어서면서 꿀벌의 수는 무서운 속도로 감소하고 있다. 이는 2006년 후반부터 나타나기 시작했는데, 지금까지도 그 원인을 밝히지 못한 '벌집군집붕괴현상(Colony Collapse Disorder)'이라는 불가사의한 질병 때문이다. 꿀벌들을 죽음으로 내모는 이 현상은 전 세계적으로 점점 더 확대되고 있다. 우리는 꿀벌이 얼마나 쉽게 죽는지 그리고 식물의 수분 작용을 돕는 꿀벌의 활동이 세계 농업 경제에 얼마나 지대한 영향을 끼치는지를 심각한 문제가 발생한 후에서야 깨달았고, 꿀벌의 중요성은 재조명되기 시작했다. 21세기에 꿀벌의 멸종을 지켜보고 싶지 않다면 우리는 지금부터라도 꿀벌에 관해 깊이 고민해 보아야 한다.

이 책은 독자들에게 유용한 정보를 최대한 많이 전달하고자 한 노력의 산물로, 꿀벌의 역사와 진화, 생물학적 정보부터 양봉과 꿀 생산에 관한 정보까지 담았다. 꿀벌과 벌집 그리고 이와 관련된 여러 가지 제품에 관한 정보는 물론, 독자 여러분이 직접 만들어 볼 수 있는 여러 레시피도 함께 수록했다. 이미 양봉업에 종사하고 있는 사람들에게 유용한 정보를 제공하고, 처음으로 벌집을 가지게 된 초보 양봉가나, 꿀벌이라는 매력 넘치는 곤충에 관심이 있는 모든 독자에게 흥미로운 정보를 제공하는 것이 이 책의 목표이다.

목차

PART 4 꿀과 꿀벌 관련 제품

PART 5 요리법과 공예품

J. Stewart Del.

HONEY BEE 1.Worker. 2.Male. 3.Queen. 4.5.COMMON HUMB
9 DONOVAN'S HUMBLE BEE. 10.HARRIS' HUMBLE BE

J. Bishop Sc

LAPIDARY BEE. 6. Male. 7. Female. 8. MOSS or CARDER BEE.
SE HUMBLE BEES. 11. Apathus Vestalis. 12. Apathus Rupestris.

PART 1

꿀벌과 양봉의 역사

신화 속 꿀벌의 모습과 상징성

꿀 채집과 초창기의 양봉

양봉의 과학적 이점

전 세계로 퍼진 유럽의 꿀벌

신화 속 꿀벌의 모습과 상징성

꿀벌, 그리고 그들이 마법처럼 만들어내는 꿀은 역사적으로 다양한 신화와 철학에 자주 등장하는 소재였다. 예로부터 꿀의 풍미 가득한 달콤함은 설득력이 뛰어난 유창한 화술('꿀 발린 말')에 빗대어 사용되었고, 우리의 사회성과 행동 양식 또한 오래전부터 꿀벌과 비교되었다. 사람들은 심심찮게 지배적인 성향의 여성을 '여왕벌'에 빗대거나 바쁘게 일하는 사람을 '일벌'로, 북새통을 '벌집'으로 표현한다. 이러한 상징적 표현의 뿌리는 고대 문화에서부터 발견된다.

신화 속 꿀벌

꿀벌과 인간의 관계는 수천 년 전, 인류의 역사가 시작되었을 무렵까지 거슬러 올라간다. 남아프리카 칼라하리 사막에서 명맥을 이어가고 있는 샌(San, 부시먼)족의 조상이 남긴 선사시대의 암각화에서 무수히 많은 꿀벌과 벌집의 형상을 찾아볼 수 있다. 이는 석기시대부터 꿀벌을 특별하고 중요한 존재로 인식했다는 의미로 해석된다. 실제로 샌족의 창조신화에는 꿀벌이 등장한다. 꿀벌이 사마귀를 강 건너로 옮겨주던 도중에 기력이 다해서 강물에 떠다니는 꽃잎 위에 사마귀를 내려주며 죽음을 맞이하게 된다. 꿀벌이 죽기 전에 사마귀의 몸에 씨앗을 심어두었고, 그 씨앗이 훗날 최초의 인간이 된다는 이야기이다.

석기시대부터 최초의 양봉가가 탄생한 고대 이집트까지, 각 시대에 관해 우리가 알 수 있는 정보는 고고학적 발견에 따라 차이가 있지만 고대 문명의 신화에서 오랜 세월 인류가 꿀벌을 신성시한 이유와 그것이 가지는 의미에 대해서는 알 수 있다. 꿀벌이 이승과 저승을 잇는 가교 구실을 하는 신성한 곤충으로 등장하는 신화도 있다. 그래서인지 꿀벌의 형상이 새겨진 무덤들이 있는가 하면, 벌집의 모양을 본떠 만든 무덤들도 있다. 이런 특징은 특히 그리스 미케네 문명에 만들어진 무덤에서 자주 발견된다.

꿀벌은 생명력을 상징하고 영혼을 표현하는 존재로 여겨지기도 했다. 그래서 고대 그리스인들은 딸의 영혼을 지옥에 빼앗긴 대지의 여신 데메테르를 꿀벌로 표현했고, 시베리아, 중앙아시아, 남아메리카에서는 전통적으로 육신을 떠나는 영혼을 꿀벌로 여기는 문화가 있었다.

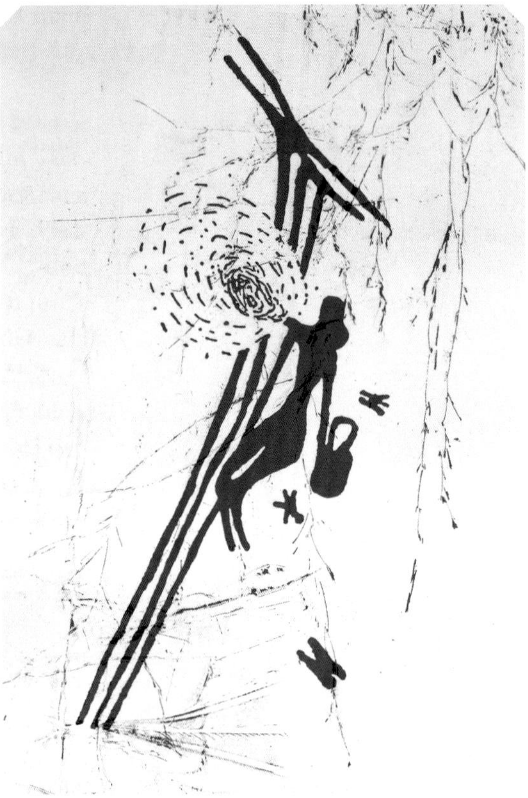

스페인 동부에 있는 선사시대 암각화 유적인 쿠에바 데 라 아라냐(Cueva de la Araña). 암각화에 등장하는 야생꿀벌의 벌집을 채집하는 모습에서 꿀을 얻으려는 인류의 노력이 아주 오래전에 시작되었음을 알 수 있다.

꿀벌을 신격화한 사례

북유럽

로마와 게르만족의 여신인 나노스벨타(Nanosvelta)는 꼭대기에 벌집을 올려놓은 지팡이를 들고 있다.

동유럽의 폴란드인과 리브인, 실레시아인들에게는 바빌로스(Babilos)라는 꿀벌의 신과 오스테이아(Austeia)라는 꿀벌의 여신이 있었다.

러시아에서는 벌집을 보호하기 위해 양봉법을 발견했다고 알려진 꿀벌의 신 조심(Zosim)의 모습을 벌집에 그린다.

러시아 토착 민족 모르드바족은 대지모신의 첫째 아들을 벌집의 신으로 여겼다.

인도(힌두교)

인도에서 사랑의 신으로 불리는 카마(Kama)는 그리스 신화의 에로스(Eros)처럼 꿀벌과 함께 묘사되는 경우가 많다. 이는 사랑의 달콤함을 상징한다.

비슈누(Vishnu)와 크리슈나(Krishna), 인드라(Indra)는 모두 '마드하바(Madhava)' 혹은 '넥타르 본 원즈(Nectar-born Ones, 꿀에서 탄생한 자 – 옮긴이)'라 불리는데, 비슈누는 생명과 부활의 상징인 연꽃 위에 푸른 꿀벌이 그려진 문양을 사용했고, 크리슈나의 그림들은 이마에 푸른 꿀벌이 앉아 있는 것이 많다.

또한, 비슈누는 일출과 절정, 일몰을 망라하면서 우주를 단 세 걸음으로 가로지른다고 한다. 죽음 이후의 삶과 관련된 가장 높은 걸음에는 미드(mead, 꿀술) 샘이 있는데, 발효된 꿀과 물로 만든 술이 솟는다고 한다.

파괴의 신으로 알려진 시바(Siva)는 삼각형의 꼭짓점에 올라앉은 꿀벌로 표현되는데, 이는 '마데리(Madheri, 온화한 상태)'라고도 알려져 있다.

아프리카

이집트에서는 꿀벌을 태양의 신이자 삶과 부활을 주는 라(Ra)의 눈물로 여겼다.

칼라하리 사막의 부시먼족은 꿀벌을 초자연적인 힘을 갖게 해주는 존재로 여겼다.

고대 마야

메소아메리카에서 번성한 고대 마야인들은 침이 없는 토종 꿀벌을 길렀고(31쪽 참조), 13월력을 사용했던 이들은 5월에 꿀과 발체(balché, 꿀술의 일종)를 마시는 것으로 꿀벌의 신 아무칸 캅(Ah Mucan Cab)을 기렸다. 또한, 심하게 태운 음식을 제물로 바치며 꽃이 풍성하게 피어서 벌들이 더 많은 꿀을 만들 수 있기를 기원했다.

서아시아에서는 마(Ma), 아나이티스(Anaitis), 레아(Rhea), 키벨레(Cybele), 이스타(Istar), 아타르가티스(Atergatis), 아르테미스(Artemis), 디아나(Diana) 등 다양하게 알려진 어머니 신을 숭배했다. 이러한 숭배가 절정에 이르렀을 때 지어진 건축물이 바로 고대 7대 불가사의 중 하나인 에페수스(Ephesus, 지금의 튀르키예, 15쪽 참조)의 아르테미스 신전이다. 현재 신전에는 로마식으로 복원한 아르테미스 목조상이 두 점 있는데, 본래 기원전 8세기에 축조되었으며 꿀벌들을 양각으로 새겨 장식했다. 아르테미스의 사제들은 왕꿀벌, 즉 에세네(Essenes)라 불렸으며 그리스 신화에 등장하는 꿀벌의 요정인 멜리사(Mellissae)에 비유되기도 했다(23쪽 참조). 이 꿀벌의 요정들은 아르테미스의 쌍둥이 남매인 아폴론(Apollo)에게 예언의 선물을 주었다. 델포이(Delphi)에 있는 아폴론의 신전은 매우 중요한 고대 그리스의 역사적 장소로, 아폴론의 신탁을 전하는 사제들은 '델포이 꿀벌(Delphic Bee)'이라 불렸다.

꿀벌의 신화는 힌두교에서도 나타나며 꿀벌의 우수함을 나타내는 특징들은 현대 종교에서도 계속 찾아볼 수 있다(16, 18쪽 참조).

신화 속 꿀벌의 기원

많은 고대 문화에서 꿀벌의 기원을 매우 매력적으로 다루고 있다. 그리스 신화를 살펴보자. 아폴론의 아들인 아리스타이오스(Aristaeus)는 대지모신 가이아(Gaia)의 요정들에게 꿀벌을 다루는 법을 배웠다. 그래서 아리스타이오스를 최초의 양봉가로 보는 시각이 많다. 신화에 따르면, 아리스타이오스는 오르페우스(Orpheus)의 아내 에우리디케(Eurydice)에게 반하게 된다. 그리고 에우리디케는 그런 아리스타이오스를 피해 달아나다가 그만 독사에게 물려 죽는다. 아리스타이오스는 그녀를 물어 죽인 뱀을 짓밟았으나 에우리디케의 요정들은 아리스타이오스를 용서하지 않고 그의 소중한 꿀벌들을 죽여 버린다. 아리스타이오스는 요정의 분노를 달래고 꿀벌들을 되살리기 위해 황소 4마리와 송아지 4마리를 죽여, 사체를 나무가 우거진 숲에 9일 동안 둬야 했다. 9일 뒤에 다시 돌아가 보니 소들의 사체 주위에 기적처럼 꿀벌들이 몰려있었고 다시 벌집을 만들 수 있게 된 아리스타이오스는 훗날 양봉에 관한 지식을 인류에게 전수해 줄 수 있었다고 한다.

이처럼 꿀벌이 죽은 동물의 사체에서 생겨났다는 믿음은 수 세기 동안 지속되었다(53쪽 참조).

꿀벌의 상징성

꿀벌과 벌집 공동체 모형의 우수함은 예로부터 영감의 원천이 되어 왔다. '꿀'이라는 단어처럼 우리가 말하고 쓰는 꿀벌과 관련된 단어들은 설득력과 호소력을 높이는 효과가 있다(20, 24쪽 참조). 꿀벌을 뜻하는 히브리어 'dbure'의 어원은 'dbr'인데, 이는 영어로 '말하다(speech)'라는 뜻이다. 성서에 등장하는 '데보라(Deborah, 이스라엘의 여자 예언자 - 옮긴이)'도 여기서 유래했다. 플라톤(Plato)이 갓난아기일 때 꿀벌 몇 마리가 플라톤의 입술에 내려앉아 그의 빛나는 미래를 노래했다는 일화가 전설처럼 전해진다. 특유의 부지런함으로 '아티카의 꿀벌(Attic Bee)'이라 불린 소포클레스(Sophocles)와 양봉가의 수호성인으로 추앙받는 베르길리우스(Virgil)와 성 암브로시우스(St Ambrose)의 이야기도 마찬가지다. 인도에서는 꿀벌을 '지식의 꽃가루'에 도취한 영혼에 비유한다.

인간 사회의 모델

꿀벌 공동체에서 일어나는 일들은 그 시대의 저술가와 철학자를 매료시켰다. 꿀벌 공동체는 이들이 생각하는 인간 사회의 모델이자 좋은 사례였다. 『동물지(Historia Animalium)』라는 책을 쓴 아리스토텔레스(50쪽 참조)는 물론, 꿀벌을 가까이서 관찰했던 고대의 수많은 저술가는 꿀벌과 인간 사회의 유사점을 찾아냈다. 꿀벌 공동체에는 감탄할 만한 점이 많았고, 그중 첫 번째는 질서정연함과 근면함, 협동심이었다. 베르길리우스(기원전 70~19)는 꿀벌이 후대 저술가들이 말하는 '모든 것은 국가에 귀속되며, 국가가 모든 것을 제공한다.'라는 연방제의 개념을 갖고 있음을 발견했다. 그는 저서 『게오르기카(Georgics, 농경시)』에서(33~34쪽 참조) 벌집을 바쁜 가게로, 꿀벌들을 서로 거래하는 시민으로 묘사하면서 상업의 모델로 삼았다.

꿀벌이 꿀을 빠는 곳에서 나도 빤다.
앵초꽃 속에 나는 눕는다. — 셰익스피어,
「템페스트(The Tempest)」 5막 1장

이처럼 모범 시민의 표상인 꿀벌은 가장 뛰어난 양봉가의 손길만을 누릴 자격이 충분하다. 고대 로마의 저술가 바로(Varro)는 꿀벌들이 일하지 않는 수벌을 죽여 버리는 사례를 근거로 들어 '꿀벌이 게으름을 몹시 싫어한다'라고 주장했다(33쪽 참조). 콜루멜라(Columella, 4~70, 로마 제국의 작가 - 옮긴이)는 저서 『농업론(De Re Rustica)』의 한 장을 통째로 할애하여 꿀벌의 생태를 다루면서, 꿀벌이 소위 '부정행위'에 대해 완벽한 정직함으로 대처한다고 주장했다(26쪽 참조). 꿀벌 사회는 훨씬 이후에 활동한 작가들의 작품에서도 나타난다. 윌리엄 셰익스피어(William Shakespeare)는 희곡 「헨리 5세(Henry V)」(1막 2장 187~204행 참조)에서 전쟁 당시 영연방의 모습을 꿀벌 이야기로 표현했다(베르길리우스가 『게오르기카』 4장에서 표현한 것처럼). 네로 황제의 스승이었던 세네카(Seneca, 로마 제국의 철학자이자 비극작가 - 옮긴이)는 네로 황제에게 『관용론(De Clementia)』이라는 책을 바쳤다. 그는 이 책에서 처음으로 꿀벌 사회의 모습을 들어 어린 왕자를 가르쳤다. 토마스 엘리어트 경(Thomas Elyot) 역시 꿀벌 사회를 통해 소년 왕 에드워드 6세를 가르쳤다. 양봉 전문가였던 레프 톨스토이(Leo Tolstoy)도 『전쟁과 평화(War and Peace, 1869)』에서 나폴레옹에게 점령 당해 텅 빈 도시가 된 모스크바의 모습을 '여왕 없는 벌집'으로 묘사하면서 전쟁을 표현하는 데 꿀벌을 이용했다.

꿀벌은 완벽한 사회를 보여주는 대표적인 곤충으로 여겨지기도 했다. 이들은 여왕에게 충성하고 공동의 부를 위해 모두 함께 쉴 새 없이 일한다.

> 여왕벌이 없는 벌집은 이미 생명을 잃은 것이다. 하지만 겉으로 보면 그것은 다른 벌집과 마찬가지로 살아있는 것처럼 느껴진다. (…) 양봉가가 병든 벌집 벽을 두드리면 수만 마리 꿀벌이 일제히 반응하여 윙윙거리는 소리가 나는 대신에 (…) 텅 빈 벌집 여기저기서 제각각 둔한 날갯소리가 울릴 뿐이다. 벌집 입구에서부터 퍼지던 알코올 냄새가 섞인 꿀과 독소의 향기는 온데간데없고, 가득했던 생명의 온기도 사라졌으며, 공허한 부패의 냄새만이 꿀 냄새에 섞여 날 뿐이다.

다산의 여신상.
꿀벌을 본뜬 장식이 많다.

이솝 우화 '꿀벌과 주인'에서, 어떤 도둑이 꿀벌 한 무리의 벌집을 훔쳤는데, 꿀벌들은 집을 도둑맞은 것을 양봉가의 탓으로 돌리며 공격하고 침을 쏜다. 이 이야기는 경계하고 대항해야 할 적은 그대로 둔 채, 오히려 친구가 자신을 해칠 음모를 꾸민다고 믿어 친구를 적으로 만드는 어리석은 이들에게 하는 경고다.

정치 경제적 모델

1819년, 의회 개혁을 요구하는 시위대가 무장한 기병대에 의해 강제로 해산된 '피털루의 학살(Peterloo Massacre)'이 일어났던 그해에 발표된 퍼시 비시 셸리(Percy Bysshe Shelley)의 「영국의 사람들(A Song: Men of England)」이라는 작품은 자본주의 사회를 기생하는 계급(수벌)과 노동하는 계급(일벌)으로 나누어 두 계급이 서로 적대시하는 당시의 정치 상황을 묘사했다. 영국 노동자들은 자신들의 정치적 지도자와 압제자들에 맞서 들고 일어났다. 경제적 착취로부터 자유로워져야 한다는 것이 그들의 주장이었다.

어떤 이들은 벌집을 꿀벌 하나하나의 개성을 흡수하여 집단의 이익을 만들어내는 민주주의의 모델로 여기기도 하지만, 군주제와 전제 정치의 상징이자 독재 정권의 상징으로 여긴 사람도 있었다. 벌집 속 사회제도의 효율성은 여왕벌의 절대적 통치에 달려있었다.

벌집은 경제 원리의 모델이 되기도 했다. 1714년 네덜란드 출신의 철학자 버나드 맨더빌(Bernard Mandeville, 1670~1733)이 펴낸 『꿀벌의 우화: 개인의 악덕, 사회의 이익(The Fable of the Bees: or, Private Vices, Publick Benefits)』이라는 책에는 「투덜대는 벌집: 정직해진 악당들(The Grumbling Hive: or, Knaves turn'd Honest)」이라는 풍자시가 포함되어 있었다. 18세기 영국의 정치 상황을 풍자한 이 시에 등장하는 벌들은 부패했으며 사리사욕을 좇았지만 매우 번성했다. 그러나 벌들이 정직해지고 덕을 행하기로 마음먹으면서 성장세가 급격히 꺾이고 결국 벌집까지 잃게 된다. 맨더빌은 이를 통해 '공익'을 창출하기 위해서는 반드시 '사익'이 필요하다고 주장했다. 이 책은 출간 당시에는 거센 비난과 공격을 받았지만, 그 주장은 매우 영향력이 있어서 애덤 스미스(Adam Smith)와 카를 마르크스(Karl Marx)가 등장하기 전 아직 움트지 못했던 자본주의 이론의 발전에 마중물이 되었다.

벌은 그리스도의 상징으로 여겨진다.
한 손에는 온화함과 자비로움(꿀)을,
다른 손에는 정의(침)를 지니고 있다.

한 무리 벌떼가 어린 암브로시우스의 얼굴에 내려앉아 혀에 꿀을 떨어뜨리고 갔다고 한다. 암브로시우스가 설교를 잘하게 된 계기가 바로 꿀 묻은 혀 덕분이라고 전해진다.

12세기 『애버딘 우화집(Aberdeen bestiary)』에 수록된 세 개의 벌집으로 날아 들어가는 벌떼 그림.

그리스도교에서 벌의 상징성

4세기 이탈리아 밀라노의 주교 성 암브로시우스는 교단이 생긴 초창기에 성직자를 교육하고 지도하기 위해 수많은 종교 교재를 펴냈다. 그는 꿀벌의 순수하고 순결한 근면성을 수도자가 지녀야 할 덕목으로 여겼다. 성 아우구스티누스(St Augustus)의 『고백록(Confessions)』을 보면 '암브로시우스는 고난으로 순결을 지켰다'라는 문구가 나온다. 암브로시우스는 베르길리우스를 비롯한 고대 학자들의 연구를 통해 일벌에게는 생식 기능이 없어 교배 행위를 하지 않더라도 사는 데 아무런 지장이 없다는 사실을 알고는 성직자들에게 일벌의 순결하고 근면한 삶을 모범으로 삼아 본받기를 권했다.

근검절약의 상징

집단을 위해 이타적으로 열심히 일하는 꿀벌의

문장(紋章) 속 벌의 모습

벌은 문장에서 가장 자주 쓰이는 곤충이다. 벌집 역시 자주 등장한다. 벌은 이집트 왕족들을 나타내는 신성한 표상으로 사용되면서 지혜의 상징으로도 여겨지기 시작했다. 따라서 메로빙거(Merovingian) 왕조에게는 벌이 가장 신성한 생명체였다. 메로베우스(Meroveus, 메로빙거 왕조의 시조 – 옮긴이)의 아들 킬데리크 1세(Childeric Ⅰ)의 무덤이 1653년에 발굴되었는데, 그때 발견된 망토에는 황금 벌 300마리가 수놓여 있었다. 영국의 스튜어트 왕가는 스스로 메로빙거의 후손이라 주장했으며 유럽 각지로 망명한 스튜어트 왕족들은 메로빙거의 꿀벌 문장을 사용했다. 1804년, 자신이 찰스 2세(Charles Ⅱ, 스튜어트 왕가의 마지막 왕 – 옮긴이)의 혈통임을 주장한 나폴레옹(Napoleon) 황제도 자신의 대관식 예복에 벌을 수놓았다. 나폴레옹이 자신의 휘장으로 벌을 달자 군대에서도 벌을 중요하게 여기게 되었다. 프랑스 제국의 문장을 살펴보면 망토와 배경에 꿀벌 문양이 새겨져 있다.

특성 덕분에 여러 집단에서 꿀벌과 벌집을 상징물로 사용해왔다. 창설 이념으로 근검절약과 질서와 안정을 내세웠던 프리메이슨(Freemason)이라는 단체는 벌집을 상징으로 삼아 공식 문서와 도면에 그려 넣기도 했다.

19세기 영국 랭커셔주 로치데일에서는 협동조합이 최초로 설립되었는데, 이들은 짚단(수확한 밀짚의 줄기를 묶어서 세워둔 모양)과 벌집을 공식 문양으로 사용했다. 밀 한 줄기는 홀로 서지 못하지만 묶으면 곧게 설 수 있고, 벌 한 마리는 홀로 생존할 수 없지만 다른 벌들과 함께 벌집을 만들면 번성할 수 있기 때문이었다.

또한, 대서양 반대쪽에서 창시된 예수 그리스도 후기 성도 교회, 즉 모르몬교는 열심히 일하고 질서 있는 사회 활동을 통해 공동의 목표를 이루려 했던

'벌(bee)'은 'spelling bee(철자 맞추기 대회)', 'quilting bee(누비이불 만들기 모임)' 등 부지런한 활동을 의미하는 단어로 여전히 쓰이고 있다.

자유 국가인 새로운 아메리카의 이상을 자신들의 종교적 신념과 결합하기 위해 벌집을 상징물로 선택하여 교회의 정체성을 공고히 했다. 당시 모르몬 교도들은 종교 박해를 피하기 위해 벌들을 데리고 지금의 유타주 솔트레이크시티로 이동했다. 『더 북 오브 모르몬(The Book of Mormon)』이라는 책에는 '데세렛(Deseret)'이라는 단어가 나오는데, 이는 꿀벌을 뜻한다. 1881년에 발간된 「데세렛 타임스(Deseret Times)」라는 신문은 벌집을 '절약과 조화, 질서, 검소함의 대명사이자 꿀벌들의 노력과 화합, 영리한 협력이 어우러진 달콤한 결과물'이라 묘사했다(37쪽 참조). 유타주는 '벌집 도시'라는 별명으로 불린다.

미국 오하이오주에 있는 한 사업가의 묘지. 묘 상단에 생산성을 상징하는 벌집 모형이 사용되었다.
19쪽: 프리메이슨 단원이었던 조지 워싱턴의 삽화. 오른쪽 아래 구석에 프리메이슨식 벌집 그림이 보인다.

STROBRIDGE & GERLACH LITHOGRAPHERS, PIKE'S OPERA HOUSE, CINCINNATI, O.

꿀의 상징성

꿀은 예로부터 특별한 성질을 지녔다고 전해진다. 기원전 1500~1000년경에 만들어진 고대 인도의 힌두교 경전 『리그베다(Rig-Veda)』는 벌과 꿀에 관해 처음으로 언급한 성전(聖典)이다. 우리가 흔히 '미드(mead)'라고 부르는 꿀술과 꿀은 모두 신의 하사품인 동시에, 신에게 바쳐지는 공물로 자주 등장한다(13, 25, 43쪽 참조). 고대 신화에서 신들이 자주 먹고 마시는 암브로시아(ambrosia)와 넥타르(nectar)에는 모두 꿀이 함유되어 있다. 또한, 꿀은 부와 풍요의 상징이기도 하여 고대 히브리인들은 '약속의 땅'을 '젖과 꿀이 흐르는 곳(출애굽기 33:3)'으로 표현했다. 우수한 치료 효과도 오래전부터 인정받았다. 이슬람에서는 전통적으로 꿀을 만병통치약으로 여겼다. 사탕수수가 재배되기 전에는 '하나님의 말씀은 꿀과 송이꿀보다 더 달도다(시편 19:10)'라는 구절로 신의 정의를 추앙했다. 또한, 예나 지금이나 타고난 말재주를 지닌 사람들을 가리켜 '입에 꿀을 발랐다'라는 식으로 표현하기도 한다(14, 16, 24쪽 참조).

「염소 정령 아말테이아에게 양육된 주피터(제우스)」 니콜라스 푸생(Nicolas Poussin), 1638년

현대 문학에 등장하는 꿀벌

A. A. 밀른(A. A. Milne)이 탄생시킨 캐릭터 '곰돌이 푸(Winnie the pooh)'는 소설에 나오는 가장 유명한 꿀 마니아다. 푸는 꿀을 먹기 위해 온갖 노력을 다하지만, 수많은 상처를 입고 만다. 동명의 첫 책(1926년 출간)에서 푸는 꿀을 먹으려고 높은 나무를 기어오르며, 풍선에 매달려 벌집을 때려다 성난 벌들에게 쫓기기도 한다. 일러스트레이터 E. H. 셰퍼드(E. H. Shepard)가 묘사한 그림으로 유명한 장면이다.

실비아 플라스(Sylvia Plath)가 1962년 10월에 쓴 다섯 편의 벌과 관련된 시는 그녀가 남편 테드 휴스(Ted Hughes)와 헤어진 후 기른 벌집에서 영감을 얻은 작품이었다. 다섯 편의 제목은 「양봉 모임(The Bee Meeting)」, 「벌 상자의 도착(The Arrival of the Bee Box)」, 「벌침(Stings)」, 「벌 떼(The Swarm)」, 「겨울나기(Wintering)」이다.

로알드 달(Roald Dahl)의 단편 소설 『로열젤리(Royal Jelly)』는 여왕벌이 미숙한 애벌레들에게 계속 로열젤리를 먹이자 여왕벌처럼 자라는 것을 본 양봉업자 알버트가 자신의 딸에게도 효과가 있을 것이라 믿고 딸에게 로열젤리를 계속 먹이다가 벌어지는 이야기다.

영화로도 만나볼 수 있는 수 몽크 키드(Sue Monk Kidd)의 2002년 작품 『벌들의 비밀 생활(In The Secret Life of Bees)』의 불우하고 어린 주인공 릴리 오웬스는 자신을 학대하는 아버지를 피해 도망치다가 양봉업으로 꿀을 생산하는 세 자매의 집에서 함께 살게 된다. 릴리는 벌과 양봉을 배우면서 점점 자신 있게 세상을 마주할 수 있게 되고, 자신만의 삶의 여정을 시작하게 된다.

각종 의식에 등장하는 꿀

출생

고대 유대의 예언자 이사야(Isaiah)는 그리스도의 탄생을 예언했는데, 한 처녀가 임마누엘(Immanuel)이라 불릴 아들을 잉태할 것이니 그가 악을 버리고 선을 택할 때까지 버터와 꿀을 먹을 것이라 했다(이사야 7:14). 그러므로 갓난아기에게 꿀을 선물하는 것은 하나님과의 관계를 상징하는 것이며, 악을 물리치기 위한 것으로 여겨진다. 7세기 후반까지 기독교 성찬에 우유와 꿀을 올리기도 했다.

힌두교의 고대 마누법전에는 남자아이가 태어날 때 신성한 기도와 함께 아이에게 금을 만지게 하고 꿀과 버터를 먹이는 의식이 규정되어 있다. 인도 일부 지역의 힌두교도들 사이에서는 이러한 믿음이 오늘날까지 이어져 내려온다.

한 사제가 꿀을 이용해 입을 여는 의식(Opening of the Mouth ceremony)을 행하고 있다(25쪽 참조).

결혼식

수 세기를 거쳐 오면서 꿀과 꿀로 만든 제품들은 수많은 결혼식에 등장해왔다.

바이킹들에게는 결혼식 후에 한 달 동안 미드와 꿀이 든 케이크를 부부가 함께 먹어야 한다는 관습이 있었고, 고대 이집트의 남자는 결혼을 유지하기 위해 매년 신부에게 꿀단지 12개를 줘야 했다고 전해진다. 또한, 오래전 힌두교 결혼식에서는 신부의 이마와 눈꺼풀, 귀, 입, 성기에 꿀을 발랐다고 한다. 그리고는 신랑이 신부에게 키스한 뒤 '이것은 꿀이며, 이제 내 혀가 말하는 것은 꿀이다. 벌의 꿀은 내 입안에서 평화롭게 살 것이다'라고 선언했다.

아프리카에도 비슷한 풍습이 있다. 에티오피아와 국경을 맞댄 지역에서 살던 갈라(Galla)족의 남자들은 결혼식 전에 약혼녀에게 상당한 양의 꿀을 가져다줘야 했다. 신부 측에서 원하는 만큼 꿀을 가져다주지 못했을 때는 거절당하기도 했다. 모로코에서는 결혼식 전에 하객들에게 꿀을 나눠줬고, 결혼식을 마친 신랑은 마음껏 꿀을 먹었다. 틀림없이 꿀의 강력한 최음 효과를 기대했기 때문일 것이다.

유럽에서도 결혼이라는 축제에 꿀은 꼭 필요한 존재였다. 폴란드에서는 결혼식을 마친 신부를 신혼집에 데리고 들어가서 벽난로 주위를 세 번 돌게 하고 발을 씻긴 다음 눈을 가리고 침실로 들어가 입술에 꿀을 발랐다. 불가리아에서는 신혼부부에게 와인과 꿀로 만든 특제 수프 오크랩(okrap)을 먹였다. 그리고 꿀로 만든 웨딩 케이크를 신랑 머리 위에 던져 신랑의 얼굴을 꿀범벅으로 만들었다. 스웨덴에서는 결혼식 날 꿀을 마음껏 사용했다. 1500년대 한 스웨덴 부호의 딸 크로게노세(Krogenose)의 결혼식에서 약 0.5톤의 꿀이 사용되었다는 기록이 있다.

그리스에는 고대 관습의 일부가 오늘날까지 남아 있다. 신랑의 어머니는 꿀단지를 들고 집 문 앞에서 기다린다. 신부가 도착하면 반드시 이 꿀을 먹어야 한다. 그래야 꿀처럼 달콤한 입술을 가질 수 있다고 믿기 때문이다. 꿀단지에 남은 꿀은 문틀에 펴 바른다. 액운이 집 안으로 들어오는 것을 막기 위해서다. 로도스섬의 신랑들은 새집에 들어갈 때 꿀이 든 잔에 손가락을 담가서 문에 십자가를 그린다.

프랑스 브르타뉴(Brittany), 독일의 베스트팔렌(Westphalia), 영국의 링컨셔(Lincolnshire) 지역에서는 결혼을 꿀벌에게 알리는 풍습이 있었다. 예비부부는 붉은색이나 하얀색 리본으로 벌집을 장식하고 결혼 케이크를 벌집 앞에 둔 뒤 결혼 생활에 행운이 깃들기를 빌었다. 헝가리에서는 신부가 보름달이 뜰 때 꿀 케이크를 구워 신랑에게 선물했다. 제1차 세계 대전 이후 헝가리 케치케메트(Kecskemét) 지역에서는 모든 신혼부부에게 꿀벌과 벌집을 결혼

제우스를 보살핀 벌들

고대 그리스 예언 중에는 그리스 신화의 황금시대를 통치했던 크로노스(Kronos)가 자식 중 한 명에 의해 쫓겨나게 되리라는 예언이 있었다.

이 예언을 믿은 크로노스는 자신의 아이가 태어나는 족족 잡아먹었고, 그 수가 다섯이나 되었다. 제우스가 태어나자 어머니 레아(Rhea)는 제우스 대신 돌멩이를 포대기에 싸서 크로노스에게 건네주었고, 크로노스는 이 돌멩이를 갓 태어난 자기 아들이라고 믿고 삼켰다. 레아는 제우스를 크레타섬에 있는 딕테산의 동굴에 숨기고 경비병들을 보내 지키게 했다. 한 신화에 따르면, 아기가 울면 경비병들이 방패와 창을 부딪쳐 벌떼를 끌어들였고, 이 벌들은 침입자를 공격해 아기를 지켰으며, 꿀을 먹여 길렀다고 한다. 님프나 처녀 벌들이 제우스에게 꿀을 먹였다는 설도 있다.

후에 제우스는 크로노스를 속여 그가 삼켰던 형제들을 뱉어내게 한 뒤 형제들과 힘을 합쳐 크로노스를 쫓아내 예언을 완성했다. 아버지를 쫓아낸 제우스는 그리스 신화의 최고신이 되었다.

22쪽: 짚으로 만든 중세시대 양봉장의 벌집들.

꿀과 관련된 단어

MELISSA: '꿀벌'이란 의미의 그리스어에서 유래했다.

MELLIFEROUS('꿀'을 의미하는 라틴어 mel, '함유한'을 의미하는 fer): 꿀을 수확하고 생산한다는 의미로, 유럽에서는 꿀벌을 라틴어로 아피스 멜리페라(Apis mellifera)라 지칭한다.

MELLIFLUOUS('꿀'을 의미하는 라틴어 mel, '흐르다'를 의미하는 fluere): 부드럽고 감미롭게 들린다는 의미이다.

선물로 제공하며 양봉을 장려하기도 했다.

꿀은 순결함을 나타내기도 하고, 거부할 수 없는 쾌락을 의미하기도 한다. 결혼식에 꿀을 사용함으로써 꿀의 특성처럼 결혼 생활도 순결과 욕구가 공존하며, 그것을 명심해야 한다는 사람들의 생각을 꿀로 상징화한 것이라고 볼 수 있다.

죽음

꿀은 훌륭한 방부제다. 흡습성과 항균성이 뛰어나서 동물의 세포조직과 접촉하면 과산화수소를 서서히 방출하여 박테리아의 성장을 억제한다.

고대 사회에서는 꿀의 방부 효과를 높이 평가했다. 기원전 2세기 아카드(Akkad)라는 고대 도시에서 꿀을 방부제로 사용한 최초의 사례를 찾을 수 있는데, 현재 이라크 바그다드 아래에 그 유적이 묻혀 있다고 추측한다. 이들은 시신에 밀랍을 바르고 꿀에 담갔다.

영국 대영박물관의 저명한 이집트학자 E. A. 월리스 버지(E. A. Wallis Budge)가 1925년에 발표한 『미라(The Mummy)』에는 이런 사실을 증명하는 끔찍한 일화가 등장한다.

> 중세 이집트인 압드 알라티프 알 바그하디가 동료들과 함께 무덤과 피라미드에서 보물을 찾고 있을 때였다. 그들은 우연히 밀폐된 항아리를 발견했다. 항아리를 열어보니 꿀이 들어 있었고, 그들은 꿀을 먹기 시작했다. 그러던 중 누군가가 소리쳤다. 꿀에 빵을 찍으려던 남자의 손가락에 머리카락이 감긴 것이었다. 그들이 머리카락을 잡아 올리자 작은 아이의 시체가 떠올랐다. 시체는 팔다리가 모두 달려있었고 보존 상태가 매우

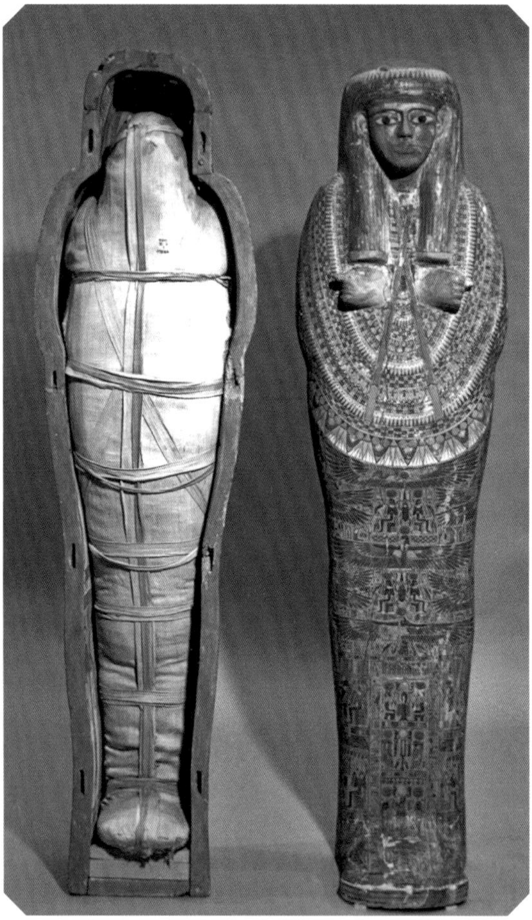

이집트인들은 미라를 만들기 위해 밀랍을 사용했다.

좋았다. 옷을 잘 차려입고 있었으며 수많은 장신구를 달고 있었다.

영혼 불멸 의식

꿀의 특이한 성질 중 하나는 완전히 상하지 않는다는 점이다. 이 때문에 꿀은 불멸과 재생의 음식으로 여겨졌다. 그리스인들은 신들이 먹고 마시는 암브로시아와 넥타르 덕분에 신들이 불멸을 누린다고 믿었다. 그리스 신화를 보면 테티스가 아들 아킬레우스를 불멸의 존재로 만들기 위해 암브로시아로 만든 성수를 어린 아킬레우스의 몸에 발랐다고 한다.

고대 이집트인들이 장례식에 꿀을 사용한 이유 중 하나는 죽은 사람들이 다음 삶을 잘 준비할 수 있게 돕는 방법이라 여겼기 때문이다. 대영박물관에서 소장 중인『사자의 서(The Book of the Dead)』에 따르면, 중요한 의식이었던 '입을 여는 의식(Opening of the Mouth)'은 미라로 만든 후에 행해졌다고 한다(21쪽 사진 참조). 사제는 특수 도구를 사용하여 미라의 입을 열어 감각을 되살리고 신체 기능을 회복하여 죽은 사람이 사후세계에서도 음식과 술을 즐길 수 있도록 했다. 꿀은 다양한 이유로 의식에 사용됐는데, 죽은 사람이 벌이 되어 날아다니게 하는 주술도 있었다. 이는 사람의 영혼이나 생명력을 표현하기 위함으로 보인다.

「벌집을 실은 마차」 1555년

사랑과 꿀

꿀처럼 달콤한 말은 매혹적이지만 사랑은 달고도 쓰다. 꿀은 독으로 변할 수 있고 사랑은 미움으로 변할 수 있다(침을 쏘는 꿀벌은 사랑의 신 에로스와 카마를 연상시킨다. 13쪽 참조).

'꿀처럼 달콤한 한밤중에 /
연인의 다정한 사랑을 받게 된다.'

– 존 키츠(John Jeats)
『성 아그네스 전야(The Eve of St Agnes)』 중에서

'그리고 무엇보다도 난 사랑이라는 잔인한 광기로부터 도망칠 것이다. / 사랑은 독을 품은 꿀이자 감당할 수 없는 불운이니까.'

– 알프레드 테니슨(Alfred Tennyson)
『모드(Maud)』 중에서

'허니문(honeymoon)'이라는 단어의 기원을 두고 여러 설들이 있다. 그러나 분명한 것은 그 단어가 오늘날에는 긍정적인 의미를 지니지만, 원래는 아마도 달이 차고 기우는 단계의 하나로써 사랑의 필연적 쇠퇴를 의미했을 것이다.

꿀 채집과 초창기의 양봉

야생 꿀을 찾아서

벌집은 대개 접근하기 힘든 구멍 속이나 우거진 나무 틈에 숨겨져 있다. 찾기도 힘들뿐더러 가까이 다가가기도 까다롭다. 게다가 벌에게 쏘일 위험까지 감수해야 하는 어려운 작업이었다. 그러나 수렵과 채집이 경제 기반이었던 석기시대 사람들은 생존에 필요한 꿀을 채취하기 위해 용감하고 결연하게 덤벼들었다.

남부아프리카, 아시아, 호주, 유럽에 산재한 중석기 시대 암각화에는 초기의 꿀 채취 모습이 남아있다. 가장 오래된 기록으로 알려진 스페인 동부 발렌시아 근처 쿠에바 데 라 아라냐(Cueva de la Araña, 거미 동굴)의 암각화는 줄로 만든 사다리 위에 위태롭게 앉아 있는 채집꾼의 모습이 새겨져 있다. 왼쪽에는 벌집이 있고 오른쪽에는 채취한 벌집을 담는 바구니가 있다(12쪽 참조). 발렌시아 근처 바란크 폰도(Barranc Fondo) 지역의 동굴에도 꿀을 채취하는 기록이 남아있다. 단체로 꿀을 채취하는 장면을 담은 암각화는, 사다리 위에 올라서서 높은 틈새에 숨어있는 벌집을 채취하려는 네 명의 채집꾼과 일행으로 보이는 나머지 사람들이 아래에서 벌집이 떨어지기를 기다리는 모습이 새겨져 있다.

이러한 선사시대 채집꾼들로부터 시작된 기본적인 꿀 채취 방법은 오늘날까지 이어져, 세계 각지의 원주민들이 사용하고 있다. 시리아 사막의 베두인족, 스리랑카의 베다족, 네팔의 구룽족 등이 이 기술로 꿀을 채취한다. 인도의 카투나이카 부족을 비롯한 많은 부족에게 꿀은 값진 수입원이 되어 준다.

네팔 중부 히말라야산맥 기슭에서는 여전히 일년에 두 번 꿀을 채집하고 있는데, 이는 성욕을 비롯한 각종 행위나 욕구에 대한 금기와 신의 노여움을 푸는 의식 등이 지금까지 남아있음을 보여준다. 여기에서는 꿀을 채집하기 전에 제단에 과일과 꽃, 쌀을 올리고 제도 지낸다. 그래야만 비로소 험준한 절벽을 기어올라 세계에서 손꼽히는 대형 꿀벌 종인 아피스 라보리오사(*Apis Laboriosa*)의 벌집을 채집하는, 조상 대대로 이어진 일을 시작할 준비가 됐다고 생각한다.

양봉은 역사상 두 번째로 오래된 직업이라고 한다.

꿀 찾기

초기의 꿀 채집꾼들은 나뭇잎에 묻은 벌의 배설물을 찾는 등 벌을 추적하는 여러 방법을 고안해냈다. 추적이 쉽도록 붉은 황토와 풀잎, 황소 털을 이용해 꼬리표를 붙이기도 했다. 콜루멜라의 『농업론』에서는 꿀 바른 갈대 속에 벌을 가두었다가 한 마리씩 풀어주며 벌집의 방향을 알아내는 방법이 나온다. 벌을 사람의 오줌에 적셔 벌집을 추적하던 18세기 동유럽 방식보다 나은 방법임은 분명하다.

18세기 북아메리카의 채집꾼들은 밀가루가 담긴 접시로 벌을 끌어들였다. 밀가루를 벌의 털에 묻혀서 벌이 잘 보이게 한 뒤 벌집으로 돌아가는 벌을 따라가서 꿀을 채집했다. '코싱(coursing)'이라고 불리는 이 방법은 지금도 일부 지역에서 사용되고 있다.

27쪽: 바이킹들의 신 오딘은 거인 바우기를 설득하여 바우기의 형 수퉁이 시인들의 지혜가 담겨있는 미드를 숨겨둔 지하실에 침입한다.

Hnytbiorg: med Naþrinu rata apter
Bölverkr
Suttungs miód.
edur Gunladar
geymsludryk:
les 61. d: 8:
Eddu.
Rate

꿀길잡이새. 하얀 꼬리 깃털이 보인다.

꿀길잡이새(*Indicator Indicator*)는 먹이를 사냥할 때 인간과 긴밀한 공조를 펼친다. 멋진 학명을 가진 이 새는 벌집을 찾아내는 능력은 뛰어나지만, 먹이가 있는 벌집은 쉽게 파헤치지 못한다. 인간은 이와 반대로 벌집을 여는 데 능하고 찾는 데에는 도움이 필요했다. 열대 아프리카 지역의 채집꾼들은 이런 점이 인간과 새 양쪽 모두에게 이득이 될 수 있다는 것을 알아차렸다. 꿀길잡이새가 날아오를 때 내는 푸드덕거리는 소리와 하얗고 반짝이는 꼬리 깃털은 채집꾼들을 벌집으로 이끌어 주고, 채집꾼들은 벌집을 조금 남겨두어 이 작은 새에게 보답했다.

초기의 양봉

일부에서는 여전히 야생 벌집 채집이 이루어지고 있지만, 오늘날에는 대부분 벌을 사육하여 꿀을 얻는다. 양봉업은 농업의 성장과 함께 발전했다.

빙하기가 끝날 무렵(약 1만 년 전), 인간들은 식량을 구하기 위해 소규모 무리를 이뤄 정기적으로 이동했다. 그러나 기원전 8000년경에 이르자 수렵과 채집을 하던 무리 중 일부는 일 년 내내 비옥한 호수

벌에 관한 몇 가지 상식

알려진 벌의 종류는 2만 5천 종에 달한다.

종마다 벌춤을 추는 방식이 조금씩 다르다(112~113쪽 참조).

여왕벌은 혼자서는 아무것도 하지 못한다. 여왕벌을 따라다니면서 먹이고, 손질하고, 배설물을 운반해주는 시종 벌들이 항상 곁에 있다.

꿀벌은 말벌과는 달리 침을 쏘고 나면 죽는다.

여왕벌에게도 침이 있지만 다른 벌들보다 작다. 하지만 다른 벌들과 달리 침을 쏘고 나면 죽지 않고 침이 뽑힌다. 여왕벌의 침은 벌집 안의 다른 여왕벌을 죽이는 용도로 쓴다. 즉, 여왕벌은 침을 여러 번 쏠 수 있다.

수벌은 교배하고 나면 곧 죽는다.

여왕벌은 진동으로 소리를 낸다. 이 소리를 다양하게 표현할 수 있겠지만, 마치 장난감 트럼펫에서 나는 꽥꽥거리는 소음처럼 들린다. '솔'이나 '라' 정도 되는 이 소리는 벌집 밖에서도 똑똑히 들을 수 있다.

2007년에 발견된 이스라엘 텔 레호브(Tel Rehov) 지역의 고대 벌집(34쪽 참조).

와 강 주변에 정착하기 시작했다. 가장 두드러진 곳은 초승달 지대(오늘날 지중해 동부 해안에서 페르시아만으로 확장되는 지역 일대. 이스라엘, 레바논, 요르단, 시리아, 이라크, 쿠웨이트, 튀르키예, 이란까지 이어지는 지역)였다. 시간이 지나며 관개 기술과 계단식 경작, 과일 재배, 야생동물의 가축화와 같은 농업 활동이 발달하면서 야생벌이 번식하기에 좋은 환경이 만들어졌다. 벌의 수가 증가하자 기존의 벌집이 좁아졌고 나머지 벌들은 새집을 지었다.

어쩌면 양봉업은 정착 생활을 시작한 인류가 집 밖에 내놓은 바구니나 토기 안에 벌들이 집을 만들기 시작하면서 우연히 시작된 것일지도 모른다. 그리고 정착한 인간들은 이러한 현상에 빨리 적응했을 것이다. 벌집을 찾아 헤매는 것보다 집과 가까운 장소에 벌들이 집을 지을 수 있는 터를 계획적으로 마련해두는 편이 훨씬 실리적이고 안정적인 방법이니 말이다(36쪽 참조).

고대 이집트

조직적 형태의 양봉이 처음 시작된 곳은 고대 이집트였다. 나일강 삼각주 평원에 매년 일어났던 홍수 덕분에 농업이 발전하기에 이상적인 풍부한 유사 퇴적 지역이 만들어졌다. 강가에 번성한 캐모마일, 클로버, 야생 셀러리, 수레국화, 아마, 장미 등의 농작물과 야생화들의 꿀 덕분에 꿀벌들이 살기에 매우 이상적인 곳이 되었다.

벌은 왕조 개창 이전부터 이집트의 상징으로 사용되었고, 제1왕조(기원전 3100~2890년)에 이르러서는 공식적으로 '꿀 밀봉재'를 사용했다는 기록이 있어 당시 벌집을 이용한 양봉 기술이 존재했다는 것을 알 수 있다.

이집트에서 최초로 체계적인 양봉이 시작되었다는 증거로는 1900년대 하이집트 아부 구라브(Abu Gurab)의 태양신전에서 발견된, 기원전 2400년경에 만들어진 것으로 보이는 석판을 들 수 있다. 돋을새김으로 매우 또렷하고 세밀하게 조각된 석판 네 개 중 하나에는 나일강의 진흙으로 만든 듯한 원통형 벌통 9개가 쌓여있고, 한 남자가 벌통에서 꿀을 채취하고 있는 모습이 묘사되어 있다. 남자는 연기를 피워 벌들을 쫓아내는 데 사용된 것으로 보이는 마른 소똥 덩어리를 손에 들고 있다(173~175쪽 참조). 다른 세 조각에는 남자들이 항아리에 꿀을 가득

'양봉가'를 표현한 이집트 상형문자.

채워서 밀봉하는 모습이 그려져 있는데, 밀봉한 뒤 소유주의 인장을 찍는 것으로 추정된다.

꿀벌 연구 협회(지금의 국제 꿀벌 연구 협회 International Bee Research Association, IBRA)를 창립하며 한때 '꿀벌 학계의 여왕벌'로 불리기도 한 양봉가이자 물리학자 에바 크레인 박사는 1978년에 나일강 유역의 한 계곡에서 고대 이집트 조각에 새겨진 것과 같은 모양의 벌통을 발견했다. 위로 쌓아 올린 원통형 벌통은 잔가지와 갈대를 엮고 진흙을 발라 햇빛에 말린 것이었다. 벌통과 벌통 사이의 틈에도 진흙을 채워 넣어서 안정성이 향상되게 했다. 앞쪽에는 벌들이 날아갈 수 있는 구멍이 있었고 뒤쪽 구멍 끝에는 진흙을 빚어 만든 원판을 탈착할 수 있게 설치해서 양봉가가 꿀을 수확하기 전에 연기로 벌을 쫓아낼 수 있도록 제작했다.

벌통을 이렇게 디자인한 이유는 원통에서 벌집

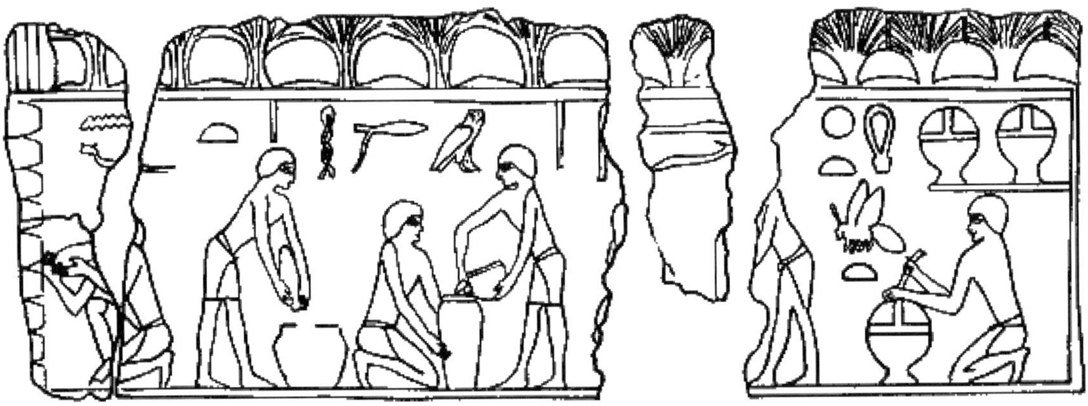

하이집트 아부 구라브 지역에 있는 니우세레의 태양신전(Temple of the Sun of Neuserre)에서 발견된 조각.

하이집트의 왕을 나타내는 벌 모양의 상형문자. 이집트 칼라브샤 신전(Temple of Kalabsha)의 기둥에 새겨져 있다.

일부를 떼어내 다른 빈 원통으로 옮길 때 기존 원통에 여왕벌 한 마리와 적당한 수의 일벌을 남겨놓기 쉬운 형태이기 때문이다(103쪽 참조). 이런 식으로 벌들을 나눠 키움으로써 벌들이 다른 곳에 임의로 집을 짓는 것을 방지하고 동시에 봉군을 확장케 했을 것이다.

기원전 1500년경의 이집트에서는 거대한 규모의 조직적인 양봉이 시작되었다. 공동 저장고와 체계적인 생산 설비 및 관리 시스템까지 존재했다. 제물로 바칠 꿀과 귀중품을 거둬들이는 사원의 관리자들은 일꾼들이 상납한 꿀이 가득 찬 항아리를 일일이 기록하며 관리했다. 기원전 1450년경 룩소르(Luxor)에 만들어진 귀족 레크미르(Rekhmire)의 무덤에는 당시 꿀의 질과 빛깔에 따라 꿀 항아리를 분류했었다는 사실을 잘 보여주는 벽화가 있다. 밝은 색을 띠는 맑은 꿀에는 'stph', 사막 지역에서 채취한 붉은 빛이 도는 꿀에는 'deshert'라고 표기했다.

고대 마야

오늘날 멕시코와 과테말라, 벨리즈가 나누어 위치한 메소아메리카의 유카탄반도는 약 1800년 전 고대 마야의 중심지였다. 마야 문화는 고도로 발달했었으며 그들만의 언어와 상형문자를 가지고 있었다. 마야인들이 지은 화려한 사원 피라미드는 유카탄 정글 늪지의 초록색 지붕 아래 여전히 남아있다.

16세기에 유카탄반도를 발견한 바르톨로메 데 라스 카사스(Bartolomé de las Casas)와 같은 스페인 탐험가들은 우연히 '길들인' 꿀벌들의 벌집을 발견하고는 매우 놀랐다. 마야의 양봉가들은 벌집을 나누어 꿀과 벌집의 생산량을 늘리는 방법을 알고 있었으나, 과도하게 채집하지 않도록 주의했다(이들은 한 해에 두 번 종교의식에 필요할 때만 꿀을 채집했다). 스페인 탐험가들은 잘 자란 벌집이 있고 좋은 꿀을 생산해내는 대규모 양봉장을 발견했다. 침이 없는 토종꿀벌 1000~2000마리를 기를 수 있는 규모였다. 벌집의 꿀방마다 꿀이 가득했는데, 탐험가들은 이 벌집이 매우 희고 훌륭하며 자신들의 고향 카스티야(Castile)의 것에도 전혀 뒤지지 않는 품질이라 전했다.

마야인이 그린 꿀벌 그림.

데 라스 카사스가 발견한 벌통은 드럼통 모양의 속이 빈 통나무로 만들어졌으며, 외부에는 세밀한 형상이 조각되어 있었고 장신구가 치렁치렁 달려있었다. 벌통마다 주인의 표식도 새겨져 있었다.

벌통 가운데를 따라 나 있는 구멍으로 벌떼들이 드나들었다. 최근 벨리즈에서는 당시 구멍 끝에 달아서 구멍을 막는 용도로 사용된 듯한 돌로 만든 원판이 발견되었다. 기원전 300년에서 기원후 300년 사이에 만들어진 이 원판들은 아메리카 대륙에서 가장 오래된 인공 양봉 도구로 알려져 있다.

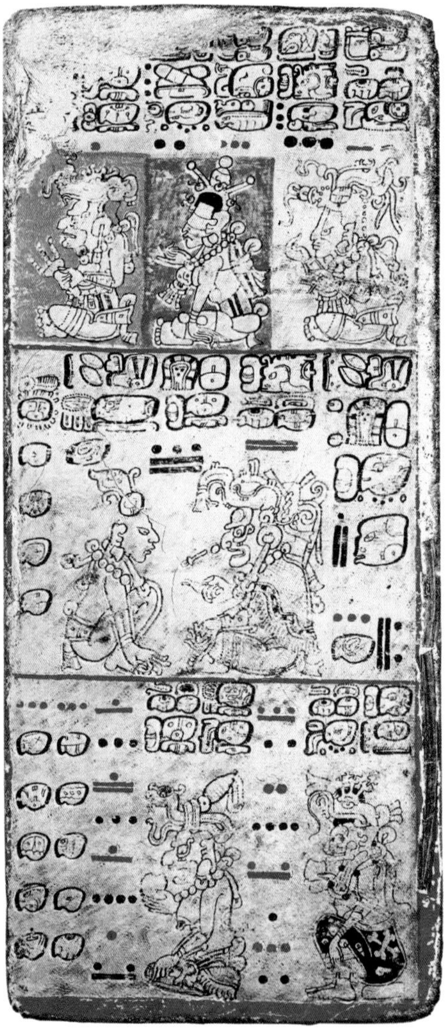

마야의 고문서 중 한 장. 꿀벌과 벌통 형상이 많이 보인다.

고대 동아시아

힌두교의 경전 『리그베다』에는 신성한 꿀과 미드가 자주 등장하는데, 이는 초기 인도에서 양봉이 이루어졌을 가능성을 암시한다. 그리고 야생 꿀 채집은 여전히 인도에서 높은 수익성을 보장받는 사업이다.

역사학자들과 고고학자들은 벌통을 이용한 양봉을 시작한 시점이 알렉산더 대왕의 출정 이후일 가능성이 크다고 추측한다. 기원전 327년 알렉산더 대왕은 힌두쿠시산맥(아프가니스탄과 파키스탄 사이의 산맥)을 넘어 인더스강 상류 유역(지금의 페르시아)을 정복해 마케도니아의 지배권에 두었다. 인도의 양봉에 쓰이는 전통적인 벌통은 1980년대 에바 크레인 박사가 카슈미르(Kashmir)에서 발견한 벌통과 마찬가지로 그리스에서 발견된 고대인들의 적재형 벌통과 매우 유사했다. 이를 통해 양봉 기술이 먼 거리를 이동해 전파됐다는 사실을 알 수 있다. 중국의 토종꿀벌인 아피스 세라나(*Apis Cerana*)는 서양꿀벌 아피스 멜리페라(*Apis Mellifera*)보다 몸집이 작다. 행동반경도 더욱 좁고, 더 적은 양의 꿀을 생산한다. 그런데도 한나라 시대(25~150년)의 양봉은 그 입지가 확실했으며 더욱이 수익성도 높았다. 이러한 사실은 춘추시대의 재상이자 대부호였던 범려(范蠡)가 쓴 『계연편(計然篇)』에 수록되어 있다. 200년경 학자 황보밀(皇甫謐)이 편찬했던 『고사전(高士傳)』에 따르면, 300명이 넘는 사람들이 당시 한양(지금의 산시성 지역)에 은거하던 강기(姜岐)라는 사람에게 양봉을 배웠다고 한다. 또한, 진 왕조(265~420년) 시대에는 생산을 장려하기 위해 조정에서 직접 나서기도 했다.

고대 로마

이 시기의 벌통은 식물로 제작되어 전해지지 않지만, 당시에 작성된 여러 기록이 고대 이탈리아 로마에도 양봉 기술이 존재했다는 근거가 되고 있다.

양봉업을 겸했던 로마의 저술가들은 분명 지중해

양봉가 아리스토텔레스

기원전 344~342년경 저술된 『동물지』 제4장에는 아리스토텔레스가 고대 그리스의 양봉업에 관해 상세히 묘사한 부분이 있다. 아리스토텔레스는 벌들이 겨울을 잘 날 수 있도록 벌통 주인이 벌집 일부를 들어내고 벌들이 충분히 먹을 수 있도록 신경을 써야 한다고 썼다. 꿀이 부족할 때 양봉가들이 벌들에게 무화과나 달콤한 맛이 나는 음식을 주는 방법도 설명했다. 그리고 벌집이 생산할 수 있는 꿀의 양은 적으면 3L, 많을 때는 10L까지 생산할 수 있다고 했다. 또한, 벌떼가 벌집에서 한꺼번에 나오기 며칠 전부터 일관성 있게 내는 독특한 소리에 관한 정보나 벌들을 유인하기 위해 벌집에 달콤한 와인을 뿌리는 방법 등 여러 가지 양봉법에 관해 기술했다.

근교 지역인 이탈리아, 시칠리아, 사르디니아, 코르시카, 카르타고와 북아프리카 지역 대부분, 스페인과 마케도니아의 대부분 지역(역사적으로 발칸 반도라 불리는 지역), 페니키아, 그리고 2000년 이상 벌통 양봉이 행해졌던 아시아 내륙 지역과 지중해 분지를 연결하는 아시아 서쪽 지역에서 지식을 흡수했을 것이다. 이들은 필요 없는 여왕벌을 처리하는 방법, 벌에게 먹이를 주는 방법, 벌통을 깨끗하게 유지하는 방법, 천적들로부터 보호하는 방법, 여러 종류의 꿀에 관한 정보 등 벌통과 벌떼를 다루는 여러 유용한 지식을 글로 남겼다.

로마의 학자로 교황의 사절을 지낸 바로(기원전 116~27)는 나무와 나무껍질로 틀을 만들고 안팎으로 쇠똥을 바른 후 잔가지로 덮어 만든 둥근 모양의 최상급 형태부터, 흙으로 만들어 단열 효과가 미미해 가장 조잡한 형태까지 다양한 벌통 모양을 묘사했다.

그는 또한, 회향 줄기로 만든 100cm×30cm 크기의 직사각형 벌통에 관해서도 설명했다. 시칠리아에서 유래한 이 벌통은 페룰라(ferula) 벌통이라고 불리는데, 벌 몸통의 형상을 본떠 만들어져 중간이 좁은 형태라고 덧붙였다. 벌들이 드나들 수 있도록 벌통 양쪽에 구멍이 뚫려 있었고 양봉가들이 벌집을 꺼낼 수 있도록 양 끝에 뚜껑이 달려있었다. 벌통은 벽 선반 두세 줄 위에 놓아두었고, 선반과 선반 사이에는 공간을 두었다.

로마에서 양봉은 수익성이 좋은 사업이었다. 베이아니우스(Veianius)라는 성을 가진 스페인의 두 형제는 물려받은 600여 평의 땅에 백리향과 금작화, 야생 파슬리를 심어 정원으로 만들었고 양봉장도 설치하여 연간 1만 세스테르티우스(약 2200만 원)를 벌어들였다.

'양봉과 함께하는 낭만적인 전원생활' 하면 떠오르는 사람은 바로 로마의 저술가 베르길리우스다. 그가 기원전 30년경에 펴낸 『게오르기카』는 소규모 농업에 관한 농경시였는데, 제4권을 보면 꿀벌과 양봉에 관한 서사시가 실려 있다. 그는 벌을 기르고 꿀을 비축하는 실질적 방법을 명쾌하게 서술했으며 부고니아(bugonia, 벌이 소의 사체에서 생겨났다는 믿음 - 옮긴이)를 언급하기도 했다(14, 53쪽 참조). 또한, 벌들은 벌통 안에서 각기 다른 역할을 하며 벌의 노동력을 최대한 확보하기 위해 입구가 작고 균열이 적은 코르크나무와 버드나무 가지로 만든 벌통이 좋다고 설명했다. 그리고 꿀벌에게 독이 되는 주목(朱木) 냄새, 큰 소음부터 벼룩이 불에 탈 때 나는 악취까지, 꿀벌들이 극히 꺼리는 요소들을 밝히며 이런 것들로 인해 독성이 있는 꿀을 생산할 가능성이 있으니 주의해야 한다고 경고하기도 했다.

성서 시대의 양봉

2007년 세계의 고고학자, 과학자, 역사가, 양봉가들을 흥분케 한 사건이 발생했다. 이스라엘 텔 레호브(Tel Rehov) 유적에서 발굴을 진행하던 중 무려 30개의 고대 벌통이 발견된 것이다(29쪽 참조). 놀랍게도 벌통들은 온전한 형태를 유지하고 있었고 3열로 쌓아 올린 형태는 이집트의 태양 신전(30쪽 참조)에서 발견된 조각에 그려진 모습과 유사했다. 지푸라기와 굽지 않은 진흙으로 만들어진 벌통은 원통 모양이었으며 길이는 80cm, 지름은 40cm였다. 원통의 한쪽 끝은 닫혀 있었고 벌들이 들락날락할 수 있는 작은 구멍이 뚫려 있었다. 반대쪽 끝에는 벌집을 떼어낼 수 있도록 점토로 만든 뚜껑을 달아두었다. 이 벌통은 기원전 9세기나 10세기, 솔로몬 왕의 시대에 만들어진 것으로 추정된다. 히브리 경전에는 양봉에 관한 언급이 없다. 그러나 이러한 벌통의 존재는 성서 시대의 성지에서 양봉이 성행했음을 증명한다. 전문가들은 이 벌통이 매년 0.5톤의 꿀을 생산했을 것으로 추정하고 있다. 생산량을 보면 왜 이 벌통이 지역에서 가장 큰 도시의 중심부에서 발견됐는지 짐작할 수 있다.

중세시대와 그 이후의 양봉

나무를 이용한 양봉

특별한 목적으로 만들어진 벌통이 등장하기 전, 중세 유럽의 꿀 채집가들은 야생꿀벌이 둥지를 튼 나무를 찾으려 애썼다. 일단 다 자란 나무의 구멍에 만들어진 벌집을 발견하면 벌집을 보호하고 보살폈다. 꿀벌들이 출입하기 쉽도록 입구를 넓히고, 넓어진 입구에 나무로 만든 문을 달아 천적의 침입을 방지하고 궂은 날씨로부터 벌집을 보호했다. 벌들이 추운 겨울을 따뜻하게 날 수 있도록 벌집을 짚단으로 감싸고 밧줄을 이용해 나무줄기에 고정했다. 채집가들은 높은 곳에 있는 벌집에 좀 더 편리하게 접근하기 위해 나무줄기에 칼집을 내어 발판으로 사용하거나 밧줄 사다리를 달아 놓기도 했다.

다른 방법을 쓰는 채집가들도 있었다. 벌들이 벌집을 만들기 좋게 자라는 나무의 윗부분을 잘라내 나무의 키를 줄이고 줄기는 굵게 만든 다음, 나무줄기에 적당한 크기의 구멍을 뚫어 벌들이 서식하기에 좋은 환경으로 조성해줬다.

어떤 방식을 사용했든, 초기 양봉가들은 이른 봄부터 여름 내내 꿀벌들이 꿀을 열심히 만들도록 내버려 두었다. 그들의 인내심은 초가을에 수확하는 꿀로 보상받았다.

나무를 이용한 양봉은 러시아, 폴란드, 독일, 발트 지방 전역 등 기후가 따뜻하고 큰 나무들이 자라는 곳이라면 어디 할 것 없이 성행했다. 귀족이나 교회 소유의 '꿀벌 숲'이 조성되기도 했다. 꿀벌 숲에는 보통 100개에서 500개 정도의 나무구멍을 만들어 두었는데, 한 번에 최대 20개의 나무구멍에 꿀벌들이 벌집을 만들었다. 이 숫자는 꿀벌들이 숲에서 얻을 수 있는 먹이의 양에 따라 달라졌다.

벌통을 이용한 양봉

지역 경제에 중요한 역할을 했던 꿀벌 숲이었지만, 이 방식에는 단점이 있었다. 벌집들이 서로 너무 멀리 떨어져 있어 각각의 벌집을 돌보는 데 시간이 너무 많이 걸린다는 점이었다. 이를 해결하기 위해 나무에서 벌집이 들어 있는 부분을 잘라내어 집과 가까운 곳으로 가져왔고, 이렇게 모은 '통나무 벌통'을 땅 위에 두거나 다른 벌집 근처의 바위나 나무에 설치해 일종의 숲속 양봉장을 만들었다. 벌통을 조각하거나 색칠하기도 했다. 특히 폴란드와 동독에서는 매우 정교하게 조각된 벌통이 발견되었다. 사람 형태의 커다란 통나무 벌통의 경우, 등 쪽에는 양봉가가 벌집에 접근할 수 있는 공간을 만들어 두고 가슴 혹은 배꼽에는 꿀벌들이 드나들 수 있는 출입구가 있었다. 작은 통나무는 곰이나 토착 동물의 모습으로 조각했다. 이러한 조각상 중의 일부는 원형 그대로 폴란드 클루츠보르크의 얀 지에르존 박물관으로 옮겨져 그곳에서 주최하는 양봉의 역사와 관련된 상설 전시회를 통해 관람할 수 있다. 양봉가이자 성직자였던 얀 지에르존(Jan Dzierzon)은 최초로 이동식 프레임 벌통을 디자인했다(61쪽 참조).

영국에서 만들어진 최초의 벌통은 유연한 버드나무 가지나 개암나무 가지를 원형으로 엮어 꼭지 부분을 한데 묶은 모습이었다. 젖소나 황소의 똥에 재나 잔돌이 섞인 흙을 뭉쳐 나뭇가지 사이의 틈에 발라 '밀봉'했다. 이 혼합물이 굳으면 벌통이 밀폐되며 방수 효과가 생겼다.

버드나무를 흔히 구할 수 있었던 북유럽과 서유럽의 습한 지역에서는 고리버들을 이용해 벌통을 만들었다. 곡물 재배 지역이나 초원처럼 건조한 지역에서는 짚과 갈대, 사초를 꼬아 만든 밧줄을 둘둘 감아올려서 똬리를 틀고, 들장미 줄기로 꿰매어 바구니 모양의 벌통을 짰다. 이런 형태의 벌통을 '스켑(skep, 짚으로 만든 꿀벌집 - 옮긴이)'이라 부른다.

리투아니아에 있는 나무 벌통. 중세시대 동유럽 지역의 양봉가들이 사용했던 것과 비슷하다.

스켑. 오늘날에도 일부 지역에서 볼 수 있다.

스켑

최초의 스켑은 독일 엘베강 유역의 부족들이 만들었던 것으로 알려져 있다('스켑'이라는 단어는 '바구니'나 '되'를 뜻하는 고대 스칸디나비아어 'skeppa'에서 유래되었다). 원래는 짚으로 만든 밧줄을 반구 형태로 엮었다. 다른 곳에서는 이러한 형태 대신에 바구니를 만드는 방식과 비슷하게 고리버들을 엮어 원뿔 형태로 만들었다. 보통 꼭지 근처에 막대기를 꽂아 넣어 꿀벌들이 막대기를 버팀대 삼아 벌집을 만들 수 있게 했다. 원형 천막 모양의 꼭대기의 작은 구멍에는 갈대를 엮거나 곧게 빗어 만든 지붕을 달아 궂은 날씨에도 끄떡없게 벌집을 보호했다.

스켑은 두 가지 형태로 발전했다. 하나는 짚을 곧게 빗어 내리고 밀봉하여 각각 독립적으로 세워둘 수 있는 형태였고, 다른 하나는 밀봉하지 않고 실내의 높은 곳이나 지붕 아래에 한 줄로 늘어놓은 형태였다. 원래 스켑에서 꿀을 채취할 때는 '설퍼링(sulphuring)'이라는 방법을 사용했다. 구덩이를 파고 유황이나 양초, 혹은 유황을 묻힌 종잇조각들을 태워 그 위에 스켑을 놓고 꿀벌들이 중독되어 죽으면 벌집을 꺼내는 이 방식은 19세기 중반 '유도법'이 행해지기 전까지 사용되었다. '유도법'은 빈 스켑을 가득 찬 스켑 위에 올려둔 뒤 아래쪽 스켑을 두드려 꿀벌들을 위쪽 스켑으로 날려 보내서 모두 옮긴 다음 빈 벌집을 꺼내는 방식이다.

아프리카의 양봉

이집트 외에도 아프리카 여러 지역에서 오래전부터 양봉을 해왔다. 아프리카의 꿀벌들은 매우 생산적이지만 일부는 공격성이 강했다(유럽 꿀벌과의 교배로 인해 '살인 꿀벌'이 등장하기도 했다).

아프리카에서는 지금도 양봉업을 장려한다. 양봉은 시작하기 쉽고 돈이 많이 들지 않으며 넓은 땅이 필요하지도 않다. 따라서 자원이 부족한 소규모 농부들에게 이상적인 사업이다. 또한, 귀중한 먹거리를 제공하고 약이 되기도 하며 꿀과 밀랍을 내다 팔아 돈을 벌 수도 있다. 차드 공화국과 오트볼타(지금의 부르키나파소)와 같은 아프리카의 일부 국가에서는 수 세기 동안 행해졌던 것처럼 여전히 다양한 크기의 나무 그루터기와 점토 항아리를 벌통으로 사용하고 있다.

공기가 잘 통해 꿀벌에게 쾌적한 환경을 제공하는 스켑은 절대로 사라지지 않을 양봉 기술이다. 나

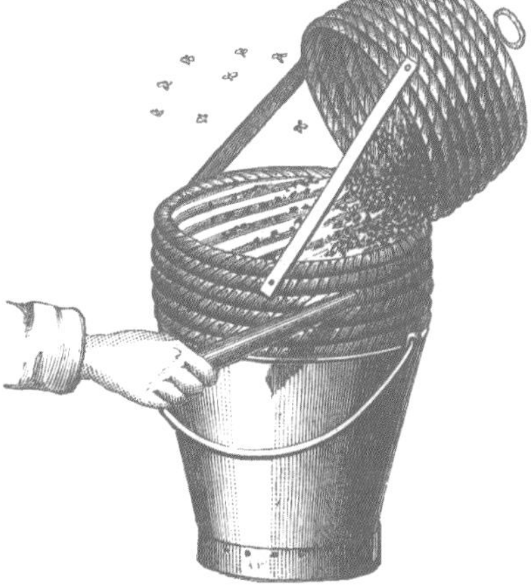

스켑들을 비스듬히 연결해 꿀벌을 다른 스켑으로 옮긴다.

뭇가지에 달린 벌집을 스켑 안에 넣기 위해 양봉가들은 벌떼 밑에서 스켑을 들고 나뭇가지를 잡아당긴다. 그러면 벌떼들은 모두 공 모양으로 스켑을 향해 떨어진다. 벌떼를 벌통으로 옮기는 방법이다.

현대적인 벌통이 등장하기 전에는 벌통 보호벽이 바람과 비로부터 스켑과 내부의 꿀벌들을 보호하는 매우 실용적인 방법이었다.

벌통 보호벽

영국과 프랑스, 벨기에 일부에서는 스켑을 보호하기 위해 튼튼한 돌벽을 만들기도 했다. 이 '벌통 보호벽(bee boles)'은 보통 꿀벌들이 과일나무의 수분 작용을 도울 수 있도록 과일나무들을 둘러싼 벽 중 남향 혹은 남동향의 벽에 설치했다.

중세시대에도 벌통 보호벽은 있었지만, 가장 성행한 시기는 18세기와 19세기였다. 당시에는 국가 소유의 농장이 많던 시절이었음에도 벌통 보호벽이 가장 왕성하게 만들어졌다.

헨리 말콤 프레이저(H. Malcolm Fraser) 교수는 저서 『영국 양봉의 역사(History of Beekeeping in Britain, 1958)』에서 17세기 혹은 18세기의 이름 없는 한 양봉가의 충고를 인용했다.

> 벌통을 거주지 근처나 자주 사용하는 방, 즉 편하게 접근할 수 있는 위치에 둬야 한다. 그래야만 벌이 떼를 지어 나는 모습을 쉽게 포착할 수 있고 불의의 사고도 빠르게 알아차릴 수 있다. 게다가 사람들과 자주 마주쳐 인기척에 익숙해진 벌들은 덜 사나워서 다루기도 쉬워진다.

벌통 보호벽은 일반적으로 높이 약 60cm, 가로 50cm, 세로 45cm 이내의 아치 모양으로 벽을 파낸 벽감(Niche)이 한 줄로 늘어선 형태였다. 벽감 안에 짚으로 만든 스켑을 입구가 정면을 향하도록 놓았다. 사각형을 비롯한 다양한 형태로도 만들어졌다. 입구에 벌들이 내려앉을 수 있도록 돌을 돌출시켜서 입술처럼 보이는 것이 있는가 하면, 나무로 문을 달아둔 형태도 있다. 각기 다른 높이의 벽감을 두세

38쪽: 「네덜란드의 양봉」. 1565년 작.

벌떼 놀래기

벌집이 가득 차면 벌들은 벌집 밖으로 나와 스켑 안을 가득 채우며 몰려다닌다. 바로 이때가 '분봉(hiving)'을 해야 할 시간이다. 양봉가들은 벌떼가 근처에 머무르도록 냄비나 프라이팬과 같은 금속 물체를 치며 큰 소리를 냈다. 벌떼가 놀라서 얌전해지면 새 벌집을 만들도록 빈 스켑에 넣었다. '벌떼 놀래기(tanging)'라는 이 오랜 전통은 오늘날에도 여전히 이어진다. 이처럼 큰 소리를 내면 이웃들에게 꿀벌 무리가 떼를 지어 날아다니는 것을 알릴 수 있다(얀 판 데르 스트라트(Jan van der Straat)의 1580년작 동판화 참조).

영국 잉글랜드 콘월의 헬리건의 잃어버린 정원에 있는 벌통 보호벽.

줄로 여러 개 만들기도 했으며, 하나만 만들기도 했다.

벌통 보호벽은 지금도 고대 건축물과 종교 유산, 시골집이나 오래된 농장에서 심심찮게 찾아볼 수 있다. 스켑과 벌통 형상은 건축물의 장식으로도 쓰였으며, 돌에 새긴 귀족 가문의 문장에서도 찾아볼 수 있다. 잉글랜드와 아일랜드, 스코틀랜드, 웨일스 전역에는 1400개가 넘는 벌통 보호벽이 있다(국제 꿀벌 연구 협회(IBRA) ibra.beeboles.org.uk 참조). 그중 상당수가 사람들에게 공개되어 있는데, 콘월주 메바기시(Mevagissey) 인근에 있는 헬리건의 잃어버린 정원(Lost Gardens of Heligan)에 가면 두 줄로 만든 화려한 보호벽을 직접 볼 수 있다. 지금은 하트퓨리의 성모마리아 교회 묘지로 옮겨진, 글로스터셔 네일스워스에서 발견된 홀로 서 있는 돌 보호벽의 장식은 입이 쩍 벌어질 정도로 화려하다. 이 보호벽은 전통적인 보호벽의 형태와 다른 일종의 '꿀벌 쉼터(bee shelter)'로, 19세기 중반에 정원을 장식하기 위한 목적으로 만들어졌으며 스켑 28개를 두 줄로 넣을 수 있는 공간이 있고, 아래쪽에는 그보다 좀 더 넓은 아치형 공간을 만들어 두었다.

그 외의 방식

'보호벽(bole)'이라는 단어는 '벽에 있는 쉼터'를 의미하는 스코틀랜드 단어에서 유래했다. 벌통 보호벽은 영국 전역에서 다양한 이름으로 불렸다.

꿀벌 상자(Bee Boxes, 켄트)
꿀벌 집(Bee Houses, 요크셔)
꿀벌 채집통(Bee Keps, 컴브리아)
꿀벌 벽감(Bee Niches, 더비셔)
벌집 껍질(Bee Shells, 컴브리아)
벌집 벽(Bee Walls, 글로스터셔)

양봉과 법

양봉이 경제활동의 한 분야로 자리 잡으며, 이와 관련된 법령도 만들어지기 시작했다. 중부 아나톨리아 지역(지금의 튀르키예와 시리아)의 히타이트 제국은 꿀벌과 양봉에 관련된 법을 최초로 만든 국가이다. 히타이트의 수도 하투샤(튀르키예의 중북부 지역)의 보가즈쾨이라는 마을에서 발견한 다수의 점토판에는 설형문자(고대 오리엔트에서 사용된 쐐기 모양의 문자)가 새겨져 있었다. 기원전 1500년경에 제작한 것으로 추정되는 이 점토판에는 벌떼를 훔친 자는 은화 5세켈(당시 양 1마리의 가치)의 벌금형을 내린다는 문구 이외에도 벌이나 벌통을 훔친 자에게 내리는 보다 즉각적이고 가혹한 형벌에 관한 내용도 새겨져 있었다.

로마인들은 현재까지도 많은 나라에서 사용하고 있는 동물 관련 법령들의 기초가 되었던 법을 만들었다. 로마에서는 민법상 벌을 야생동물로 규정했다. 하지만 벌통에서 키우는 꿀벌은 벌집 주인의 소유였다. 벌떼가 무리 지어 이웃의 땅으로 날아갔을 때는 주인에게 수거할 권리가 있지만, 벌떼가 주인이 관리할 수 있는 범위를 벗어났을 때는 야생으로 되돌아간 것으로 간주하고 주인의 소유권을 소멸한다고 규정했다.

영국의 고대 법전 『각 계층의 권리(Rectitudines Singularum Personarum)』는 1000년경에 만들어져 1066년 노르만 정복(Norman Conquest) 이전까지 영국의 사유지에서 일하는 노동자와 소작농들의 권리와 의무 관계를 기록한 문서다. 노동자 계층에도 계급이 존재했다. 양봉가는 돼지 사육사 다음으로 낮은 계급이었으나, 양봉가들에게는 야생 벌집이나 만들어 둔 벌통의 꿀을 채취할 자격이 있었으며, 꿀을 훔친 자에게는 무거운 형벌이 내려졌다.

『둠즈데이북(Domesday Book, 1086)』은 정복 후 통치를 위해 점령지의 가축과 토지 등을 조사한 기록물로, 야생 벌꿀 채집에 관한 내용이 많이 담겨있다. 윌리엄 1세(1066~1087)는 자신의 통치 기간에 야생 벌꿀 채집권을 누가 소유하는지, 야생 벌꿀을 무단으로 훔치면 어떠한 제재를 가할지 등을 법전에 명시하기 시작했다.

2세기가 지난 영국에서 「마그나 카르타(Magna Carta, 대헌장)」라는 법률 문서가 선포되는데, 이 대헌장이 영국의 역사에서 큰 의의가 있는 이유는 그로부터 2년 후 「산림 헌장(Charter of the Forest)」을 포함한 보충 법률의 입법을 촉발한 시발점이기 때문이다. 1217년 헨리 3세가 승인한 이 헌장 덕분에 왕이 놀이처럼 마음대로 사형 선고를 내리던 폐단이 종식되고, 백성들은 꿀과 밀랍과 같은 자연의 산물들을 자유롭게 채집할 수 있는 권리를 보장받게 되었다. 이러한 조항들은 1971년까지, 750년이 넘는 시간 동안 그대로 법률에 남아있었다. 이 사건

하나의 스켑만 놓을 수 있게 만들어진 벌통 보호벽.

이후 백성들은 음식 재료를 자유롭게 얻을 수 있게 되었을 뿐만 아니라 재정적으로도 큰 안정감을 얻게 되었다. 수도원 소유의 땅이 많았던 당시에는 소작농들이 봉헌용 초의 원료인 밀랍을 소작료로 대신하거나(48쪽 참조), 왕에게 세금을 낼 때 부족한 금액만큼을 꿀로 보충해서 내는 경우가 비일비재했기 때문이다.

『센처스 모어(Senchus Mor)』라고 알려진 고대 아일랜드의 법전은 5세기가 되어서야 성문화되었지만, 만들어진 시기는 250년으로 거슬러 올라간다. 이 법전에는 벌통에 관한 내용이 자주 등장한다. 그뿐만 아니라 아이들에게 무엇을 먹여야 하는지도 기술되어 있다. 가난한 사람들에게는 자식에게 오트밀 죽에 버터를 만들고 남은 우유와 물을 먹이라고 했다. 족장이나 계급이 높은 이들에게는 자식에게 보릿가루에 신선한 우유와 버터를 먹이고 왕의 자손들에게는 통밀빵과 신선한 우유는 물론 꿀까지 제공하도록 했다. 꿀이 최상위 계층만 접할 수 있는 귀한 음식이었다는 사실을 알 수 있는 대목이다.

꿀벌이 과일과 꽃을 상하게 했다면 그 주인에게 책임을 묻는 것이 당연하나, 이를 단속하기는 사실상 불가능했다. 그래서 꿀벌의 활동 범위 내에 사는 이웃과 꿀벌에게 피해를 받은 이웃에게 양봉가가 일정한 양의 꿀로 보상하도록 했다. 그 범위는 수탉의 울음소리나 교회 종소리를 들을 수 있는 범위 내였을 것으로 추정한다.

현대의 꿀벌과 양봉에 관한 법률은 꿀벌 사이의 질병 확산 방지와 밀집한 도심에서의 양봉으로 인해 이웃 주민들이 피해를 받지 않도록 사람들을 보호하는 것에 초점을 맞추고 있다(74쪽 참조).

꿀의 쓰임새

지금은 꿀이 주로 식품, 즉 감미료로 사용되지만, 고대 문화에서는 치료제와 보존제, 방부제로 사용됐다(24쪽 참조). 또한, 통치를 받는 백성이나 정복당한 식민지에서는 세금이나 조공품으로 사용되기도 했고, 신들에게 바치는 제물로도 쓰였다. 이를 보면, 양봉업을 최대한 효율적으로 운영하기 위한 사람들

벌통을 들락날락하며 꿀을 나르는 꿀벌의 모습을 그려놓은 필사본의 한 페이지. 1200년.

양봉의 풍습

북유럽에는 양봉가가 세상을 떠났을 때 꿀벌들에게 알려주는 전통이 있었는데, 이 풍습은 사람들이 신대륙에 정착하면서 퍼져나갔다(64~69쪽 참조). 이들은 꿀벌이 새로운 주인을 찾지 못한다면 꿀벌 역시 죽거나 도망쳐 버린다고 믿었다. 그래서 이들은 커다란 금속 열쇠로 벌통을 조용히 세 번 두드리는 것이 벌들에게 알리는 방법이라고 생각했다. 이 풍습은 존 그린리프 휘티어(John Greenleaf Whittier)의 「꿀벌에게 말해주다(Telling the Bees, 1858)」라는 시에 잘 나타나 있다.

꿀벌들 앞에서, 정원의 담벼락 아래에서,
앞에서, 뒤에서,
작은 하녀가 쓸쓸히 노래한다.
벌통 하나하나 시커먼 넝마를 덮어씌우며,
나는 덜덜 떨면서 귀를 기울였다.
여름 햇살이 눈처럼 차가웠기에.
꿀벌들에게 전하는 하녀의 노랫말을 나는 알기에.
그 누구도 피할 수 없는 여행을 떠난 자의 소식이기에.

의 노력이나, 그렇게 얻은 귀중한 꿀이 부와 권력을 대변한 당시의 상황이 그리 놀라운 일도 아니다.

기원전 1400년대의 고대 이집트에서 아이들을 위해 만들었던 특별한 꿀 케이크에 관한 기록이 남아있다. 요즘의 생강 쿠키처럼 사람 모양으로 구운 케이크였다. 꿀과 대추 가루로 만든 '삼각뿔 케이크(shat-cakes)'도 있었다.

기원전 594년 아테네의 솔론(Solon)은 벌통을 100m 간격으로 설치해야 한다는 법률을 통과시켰다. 아테네가 그 정도로 큰 도시였음을 대변하는 사실이다. 백리향으로 뒤덮인 히메투스산의 구릉 지대에서 나는 아테네 꿀은 최고의 품질을 자랑했으며

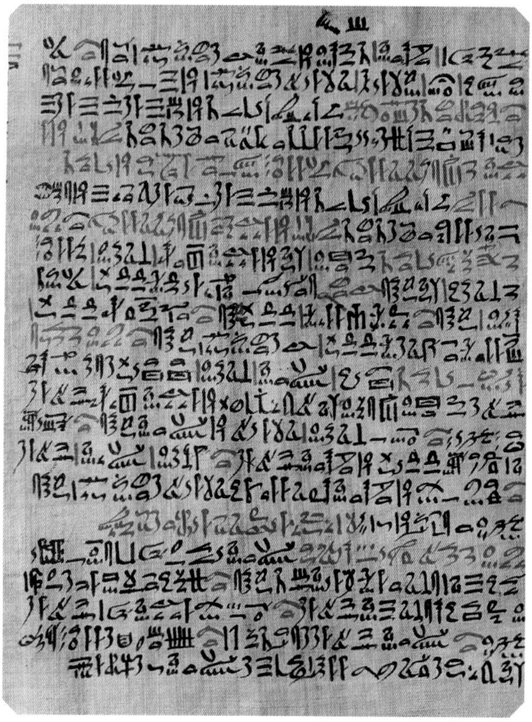

기원전 1550년 이집트 뉴 킹덤 시대에 만들어진 「에버스 파피루스」 중 한 장. 꿀을 이용해 병을 치료하는 수많은 처방이 수록되어 있다.

축제의 메인 음식으로 사용되었다. 진한 꿀이 듬뿍 든 치즈 케이크는 벌집과 벌꿀 와인, 미드와 함께 아테네를 고대 세계의 미식 중심지로 만든 일등 공신이었다.

기원전 1550년에 만들어진 가장 오래된 이집트 의학 문서 「에버스 파피루스(Ebers papyrus)」에 따르면, 꿀과 잘게 빻은 석고, 나트론 가루(천연 탄산소다), 소금을 혼합하여 화장품을 만들었다고 한다. 꿀은 테레빈유와 함께 주름 방지용 크림의 재료로도 사용되었다.

1542년 스페인 정복자들은 마야인들에게 조공을 요구했다. 1549년에 받은 조공품을 살펴보면, 173개의 마을 중 163개 마을에서 밀랍을 함께 조공했고, 157개 마을에서 꿀을 함께 조공했다. 모두 모으면 꿀이 3톤, 밀랍이 277톤에 달하는 양이다.

꿀벌의 산물

꿀은 밀봉 상태라면 절대 상하지 않는 유일한 천연식품이다.

꿀을 다 빼낸 벌집을 물과 함께 끓이면 단단한 노란색 덩어리가 되고, 이 덩어리가 공기에 충분히 노출되면 색이 사라진다. 한 번 완전히 탈색된 후 다시 녹이면 '백랍'이 된다. 석유램프가 등장하기 전까지 백랍으로 초를 만들었는데(292쪽 참조), 연기나 냄새도 없이 잘 타올랐다.

꿀벌의 독은 류머티즘 치료에 사용되었고, 특히 관절염과 다발성 경화증(MS)에 효능이 있었다. 피부에 직접 바르거나 근육주사로 사용했다.

꿀의 치료 효과

꿀을 사용하는 처방에 관한 최초의 기록은 유프라테스 계곡(현재의 이라크)에서 발견된 수메르의 점토판이다. 이 점토판은 기원전 2100~2000년 사이에 만들어진 것으로 추정된다. 중국인들이 꿀을 의학적인 용도로 사용하기 시작한 시기도 기원전 2000년경으로 추정하고 있다. 그러나 꿀에 대한 이해와 활용도가 가장 폭넓은 이들은 이집트인이었다. 「에버스 파피루스」(43쪽 참조)에는 꿀을 사용한 외상 처방전이 147개가 넘고, 내상 처방전도 102개나 기록되어 있다. 그중에서도 특히 가래나 천식과 같은 호흡기 질환을 치료하는 데 많이 사용했다고 한다. 또한, 대략 기원전 1900년 전후에 만들어진 「카훈 파피루스(Kahun papyrus)」에는 부인과 질병 치료법이 나열되어 있었다. 꿀과 악어 똥, 질산칼륨을 섞어 만드는 피임약 조제법도 나와 있었다.

꿀은 고대 이집트인, 아시리아인, 중국인, 그리스인, 로마인들이 상처를 관리하는 데 더할 나위 없이 좋은 재료였다. 기원전 1400년경에 살았던 아유르베다의 의사 수스루타(Susruta)는 꿀과 버터, 보리, 허브를 섞어 만든 연고로 상처를 치료했다. 현대의학의 아버지라 불리는 그리스의 의사 히포크라테스(Hippocrates, 기원전 469~399)도 상처와 화농, 궤양을 치료하는 데 꿀이 효과가 있다고 했으며, 열병을 치료하는 식이요법 중 하나로 꿀을 언급하며 간단하게 통증을 줄이고 갈증을 해소할 수 있다고 했다.

오래전부터 꿀은 건강에 좋은 식품,
즉 '생명 연장의 묘약'으로 여겨졌다.

제1차 세계 대전 중 독일인들은 보급된 기존의 소독약이 바닥나자 꿀을 대체품으로 사용했다. 오늘날에도 여전히 병원에서는 상처 치료나 각막 이식 전 각막을 보관하는 용도로 허가받은 의약용 꿀을 사용하고 있다.

미드

미드, 즉 '벌꿀 와인'은 꿀과 물에 효모를 넣고 발효시켜 양조한 술이다. 주로 유럽, 아프리카, 아시아에서 고대부터 만들었으며, 그 기원은 선사시대로 추정한다.

미드 제조와 관련된 고고학적 증거물 중 가장 오래된 것은 기원전 7000년경 만들어진 토기들이다. 중국 북부지방에서 발견된 이 토기들에는 미드와 쌀, 여러 과일이 섞여 발효된 유기 화합물이 묻어 있었다.

미드를 언급한 최초의 기록물은 인도의 경전 『리그베다』이고, 아리스토텔레스도 미드를 자신의 저서 『기상학(Meteorologica)』에서 언급했다. 플리니

초기의 생물학적 전쟁

기원전 399년 크세노폰(Xenophon)과 그의 그리스 군대는 이상한 병 때문에 페르시아에서 퇴각할 수밖에 없었다. 사망자는 한 명도 없었지만, 술에 취한 듯한 느낌으로 시작하여 3일간 구토와 설사가 계속되었다. 이 때문에 병사들은 심각한 심신 미약 증세를 겪었고, 훗날에서야 이 증상이 '꿀의 독성'으로 인해 유발된다는 사실이 밝혀졌다(독성 꿀에 관한 자세한 내용은 137~138쪽 참조). 이후에 그리스의 지리학자이자 역사학자였던 스트라보(Strabo)는 저서 『지리지(Geographica)』에 독성 꿀의 사용에 관해 기록했다. 독성 꿀은 기원전 65년에 일어났던 제3차 미트리다테스 전쟁에서 폼페이 병사들을 공격하는 데 사용되었다. 폰투스의 주민들은 병사들이 지나가는 길에 이 꿀을 놓아두었고, 꿀을 먹은 폼페이 병사들은 정신이 흐려져서 쉽게 제압당하게 됐다. 이로 인해 폼페이는 1000명이 넘는 병사를 잃고 말았다.

우스(Pliny the Elder)도 저서 『자연사(Historia Naturalis)』에서 미드를 언급했는데, 그는 꿀을 첨가해 단맛을 높인 와인과 미드를 구별했다.

노르웨이의 위대한 신 오딘은 시인의 미드가 매일 채워지는 마법 항아리를 가지고 있다. 시인의 미드는 우주에서 가장 귀중한 음료이며 이것을 마시면 누구든 시인이나 학자가 될 수 있다고 한다(27쪽 참조).

역사적으로 미드는 구하기 어려운 음료가 아니었다. 높은 세금과 규제 때문에 생산량이 감소했지만, 일부 수도원, 특히 포도를 재배할 수 없는 지역의 수도원에서 미드는 양봉의 부산물로써 꾸준히 생산되며 오랜 전통을 이어왔다. 앵글로 색슨족 양봉가(280쪽 참조)들이 채집한 꿀은 주로 미드를 만드는 데 사용되었다.

실제로 미드 생산장은 앵글로 색슨 부족 공동체의 중심에 자리했고, 5세기를 배경으로 한 서사시 『베오울프(Beowulf, 700~1000)』의 주요 소재이기도 하다.

스칸디나비아반도처럼 추운 북부지역의 미드 생산장은 그 소유권이 영주에게 있었다. 영주는 전투를 치른 자신의 군사들에게 미드 생산장을 개방하여 허기를 채우고 휴식도 취할 수 있도록 했다. 2004년에서 2005년 사이에 덴마크 레르에(Lerje) 남서쪽에서 발굴된 6세기 중반 바이킹의 미드 생산장은 길이가 50m나 되었다.

베르길리우스가 4권에 걸친 자신의 저서 『게오르기카』 중 마지막 권을 쓰고 있다. 그는 꿀벌에 관한 글을 쓰는 데 네 번째 권을 통째로 할애했다.

미드의 종류

발체(BALCHÉ)/피타릴라(PITARILLA): 발체나무 껍질로 발효시킨 미드.
브래킷(BRACKET)/브래깃(BRAGGET)/브라곳(BRAGOT) : 맥주에 꿀이나 미드를 섞은 술.
캡시큐멜(CAPSICUMEL): 고추로 발효시킨 미드.
츄첸(CHOUCHENN): 프랑스 브리타니에서 생산하는 미드. 신선한 바닷물로 만들기도 한다.
사이서(CYSER): 사과와 꿀로 발효시킨 미드.
츄브르냑(CZWORNIAK)/드부이냑(DWOJNIAK)/폴토락(POLTORAK)/트로이냑(TROJNIAK): 꿀과 물의 비율을 다양하게 맞춰 만든 폴란드산 미드.
하이드로멜(HYDROMEL): 묽은 미드.
멜로멜(MELOMEL): 과일을 첨가한 미드.
메세글린(METHEGLIN)/메세글렌(METHEGLEN): 향신료나 허브를 첨가한 미드.
멀섬(MULSUM)/옴파코멜(OMPHACOMEL)/파이먼트(PYMENT): 꿀로 단맛을 낸 포도주.
로도멜(RHODOMEL): 장미와 꿀로 발효시킨 미드.
테지(TEJ): 잎 가루와 나무껍질이 첨가된 에티오피아산 미드.

밀랍의 용도

밀랍은 꿀벌들이 벌집을 만들기 위해 분비하는 물질로써, 쉽게 형상을 빚어낼 수 있다. 이러한 특징 덕에 오랜 세월 동안 인간들은 모형을 만드는 데 밀랍을 요긴하게 활용했다. 고대 그리스와 로마인들은 밀랍으로 거푸집을 만들었다. 밀랍을 석고로 덮은 뒤 열을 가해 밀랍이 녹으면 그 공간에 녹인 금속을 부어 보석과 조각품을 만들었다. 이 '로스트-왁스 주조법(lost-wax casting)'은 지금도 사용되고 있다 (290쪽 참조).

밀랍이 수천 년 동안 많은 문화권에서 사용되었지만, 18세기까지 꿀벌이 밀랍을 어떻게 만드는지 명확하게 아는 사람은 아무도 없었다(57쪽 참조).

밀랍 모형은 불건전한 목적으로 사용되기도 했다. 이집트의 주술사들은 주술의 대상에게 해를 끼치기 위해 사람이나 동물을 본떠 밀랍 인형을 만들었다. 「웨스트카 파피루스(Westcar papyrus)」에는 이러한 주술이 최초로 행해진 사례가 등장한다. 기원전 2830년경 아바-아너(Aba-aner)라는 사제가 살았는데, 아내가 불륜을 저질렀다는 사실을 알고는 악어 모형에 주술을 걸어 살아나게 만든 뒤 아내의 애인을 잡아먹게 했다고 한다.

기록을 영구적으로 유지할 필요가 없을 때, 기록을 지워야 할 때, 밀랍은 파피루스의 대체품으로 사용되었다. 로마인들은 전통적으로 목판 위에 밀랍을 발라 마치 오늘날 스타일러스로 쓰는 것처럼 사용했다. 그렇게 쓴 메시지를 받은 사람은 메시지를 문질러 지우고, 매끈해진 밀랍 위에 답장을 썼다.

마야인들이 스페인에 바친 밀랍은 꿀벌 밀랍보다 품질이 떨어지는 것이었다. 그러나 유럽에서 양초를 생산하려면 매우 많은 밀랍이 필요했기에 1600년대 중반까지는 밀랍이 유카탄의 주요 수출품이었다.

글씨를 지울 수 있다는 점은 비밀스러운 사랑의 메시지를 전달하는 데 매우 유용해서 사람들에게 인기가 많았다. 로마 시대 이후에는 밀랍 판이 사용되지 않았지만, 편지와 관련된 밀랍의 쓰임새는 계속되었다. 밀랍을 테레빈유와 혼합하면 붉은색을 띠는데, 이는 중세시대부터 편지 봉투를 봉인하는 데 사용되어 수령인 외에는 아무도 편지를 읽을 수 없도록 했다.

밀랍의 밀봉 능력은 여러 용도로 사용되었다. 이집트인들은 배를 만들 때 밀랍을 사용했고, 청동기 시대의 영국인들도 이와 비슷한 목적으로 밀랍을 사용했다. 1992년 영국 남동쪽 해안 지역인 도버의 지하 양수장 건설 현장에서 발견된 목선이 그 증거이다. 물에 잠긴 구멍에서 찾아낸 긴 나무 조각으로 인해

스타일러스식 밀랍 판은 로마인들이 연애편지를 주고받을 때 인기리에 사용되었다.

밀랍의 기타 쓰임새

충전제로 사용: 당구대를 만들 때 나사 구멍을 메우고 접합선을 없애기 위해 사용한다.

악기에 사용: 아코디언을 제작할 때 밀랍과 송진을 혼합해 아코디언 내부에 리드판을 고정한다. 또한 오스트레일리아 원주민들의 전통 악기인 디제리두(didgeridoo)의 취구 부분에도 밀랍과 송진을 바른다. 필리핀에서는 쿠티야피(kutiyapi)라는 전통배에서 연주하는 류트의 프렛을 만드는 데 사용한다.

음식으로 사용: 음식, 특히 치즈를 상하지 않게 코팅하는 데 사용한다(어떤 치즈 제조업자들은 밀랍을 플라스틱으로 대체하려 했지만, 불쾌한 맛이 난다는 사람들이 많아 여전히 밀랍을 사용하는 추세다). 밀랍은 식품 첨가물 기호 E901로 지정되었다.

윤활제로 사용: 캡과 공이를 사용하는 구조의 총기의 윤활제로 사용하며, 흑색 화약을 사용하는 탄창식 발사 화기에 사용한다.

고고학자들이 발굴을 시작하게 됐고 결국 선사시대의 목선(기원전 1500년경에 제작된 것으로 추정)의 잔해가 모습을 드러냈다. 목선의 판자들은 서로 묶여있었고 물이 새지 않도록 틈을 밀랍으로 밀봉해 놓았었다. 긴 뱃머리 부분도 밀랍과 송진, 동물 기름 등으로 방수 처리해 수명이 오래가도록 제작했다.

교회 양초

고대 이집트인과 크레타의 미노아인은 기원전 3000년 전부터 밀랍으로 초를 만들었다. 중세시대 유럽의 가톨릭 국가에는 거대한 성당들이 많았고, 덕분에 양초의 원료인 밀랍의 수요가 매우 많았다. 유럽의 많은 수도원과 수녀원에서는 자력으로 밀랍을 생산하기 위해 꿀벌을 키우기도 했다. 가축의 동물성 기름으로도 비슷한 양초를 만들 수 있었지만 불을 붙이면 사방으로 불꽃이 튀면서 썩은 냄새가 났다. 그러므로 하나님의 집을 상징하는 교회의 양초는 반드시 밀랍으로 만들어져야만 했다.

그러니 부자들과 권력자들이 영혼의 안식을 위해 밀랍 촛불을 영원히 꺼지지 않게 하는 데 기꺼이 돈을 내는 것은 어떻게 보면 당연한 일이었으며 유언으로 남기는 이도 종종 있었다. 때문에, 가톨릭이 널리 전파되고 세력이 강해질수록 양봉업의 위상도 높아졌다. 심지어 꿀벌을 기르고 채취한 밀랍을 가공하며 양초와 도자기를 만드는 일을 도맡는 수도사를 따로 두기도 했다.

마담 투소(Madame Tussauds)

마리 투소(Marie Tussaud, 1761~1850)는 세계에서 가장 유명한 밀랍 조각가이다. 마리의 어머니는 파리에서 밀랍으로 인간 모형을 만들어 학생들을 가르치는 한 의사의 가정부로 일했는데, 덕분에 밀랍 조각 기술을 배울 수 있었다. 1789년 프랑스 혁명이 시작되었을 때, 마리와 그 의사는 단두대에서 처형당한 사람의 머리를 밀랍 모형으로 만들어야 했다. 석고로 잘린 머리를 감싼 뒤 굳으면 석고를 뜯어내 주형으로 사용했다. 주형 내부를 밀랍으로 채워 넣고 밀랍이 굳은 뒤 석고를 잘라내면 밀랍에 얼굴의 특징과 주름 등이 정확하게 드러났다. 그런 다음 섬세한 손길로 색칠을 하고 머리카락과 속눈썹을 붙였다. 1802년 프란시스 투소(Francis Tussaud)와 결혼하여 처녀 시절 썼던 마리 그로숄츠(Marie Grosholtz)라는 이름에서 마담 투소가 된 그녀는 동료들과 함께 영국으로 건너가 전시회를 열어 자신이 만든 작품들과 실제 단두대 칼날 등의 유물들을 함께 전시했다. 그녀가 세상을 떠난 뒤인 1884년, 런던의 메릴본 로드에 그녀의 박물관이 세워졌다. 이후 화재(1925년)와 지진(1931년), 폭격(1940년)에도 무사했던 박물관은 꾸준히 작품을 추가 제작해 전시하고 있다. 심지어 마담 투소 자신의 밀랍 인형(81세의 모습)도 전시되어 있다.

아메리카 대륙에 상업적 양봉이 본격적으로 시작되기 전에는 농부와 마을 사람들이 필요한 만큼 벌집을 돌보며 친구와 친척, 이웃과 나누었다.

이후 1530년대부터 시작된 종교 개혁과 더불어 수도원도 해체되기 시작했다. 이때 엄청난 수의 꿀벌 무리가 자연으로 돌아가거나 죽어버렸다. 개혁파가 긴축 재정 정책을 편 탓에 개신교 교회들은 양초를 거의 켜지 않았고, 밀랍의 수요도 급격하게 떨어졌다.

1553년 메리 여왕(Queen Mary)이 등장하며 가톨릭을 부흥시켰다. 1558년 영국 양초 판매인 협회(Worshipful Company of Wax Chandlers)가 런던에 있는 참회왕 에드워드의 웨스트민스터 사원(Westminster Abbey)에 140kg에 달하는 거대한 부활절 밀랍 양초를 세우기도 했다.

그러나 영국의 가톨릭은 메리 여왕의 죽음과 함께 다시 침체기에 접어들었다. 1558년 메리 여왕이 사망하며 자매였던 엘리자베스 1세가 왕위를 계승하게 되었는데, 엘리자베스 1세가 개신교 신자였기 때문이다. 그러나 다른 국가의 가톨릭 교회들은 여전히 순수한 밀랍 양초를 사용하는 전통을 이어갔다. 이러한 전통은 20세기가 되어 교황이 이를 금할 때까지 계속되었다.

양초 판매인

고대와 중세 영국에서는 조공품과 벌금을 낼 때 밀랍 덩어리를 사용했다. 덕분에 영국의 밀랍 산업은 계속 성장해왔다. 1358년, 영국 양초 판매인 협회라는 동업조합이 런던에 설립되었다. 이 협회는 1484년 리차드 3세로부터 칙허장을 받았고, 1485년에는 그들의 문장을 인정받았다. 현재는 자선단체로 바뀌어 밀랍 양초 제조업자들의 상거래를 보호하는 협회는 아니지만, 중세시대의 조직 구조와 경영 방식은 오늘날에도 여전히 유지되고 있다. 양초 판매인 대표(Master)가 있었고 상위 관리자(Upper Wardens)와 임대 관리자(Renter Wardens), 보조 의회(Court of Assistants) 등을 갖추었다. 또한, 국제 꿀 박람회(National Honey Show)와 영국 양봉 협회(British Beekeepers' Association, BBKA)를 후원하기도 한다. 영국 양봉 협회가 연간 시행하는 시험에서 가장 높은 점수를 획득한 양봉가에게 주는 부상과 상금을 지원하고 있다.

Wax Chandler.

양봉의 과학적 이점

꿀벌을 길렀던 고대의 저술가들은 자신들이 키우는 꿀벌 공동체를 자세히 관찰했다. 아리스토텔레스(기원전 384~322)도 꿀벌의 해부학적 특징과 습관을 연구하는 데 평생에 걸쳐 엄청난 시간을 쏟아부었다. 아리스토텔레스는 꿀벌이 일하고 번식하는 모습을 지켜보기 위해 관찰용 벌통도 만들었지만, 꿀벌들이 벌통을 밀랍으로 덮어버려 잘 보이지 않았다고 한다. 그래도 이를 이용해 꿀벌의 삶과 활동을 정확하고 다양하게 관찰할 수 있었다.

그러나 기독교의 시대가 시작된 이후, 수 세기 동안 양봉에 관해 객관적으로 관찰하려는 움직임이 줄어들었다. 그나마 영향을 줄만 한 내용은 기독교 철학자나 성직자의 자연사에 관한 저서에서나 가끔 등장했다. 140~410년 사이에 이집트 알렉산드리아에서 활동한 여러 저술가의 작품을 모아놓은 것으로 여겨지는 『피지올로구스(Physiologus, 자연 연구자)』(일종의 백과사전 - 옮긴이)는 양봉에 관한 지식을 풍부하게 담고 있는 아리스토텔레스와 플리니우스의 책과는 완전히 달랐다. 그리스어로 쓰인 이 책은 동물과 새, 신화적 생물들을 묘사하면서 각각의 도덕적, 상징적 특징을 서술하여 기독교의 가르침을 전했는데, 대부분 관찰에 근거하여 과학적이고 실질적으로 자세히 기록한 것이 아니라 기독교의 도덕관념에 맞추기 위해 만들어진 내용이었다. 『피지올로구스』는 유럽과 중동의 여러 언어로 번역되었고, 몇 세기에 걸쳐 내용이 수정되고 옮겨져 중세 시대에 널리 읽힌 책 양식인 '동물 우화집'의 형태가 되었다. 12세기에 들어서야 이 책에 꿀벌에 관한 내용이 추가되었다.

1440년경 독일의 요하네스 구텐베르크(Johannes Gutenberg)가 금속 활판 인쇄술을 발명한 후부터 책이 훨씬 대중화되었고, 그때까지 귀족과 성직자들만이 읽을 수 있었던 글을 유럽의 중산층도 읽을 수 있게 되었다. 비록 당시에는 그리스어와 라틴어로만 번역되어 있었지만, 아리스토텔레스의 꿀벌 연구 결과들과 양봉에 관한 내용으로만 가득한 베르길리우스의 『게오르기카』 제4권(33~34, 53쪽 참조), 플리니우스의 『자연사(77~79)』, 그리고 1500년대 후반에 출판된 여러 농업 백과사전 등 기독교 이전 시대의 꿀벌과 양봉에 관한 통찰이 담긴 책들이 출판되었다.

양봉 지식의 확장

11세기에서 15세기 사이에 꿀벌과 양봉에 관한 지식이 늘어났다는 몇몇 증거가 있다. 에드먼드 사우던(Edmund Southerne)은 1593년에 영어로 된 최초의 양봉 안내서 『꿀벌의 올바른 사용과 통제에 관한 논문(A Treatise Concerning the Right Use and Ordering of Bees)』을 출판했다. 사우던은 직접 벌을 기르고 관찰하면서 알아낸 사실을 토대로 쓰면서 수벌도 무리 안에서 어떠한 역할을 한다는 것을 알게 되었다. 수벌들이 정확히 무슨 역할을 하고 있는지는 알지 못했지만, 수벌에게도 없어서는 안 되는 역할이 있었다.

1600년에서 1800년 사이에 영국 농부들과 지주들이 남긴 재산 기록과 장부들을 보면 당시 양봉에 관해 더 자세히 알 수 있다. 영국 북부 요크셔주에 살았던 헨리 베스트(Henry Best)의 장부를 보면 하얀 천으로 벌떼를 포획했던 것을 알 수 있는데, 이는 지금도 흔히 사용되는 방식이다. 벌떼를 스켑이나

51쪽: 벌떼를 채집할 준비를 하는 양봉가들. 베르길리우스의 『게오르기카』 18세기 판.

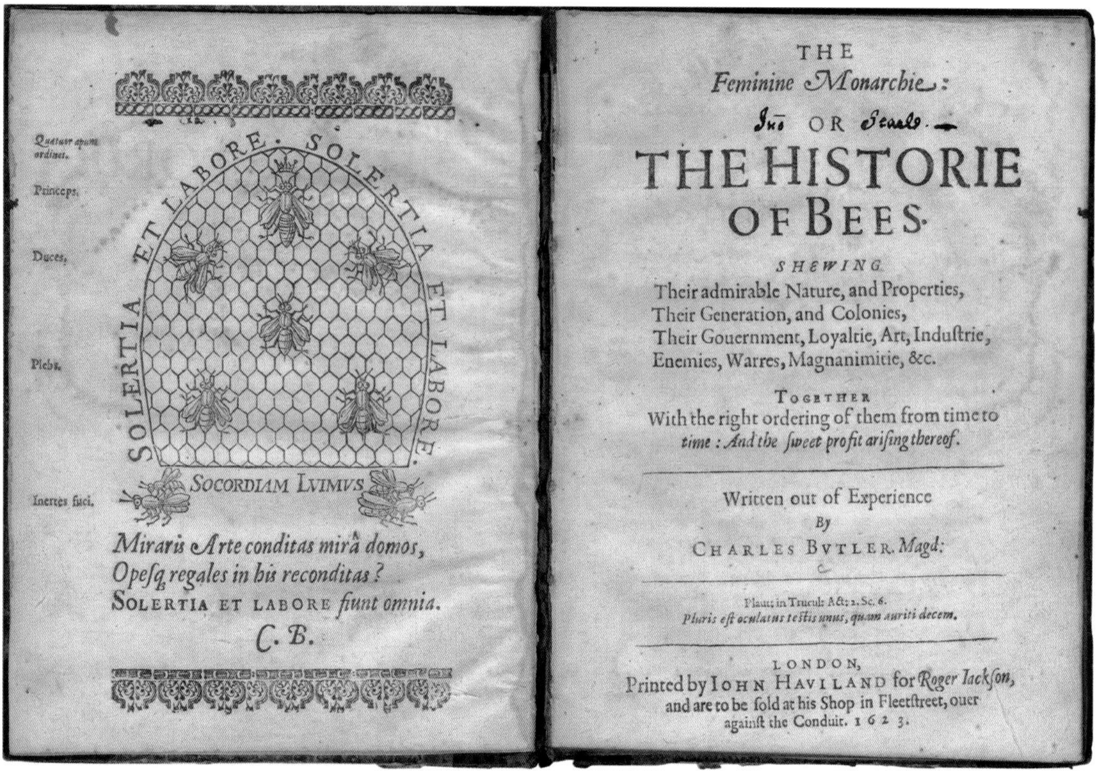

찰스 버틀러(Charles Butler) 목사의 『여성의 왕국(The Feminine Monarchie)』의 표지.

양동이에 포획한 다음(37쪽 참조) 벌통 입구에 펼쳐 놓은 하얀 천 위로 벌들을 모으면, 벌들은 하얀 천을 따라 질서 있게 벌통으로 들어간다. 하얀 천 덕분에 어두운 색인 꿀벌들이 쉽게 눈에 띄어 양봉업자가 여왕벌을 쉽게 찾아내 상태를 확인할 수 있다. 헨리 베스트는 꿀을 채취하는 작업이 하녀들에게 적합한 일이라고 기록해두기도 했다. 하녀들은 벌집에서 꿀을 짜내어 대야에 담았다. 그런 다음 흐물흐물해진 빈 벌집과 찌꺼기를 깨끗한 물을 채운 다른 대야로 옮겨 담아 미드를 만들었다.

16세기 후반에는 농업과 자연사에 관한 책들이 유럽에서 많이 출판되었다. 그중 독일인 의사 게오르그 픽토리우스(Georg Puctorius)가 쓴 『빌링겐 판토폴리온(Villingen Pantopolion, 1563)』은 자연 세계를 찬양하는 책으로, 양봉에 관한 논문도 포함되었다. 1568년 런던의 토마스 힐(Thomas Hyll)이 이 책을 번역하면서 영어로 번역된 최초의 정원 가꾸기 안내서가 되었다. 이 책에 포함된 양봉 관련 부분은 6년 후에 『양봉에 관한 유익한 설명(A profitable instruction of the perfite ordering of bees)』이라는 제목의 책으로 분할 출판되었다. 1655년에는 드디어 양봉에 관해 다룬 최초의 정부 문서로 여겨지는 『꿀벌들의 개혁된 공동 재산(The Reformed Common-Wealth of Bees)』이 영국에서 등장했다. 이 책은 영국 정부에서 일반 대중에게 정보를 전파하는 일을 맡고 있던 사무엘 하트리브(Samuel Hartlib, 1600~1662)가 편찬했다.

수도원이 해체되어 수도원 소유의 양봉장이 사라진 후에는 소량의 밀랍과 꿀만 생산되었고, 미드의 가격도 비싸져 서민들이 살 수 없을 정도가 되었다. 더군다나 대서양 건너편에서 사탕수수가 수입되기 시작해 값싼 설탕을 쉽게 구할 수 있게 되었다. 설탕

부고니아

이상하게 들리겠지만, 수천 년 동안 벌이 소의 사체에서 태어난다는 믿음이 이어져 왔다. 바로 황소 탄생(ox birth)이라는 의미의 그리스어 '부고니아(bugonia)'이다. 이 믿음은 고대 이집트에서 날개가 달린 작은 황갈색의 생물들이 사체에서 날아오르는 것이 목격되면서 시작되었다. 이로 인해 사람들은 벌이 썩어가는 살에서 기적처럼 생겨난 것이라 여겼다. 한 권 전체를 양봉에 헌정한 베르길리우스의 『게오르기카』 제4권은 이러한 믿음을 언급하며 실제로 소 사체에서 벌떼를 만들어내는 방법을 거침없이 독자들에게 알려준다. 간단히 소개하자면 다음과 같다.

> 먼저 황소를 사방이 막힌 좁은 곳에 넣고 콧구멍과 입을 막는다. 그런 다음 죽을 때까지 두들겨 팬다. 단, 피부 손상을 최소화해야 한다. 멍들게 한 사체를 닫힌 방에 그대로 둔다. 일단, 뼈가 부드러워지고 살이 썩기 시작하면 벌떼가 생기는 것을 볼 수 있을 것이다.

콧구멍과 입을 막는 것은 동물의 영혼이 몸을 떠나는 것을 막는 중요한 단계다. 그 영혼을 통해 벌들이 들어가는 것이다. 벌들이 태어나기 가장 좋을 때는 태양이 황소자리의 위치에 들어갔을 때라고 한다.

벌뿐만 아니라 뱀, 쥐, 구더기까지, '자연 발생'에 관한 초자연적인 오해는 1668년에 이탈리아의 의사 프란시스코 레디(Francisco Redi)가 반증해낼 때까지 계속되었다. 프란시스코는 황소 사체에서 생겨난 이 생물들이 꿀벌이 아니라 비슷하게 생긴 꽃등에(hoverfly, 82쪽 참조)라는 사실을 밝혀냈다. 등에는 꿀벌과는 달리 썩은 사체에 알을 낳는다.

은 빠른 속도로 꿀을 대체하기 시작했다. 1410년, 꿀 1파운드의 가격은 1파운드 3실링 5펜스였지만 설탕은 2실링에 불과했다. 꿀의 가격은 1530년까지 조금씩 올라 1파운드 12실링 10펜스가 되었지만, 설탕의 가격은 6.75펜스까지 떨어졌다.

사무엘 하트리브와 무역 협회(Council of Trade) 회원인 그의 친구들은 양봉업이 촉진되어 음식을 만들고 술을 빚을 때 설탕 대신 꿀을 사용할 수 있도록 더 저렴하고 풍부하게 꿀을 생산할 수 있게 되길 간절히 바랐다. 하트리브는 꿀벌과 꿀벌의 습성에 관해 잘 연구된 정보를 대량으로 수집해 책을 편찬했지만, 자신이 양봉가가 아니었기에 내용의 품질이 떨어질 수밖에 없었다. 또한, 하필이면 송아지의 사체에서 벌이 탄생했다고 주장하는 콘월의 카류(Carew) 가문의 글을 맨 앞에 실어 놓았다.

선구적 양봉가와 과학자

찰스 버틀러 목사

16세기 말, 새로운 종류의 저술가가 등장했다. 바로 자연주의자를 표방하는 목사들이었다. 이들은 자기 주변의 자연환경을 더 자세히 들여다보고 다른 이들을 가르칠 수 있는 관심과 시간이 있었다. 찰스 버틀러 목사(The Reverend Charles Butler, 1559~1647)는 신학 박사였으며 여러 음악적 작품을 만든 학자이자 음악가였다. 버틀러는 누에고치를 키웠지만 상업적으로 성공하지 못하고 꿀벌에게 관심을 돌렸다. 그 결과 1623년 『여성의 왕국(The Feminine Monarchie)』과 『꿀벌에 관한 논문(Treatise Concerning Bees)』이라는 글을 썼다. 또한, 『올바른 양봉법(Due Ordering of Them)』이라는 책으로 '영국 양봉의 아버지'라는 칭호를 얻었다. 그의 작품은 양봉가 혼자서 직접 연구한 상세한 결과물과 실제 경험을 바탕으로 한 최초의 안내서였다. 읽기 쉽게 구성되어 있고 독자들이 쉽게 접근할 수 있도록 찾아보기와 참고 자료까지 수록한 명작이었다.

버틀러는 여왕벌과 일벌, 수벌의 신체적 차이와 기능적 차이를 설명하면서, 수벌에 관해 이렇게 설명했다.

> 침이 없고 뚱뚱하며 먹을 때는 재빠르고 일할 때는 느리다. 둥근 벨벳 모자를 쓴 것 같은 모습이 눈에 띄며 커다란 배에서 윙윙거리는 소리를 낸다. 하지만 수벌들은 다른 벌들에게 눈살을 찌푸리게 만드는 게으른 동료일 뿐이다. (…) 비록 벌집 밖에서나 안에서나 다른 곤충들처럼 무리에 섞이려 하진 않지만, 의심의 여지 없는 수컷이다. 이러한 수벌들의 남성적인 능력으로 벌들은 비밀스럽게 잉태되고 번식한다.

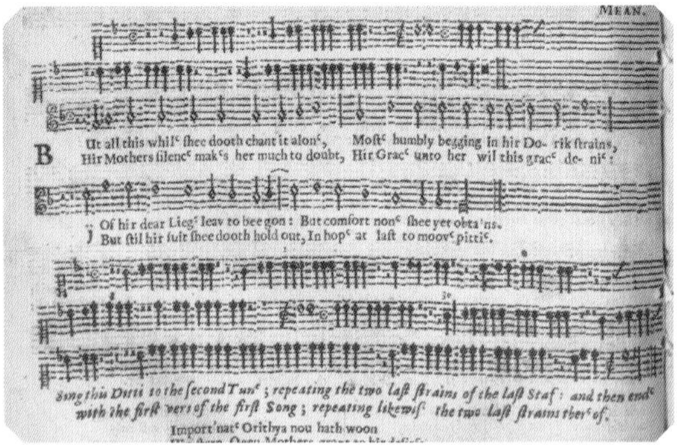

찰스 버틀러 목사가 만든 꿀벌 소리를 표현한 악보.

수벌 무리 사이를 여왕벌이 아무리 날아다니더라도 실제로 교배가 이루어지는 장면은 현대의 양봉가들조차도 본 적이 없기에, 이는 놀라운 추론이었다.

찰스 버틀러 목사는 벌들이 벌집 속에서 내는 소리를 음계로 표현하려 했다.

버틀러는 세심하고 이성적으로 꿀벌을 관찰했고, 덕분에 양봉가들에게 꿀벌의 한해살이에 관한 실질적인 정보와 계절에 따른 관리 방법을 전하게 되었다. 그는 벌떼가 어떤 먹이를 언제 먹을 수 있는지, 꿀을 수확하기 가장 좋은 시기가 언제인지, 겨울에 벌집을 돌보려면 어떻게 해야 하는지 잘 알고 있었다. 건조한 여름이 지난 후 봄에 비가 많이 오면 꿀 수확량이 좋다고 했으며, 벌집에 저장된 꿀을 탈취하려는 말벌이나 다른 벌들로부터 자신의 꿀벌을 지키는 방법을 조언하기도 했다. 그 방법은 벌집 입구를 좁게 만들거나, 특히 연약한 벌떼의 벌집이라면 오전 10시나 11시까지 벌통을 닫아놓아 벌집을 지키라고 했다. 또한, 벌떼를 찾아 벌통에 넣을 때 필요한 장비 등 다소 어려운 작업에 관한 상세한 조언은 물론 건초를 태워서 연기를 피워 스켑으로 벌들을 유도하는 방법도 설명했다.

벌집이 벌떼로 가득 차면 '정찰벌(scout bee)'이 새집을 지을 적당한 장소를 찾기 위해 날아오른다. 이들은 벌집으로 돌아갈 때 새로운 집이 될 장소의 거리와 방향을 나타내기 위해 다양한 방식으로 벌춤을 춘다(112~113쪽 참조). 버틀러는 이 정찰벌들을 '스파이들(spies)'이라 표현했는데, 이들의 춤 자체가 길을 안내하는 기능을 한다는 사실은 알지 못했지만(이후로 300년이 지나서야 이 사실이 밝혀졌다. 112쪽 참조), 정찰벌들이 춤을 추면 곧 벌떼가 원래 집을 떠날 것이라는 점에 주목했다.

버틀러의 책 『여성의 왕국』에 수록된 여러 가지 방법들은 양봉 기술에 관한 새로운 접근법을 확립하는 데 도움이 되었고, 그의 관찰 결과 중 일부는 지금도 여전히 그 가치를 인정받는다. 예컨대, 현대의 양봉가 중에 꿀벌이 향수와 땀 냄새, 강한 입 냄새 같은 특정한 체취(특히 마늘과 양파 냄새, 알코올 냄새)를 싫어한다는 것을 모르는 사람은 없다. 이는 기본적이지만 매우 중요하고 실용적인 지식이다. 그리고 이것을 가장 먼저 알아낸 사람이 바로 버틀러 목사다.

로버트 훅과 얀 슈밤메르담, 그리고 현미경

역사가들은 현미경을 발명한 사람을 특정하려 하지 않는다. 아마도 이러한 훌륭한 기술적 도약은 긴 시간을 두고 이루어진다고 여기기 때문일 것이다.

하지만 일반적으로 알려진 바로는 네덜란드의 안토니 판 레벤후크(Anthony van Leeuwenhoek, 1632~1723)가 실제로 작동하는 현미경을 최초로 만든 사람으로 인정받고 있다. 그는 영국의 저명한 화학자이자 물리학자인 로버트 훅(Robert Hooke, 1635~1703)과 네덜란드의 자연학자 얀 슈밤메르담(Jan Swammerdam, 1637~1680)에게서 영감을 얻었다고 한다.

훅은 가장 위대한 17세기의 실험 과학자로 추앙받고 있다. 그가 자신이 고안한 복합현미경으로 관찰한 것들을 묘사한 그림들은 그의 뛰어난 업적 중 하나다. 1665년, 그는 벼룩의 해부학적 구조와 벌의 침, 코르크 세포들을 관찰한 내용을 담은 『마이크로그래피아(Micrographia)』라는 책을 펴냈다. 정교하고 꼼꼼하게 그린 83장의 그림이 수록된 이 책은 베스트셀러에 등극했고, 새뮤얼 피프스(Samuel Pepys, 17세기 영국의 정치가. 그가 9년간 매일 쓴 일기는 당시 영국의 격동기를 연구하기에 좋은 자료다 - 옮긴이)는 자신의 일기에 '내가 읽어본 책 중 가장 기발한 책이다'라고 이 책을 평가하기도 했다.

슈밤메르담의 관찰 결과는 오늘날 곤충의 생리와 발달에 관한 우리 지식의 기초가 되었다.

얀 슈밤메르담은 현미경을 그저 보는 것에서 그치지 않고 한 단계 더 나아갔다. 그는 렌즈가 하나만 달린 직접 만든 단순한 현미경을 이용해 자연광 아래에서 세심하고 정밀한 조사를 해냈다. 7년 가까이 자세히 연구한 끝에 1737~1738년에 걸쳐 자신의 연구 결과를 책으로 펴냈고, 이후 영어로 번역되어 『자연의 성서(The Book of Nature, 1759)』라는 제목으로 출간되었다.

수많은 곤충을 수집했던 호기심 많은 아버지 덕분에 슈밤메르담의 자연사에 관한 관심은 점점 커졌다. 그는 여러 곤충들 중에서도 특히 벌을 해부했는데, 너무 작아서 현미경으로 보고 날을 갈아야 할 정도로 작은 가위와 칼을 이용했다. 그렇게 자세히 관찰하고 나서는 정성을 다해 관찰한 것들을 그렸다. 여왕벌의 난소를 해부한 그림은 그의 삽화 중 가장 유명한 것이라 할 수 있다. 슈밤메르담은 그림과 함께 자세한 설명을 덧붙였다. 난소를 발견한 것은 꿀벌들의 '왕'이 암컷이라는 명백한 증거였다.

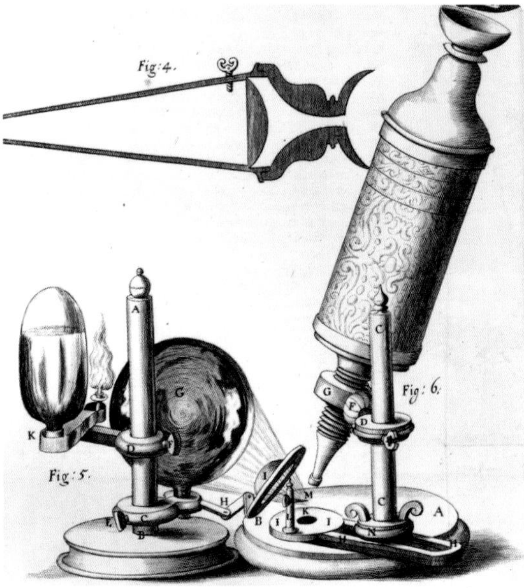

『마이크로그래피아』에 실린 로버트 훅의 현미경.

꿀벌의 주둥이 부분과 벌침 부위를 처음으로 정확히 설명해냈으며, 꿀벌의 두 겹눈과 두뇌를 연결하는 돌출형 시신경도 묘사했다. 게다가 여왕벌과 일벌, 수벌의 해부학적 차이와 발달 차이를 처음으로 서술하기도 했다. 또한, 벌집 안에서 여왕벌 주위에 일꾼들이 모여드는 현상을 관찰해 여왕벌이 자신의 지배력을 유지하기 위해 페로몬 분비물, 이른바 '여왕의 물질(queen substance)'이라는 강한 체취를 발산하는 것이라 추론하고, 벌집으로부터 다소 떨어진 곳으로 여왕벌을 옮긴 후 일벌들이 찾아오는 방식을 관찰해 이를 증명해냈다.

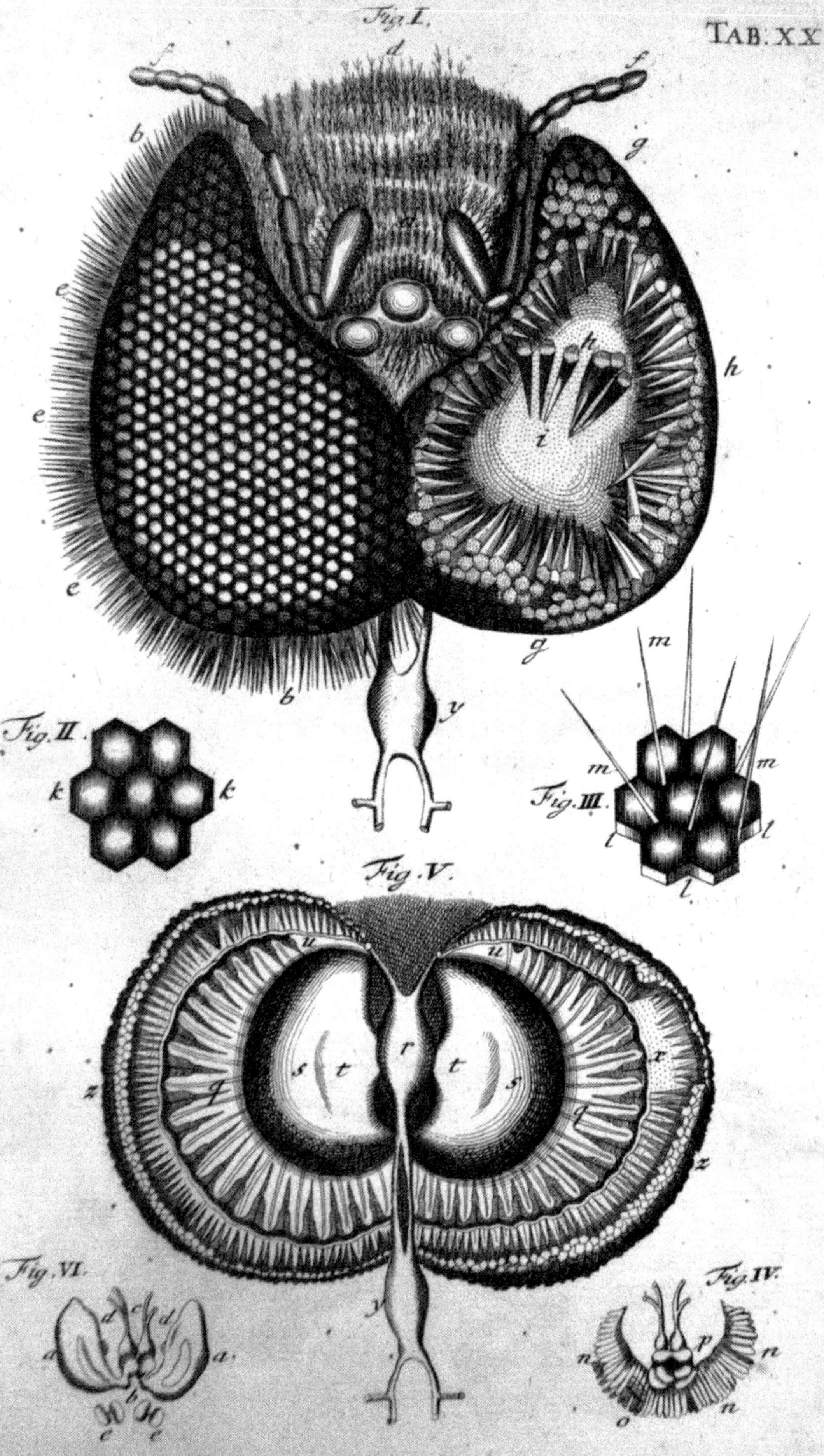
Fig. I.
Fig. II.
Fig. III.
Fig. V.
Fig. VI.
Fig. IV.

슈밤메르담은 사회적 습성이 있는 곤충들은 종류를 불문하고 세 가지 뚜렷한 형태, 즉 생식기능이 없는 암컷(꿀벌의 경우 일벌)과 생식기능이 있는 암컷 한 마리(여왕벌, 종에 따라서는 여러 마리인 경우도 있다), 그리고 일부 수컷으로 구성된 형태를 보인다는 것을 증명하려 노력했다. 그는 '일반적인' 꿀벌(일벌)들이 청소, 먹이 구하기, 양육 등 거의 모든 일을 하는 것을 발견했다(하지만 일벌들이 난소가 없다고 생각한 것은 그의 실수였다). 또한, 각 봉군에 오직 한 마리의 여왕벌만 존재해야 하며, 둘 이상이면 서로 목숨을 걸고 싸운다는 사실도 알아냈다.

얀 슈밤메르담이 이룬 연구 성과는 기존의 곤충 해부학과 사회학의 관점을 크게 변화시켰다. 자연사에 관한 삽화를 그리는 이들은 슈밤메르담의 그림들에 흠잡을 곳이 하나도 없다고 이구동성으로 말하고 있다.

밀랍 분비물의 발견

밀랍의 기원은 과학자들이 특히 알아내기 힘들었던 부분이다. 기원전 340년경, 아리스토텔레스는 『동물지』에서 꿀벌이 올리브 나무에서 밀랍을 채집한다고 했다(아리스토텔레스가 관찰한 것은 사실 흰빛을 띠는 올리브꽃의 꽃가루를 채집하는 꿀벌이었다). 이후, 여러 꿀벌 연구가들이 꿀벌의 아랫부분에서 밀랍 자국을 발견했지만, 아리스토텔레스의 연구를 부정하는 사람은 아무도 없었다.

그러나 해부학적 지식을 토대로 외과적 수술을 과학적 전문 분야로 확립했던 스코틀랜드의 저명한 생리학자이자 외과 의사인 존 헌터(1728~1793)는 1792년 2월 23일 영국 학술원에 제출한 논문에서 아리스토텔레스를 반박했다. 그는 유리로 둘러싼 자신의 벌집을 관찰한 결과 꿀벌의 복부 아래쪽 분비샘에서 밀랍을 생산한다고 설명하며 꿀벌의 체외로 나온 오일이 굳어 밀랍이 되는 과정을 보여주었다.

영국 학술원과 학술 기관

1660년 찰스 2세는 새로 설립된 과학 아카데미인 영국 학술원(The Royal Society)을 후원했고, 유럽의 다른 군주들도 비슷한 과학 학술 기관을 지원하기 시작했다. 1603년 로마의 '아카데미아 데이 린케이(Accademia dei Lincei, 예리한 눈들의 아카데미. 과학자에게 꼭 필요한 덕목인 날카로운 관찰력을 강조한다는 의미이다)'가 설립되었고, 1666년 파리의 '아카데미 로열 데 사이언스(Académie Royale des Sciences)'가 설립되었다. 유럽 전역에서 이루어진 과학적 연구들이 출판되기 시작해 사람들이 새로운 정보를 더 많이 접할 수 있게 되었다. 따라서 꿀벌과 양봉에 관한 내용도 훨씬 많은 이들에게 가까이 다가갈 수 있게 되었다. 18세기에는 작품이나 논문을 영어라는 하나의 언어로 번역하려는 움직임 덕분에 국가간 의사소통 능력도 향상되었다. 이에 따라 영어는 현대 과학을 설명하는 주 언어가 되었다. 과학 연구 결과가 널리 보급되고 특히 꿀벌에 관한 출판물이 늘어난 결과, 충분한 교육을 받은 계층과 지주들 사이에서 양봉 과학에 관한 관심이 급증했다.

프랑수아 위베르의 새로운 관찰법

10대 후반부터 시력을 잃기 시작했던 스위스의 자연 역사학자 프랑수아 위베르(François Huber, 1750~1831)는 이를 극복하고 뛰어난 자연학자이자 연구자가 되었다. 그는 결국 완전히 눈이 보이지 않게 되었지만, 그가 남긴 업적은 이전의 자연학자들이 이룰 수 없었던 꿀벌의 삶과 죽음을 이해하는 기초를 다졌다.

위베르의 아내 마리아는 남편이 실험하는 동안 관련 문헌들을 모두 큰 소리로 읽어 주었고, 실험 결과를 기록했다. 위베르의 종복이자 조수였던 프랑수아 버넨스는 정규 교육을 제대로 받지 못한 사람이

56쪽: 얀 슈밤메르담이 그린 꿀벌의 겹눈 구조.

꿀벌의 삶과 죽음에 관한 지식의 기초를 세웠던 프랑수아 위베르.

었지만, 눈이 보이지 않는 위베르를 대신해 모든 실험을 수행했다.

1792년, 프랑수아 위베르가 자신의 모든 실험 결과를 집대성한 『꿀벌의 자연사에 관한 새로운 관찰(Nouvelles observations sur les abeilles)』은 1806년 영어로 번역 출간되었다. 이 책은 벌의 더듬이에서 벌집을 만드는 것까지 다양한 주제를 담은 훌륭한 작품이었다. 꿀벌의 번식 방법처럼 사람들이 오해하고 있었거나 그때까지 잘못 알려진 많은 현상을 다시 설명했다. 프랑스의 자연학자 르네 앙투안 페르숄 드 레오뮈르(René-Antoine Ferchault de Réaumur, 1683~1757, 63쪽 참조)가 고안한 관찰용 유리 벌통을 사용해 연구를 진행하던 위베르는 꿀벌이 그런 환경 아래에서는 자연스러운 행동을 보이지 않을 것이라 확신했다. 그래서 '책장형 벌통(leaf hive)'이라고 알려진 자신만의 벌통을 개발했다. 이 벌통은 두께가 32mm이고 각 변이 30cm인 정사각형 나무 상자 12개로 이루어진 벌통이었다. 수직면

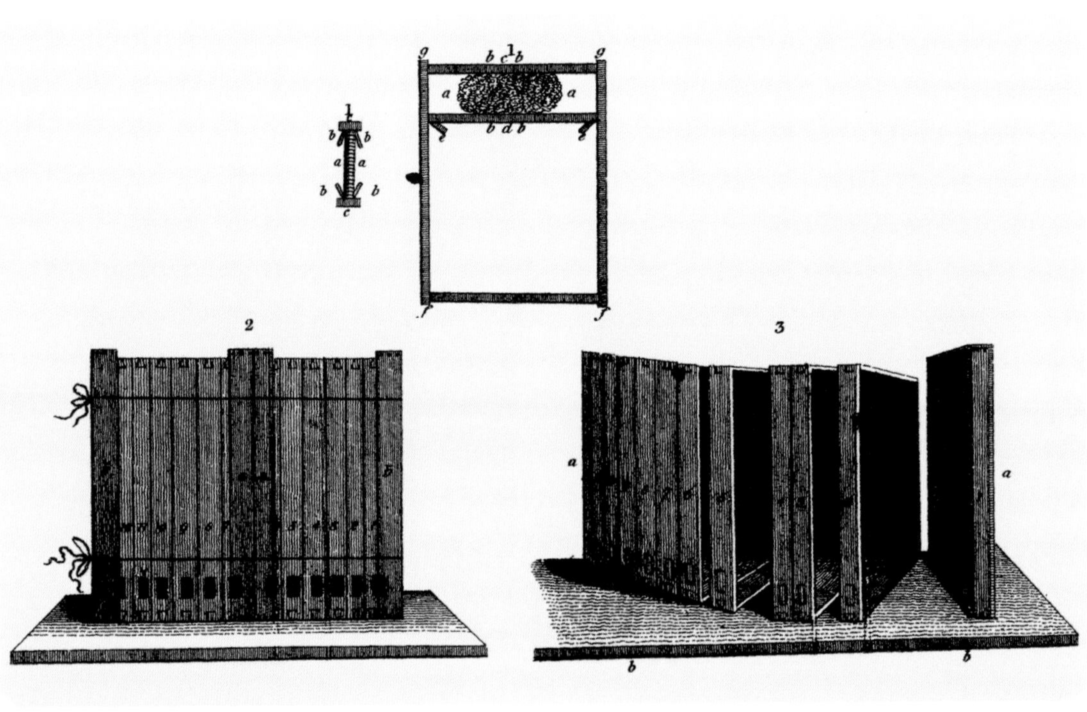

프랑수아 위베르가 만든 책장형 벌통.

을 따라 경첩으로 서로 연결되어있어 인접한 두 상자는 책처럼 갈라졌다(58쪽 아래 그림 참조). 각 틀의 윗부분에 벌집을 부착하여 꿀벌들을 모은 후 꿀벌들이 아래쪽으로 벌집을 확장할 때까지 벌통을 닫아두었다. 꿀벌이 벌집을 완성하면 각 상자를 차례로 열어 쉽게 벌집 양쪽 면을 확인할 수 있는 구조였다.

위베르는 몰랐겠지만, 20세기에 들어 위베르의 업적 중 많은 부분이 약 20년 전인 1771년에 슬로베니아의 양봉가 안톤 얀사(Anton Janša, 1734~1773)가 먼저 발견한 것으로 밝혀졌다.

위베르와 버넨스는 이 책장형 벌통을 이용해 명쾌한 실험을 여럿 진행했다. 그들은 여왕벌의 번식 능력에 집중했다. 그 결과 수벌에서 뿜어져 나오는 강한 냄새가 여왕벌을 유혹해 수정이 이루어진다는 얀 슈밤메르담의 이론을 반증하게 되었다. 그들은 벌통에서 수벌을 빼내 구멍이 뚫린 옆 상자로 옮겨 여왕벌이 냄새를 맡도록 했다. 그러나 여왕벌은 알을 낳지 않았다. 그래서 수벌과 여왕벌을 같은 벌통에 넣고 나가지 못하게 막았다. 하지만 이번에도 여왕벌은 알을 낳지 않았다. 결국, 위베르와 버넨스는 짝짓기 과정이 벌통 밖에서 이루어진다는 결론을 내리게 되었다. 버넨스는 긴 시간 동안 관찰한 끝에 여왕벌이 벌통 밖으로 날아가는 모습을 발견했다. 얼마 후 여왕벌이 돌아왔는데, 여왕벌에게는 희끗희끗한 물질이 두껍게 묻어 있었고 하체에는 잘린 수벌의 생식기가 보였다. 이틀 후, 여왕벌은 알을 낳기 시작했다. 버넨스는 실제 짝짓기 장면을 관찰하려고 노력했지만, 안타깝게도 그 장면은 결코 관찰하지 못했다.

벌통 디자인의 혁신

양봉 지식이 확산함에 따라, 양봉가들은 더욱 정교한 형태의 벌통을 찾기 시작했다. 스켑의 형태는 여전히 널리 사용되었다. 하지만 기존의 방식과 다른 짚과 나무를 이용해 스켑을 만드는 실험이 이어졌다. 주된 목적은 꿀벌을 죽이지 않고 꿀을 수확할 수 있는 벌통을 만드는 것이었다.

토마스 와일드먼의 다층구조 스켑

영국의 토마스 와일드먼(Thomas Wildman, 1734~1781)이라는 한 실험가는 저서 『꿀벌 관리법(A Treatise on the Management of Bees, 1768)』에서 꿀벌의 터전을 파괴하던 기존의 방식을 비판하고 나섰다.

> 달걀을 얻기 위해 암탉을 죽이고, 우유를 얻기 위해 젖소를 죽이며, 양털을 얻기 위해 양을 죽이는 것이 얼마나 우리의 이익에 반하는 행동인지 모르는 사람은 없을 것이다. 이런 비인간적이고 어리석은 살육이 꿀벌들에게 매년 일어나고 있다.

와일드먼은 꿀벌을 지킬 수 있는 혁신적이고 새로운 시스템을 같은 책에서 소개했다. 그의 벌통은 납작한 원통형 스켑의 상부에 폭이 좁은 송판 다섯 장을 일정 간격으로 붙인 형태였다. 움직임이 활발한 벌떼 한 무리를 스켑에 넣은 뒤 벌집이 벌들로 가득 차면 아래쪽에 다른 스켑을 설치해 여왕벌이 아래쪽 스켑으로 이동하도록 했다. 여왕벌이 네 번째 스켑까지 내려가고 나면 벌들은 가장 위의 스켑에 꿀을 가득 채웠다. 와일드먼은 이때 위에 있는 스켑의 꿀벌들이 모두 아래로 내려갈 때까지 스켑 옆 부분을 두들긴 뒤 가장 위의 스켑을 빼내 벌집을 꺼낸 후 빈 스켑을 다시 맨 밑으로 집어넣었다. 와일드먼은 야생의 벌들이 아래 방향으로 벌집을 확장해 나가며 위쪽부터 꿀을 저장하는 습성에 착안해 이 벌통을 만들었다.

전시된 '꿀벌 텐트'. 이와 같은 전시회는 꿀벌에 관한 관심을 높이고 지식을 확산하는 데 도움이 되었다.

와일드먼과 그의 조카 다니엘이 양봉 업계를 넘어서까지 유명해진 이유는 사실 그들의 쇼맨십 덕분이었다. 특히, 와일드먼은 1760년대 '꿀벌 지배자'라는 퍼포먼스를 통해 유명해졌다. 그는 자신의 팔과 가슴, 머리, 턱에 꿀벌들을 불러 모아 털처럼 보이게 했다. 게다가 말을 타고 행진하면서 링을 들면 꿀벌들이 따라오는 장면도 연출했다. 피날레는 자신의 어깨 위에 꿀벌들이 착륙하는 모습이었다. 와일드먼은 이 모든 장면을 연출하기 위해 꿀벌들의 습성을 이용했다. 꿀벌들에게 설탕 시럽을 먹이고 여왕벌을 잡아 손에 쥐었다. 떼를 지어 날기 전에 꿀을 먹는 습성이 있는 꿀벌들은 시럽을 먹은 덕분에 여왕벌의 페로몬 향기를 좇아 와일드먼과 여왕벌이 가는 곳마다 따라갔다.

다니엘 역시 삼촌처럼 쇼맨이었으며 『연간 꿀벌 관리법(A Complete Guide for the Management of Bees Throughout the Year, 1780)』이라는 책을 쓴 작가였다. 사람들은 와일드먼 일가의 쇼를 좋아했다. 덕분에 양봉이 상류층 사이에서 유행하게 되었다. 런던 홀본에 있던 그의 양봉 용품 상점에서는 유리 칸막이가 달린 값비싼 마호가니 재질의 벌통을 필두로 화려하고 새로운 형태의 벌통들이 불티나게 팔렸다.

와일드먼은 기존의 양봉 방식을 비판했지만, 자신의 양봉 기술을 다른 사람에게 전수하고 다른 양봉장을 돌봐주기도 했던 숙련된 양봉가였다.

이동식 틀 벌통

랑스트로스 벌통

이전까지는 와일드먼의 벌통(59~60쪽 참조)과 유

사한 막대형 벌통, 꿀벌들이 뚜껑과 벽에 직접 벌집을 붙일 수 있는 상자형 벌집이 주로 사용되었다. 그러나 두 종류 모두 꿀 채집이 어렵고 벌통을 재사용할 수 없는 형태였다. 이동식 벌통을 처음 만든 사람은 1884년 『막대형 벌통과 상자형 벌통 사용법(A Description of the bar-and-frame hive)』이라는 책을 쓴 영국인 윌리엄 아우구스투스 먼(William Augustus Munn)이라 알려져 있다. 그러나 완전한 기능을 가진 이동식 벌통을 발명했다고 인정받는 사람은 미국 태생의 로렌조 랑스트로스(Lorenzo L. Langstroth, 1810~1895) 목사이다. 이후 만들어지는 벌통 디자인에서 가장 중요하게 여겨진 개념인 '꿀벌 공간'을 처음으로 인식한 사람이 바로 그였다.

랑스트로스는 마흔이 다 되어서야 양봉을 시작했다. 처음에는 막대 형태의 벌통을 사용했지만, 벌통의 덮개가 프로폴리스(벌들이 나무구멍을 막거나 바위틈을 메우는 데 사용하는 수지성 물질)로 범벅이 되어 막히는 것을 보고는 벌통 상자를 개조했다. 벌집 막대를 덮개와 9mm까지 간격을 좁혀 설치할 수 있게 만들어 문제를 해결한 그는 벌통 내부의 공간 크기를 조절하여 벌통 전체의 디자인을 개선할 수 있다는 것을 알게 되었다.

랑스트로스 목사는 상자 상단에 거는 벌집틀에 얇은 널빤지 두 장을 서로 마주 보게 부착한 형태로 벌통을 제작했다. 그는 벌통을 디자인할 때 틀의 가장자리와 상자 벽과 바닥 사이에 공간을 두는 것을 가장 중요하게 생각했다. '벌의 공간'이라 불린 이 공간들은 꿀벌이 자유롭게 통과할 수 있을 만큼 넓었다. 랑스트로스는 처음 벌통을 디자인할 때 12.5mm의 공간을 두었다. (이후에 그 공간이 9mm 이상이면 꿀벌들이 밀랍으로 일종의 보강용 벽을 만들어 틀과 상자를 붙여버린다는 사실을 발견했다. 그래서 꿀이 채워진 틀을 빼려면 벌집을 훼손하지 않고서는 불가능하다는 것을 알게 되었다. 따라서 이 공간의 넓이는 종별로 매우 다양한 꿀벌의 몸집을 고려해 대략 6~9mm 정도가 적합하다. PART 2 꿀벌 이해하기 참조)

랑스트로스는 1852년 1월에 자신의 벌통에 대한 디자인 특허를 출원하고, 1853년에 교직을 떠나서 양봉에만 전념했다. 한 상자에 들어가는 벌집틀을 여러 개 만들어 벌들이 벌집을 더 많이 만들 수 있는 벌통을 제작했다. 랑스트로스는 그해 출판된 저서 『벌통과 꿀벌(The Hive and the Honey-bee)』에서 '꿀벌 공간'을 고안해낸 후, 마치 아르키메데스가 된 듯한 기분에 '유레카!'를 외치며 거리를 달려가고 싶었다며 기쁨을 표현했다.

랑스트로스가 만든 100여 개의 이동식 틀 벌통은 순식간에 모두 팔려나갔다. 오늘날 전 세계에서 팔리는 벌통의 75%가 랑스트로스의 디자인을 기초로 했다고 해도 과언이 아니다.

이어지는 혁신

1863년 프랑스의 찰스 다당트(Charles Dadant, 1817~1902)는 가족과 함께 미국으로 이주해 일리노이주에 정착했다. 양봉가였던 그는 랑스트로스가 디자인한 벌통이 너무 작다고 생각했다. 그래서 그는 자신의 이름을 딴 '다당트 벌통'을 고안했는데, 이는 유럽과 러시아 일부 지역에서 인기를 끌었다. 또한, 최초로 벌통과 양봉 도구를 생산하는 공장을 설립했다.

영국 엑서터에 살던 T. W. 우드버리(T. W. Woodbury)는 랑스트로스의 벌통을 변형한 제품을 개발했다. 이동식 벌집틀의 형태는 유지하되, 단열을 위해 상자의 덮개와 측면에 짚단을 덮은 벌통이었다.

반세기 동안 이루어진 디자인과 기술의 혁신은 양봉가들의 삶을 더욱 편하게 해주었으며, 꿀벌이 꿀을 만들면서 오래 생존할 수 있게 되어 벌꿀 수확량을 획기적으로 늘렸다.

'미국 양봉의 아버지'로 불리는 로렌조 랑스트로스는 자서전 『꿀벌과 함께(Langstroth on the Honey-bee, 1860)』에서 프랑수아 위베르에게 빚을 졌다고 말한다.

위베르의 벌통은 만족스러웠다. 덕분에 적절한 예방책을 통해 꿀벌들을 흥분시키지 않고도 벌집을 꺼낼 수 있다는 것을 알게 되었다. 또한, 꿀벌들을 길들일 수 있다는 사실은 정말 놀라웠다. 나는 이러한 사실들을 알지 못했기에 그때까지는 벌집을 꺼낼 수 있는 벌통을 실제로 사용하는 것은 상당히 위험한 일이라 생각했었다.

관찰용 벌통

관찰용 벌통의 역사는 길다. 아리스토텔레스가 유리로 벌통을 만들었다는 이야기는 유명하다(50쪽 참조). 플리니우스는 『자연사』에서 내부가 보이는 벌통을 언급했는데, 나무껍질 따위를 엮은 바구니의 옆이나 위에 얇게 저민 뼈 각질이나 백운모 조각을 끼워 넣는 방식이었다. 이를 통해 내부를 훤히 들여다보면서 관찰한 덕분에 플리니우스는 벌집 내부에서 꿀벌이 발달하는 장면을 묘사하게 되었다.

최초로 판유리를 이용한 벌통은 영국의 다이어리스트(diarist)이자 작가 존 이블린(John Evelyn, 1620~1706)이 지은 『엘리시움 브리타니쿰(Elysium Britannicum)』에 등장한다. 옥스퍼드 워덤 칼리지(Wadham College)의 윌킨스 박사(Dr. Wilkins)가 이블린에게 소개한 이 팔각형 벌통은 나무로 만들어졌으며, 입구의 맞은편 패널에 10cm × 15cm 크기의 유리창이 달려있었다.

이후 1680년경에 이탈리아-프랑스계 천문학자 겸 수학자 지아코모 마랄디(Giacomo Maraldi, 1665~1729)도 파리 천문대 근처 정원에 유리 벌통을 설치하고 꿀벌을 관찰한 내용을 설명했다. 한편, 영국계 아일랜드인 화학자 겸 물리학자 로버트 보일(Robert Boyle, 1627~1691) 역시 비슷한 시기에 자신의 연구에서 '자유롭게 왕래할 수 있는 투명한 벌통'을 분명히 언급했다.

17세기 후반부터 유럽의 과학자들은 더욱 효과적으로 꿀벌의 행동을 관찰할 방법을 찾으려 애썼다. 따라서 사각형, 팔각형, 종 모양, 항아리 모양, 작은 유리창이 달린 스켑 모양 등 다양한 형태의 유리 벌통이 과학자들에게 인기를 얻었다. 관찰용 벌통은 귀족들 사이에서 '머스트 해브 아이템'이 되어 특이한 모양의 벌통들이 여럿 등장하게 되었다.

꿀벌 연구는 점점 증가하는 추세였으며 이는 전문가들로 국한되지 않았다.

프랑스의 곤충학자 르네 앙투안 페르숄 드 레오뮈르는 저서 『곤충의 역사에 관한 고찰(Mémoires pour servir à l'histoire des insectes, 1734~1742)』에서 여러 개의 평행봉을 부착한 벌통과 옆면이 유

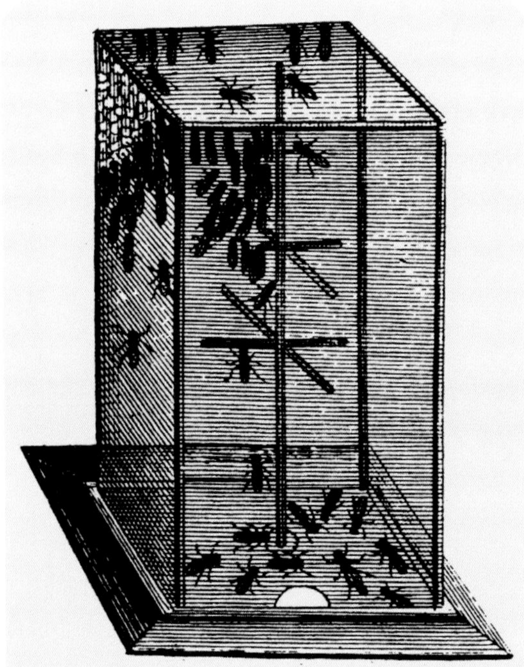

1740년 레오뮈르가 관찰과 실험을 위해 고안한 유리 벌통.

19세기 후반의 주요 양봉 발명품과 장비

1848년, 얀 지에르존(Jan Dzierzon, 폴란드): 최초로 옆으로 여는 이동식 틀 벌통을 만들었다.
1852년, 로렌조 랑스트로스(Lorenzo L. Langstroth, 미국): 서로 닿지 않고 쉽게 꺼낼 수 있는 벌집틀을 사용한 이동식 틀 벌통을 만들었다.
1857년, 얀 메링(Jan Mehring, 네덜란드): 밀랍을 금속 롤러 사이에 넣고 눌러 밀랍 기초(꿀벌들이 벌집을 쉽게 지을 수 있도록 분리 가능한 벌집틀에 미리 만들어두는 것)를 만들었다.
1865년, 에베 콜린(Abbé Collin, 프랑스): 여왕벌을 육아실(벌집 아랫부분)로 보내고 일벌들은 꿀 저장실(벌집의 윗부분)로 보내는 역할을 하는 구멍 뚫린 여왕벌 선별기를 발명했다.
1865년, 프란체스카 데 루스카(Francesca de Hruschka, 이탈리아): 벌꿀 추출기를 개발했다.
1870년, A. 그림(A. Grim, 미국): 유럽에서 미국으로 여왕벌을 대규모로 이송했다.
1873년, 프레데릭 와이스(Frederic Weiss, 미국): 롤러 제분기(roller foundation mill)를 발명했다.
1875년, T. W. 코완(T. W. Cowan, 영국): 방사형 자동 원심 벌꿀 채밀기를 개발했다.
1875년, 모세 퀸비(Moses Quinby, 미국): 울림 기능이 개선된 훈연기를 개발했다.
1891년, E. C. 포터(E. C. Porter, 미국): 꿀 저장실(벌통 상단)을 꺼내기 전에 꿀벌들이 쉽게 빠져나갈 수 있는 장치를 개발했다.
1892년, E. B. 위드(E. B. Weed, 미국): 긴 롤러를 사용해 밀랍을 온전하게 추출하는 장치를 개발했다.

리로 된 사각형 벌통을 언급했으며, 벌통을 지지하기 위해 막대기를 교차하여 지지대를 부착하기도 했다. 그리고 대형 유리판이 달린 계층형 상자를 보호하기 위해 경첩이 달린 나무 문을 설치했다. 레오뮈르는 이러한 벌통들의 사진과 설명을 책에 수록했다.

수직 유리 상자에 벌집틀을 하나만 넣고, 열 손실을 줄이기 위해 양쪽에 탈착식 셔터를 부착한 벌통은 특히 관찰하기 쉬운 형태였다. 상자는 꿀벌이 쉽게 이동할 수 있도록 충분한 공간을 확보하면서도, 꿀벌이 밀랍으로 유리 표면을 덮지 못하도록 상자의 크기를 조절해야 했다. 찰스 로메인 페브리에르(Charles Romain Féburier, 1764~1800?)는 저서 『꿀벌 개론(Traité … sur les abeilles, 1810)』에서 상자의 알맞은 치수를 제안했다. 그가 제안한 벌통의 높이는 45~60cm, 폭이 30~45cm였으며, 가로 50mm 세로 34mm의 막대를 위에 달아 꿀벌들이 그 아래로 벌집을 매달도록 했다.

랑스트로스 목사는 버려진 샴페인 상자를 가져다가 벌통을 만들었다고 한다.

현대의 관찰용 벌통은 당시의 형태와 거의 차이가 없다. 관찰이 쉽도록 여닫을 수 있는 문과 꿀벌이 드나들 수 있는 관을 설치하고, 유리 두 장을 수직으로 배치하고 내부에 나무 틀을 넣은 형태였다.

전 세계로 퍼진 유럽의 꿀벌

약 1억 5천만 년 전, 대륙과 지각판이 이동하면서 현재의 북아메리카와 태평양 제도, 중앙아메리카, 남아메리카, 오스트레일리아의 지각판이 나머지 대륙으로부터 분리되었다. 이는 꿀벌이 진화하기 전에 일어난 일로, 유럽의 꿀벌인 서양꿀벌(*Apis mellifera*)과 그 아종들이 급변한 위치에서 자생하기란 실질적으로 불가능했다. 따라서 꿀벌이 그 지역들, 즉 '신세계'로 확산하기 시작한 시점은 서유럽 국가들이 다른 대륙을 식민지로 만들었던 16세기 이후였다.

17세기 많은 배가 영국에서 신대륙으로 건너갔다. 이때 유럽의 꿀벌들을 화물과 함께 실어 날랐다.

유럽산 꿀벌들을 신세계로

북아메리카

17세기가 되자 아메리카 대륙을 개척하고 정복하려는 경쟁적 움직임이 생겨났다. 1606년, 런던의 버지니아회사(Virginia Company)는 버지니아를 항해하기 위해 물자와 배를 준비하고 왕의 허가를 받았다. 1609년, 이주민을 태운 배는 소와 사과나무, 꿀벌을 가득 싣고 대서양을 횡단하려 했다. 그러나 항해 중 허리케인을 만나 배 한 척이 침몰했고 기함은 항로에서 1000km 이상 떨어진 곳으로 쓸려 가버렸다. 이후에도 이들이 유럽 꿀벌을 싣고 대서양을 건넜다는 기록이 있다. 1662년 12월 5일, 런던 버지니아회사의 위원회에서 버지니아 주지사에게 '여러 가지 종자와 과일나무, 비둘기, 토끼, 공작새, 개, 벌통을 실은 배가 출발했다'라고 통지한 기록을 찾을 수 있다. 두 달 동안이나 배를 타고 대서양을 건너는 일은 누구에게나 위험했다. 하물며 북유럽 꿀벌은 말할 필요도 없었다.

18세기 중엽 영국에서 생긴 셰이커교(Shakers, 그리스도교 프로테스탄티즘의 한 종파)의 교도들은 꿀벌들이 과일 재배를 도와주고 수확량을 늘려주는 데 중요한 역할을 한다고 믿었고, 신대륙으로 이주할 때 기르던 꿀벌들도 함께 데려갔다. 그들은 벌통을 많이 넣을 수 있는 2층 높이의 둥근 공간을 집집이 가지고 있었다. 교도였던 안나 화이트(Anna White)는 신세계에서의 만족스러운 삶을 찬송가로 표현하기도 했다.

난 부지런한 작은 꿀벌처럼
달콤한 것들을 계속 모을 거예요.
시온산 나무 그늘에 아름답게 피어난
생명을 주는 사랑스러운 꽃들로부터.
게으른 수벌이 사는 벌집은
결코 번창할 수 없을 거예요.
부지런히 씨앗을 뿌리면
어디에서든 거둬들일 수 있을 거예요.

고난을 뚫고 무사히 대서양을 건넌 유럽 각지의 사람들은 신대륙에 마을을 만들고 정착했다. 아메리카의 원주민들은 나무를 베고 땅에 불을 지르는 화전농법을 이용해 농지와 숲을 개간했다. 이때 타고 남은 커다란 그루터기는 갓 넘어온 유럽 꿀벌이 봉군을 만들 최적의 환경이었고, 덕분에 신대륙 각지로 빠르게 퍼져나가게 되었다.

유럽인들의 이주가 계속되면서 영국과 독일의 많은 개신교 종파들이 웨스트버지니아(1622)에서 노스캐롤라이나(1697)를 거쳐 켄터키(1760)로 남하했고, 서쪽으로는 펜실베이니아에서 오하이오(1754), 인디애나(1793)를 거쳐 일리노이(1800)로 이동했다. 물론 이들이 키우던 꿀벌도 함께 이동했다. 게다가 야생성이 강한 몇몇 벌들은 벌통에서 빠져나와 1770년에 미시시피로, 1773년에는 플로리다까지 북부와 중부의 각 주로 퍼져나갔다. 스페인이 플로리다를 영국에 빼앗길 때 스페인 사람들은 꿀벌과 함께 쿠바로 이주했다.

오늘날 뉴욕에서는 양봉이 불법이다. 반면에 시카고에서는 시청 옥상에서도 벌을 기른다.

유럽 꿀벌은 1776년에 캐나다 동부까지 퍼져나갔지만, 기록에는 1858년이 되어서야 캐나다 서부에서도 발견되었다고 한다. 서부 아메리카 해안까지 도달한 시기 또한 마찬가지로 1856년이었다. 오늘날 하비슨 캐년(Harbison Canyon)이라고 불리는 지역은 존 하비슨(John Harbison)이 펜실베이니아에서 캘리포니아로 꿀벌을 데려온 곳이다.

꿀벌들이 미국의 가장 먼 지역까지 도달하는 데에는 70년이 더 걸렸는데, 메케인(J. N. McCain)이라는 양봉가가 1927년 알래스카에 7개의 봉군을 만들어 겨울을 나게 하는 데 성공하면서 가능해진 일이었다.

침이 없는 벌은 극한 상황에 처하면 모기처럼 심하게 물어 버린다.

미국을 구한 꿀벌들

미국 독립 전쟁(1775~1782)이 한창이던 어느 날, 채리티 크랩트리(Charity Crabtree)라는 한 퀘이커교도(조지 폭스(George Fox, 1624~1691)의 영적 체험과 평화 운동에 기원을 두고 발생한 개신교계 종교의 신도 – 옮긴이) 소녀가 산책하러 나갔다가 우연히 다친 군인을 발견했다. 이 군인은 채리티에게 자신의 말을 타고 조지 워싱턴(George Washington)에게 달려가 영국의 콘월리스(Cornwallis) 중장의 군대가 곧 공격할 것이란 소식을 전해달라고 부탁했다.
채리티는 즉시 말을 타고 달렸지만, 영국군이 그녀를 바짝 쫓았다. 영국군에게 붙잡히려는 찰나, 채리티는 가지고 있던 자신의 벌통을 영국군에게 던졌고, 벌들은 영국군을 공격하기 시작했다. 훗날 조지 워싱턴은 '로마는 거위 울음 덕에 살았고, 미국은 꿀벌 덕에 살았다'라는 말을 남겼다고 한다.

중앙아메리카와 남아메리카

중앙아메리카, 그중에서도 유카탄반도의 토착 벌인 멜리포나 비체이(*Melipona beecheii*)는 침이 없는 벌로, 약 2000년 전부터(31쪽 참고) 전통 방식의 벌통을 이용한 양봉이 가능했지만, 대부분의 남아메리카 원주민은 여전히 채집과 사냥을 하며 야생벌로부터 꿀을 얻었다.

유럽 꿀벌은 이르면 1500년대부터 멕시코로 건너왔지만(나중에 텍사스와 캘리포니아로부터 추가로 확산하였다) 19세기가 될 때까지 중앙아메리카로 서식지를 확장하지 못했다. 1830년에 이르러서야 코스타리카와 과테말라에서 살기 시작했고, 1855년에는 엘살바도르까지 퍼지기 시작했다. 니카라과에는 1850년에서 1900년 사이고(정확한 연도는 알려지지 않았다), 벨리즈에는 1957년 수의사였던 존 로빈스(John Robbins)에 의해, 1960년에는 파나마까지 퍼져나갔다. 양봉은 코스타리카와 과테말라, 온두라스의 고산 지역에 집중되었는데, 해당 지역은 인구가 많고 비교적 서늘한 기후 덕분에 벌들이 번성하기에 안성맞춤이었다.

남아메리카에서 꿀벌들이 생장한 초기의 모습은 기록보다는 추론을 통해 알 수 있다. 유럽 꿀벌이 배에 실려 대서양을 건너거나, 쿠바를 통해 남아메리카로 확산했을 가능성도 있지만, 역사적 사건들을 따져봤을 때 1520년에서 1540년 사이에 건너간 스페인 모험가들이 최초로 유럽 꿀벌을 이동시켰을 가능성이 가장 크다. 1840년에는 독일 이주민들이 칠레로 유럽 꿀벌을 데려갔으며, 1900년을 전후하여 파라과이까지 전파되었다는 사실은 더욱 확실한 기록으로 남아있다. 이후 꿀벌들은 아르헨티나 국경으로 퍼져나갔다.

67쪽: 차별에 대해 표현한 정치 풍자만화. 보통 근면의 상징으로 표현되는 꿀벌이 여기에서는 산업의 적으로 표현되었다.

DISTRIBUTED BY NATIONAL CIO COMMITTEE TO ABOLISH DISCRIMINATION

SWAT THEM ALL!

오스트레일리아 원주민들이 벌을 사냥하는 모습.

오스트레일리아

1810년 3월, 요크셔 출신의 사무엘 마스든 목사(Samuel Marsden, 1765~1838)와 197명의 죄수, 그리고 마오리 족장 루아타라를 태운 앤 호는 시드니 항구에 입항했다. 이때 배에는 마스든의 꿀벌이 담긴 벌통도 몇 개 실려 있었다. 대부분 영국에서부터 싣고 온 꿀벌이었지만, 개중에는 여정 중 경유한 항구에서 날아든 벌도 있었다. 꿀벌들은 무사히 잘 도착했으나, 오래 살아남지는 못했다.

다음으로 오스트레일리아에 벌을 들인 기록으로는 1822년 월러스(Wallace) 선장이 죄수이송선 이사벨라에 12개의 벌통을 싣고 있었다는 것이 남아있다. 이때 실려 온 벌들은 살아남았다.

오스트레일리아는 바로아 소멸자 응애(Varroa destructor mite)가 없는 유일한 대륙이다 (240쪽 참조).

오스트레일리아의 토종벌

오스트레일리아에는 1500종 이상의 침 없는 토종벌이 있는데, 그중 대부분이 무리를 이루지 않는 종이다(81쪽 참조). 사회성이 있는 종은 작고 어두운 색을 띠는 트리고나(*Trigona*) 속의 꿀벌인데, 보통 머리에서 배 끝까지의 몸길이가 4mm 정도에 불과하다. 이 꿀벌은 밀랍과 색이 연한 꿀을 생산한다. 오스트레일리아 원주민들은 이 꿀벌을 '설탕가방벌(sugar-bag bees)'이라 부르며, 전통 음식인 '부시터커(bush tucker)'를 만들기 위해 꿀을 채집한다.

대부분의 나라에서는 보통 남자들이 야생 꿀을 채집하지만, 산불이 자주 일어나 숲이 훼손된 오스트레일리아에서는 토종벌의 벌집이 낮은 덤불이나 빈 흰개미 둥지에서도 종종 발견되기도 해서 여자들도 야생 꿀 채집에 나선다.

한때 오스트레일리아에서는 꿀벌이 무리 지어 퍼져나가기도 했다. 1838년에 작성된 문서에 최초의 야생 벌집이 등장한다. 그러나 적은 강수량으로 인한 물 부족, 잦은 산불로 인해 먹이가 부족했기에 꿀벌 무리가 쉽게 확산하지 못했다. 1846년에는 남부 지역으로 무리 지어 이동했고, 이후 1851년 퀸즐랜드, 1881년 서부 오스트레일리아로 퍼져나갔다. 1930년대에 이르러서야 오스트레일리아 대륙 전역으로 널리 퍼져나가게 되었다.

뉴질랜드

유럽 꿀벌을 처음으로 뉴질랜드에 성공적으로 정착시킨 이는 마리 범비(Mary Bumby)라고 알려져 있다. 그녀가 선교사였던 남동생과 함께 흑색종 꿀벌을 바구니 두 개에 담아 영국에서 출항해 시드니를 거쳐 호키앙가 항만(Hokianga Harbour) 망군구(Mangungu)에 있는 웨슬리 교파의 예배당에 도착한 날은 1839년 3월 19일이었다.

3년 후 윌리엄 찰스 코튼(William Charles Cotton, 1813~1879) 목사가 영국에서 꿀벌들을 더 데려왔다. 이 꿀벌들은 긴 항해에도 잘 버텨냈다. 코튼은 저서 『인 마이 비 북(In My Bee Book, 1842)』에서 이렇게 설명했다.

> 내가 데려가고 싶은 종은 인도 벌도, 남아메리카 벌도, 오스트레일리아 벌도 아니다. 영국 벌을 데려가고 싶다. 2만 5천km나 떨어진 곳에서 직접 데려가려면 어떻게 해야 할까? 가사 상태로? 아니면 냉장 상태로? 흙에 묻어서? 말려서? 무슨 수를 써서라도 데려가고자 한다. 내 벌들이 영국에 남은 친구들에게 안부를 전할 때까지 최선을 다해 돌볼 것이다. 5개월 혹은 그보다 조금 더 걸리겠지만 내 벌들이 뉴질랜드에 무사히 도착할 수 있다면 이보다 더 기쁜 일이 있을까.

코튼은 북아메리카산 연어를 인도 콜카타(Calcutta)까지 운송하는 방법에서 힌트를 얻었다. 죽은 생선을 얼음과 함께 잘 포장하면 썩지 않는다는 사실에 착안해 살아있는 벌에게 같은 효과를 줄 수 있는 시스템을 만들었다. 커다란 오크통 가운데 볼록한 부분을 분리해 부직포를 덧대어 그 안에 벌통을 넣는 방법이었다. 겨울 꿀벌(가을에 태어나 추운 겨울 동안 먹이를 먹지 않는 꿀벌)을 3개의 스켑에 나눠 담은 뒤 스켑의 위쪽 반을 삼베로 싸고 마른 재를 덮은 뒤 꼭대기에 공기가 통할 수 있도록 관을 설치했고, 아래쪽 반은 스코틀랜드 호수에서 채취한 얼음으로 채워 넣었다. 얼음이 녹으며 생기는 물은 통 밖으로 빠져나가도록 설계했다.

유럽 꿀벌의 유럽 내 이동

시베리아 알타이산맥의 북쪽 숲은 꿀벌이 서식하기 적합한 곳이었고, 꿀 채집이 성행했다. 한때는 러시아 정교(Russian-Orthodox Church)의 한 분파였으나 1685년 종교적 불화로 시베리아 지역으로 추방된 러시아 구교도(Old Believers)의 후손들은 1776년에 꿀을 생산할테니 벌통을 보내 달라고 각지에 요청했다. 우랄산맥에서 30개의 벌통을 보내왔지만, 불행히도 꿀벌이 모두 죽고 말았다. 1784년에는 키예프에서 24개의 벌통을 위탁했다. 4개월에 걸친 이동을 위해 천과 짚으로 꼼꼼하게 벌통을 포장하여 썰매에 실어 보냈지만, 꿀벌은 도착하자마자 죽었다. 세 번의 시도 끝에 겨우 살아있는 꿀벌을 얻게 되었다.
알렉산더 2세가 재위했던 1802년, 왕실에서는 시베리아 사람들이 최소 5년 동안은 꿀벌을 기르는 조건으로 토지를 제공했다. 양봉은 점점 번창하여 각지로 꾸준히 전파되었다. 시베리아에서 러시아를 거쳐 1904년에 우크라이나로, 1959년에는 몽골까지 퍼져나갔다.

이동양봉

신선한 목초지나 따뜻한 지역으로 이동하는 유목은 인간이 동물을 사육하기 시작한 때와 궤를 같이한다. 꿀벌도 마찬가지였다. 꿀벌을 멀리 이동시키면서 꿀벌이 다른 계절에 피는 다른 꽃과 식물에서 꿀을 모을 수 있게 해 여름 내내 먹이 활동을 보장하는 이점이 있기 때문이다.

이동양봉에 관한 최초의 기록은 기원전 250년 무렵 하이집트의 기록으로 거슬러 올라간다(30쪽 참조). 양봉가가 등짐을 지거나, 두 기둥 사이에 해먹을 걸어 벌통을 싣고 두 사람이 한쪽 기둥씩 들고 벌통을 옮겼다. 더 먼 거리를 이동할 때는 노새와 낙타 등 짐승이 끄는 수레나 마차를 이용했다. 최근 들어서는 기계화된 운송 시스템과 개선된 도로 덕분에 더욱 많은 수의 벌통을 훨씬 더 빠르고 안전하게, 훨씬 더 먼 곳으로 이동시킬 수 있게 되었다.

벌통을 그리스 산지로 옮기고 있다.

길이 잘 나 있다면 동물을 이용해 벌통을 옮기기도 했다.

20세기 후반, 농경 방식에 중대한 변화가 발생했고, 야생 지역과 초원을 마구 경작하는 바람에 지역의 토착 식물이 손실된 곳이 많아졌다. 따라서 꿀벌은 야생 식물 대신에 다양한 농작물을 주 먹잇감으로 삼게 되었다. 이를 통해 양봉가는 꿀을 얻고, 농부는 농사에 꼭 필요한 꿀벌의 수분 작용 덕에 과일을 생산하고 씨앗을 수확하게 되었으며, 꿀벌도 벌통만 나서면 꿀과 꽃가루가 널려있어 몇 주를 배불리 먹을 수 있게 되었다. 그러고 나면 양봉가들은 꿀벌을 다른 작물이 꽃을 피우는 다른 들판으로 옮겼다. 이동양봉은 영국, 프랑스, 스페인, 미국, 오스트레일리아, 남아프리카, 아르헨티나 등 여러 나라에서 이루어져 현대 상업 양봉의 근간이 되었다.

이동양봉의 예

유럽

일찍이 유럽의 양봉가들은 꿀 수확 기간을 연장하기 위해 꿀벌을 꽃이 많이 피는 장소로 옮겼다. 이른 봄, 영국에서는 배와 자두, 사과가 꽃을 피우기 시작했다. 농경지에서는 첫 꽃이 피자마자 꿀벌을 유채꽃밭으로 옮겼다가 이어서 강낭콩과 보리지가 피는 지역으로 옮겼다. 딸기와 산딸기를 대규모로 재배하는 농가에서는 이러한 이동양봉이 꼭 필요했다. 부드러운 과일들은 수분 작용이 제대로 이루어지지 않으면 못생겨져서 상품 가치가 떨어졌기 때문이다. 또한, 가지처럼 특수 작물을 재배하는 온실 안에다 벌통을 함께 두기도 했다.

한 해의 마지막에는 헤더(heather)를 수확하며 마무리한다. 헤더에서 꿀을 채취하는 일은 꿀벌의 생명을 위협하지만, 헤더 꿀은 그 가치가 높아 영국에서 생산되는 다른 꿀보다 비싼 값을 받기 때문에 모험을 감수하는 것이다. 그러나 습하고 추운 날씨에는 꿀벌을 벌통 밖에 풀어줘도 잘 날지 못하거니와, 다른 때보다 더 적은 양을 채취해오기 일쑤라 안 하느니만 못한 경우가 많다.

프랑스 프로방스 지역에서도 비슷한 방식을 사용한다. 이곳에서는 2월과 3월에 아몬드와 로즈메리로 시작해 4월과 5월에는 사과와 살구, 복숭아꽃이 핀다. 6월 말부터 8월 초까지는 프로방스 북서부 지역에서 향유로 사용되는 라벤더가 핀다. 이 지역에서는 고정양봉과 이동양봉이 함께 이루어졌는데, 이 시기에는 양봉가들이 설치한 벌통이 산허리와 라벤더밭 가장자리를 가득 수놓는다.

중앙아시아

중앙아시아의 우즈베키스탄과 타지키스탄, 그리고 카자흐스탄 남부에서는 유럽 꿀벌의 아종인 아피스 멜리페라 카르니카(*Apis mellifera carnica*, 카니올란벌 - 옮긴이)가 급격한 기온 변화에도 견디는 특성이 있어 이동양봉에 주로 사용된다. 일부 양봉가들은 이동양봉을 위해 고안한 특수 마차에 150개에서 300개에 달하는 벌통을 아예 고정해놓는다. 이 마차에는 꿀을 추출하고 가공하는 장치가 설치되어 있었으며, 마차를 집 삼아 가족과 함께 마차에서 사는 양봉가도 있었다.

각 지역의 기후에 따라 꿀벌의 먹이 활동도 시작됐다. 꿀을 풍부하게 머금은 꽃들이 피기 시작하는 4월이나 5월이 그 시작이었다. 양봉가들은 키질쿰 사막(Kyzyl Kum Desert, 우즈베키스탄과 남부 카자흐스탄 지역의 일부)이나 사마르칸트(Samarkand, 우즈베키스탄 동부) 북부 산지, 페르가나 분지(Fergana valley, 동부 우즈베키스탄과 키르기스스탄, 타지키스탄을 가로질러 길게 뻗은 지역)같이 야생화가 많이 피는 최적의 장소로 이동했다. 중앙아시아 지역의 국가들은 목화 재배로도 유명했는데, 7월부터 9월까지 긴 기간 동안 꿀벌이 수확하는 꿀의 약 50%를 제공하는 목화는 이동양봉에 매우 중요한 작물이었다.

키르기스스탄의 이동양봉용 마차.

미국

1884년 어느 날, 유타 출신의 청년 네피 에프라임 밀러(Nephi Ephraim Miller)는 귀리 한 말과 꿀벌 한 무리를 바꿨다. 그로부터 오래 지나지 않아 밀러는 전업 양봉가가 되기 위해 직장을 그만두고 밀랍으로 돈을 벌 방법을 궁리했고, 밀랍의 불순물을 제거하면 돈이 되리라 생각했다. 1907년, 밀러는 양봉 기술을 배우기 위해 캘리포니아로 향했다. 그는 겨울에 추운 유타보다 캘리포니아 오렌지밭의 쾌적한 기후에서 양봉하면 훨씬 많은 돈을 벌 수 있다는 것을 캘리포니아에 도착하자마자 알아차렸다. 만약 자신의 꿀벌을 옮겨올 수만 있다면 말이다. 그가 생각해낸 방법은 철도였다. 밀러는 '유니언 퍼시픽 레일로드(The Union Pacific Railroad)'를 이용해 겨울에는 꿀벌을 따뜻한 남쪽으로 옮겼고, 여름에는 유타로 돌아갔다. 이것은 미국 대규모 상업 양봉의 시초가 되었다. 20세기 후반에는 철도가 아닌 도로로 벌통을 운반하는 것이 일반적인 방법이 되었지만, 이동양봉은 지금까지 미국의 산업 구조 아래에서 가장 수익성 높은 양봉 방식으로 전해지고 있다.

미국의 과수원은 대부분 거대한 규모를 자랑했고, 농부들은 꿀벌의 역할을 매우 중요시 여기게 되었다. 과일 수확량을 극대화하는 데 꿀벌의 역할이 매우 크다는 사실을 알게 된 농부들은 양봉가들에게 기꺼이 높은 비용을 낸다. 매해 봄이면 미국 전역에서 400억 마리에 달하는 꿀벌이 캘리포니아의 아몬드 농장으로 운송된다. 이후 플로리다에서 나는 감귤류 과일을 위해 플로리다주로 향하고, 사과와 체리를 위해 북쪽으로 이동한다. 유명한 미국산 블루베리를 위해 동쪽의 메인주로 향하며 꿀벌의 여정은 마무리된다.

양봉은 하나의 산업이 되었다. 19세기 미국 벌꿀 농장의 모습.

찰스 네이피어 헤미(Charles Napier Hemy, 1841~1917)의 그림 「꿀벌에게 말하다」

꿀벌을 위협하는 것들

꿀벌과 꿀의 이동은 전 세계적으로 많은 이점을 발생시켰다. 꿀벌이 꿀을 쉽게 채취하게 되었고, 각지의 꿀벌들은 서로 유전적 특성을 교환하게 되었으며, 좋은 조건으로 거래할 기회도 늘어났다. 그러나 이러한 이동양봉 방식에는 위험도 따랐다.

토종 야생동물에 대한 위협

여행자와 개척자들이 유럽 꿀벌을 새로운 땅으로 데려가기 시작했을 때, 꿀벌이 위협하게 된 대상은 주로 그 지역의 토종 동식물이었다. 이는 당시로만 국한되는 문제가 아니었고, 특유의 토종 동식물이 많은 오스트레일리아에서는 문제가 더 심각했다. 최근에서야 비로소 이러한 문제에 대처하는 조치가 이루어지고 있다. 1990년대 후반, 꿀을 먹는 100종 이상의 토종 곤충들(특히 침 없는 꿀벌)을 비롯한 새들이 새로 들여온 꿀벌과 먹이 경쟁을 펼친다는 우려가 제기되었다. 게다가 토종 주머니쥐와 박쥐, 올빼미와 물총새, 나무발바리, 그리고 상징적인 토종 새인 웃는물총새(kookaburra) 등 나무에 구멍을 뚫어 둥지를 트는 동물들은 꿀벌과 집터 경쟁까지 해야 했다.

현재 오스트레일리아에는 특정 지역에 꿀벌 유입을 금지하는 법안이 제정되었다. 또한, 국립공원과 야생동물 보호구역에서 벌집을 제거하자는 움직임도 있어, 지정된 지역에서 꿀벌을 퇴치하는 계획이 시행될 가능성도 있다.

질병

벌들이 세계 각지를 이동하다 보면 필연적으로 질병의 위협에 더 많이 노출된다. 꿀벌 진드기의 일종인 바로아 소멸자 응애(*Varroa destructor*, 240쪽 참조)의 확산은 이를 잘 보여주는 사례다. 러시아 병사들은 자신들이 발 닫는 곳 어디든 그들의 벌통을 가져갔다. 그들은 진드기가 유입된 벌통을 가지고 러시아 동부 지방에서 고향인 서쪽 지방으로 돌아왔다. 일단 산으로 둘러싸인 천혜의 장벽을 넘어서자, 진드기들은 유럽을 가로질러 서쪽으로 거침없이 퍼져나갔고, 1990년대 초에는 영국까지 건너갔다.

이 사례는 잘못된 양봉 방식과 벌통 유형을 이용한 이동양봉이 이러한 질병들로 상황을 얼마나 악화시키는지를 잘 보여주며, 현재 전 세계의 양봉 산업과 양봉가들이 직면한 위험을 여실히 드러낸다.

미국부저병

미국부저병(American Foul Brood)은 꿀벌 유충(알, 애벌레, 번데기)에 발생하는 전염성이 강한 세균 감염병의 일종이다. 뉴질랜드로 유입된 해외 꿀벌 무리에서 최초로 발생했으며, 이후 지역을 가리지 않고 확산했다. 1890년대, 양봉가 아이작 홉킨스(Issac Hopkins)는 꿀벌 질병을 통제하고, 특히 미국부저병의 확산을 막기 위한 법안을 만들자는 캠페인을 벌였다. 그는 뉴질랜드 정부가 인정한 양봉가가 되었고, 그의 캠페인은 1906년 세계 최초로 양봉에 관한 법률이 제정되는 데 큰 몫을 했다. 이 법으로 벌집 검사가 실시되었고 확진, 확산 방지를 위한 조치가 어려운 고정 프레임 벌통의 사용이 금지됨으로써 질병을 제어할 장치가 마련된 것이다. 이 법률과 양봉의 성격을 완전히 바꿔놓은 로렌조 랑스트로스의 이동식 틀 벌통 발명(61쪽 참조)에 힘입어 미국부저병 및 기타 질병의 조기 식별과 예방, 치료에 박차를 가하게 되었다.

와이트섬 병

1906년, 영국 본섬 남쪽 해안에서 약 8km 떨어진 와이트섬(Isle of Wight)의 양봉가들은 벌통 주변에서 꿀벌들이 땅에 떨어져 기어 다니다 죽는 장면을 목격했다. 벌들이 죽어 나가는 속도가 너무 빨라 한여름 절정기에 이를 즈음에는 모든 꿀벌 봉군이 사라져버렸다. 이 병은 1906년에서 1919년 사이에 세 번 이상 재발했다.

1906년 4월의 날씨는 흠잡을 데 없이 좋았다. 적당히 더운 날씨에 영국의 해변에는 관광객들이 모여들었다. 하지만 5월이 되자 기온이 영하 5℃까지 떨어지고 런던에 서리가 내릴 정도로 한파가 몰아쳤다. 싹을 내밀던 작물들과 야생 식물들은 물론, 과수원 과일들의 꽃마저 심각한 손상을 입었다. 꿀벌을 벌통 밖으로 풀어줄 상황이 아니었다. 벌통에는 봄에 갓 태어난 벌들이 가득했기 때문에, 이내 포화 상태가 되었고, 벌들의 스트레스도 심해졌다.

벌통에 갇혀있던 봄 동안, 벌들은 세균성 이질과 마비 바이러스에 노출되었다. 날씨가 좋지 않아 벌통을 나가지 못했기에 벌집 안에는 배설물이 쌓여갔다. 이러한 환경에서 노세마병(*Nosema apis*)에 걸린 벌까지 있는 벌통은 내장 기생충이 퍼지기에 더없이 좋은 조건이었다. 또한, 빽빽하게 들어찬 벌통 안에서 계속 서로 부대끼게 되어 특히 어린 꿀벌들이 취약한 기관지 진드기 기문응애(*Acarapis woodi*)가 퍼지기에도 좋은 환경이 되었다.

20세기 초반 무렵의 영국에는 약 100만 개의 벌통이 있었는데, 100년 후에는 그 수가 25%로 줄었다. 당시의 양봉 방식은 지금보다 자유로웠다. 양봉가들은 보통 양봉장의 벌통을 한곳에 모아두었는데, 먹이 활동을 하고 돌아온 꿀벌이 실수로 다른 벌통으로 들어가는 일이 잦았다. 또한, 전해 내려오는 방식대로 각 벌통의 벌집과 꿀벌을 서로 바꿔주기도

75쪽: 18세기 러시아 타타르족 양봉가의 모습.

A.D.

해서 질병이 쉽게 전염되었다. 대부분의 양봉가는 질병을 통제하기 위한 자신만의 방책을 가지고 있었다. 그러나 그들의 방책과 당시 유통되었던 치료제는 꿀벌의 목숨을 연장하기보다 죽음으로 내모는 경우가 더 많았다.

와이트섬 병은 1907년까지 섬에 있는 꿀벌 대부분을 죽였고, 이후 영국 본토까지 퍼져나갔다.

1919년 조사 결과, 섬에 남은 벌집 터에서 아카린 진드기(acharine mite, 기관지 진드기 - 옮긴이)가 발견되며 당시 와이트섬 병의 주요 원인으로 밝혀졌다. 그러나 벌들이 땅을 기어 다니는 행동은 만성 꿀벌 마비 바이러스(Chronic Bee Paralysis Virus)에 감염되었다는 강력한 증거였다. 노세마(Nosema)라고도 알려진 이 병원체는 수많은 바이러스와 관련이 있다고 밝혀졌다(149쪽 참조). 1906년에서 1919년 사이의 꿀벌은 천적들의 공격으로도 모자라 나쁜 날씨와 잘못된 양봉 방식까지 더해진 최악의 상황으로 인해 심한 고통을 받아야만 했다.

이동 스트레스

이동양봉은 성공적으로 이루어졌지만, 꿀벌에게는 큰 스트레스가 되기도 해서 꿀벌의 건강을 해치고 질병에 취약한 봉군이 될 가능성이 크다. 이동양봉 방식은 21세기 들어 전보다 훨씬 보편화되어 현대의 상업 양봉의 기초를 형성하게 되었다. 특히, 장거리 이동이 예사인 미국에서 더욱 두드러진다.

늘어난 노동량만큼 많은 에너지 공급이 필요한 일벌들은 수확한 모든 과즙을 체력 유지에 사용하게 된다. 먹이 활동을 하는 계절에 일벌의 수명이 약 4~6주로 매우 짧아지는 이유이기도 하다. 농작물을 수분시키는 데 혹사당한 일벌이 극심한 피로로 집으로 돌아오지 못한 채 죽어버리면, 벌집에 에너지를 공급하던 어린 일벌들이 대신 꿀을 수확하기 위해 벌집을 나서야 한다. 그에 따라 봉군을 유지하는 데 필요한 에너지와 단백질 요구량 또한 더 많아지고 수확해오는 꿀과 꽃가루를 대부분 봉군의 생존을 위해 소비하게 된다. 결국, 먹이 활동 계절이 끝날 때쯤에는 수확한 꿀이 거의 남아있지 않는 경우가 발생하게 된다.

오늘날까지 이어지는 역사적 관계

유럽 꿀벌의 전 세계적 확산은 꿀 생산량을 증가시켜 상업 양봉에 큰 이익을 가져다주었다. 하지만 농업 경제를 뒷받침하는 농작물들이 오염에 취약해지는 부작용이 따랐다. 그뿐만 아니라 꿀벌의 대규모 이동은 이전보다 훨씬 넓은 지역으로 질병이 확산한다는 위험이 있다.

오늘날 질병은 꿀벌의 생존을 위협하는 주된 요소다. 벌집군집붕괴현상(Colony Collapse Disorder, 247쪽 참조)이라는 원인 모를 질병 때문에 1년 만에 양봉 꿀벌의 30%를 잃은 미국의 사례만 보아도 그렇다. 그러나 우리는 지난 몇 세기에 걸쳐 지식을 습득해왔기에 꿀벌과 양봉에 관해 전보다 훨씬 더 과학적인 지식을 가지게 되었다. 질병의 원인에 관해서도 전보다 많이 알고 있다. 질병은 예전부터 꿀벌을 위협해왔고 미래에도 질병의 위협은 계속될 것이다. 인간과 마찬가지로 질병과 끊임없이 싸워야 하나, 세심하고 끈기 있게 접근한다면 현재의 위협을 극복하고, 수천 년 동안 이어온 꿀벌과 인간의 역사적 관계 또한 지속시킬 수 있다.

76쪽: 고정양봉과 이동양봉이 함께 이루어졌던 프랑스의 라벤더 밭.

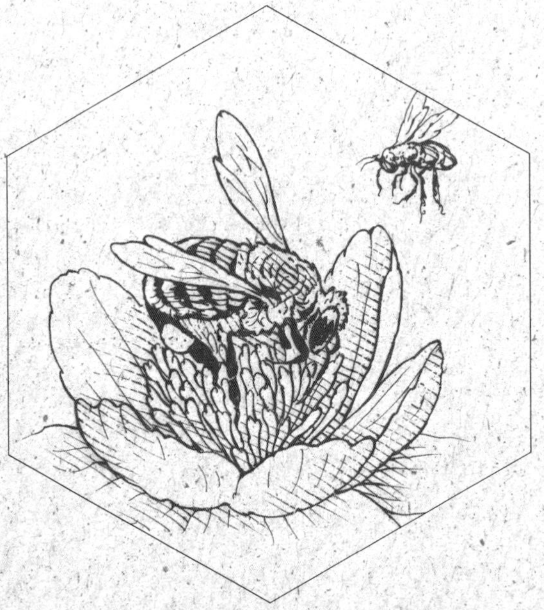

PART 2

꿀벌 이해하기

특별한 곤충

벌의 기원

벌집의 구성원들

꿀벌의 성장, 알에서 성충까지

꿀벌의 사회생활

꿀벌의 의사소통

분봉

겨울나기

인간을 돕는 꿀벌

꿀, 밀랍, 프로폴리스

벌침

꿀벌의 서식지

꿀벌이 좋아하는 정원

꿀벌을 위협하는 요소

특별한 곤충

우리는 수천 년 동안이나 꿀벌에게서 꿀을 착취해 왔어도, 검은색과 노란색 줄무늬의 털북숭이 호박벌(Bumblebee)이 벌집에서 꿀을 만든다고 믿고 있다. 이러한 믿음은 지금도 세간에 널리 퍼져 있고 사람들의 머릿속 깊이 자리 잡고 있지만, 이는 완전히 잘못된 지식이다. 점점 도시화한 인간 사회는 벌레가 윙윙거리며 날아다니는 꽃밭 같은 시골의 풍경과 점점 멀어지는 중이고, 영화, 텔레비전, 광고를 통해 쏟아지는 이미지는 본질을 호도하곤 한다.

사실 꿀벌은 별다른 특색이 없는 보통 크기의 갈색 곤충이다. 그러나 자연은 닮은 곤충들을 진화시켜 본질을 더욱 흐리게 만든다. 말벌처럼 실제로 위험한 무장을 한 종류도 있고, 등에처럼 벌침도 없고 전혀 위협적이지 않으나 생김새가 위험한 침을 가진 벌들을 닮은 덕에 생존하는 종류도 있다.

꿀벌과 말벌, 그리고 개미는 가장 광범위하고 중요한 곤충 종이다. 벌목을 뜻하는 '*Hymenoptera*'라는 이름은 얇은 막을 뜻하는 그리스어 'hymen'과 날개를 뜻하는 'pteron'의 합성어다. 알려진 벌목 곤충만 10만 종이 넘고, 열대 지방 깊숙한 곳에는 아직 알려지지 않은 수천 종이 더 있을 가능성도 있다.

이 광범위한 곤충 집단은 매우 다양하다. 잎벌(톱니 모양의 산란관으로 식물 조직에 상처를 내고 그 안에 산란한다), 혹벌(유충이 먹은 잎과 줄기에 이상한 모양의 혹을 만든다), 맵시벌(다른 곤충이나 유충 몸속에 알을 낳는 기생벌)도 벌목에 속한다. 벌목 아래에 꿀벌과 말벌, 개미는 벌목 아래에 침벌아목(Aculeata, '뾰족한')이라는 하위분류를 이룬다. 보통 '쏘는' 곤충으로 여겨진다.

주로 작고 날개가 없으며 땅을 파고 사는 개미는 비교적 쉽게 구분되지만 꿀벌과 말벌은 혼동하기 쉽다. 두 종을 구분하는 큰 차이점이 하나 있다.

말벌도 꿀을 빨기 위해 꽃을 찾고 떨어진 과일에서 달콤한 꽃꿀을 얻는다. 그러나 말벌은 기본적으로 작은 곤충을 사냥해 먹잇감으로 삼는 육식 곤충이다. 더 중요한 점은 애벌레의 먹이는 오로지 곤충뿐이라는 것이다.

반면, 꿀벌은 초식 곤충이라 꽃가루와 꽃꿀, 수액, 식물의 분비물만을 먹는다. 따라서 애벌레도 초식만 한다. 그러나 벌들이 바쁘게 날아다니는 먹이 활동 중에 이러한 특징을 정확히 구분해내기란 상당히

A. 말벌은 기본적으로 육식을 한다.
B. 꿀벌이 먹이를 먹고 있다. 꿀벌은 오로지 초식만 한다.

어려운 일이다.

꿀벌과 말벌 사이에는 보자마자 구분할 수 있을 만큼의 구조적 차이가 거의 없다. 두 종이 서로 밀접한 관련이 있다는 뜻이다. 몇 가지 일반적 차이를 들 수는 있지만(83쪽 참조), 크기와 모양, 색상과 무늬 패턴은 대체로 비슷한 편이다.

우리는 자주 꿀벌과 무리 말벌을 혼동하는 실수를 한다. 호넷, 베스파, 옐로우재킷(땅벌), 베스퓰라(땅벌), 돌리초베스퓰라(중땅벌) 등의 무리 말벌 종은 땅속이나 지붕에 큰 무리를 지어 산다. 밝은 노란색과 주황색의 몸체에 갈색과 검은색 줄무늬는 어두운 오렌지색 몸체에 갈색, 검은색 줄무늬가 일반적인 꿀벌과는 눈에 띄게 차이가 난다.

또한 말벌은 대체로 털이 많지 않다. 말벌의 털은 몇 가닥 되지 않고, 이마저도 현미경으로 보면 가시처럼 보인다. 그러나 다른 꿀벌들은 털이 많고, 털이 상당히 두꺼운 종류도 있다. 꿀벌 역시 불빛 아래에서 보면 얼핏 털이 없고 매끈하게 반짝이는 것처럼 보이지만, 자세히 살펴보면 꿀벌의 복부를 두르는 띠무늬에 털이 있고 가슴에도 털이 나 있다.

중요한 차이점은 털의 많고 적음이 아니다. 현미경으로 보면 매끈한 관 모양의 뻣뻣한 털을 가진 말벌과 달리, 꿀벌은 몸통을 둘러싸고 미세한 깃털이 갈라져 나온 솜털로 덮여 있다. 이 갈라진 깃털 모양은 갈라지지 않은 털보다 꽃가루가 더 잘 달라붙기에 꿀벌의 털 모양이 이렇게 진화한 것으로 보인다.

꿀벌이 밝은색을 띠는 이유는
천적과 꿀 도둑들에게 침이 있다고
경고하기 위함이다.

벌의 종류는 알려진 것만 약 2만 5천 종이다. 몸길이가 겨우 1.5mm에 불과한 열대 지방의 침 없는 벌 트리고나(*Trigona*)와 멜리포나(*Melipona*) 종에서부터 최대 40mm까지 자라는 실로코파(*Xylocopa*) 종 어리호박벌(carpenter bee)까지 크기가 매우 다양하다. 꿀벌은 약 12~18mm로, 크기로는 중간 정도이다.

A. 호박벌은 온몸에 털이 빼곡하다.
B. 꿀벌은 복부를 둘러싼 털과 흉부에 돌출된 털이 있다.

호박벌은 꿀벌보다 털이 훨씬 많음에도 불구하고 두 종은 자주 혼동된다. 특히 무리 지어 살지 않는 벌들과 섞여 있을 때는 더욱 구분하기 어렵다. 그러나 무리 지어 살지 않는 벌들은 꿀벌처럼 복잡한 벌집을 형성하지 않는다. 대신 암컷 한 마리가 알을 낳을 수 있도록 방 몇 칸을 대충 나눈 작은 둥지를 만들 뿐이다.

알려진 2만 5천여 종의 벌들 대부분은 이 범주에 속하는데, 그중에서도 중간 크기의 갈색 벌들이 꿀벌로 오해받는 경우가 많다. 잔디벌 혹은 흙 속에 벌

가위벌.

어리호박벌.

집을 만드는 안드레나(*Andrena*) 종 땅벌, 잎을 오려서 집을 짓는 메가칠레(*Megachile*) 종 가위벌, 소금과 물을 얻기 위해 땀 냄새를 맡고 모여드는 할릭터스(*Halictus*) 종 땀벌, 나무에 구멍을 내어 집을 짓는 어리호박벌 등이 그렇다.

서로 다른 수천 종의 벌들을 구별하는 작업은 복잡하고 어려운 과정을 거쳐야 한다. 이 때문에 전 세계의 곤충학자들은 골치가 아프다. 그러나 결국 꿀벌을 식별하는 가장 좋은 방법은 꿀벌의 이미지에 익숙해지는 단순한 방법에서 시작하는 것이다.

초보 자연학자들을 혼동시키는 부분은 또 있다. 바로 등에(drone-fly)이다. 커다란 눈이 수컷 꿀벌(수벌의 눈은 여왕벌이나 일벌보다 훨씬 크다. 83, 97쪽 참조)을 닮은 등에는 꽃등에(hoverfly), 에리스탈리스 테낙스(*Eristalis tenax*)라는 학명으로 불린다. 등에 종은 물에 불어서 썩은 나무 구멍(가지가 떨어져 나간 구멍)과 도랑, 하수구, 썩은 동물의 사체에 집을 짓는다. 이들은 꿀벌과 비슷한 크기이며 갈색, 오렌지색 무늬가 꿀벌과 흡사하다.

등에는 꿀벌을 아주 잘 흉내 낸 곤충이다. 책이나 잡지, 인터넷에서 꿀벌이라고 잘못 표기된 등에 사진을 쉽게 발견할 수 있다. 꿀벌이 황소의 사체에서 태어났다는 신화(14, 53쪽 참조)를 만들어낸 것도, 이 신화가 수천 년을 이어져 내려올 수 있었던 것도 이러한 기초적인 혼동 때문이다. 벌은 두 쌍의 날개를 가지고 있지만, 등에는 날개가 한 쌍이다. 이것이 벌과 등에의 주요 차이점이다. 그러나 꽃 주위를 윙윙거리며 날아다니는 곤충을 보고 이를 구분하기란 사실상 불가능에 가깝다.

등에가 흉내 내는 침 있는 벌은 꿀벌만이 아니다. 등에의 다양한 종류 중에는 호넷과 같은 무리 말벌, 무리 짓지 않는 말벌, 호박벌을 흉내 내는 종도 있다. 다시 말하지만, 차이를 발견하는 가장 간단한 방법은 곤충들의 이미지에 익숙해지는 것이다. 하지만 다음 몇 가지 간단한 지침 또한 두루 도움될 것이다. 다음에 수록한 표는 꽃을 찾는 벌과 등에의 차이점을 한눈에 볼 수 있도록 정리한 것이다(여왕벌은 이에 해당하지 않는다).

꿀벌 식별법

	꿀벌	호박벌	말벌	등에

날개	4장: 앞날개는 크고 뒷날개는 작다. 앞뒤 날개는 미세한 갈고리형 조직으로 함께 고정되어 하나의 날개꼴을 형성한다. 쉴 때는 등을 따라 평행하게 겹쳐진다.			2장: 쉴 때 꽁무니 쪽으로 비스듬히 처진다.
더듬이	굵고 길어 눈에 잘 띈다.			작고 짧으며 혹처럼 생겼다.
구강	턱이 있지만 보통 털로 가려져 있다. 혀는 비교적 길다.		크고 강력한 턱을 가지고 있으며 혀를 감추고 있다.	턱이 없다. 혀는 굽어 있으며 혀끝은 부드러운 물방울 형태이다.
눈	타원형 혹은 강낭콩 모양으로 수컷 꿀벌을 제외하고 비교적 작은 눈을 가지고 있다.			눈이 크다. 특히, 수컷의 눈은 머리의 대부분을 차지한다.
색	몸통은 갈색과 검은색이며 배에 주황색 띠 형태로 털이 나 있다.	검은색, 흰색, 빨간색, 주황색, 갈색이며 띠가 굵다.	몸통은 갈색 혹은 검은색이며 노란색 혹은 주황색 띠가 있다.	다른 벌들과 말벌을 흉내 내기 쉽도록 색이 매우 다양하다.
몸통	전체적으로 매끈하지만 가슴에는 털이 나 있고 배에는 띠가 있다.	무성한 털이 몸통 전체에 나 있다.	털이 거의 없다.	보통 털이 거의 없지만, 호박벌을 흉내 내는 몇몇 종은 털이 빽빽하다.
뒷다리	잔털이 빼곡하게 나 있어 꽃가루통의 역할을 한다. 보통 수확한 꽃가루 덩어리에 가려져 있다. (수벌 제외)	꿀벌과 비슷한 꽃가루통이 있다. 하지만 수벌과 꽃벌(cuckoo, 다른 호박벌의 둥지에 알을 낳는 종) 종에는 없다.	꽃가루통이 없다.	꽃가루통이 없다.
벌침	일벌(수벌 제외)에게 벌침이 있으며, 벌집이 위협받을 때 빠르게 사용할 수 있다.	여왕벌 및 일벌(수벌 제외)은 벌침이 있지만, 붙잡히거나 하는 위험한 경우가 아니면 거의 사용하지 않는다.	여왕벌 및 일벌(수벌 제외)에게 벌침이 있으며, 벌집이 위협받을 때 빠르게 사용할 수 있다.	벌침이 없다.
행동 특성	움직임이 부산스럽고 집중적으로 먹이 활동을 한다. 다양한 종류의 꽃에서 집중적으로 꿀을 채취한다.	움직임이 부산스럽고 집중적으로 먹이 활동을 한다. 화관이 깊은 적은 종류의 꽃에서 꿀을 채취한다.	꽃을 찾기도 하지만, 주로 곤충을 사냥해 먹이를 구한다.	다양한 꽃을 찾는다. 제자리에서 날 수 있다. 특히, 주로 영역 다툼을 하는 수컷이 능하다.

벌의 기원

오늘날 지구상에 날아다니는 곤충의 수와 다양한 종류에 비하면 지금까지 전해지는 곤충 화석 기록은 매우 적다. 곤충은 생태 피라미드 먹이 사슬의 가장 하위권에 자리 잡고 있기에 대부분 더 큰 생물들에게 잡아먹히게 되어 화석이 될 가능성이 매우 낮기 때문이다. 게다가 척추동물처럼 흙 속에 오래 남아있을 정도로 단단한 뼈가 없어서 대개는 썩어 없어진다.

아주 작고 말벌을 닮은 멜리토스펙스 부르멘시스(*Melittosphex burmensis*)의 화석이 지금까지 남아있는 벌의 화석 중 가장 오래된 것으로, 2006년에 미얀마 북부 광산의 호박 속에서 발견되었다. 2.95mm에 불과한 이 벌은 약 1억 년 전(다른 벌 화석보다 3400만 년에서 4500만 년 더 오래전)에 살았을 것으로 추정되며, 이 화석을 통해 처음으로 백악기(약 1억 4500만 년 전)에 벌이 존재했었다는 사실이 확인되었다. 말벌을 닮은 화석의 특징(꽃가루를 옮기는 기능을 하는 구조가 전혀 없으며, 뒷다리가 가늘다)과 털이 많은 오늘날 벌의 특징을 비교해 보면, 벌과 말벌이 당시 말벌의 특성을 더 많이 가지고 있던 조상으로부터 진화했다는 일반적 견해를 뒷받침한다는 것을 알 수 있다.

백악기 시대는 생물의 종류가 폭발적으로 다양해진 시기였다. 최초의 포유류가 등장했을 뿐만 아니라 진짜 꽃을 피우는 식물이 최초로 등장했다. 꽃이 등장한 것은 세계 생물사에 있어 중대한 변화 중 하나이며, 꽃을 찾는 곤충, 특히 벌의 출현은 이러한 변화와 복잡하게 연관되어 있다. 1억 년이 넘는 시간 동안 꽃과 벌은 함께 진화했다.

벌의 구체적인 진화 방식은 마치 선사시대의 안개 속에서 사라진 듯 명확하게 밝혀지지 않았다. 그러나 현대 곤충들의 모습과 형태, 행동, 삶의 모습, 생태를 DNA 분석이라는 최신 기술과 접목해 비교함으로써 사라진 그림이 점차 드러나고 있다.

말벌과 비슷한 조상으로부터 진화한 벌은 곤충을 사냥하는 포식자에서 꽃가루와 꽃꿀만을 먹고 사는 곤충(애벌레에게도 꽃가루와 꽃꿀만 먹인다)으로 변화했다. 이러한 변화의 시점이 꽃이 피기 시작한 시점과 일치한다는 사실은 그리 놀랍지 않다.

벌은 말벌을 닮은 조상으로부터 매우 중요한 특징 몇 가지를 물려받았다. 잘록한 허리와 벌침, 그리고 몸에 밴 벌집 건설 본능이다. 잘록한 허리 덕분에 배를 매우 유연하게 움직일 수 있어 거의 모든 방향으로 배를 튼다. 심지어 가슴 밑으로 말아 앞다리

사이로 배를 넣기도 한다. 원래 이것은 말벌이 먹잇감을 사냥할 때 침을 쏘기 유용하도록 진화한 것인데, 다른 벌에게는 벌집 깊숙이 알을 밀어 넣는 데 사용하는 중요한 특성이 되었다. 벌침은 한때 먹잇감을 죽이거나 마비시키는 데 사용되었지만, 지금은 꿀을 훔치고 종족을 해치는 도둑들에게 대항하는 방어 무기가 되었다(144~145쪽 참조). 벌집 건설 본능은 벌, 특히 꿀벌들에게서 발달했는데, 다른 어떤 곤충 무리의 둥지보다 복잡한 구조라 해도 과언이 아니다.

무리 벌의 진화

이론적으로 봉군은 불멸이다. 죽는 벌들을 빠르게 대체하여 개체 수를 유지하는데, 일벌은 매달, 매주 바뀌고 여왕벌은 몇 년마다 새로운 여왕벌로 바뀐다. 그러니 봉군 자체는 무한정 유지된다. 꿀벌을 비롯해 열대 지방에 사는 꿀벌의 친척뻘인 침 없는

벌도 마찬가지다. 이들의 간단한 벌집 건설 전략을 보면 이들이 진화해온 방식을 추적할 수 있다.

모든 꿀벌과 말벌은 둥지를 짓는다. 대부분 땅굴 혹은 죽은 나무 둥치나 속이 빈 식물 줄기 내부에 생긴 구멍에 만든다. 그 구멍은 여러 방으로 나뉘는데, 각 방은 하나의 알이 차지하고 있거나 유충을 위한 먹이가 들어 있다. 즉 벌집에는 꽃가루와 꽃꿀이, 말벌집에는 곤충 먹잇감이 있다. 각각의 집은 한 마리의 암컷이 혼자 만든다. 바로 옆에 다른 집이 지어진 경우도 있는데, 이 역시 다른 암컷이 혼자 만든 것이며 그 공간이 살기 적합한 장소라 같은 공간을 선택한 것이지, 암컷들이 협동하여 집을 짓지는 않는다. 이처럼 각 집이 모여 하나의 큰 무리를 만들면 꿀벌 봉군, 말벌 봉군이 된다.

거의 모든 벌과 말벌 종의 어미들은 자신의 새끼들이 태어나는 순간을 보지 못하고 죽는다. 애벌레는 준비된 먹이를 먹고 자라 번데기가 되고 성체가 된 뒤 세상에 나와 이러한 과정을 되풀이한다.

구멍에 집을 짓던 벌 중 몇몇은 사회화를 향한 작은 발걸음을 내디뎠다. 이러한 종에서는 처음 집을 지었던 어미가 자신의 딸들과 함께 살게 되는데, 딸들은 같은 둥지에 알을 낳기 위해 여분의 방을 만든다. 이는 어미를 도와 먹이를 찾고 집을 짓는 일종의 노동자 카스트(caste)의 시작으로 볼 수 있다.

말벌의 둥지.

꿀벌은 사회적 곤충이다. 이들은 고도로 구조화된 사회 질서 속에서 함께 일한다.

한 단계 더 발전한 사회적 곤충인 호박벌과 옐로우재킷 같은 말벌 종의 어미는 함께 사는 딸들이 훨씬 많아서 적게는 수백, 많게는 수천 마리에 달한다. 모든 꿀벌과 말벌의 수컷들이 그렇듯, 이러한 종들의 수벌 역시 둥지를 위해서 하는 일은 없다. 다음 세대를 생산하기 위한 여왕벌과의 교미만이 삶의 유일한 목적이다. 일벌은 여왕벌보다 몸집이 훨씬 작고 색과 무늬가 다른 예도 있다. 더 중요한 부분은 행동 방식이 전혀 다르다는 점이다. 일벌들은 먹이를 구하고 집을 지으며 확장도 한다. 또한, 애벌레에게 먹이를 먹이고 벌집을 보호하는 데 모든 시간을 쏟는다. 반면에 처음 집을 지었던 여왕벌은 좀처럼 둥지를 떠나지 않거나 아예 나오지 않는다. 여왕벌의 유일한 역할은 산란이다. 일벌들도 알을 낳을 수 있는 신체 구조를 가졌지만 짝짓기를 할 수 없으며, 간혹 알을 낳더라도 그 알에서는 수컷만 태어난다.

한 여왕벌과 그 새끼들만 사는 아주 작은 구멍 둥지 봉군에서부터 2만 개가 넘는 육각형 방을 8층에서 10층까지 쌓아 올려 비치 볼처럼 거대하고 복잡한 구조의 무리 말벌(옐로우재킷) 봉군까지, 지구상에는 형태가 다른 봉군이 수십 종이 넘는다. 이 모든 '사회적' 봉군은 다양한 생활 형태 속에서도 한 가지

예외적인 말벌들

인간에 의해 뉴질랜드로 옮겨진 유럽산 무리 말벌 베스퓰라(*Vespula*) 종의 봉군은 겨울에도 살아남았다. 남반구의 온화하고 비교적 변화가 적은 날씨에 적응한 까닭이었다. 일벌들은 죽지 않고 몇 년 동안 둥지를 넓혀 자동차만 한 크기로 키운다. 이 '거대 봉군'에는 다수의 여왕벌과 10만 마리가 넘는 일벌들이 함께 산다.

중요한 특징을 공유한다. 한 절기가 끝나면 봉군의 모든 벌이 죽는다는 점이다. 빈 둥지는 버려지고, 일벌들은 무리에서 떨어져 나와 이리저리 흩어져 죽음을 맞게 된다.

짧은 짝짓기 기간을 보내는 수벌도 일벌과 마찬가지로 수명이 짧다. 오직 수정에 성공한 여왕벌만이 살아남아 겨우내 겨울잠을 잔다. 만일 살아남는다면 새로운 집을 처음부터 지어야 함은 물론이고, 처음부터 모든 과정을 다시 시작해야 한다.

오직 꿀벌과 열대 지방의 침 없는 벌만이 여러 해를 거쳐 생존하는데, 봉아권(알과 애벌레, 번데기를 키우는 방)에서 떨어진 곳에 꿀을 저장하고, 떼를 지어 봉군을 형성한다. 이 특별한 두 가지 전략을 펼치도록 진화한 것이 그들의 장수 비결이다.

꿀 저장소와 무리 짓는 특성

추운 시기, 습한 시기, 혹은 여름철 가뭄처럼 꽃에 접근하기 힘든 비상시를 대비해 꿀을 저장하는 꿀벌의 습성은 일벌의 생존율을 크게 높인다. 대다수 꿀벌과 말벌은 오직 번식의 역할을 맡은 수벌과 여왕벌만이 살아남는다. 꿀 저장소가 따로 있으므로 꿀벌들은 벌집 온도를 환기하며 조절한다. 겨울에는 벌집 내부에 옹기종기 모여 함께 몸을 떨어 벌집을 따뜻하게 하며, 여름에는 물을 증발시켜 벌집을 식힌다(111, 118쪽 참조). 미리 저장해둔 꿀이 없다면 에너지가 많이 드는 이러한 활동을 하지 못해 1년 내내 벌집을 유지하기 어렵다.

꿀벌은 새로운 집을 찾을 때 여왕벌 한 마리가 방 한 칸을 만드는 것에서부터 시작하여 전체 과정을 되풀이해야 하는데, 무리를 지어 하나의 큰 봉군을 형성하고, 벌집을 여러 개 만들어 놓으면 훨씬 수월해진다.

벌 종의 대부분이 꿀을 생산해내지만, 일반적으로 양이 적으며 원래의 꽃꿀보다 약간 물기가 있거나 거의 변화가 없는 상태이며, 꽃가루와 섞여 딱딱하게 굳은 상태의 꿀이 많다. 가장 큰 규모를 자랑하는 호박벌의 벌집에서도 쓸만한 꿀은 찾기 힘들고 알과 애벌레가 들어있는 봉아권에 꿀이 함께 들어 있어 꿀을 분리해내기 어렵다. 이러한 두 가지 특성 덕분에 꿀벌의 벌집은 달콤한 꿀에 목마른 인간들의 끊임없는 관심을 받게 되었다.

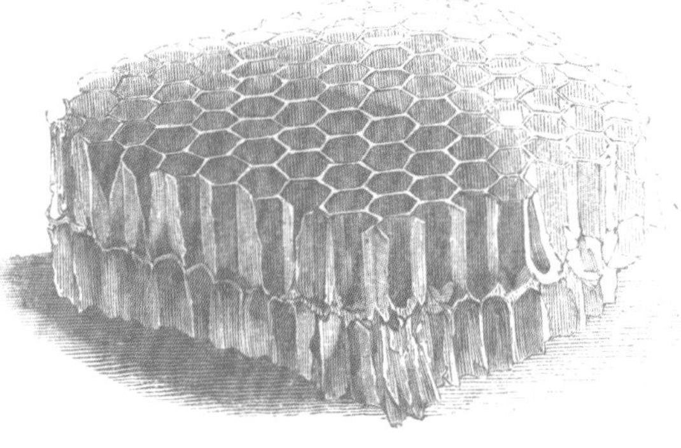

벌집의 육각형 구조.

전 세계의 다양한 꿀벌 종

유럽과 아시아, 아프리카에서 자연 발생한 꿀벌은 꿀벌속(genus *Apis*)에 속한다. 곤충학자와 양봉가들 사이에는 정확한 꿀벌 종류에 관한 논쟁이 계속되었다. 적게는 4종류, 많게는 11종류로 분류하고, 크게 4종류가 뚜렷이 구분된다.

인도최소종(Dwarf Honeybee)
Apis florea, / A. andreniformis

몸길이가 7mm에 불과한 아주 작은 종이다. 이란과 중국, 인도 일부에서 발생하여 동남아시아를 거쳐 인도네시아와 필리핀까지 퍼졌다. 벌집은 작고 단순한 구조이다(92쪽 참조). 꿀을 저장하는 방이 있는 벌집의 상단부는 벌들이 출입할 수 있도록 작은 수평 플랫폼의 형태로 넓어지고 확장된다. 꿀의 위치를 확인하고 온 정찰벌이 이곳에 내려 벌춤을 춰서 일벌들에게 꽃이 핀 곳의 위치를 알린다(112~113쪽 참조). 그 아래로 꽃가루를 저장하는 방이 있고, 벌집 하부에는 알과 애벌레를 기르는 봉아권이 있다.

인도최소종의 벌집에 저장된 꿀은 겨우 몇백 밀리리터에 불과하지만, 그래도 사람들이 수확하기에 괜찮은 양이다. 아시아의 일부 지방에서는 야생 벌집을 잘라 마을로 가져온 다음, 작은 나무의 가지에 고정해둔다. 꿀이 든 방을 잘라내어 꿀을 짜내고 나서 몇 주가 지나면, 꿀벌들이 벌집을 고쳐서 다시 들어와 살기 때문에 꿀을 또 수확할 수 있게 된다. 그러나 이는 별로 좋은 방법이 아니다. 벌집을 두 번이나 습격당한 벌들이 또다시 같은 과정을 반복하리라고 보장하기 어렵기 때문이다.

인도최대종(Giant Honeybee)

Apis dorsata

인도최대종은 아프가니스탄 남부와 인도, 스리랑카에서부터 중국 남부와 인도네시아, 그리고 필리핀 일부 지역에 서식하는데, 인도최소종과 비슷한 분포를 보인다. (인도 북부와 네팔, 티벳에 서식하는 인도최대종은 다른 종인 아피스 라보리오사(*Apis laboriosa*)로 분류한다.) 인도최소종과는 다르게(87쪽 참조) 인도최대종은 커다란 벌집 하나를 만들고, 벌방들이 외부에 노출되어있는 형상이다(92쪽 참조).

인도최대종의 벌집 구성은 인도최소종과 유사하다. 상부에 꿀 저장실이 있고 그 아래로 꽃가루 저장실, 하부에 봉아권이 있다. 정찰벌이 먹이를 발견하고 다른 일벌들에게 알리는 벌춤을 추는 공간이자, 벌들이 드나드는 입구는 벌집 바닥 쪽에 있다. 밀폐된 벌집에 사는 꿀벌과는 달리, 인도최대종은 새로운 먹이터의 방향 정보를 주고받기 위해 해가 잘 보이는 벌집이 필요하다.

벌집이 크다 보니 매우 단단하며 꿀도 20kg 정도 저장한다. 인도최대종은 벌집을 공격한 적을 100m 이상 쫓아갈 정도로 벌집을 잘 지키는 종이지만, 커다란 벌집은 꿀 채집꾼들에게 위험을 감수할 만한 가치가 있는 매우 매력적인 사냥감이다. 인도최대종의 꿀은 질이 좋기로 유명하여 시장에서 높은 가격에 거래되기 때문이다.

인도최대종은 우기가 끝나는 시점과 특정한 꿀을 가진 꽃들이 피는 시점에 맞춰 이동하는 경향이 있다. 채집꾼들은 섣불리 나무에 올라가 꿀 채집을 하지 않고 꿀 생산량이 최고조에 이를 때까지 기다린다. 다시 우기가 찾아와 꽃이 지면 벌들이 집을 떠나서 텅텅 비기 때문이다.

동양종(Oriental Honeybee)

Apis cerana

동양꿀벌(Eastern honeybee)이라고도 한다. 인도와 러시아 남부, 중국, 일본, 한국, 동남아시아, 말레이반도, 필리핀, 인도네시아 등 아시아 전역에 두루 서식한다. 분포 범위가 넓어 여러 지역에서 뚜렷이 구분되는 지리적 특성에 맞게 진화했다. 인도와 미얀마에서는 아피스 세라나 인디카(*A. cerana indica*), 일본에서는 아피스 세라나 자포니카(*A. cerana japonica*), 동남아시아에서는 아피스 세라나 자바니카(*A. cerana javanica*), 인도네시아에서는 아피스 세라나 코세브니코비(*A. cerana koschevnikovi*)로 각각 진화했다. 오랜 세월 이 종들을 단일 종으로 인정해야 한다는 주장과 재래꿀벌의 아종으로 등재해야 한다는 주장이 서로 대립했다.

북풍이 부는 온대 지역과 아열대 지역에 사는 종일수록 꿀을 더 많이 저장한다(먹잇감이 제한되는 겨울이 상당히 추운 지역은 그만큼 꿀 수확량이 적을 수밖에 없다). 열대 지역의 종들은 꿀을 보다 적게 저장하지만, 이동성이 높아 온도 자체보다는 습하고 건조한 계절 변화에 더 잘 반응하여 쉽게 봉군을 만들고 잘 도망치며 거주지를 이동하기도 한다.

동양종의 둥지는 여러 개의 벌집이 평행하게 매달려있는 형태다(92쪽 참조). 각 벌집 사이에는 일벌들이 벌집 내부 깊은 곳에서도 벌집의 모든 방에 접근할 수 있도록 항상 균일한 간격으로 '벌 공간'을 둔다(155쪽 참조).

동양종의 가까운 친척뻘

Apis nigrocincta

필리핀과 인도네시아의 몇몇 섬에서 발견되며, 이 지역에 국한되어 분포하는 종이다. 보통 동양종보다 몸집이 크며 누런색을 띤 머리 밑부분 색으로 구별한다. 동양종과 같이 어두운 구멍 속에 벌집을 짓는다(92쪽 참조).

서양종(Western Honeybee)

Apis mellifera

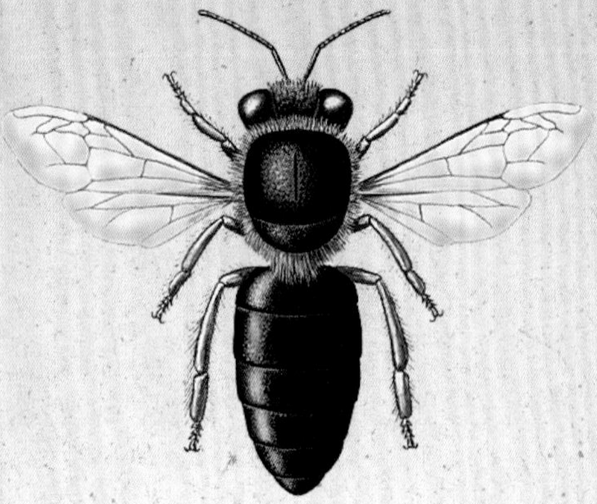

전 세계에 지리적으로 가장 넓게 분포하는 종이다(64쪽 참조). 굉장히 오랫동안 인간에 의해 사육되며 이용되는 바람에 그 기원마저 불분명하다. 아프리카에서 발생하여 유럽으로 퍼졌을 것으로 추정할 뿐이다(최근 이루어진 꿀벌 DNA 연구를 통해 선사시대에 아프리카에서 유럽으로 세 차례의 침략이 이루어졌을 가능성이 밝혀졌다). 이후 유럽의 식민지 개척 정책이 확장되면서 북아메리카(1620년대)와 오스트레일리아(1820년대)까지 퍼져나갔다.

서양종도 동양종처럼 어두운 구멍 안에 벌집을 만들며, 여러 개가 모여 있는 형태다(92쪽 참조). 이런 형태로 벌집을 짓는 습성 때문에 인간이 인공 둥지를 만들어 벌을 가두어 기르기 편리하여 동양종과 마찬가지로 인간의 선택을 받았다.

서양종이 처음 양봉에 이용된 시점에 관한 정확한 기록은 없지만, 약 1만 년 전에 아프리카에서 유럽으로 자연스럽게 이동했다고 추측한다. 고대 이집트에서는 4500년 전부터 양봉이 시작되었고, 그리스 후기 문명과 로마 문명의 양봉가들은 꿀벌의 복잡한 무리 생활의 특성을 상당 부분 이해하고 있었기 때문이다(30~33쪽 참조). 중국의 양봉 역사도 3000년 전으로 거슬러 올라가지만, 서양종이 동양종과 달리 원래의 지리적 분포를 훨씬 뛰어넘게 된 까닭은 지난 600년 동안 유럽의 식민지가 늘어나면서 무역이 활발해졌기 때문이다(64~72쪽 참조).

지리적 고립은 종과 아종이 형성되는 진화의 주된 원동력이다. 산맥과 바다는 물론 강마저도 번식을 막는다. 서양종은 꿀 수확량을 늘리기 위해 덜 방어적이고 온순한 종, 더 위생적으로 벌집을 만드는 종, 분봉하려는 습성이 줄어든 종을 찾던 양봉가들에게 선택받아 양봉으로 번식하기 전까지 세계 곳곳에서 각기 다른 특성을 가진 종으로 진화해왔다. 양봉에 완벽하게 적합하다고 말할 수 있는 종은 없지만, 최근에는 해충과 질병에 대한 저항성이 강한 편인 서양종의 특성이 양봉 꿀벌로 번식하기에 매우 적절하다고 평가받고 있다.

현재 전 세계에 서식하는 서양종은 매우 다양하다. 이어지는 항목은 몇 가지 주요 서양종에 관한 설명이다.

카니올란종(Carniolan Honeybee)

A. m. carnica

거무스름한 갈회색에 연한 주황색 줄무늬가 있다. 오스트리아와 발칸 반도에서 발생해 전 세계로 퍼졌다. 이탈리안종에 이어 두 번째로 인기가 많은 종이다. 온화한 성격이며 질병에 강하고 해충의 공격을 스스로 방어할 수 있다. 꿀 수확량도 많다.

유럽검은벌(Dark European Honeybee)

Apis m. mellifera

독일검은벌(German Black Honeybee)이라고도 불리며 북쪽 지방의 척박한 환경과 서늘한 기후에 적응한 종이다. 영국과 알프스산맥의 북쪽과 서쪽 지역 등 서유럽 일대에 서식한다.

케이프 꿀벌(Cape Honeybee)

A. m. capensis

아프리카종 가운데 남부 토종 형태의 꿀벌이다. 남아프리카공화국 남서부의 케이프반도에서 처음 발견되었고, 지금은 남아프리카 전역에서 발견된다. 일벌이 번식력이 있어 알을 낳는다는 점이 다른 꿀벌과 구별되는 독특한 특징이다(85쪽 참조). 생산 능력을 가져 여왕벌이 된 케이프 꿀벌 종의 일벌들이 아프리카종의 벌집에 몰래 침입해 알을 낳고, 그렇게 태어난 일벌들이 계속해서 알을 낳게 되어 결국 봉군이 붕괴하고 만다. 이는 뻐꾸기들의 공격과 더불어 아프리카종의 한정된 분포 범위에 중대한 영향을 미친다.

이탈리안종(Italian Honeybee)

A. m. ligustica

복부의 독특한 노란색 혹은 주황색 줄무늬로 구별할 수 있다. 이탈리아와 시칠리아에서 발생해 와이트섬 병 사태 이후 영국에 수입된 종이다(74쪽 참조). 현재 세계에서 가장 널리 분포하는 종이며, 특히 영국과 미국, 호주, 뉴질랜드 등지에 주로 분포한다. 서늘한 기후에 약하다. 온순한 성격이며 식탐이 강하고 질병에 강한 편이다.

아프리카종(African Honeybee)

A. m. scutellata

남아프리카와 중앙아프리카의 토종꿀벌이다. 생김새는 이탈리안종과 비슷하며, 꿀 생산량이 많고, 질병과 해충에 대한 저항력이 높으며 방어력도 뛰어나다. 1957년 브라질에 수입된 아프리카종이 검역소를 탈출하는 사고가 일어났는데, 이후 온순한 서양종과 교배하여 생긴 '아프리카화'된 꿀벌 종은 둥지 방어 본능이 워낙 강해 '킬러비(killerbees)'라는 다소 자극적인 별명이 생겼다.

이집트종(Egyptian Honeybee)

A. m. lamarcki

복부에 노란색 띠를 두른 작고 검은 벌이다. 나일계곡의 토착 종이지만 캘리포니아에 유입된 꿀벌과 유전적 유사점이 있다. 방어적인 경향이 있으며 꿀 생산량은 적지만 벌집을 잘 관리한다. 여러 사원에 남아있는 조각에 새겨진 모습과 비슷해 고대 이집트인들이 양봉했던 종일 가능성이 있다.

벌의 둥지

꿀벌들은 종마다 고유한 형태로 둥지를 만든다. 인도최소종은 보통 지상에서 1~8m 높이의 나무나 바위의 구멍, 혹은 나뭇가지에 작고 단순한 구조의 벌집을 짓는다. 둥지는 한 동의 벌집이 전부이며 노출되어있다. 벌집에는 정찰벌이 소통을 위해 벌춤을 추는 수평 발판이 있다. 노출형 둥지지만 잎이 울창한 나뭇가지를 이용해 위치를 감추는 경향이 있다. 개미의 공격을 막기 위해 둥지가 붙는 부분 양쪽으로 프로폴리스(식물성 점액)를 2~4cm 간격의 띠 형태로 덮는다. 꿀벌들은 서너 겹으로 둥지에 앉아 두꺼운 층을 형성하여 보호한다(보통 전체 일벌의 75%가 이러한 작업을 한다). 둥지가 공격받으면 보호막을 형성하고 있던 벌들이 동시에 배를 좌우로 흔들며 요란하게 윙윙거리는데, 이 살아있는 보호막은 마치 물결처럼 일렁이는 듯 보인다. 그래도 적이 계속 공격한다면 단체로 날아올라 적을 공격하고, 여의치 않으면 둥지를 버리고 근처에 새 둥지를 만들기도 한다.

인도최대종의 둥지도 크게 다르지 않다. 비석 크기만 한(너비 약 1m, 높이 약 2m) 벌집 한 동을 동굴 천장이나 절벽의 돌출부에 매단다. 인도최대종은 주로 숲에 집을 짓는데, 보통 다 자란 디프테로카푸스(Dipterocarpus) 나무에 지상으로부터 25m 정도 되는 높이로 둥지를 만든다. 한 나무에 10~20개의 둥지가 걸리기도 하며, 그 이상 걸린 나무도 있다. 100개가 넘는 둥지가 걸린, 이른바 '벌나무'도 아주 가끔 발견되기도 한다.

동양종의 둥지는 인도최대종의 단일 벌집 둥지와는 달리 여러 벌집이 평행하게 매달려있으며 각 벌집 사이에 균일한 공간이 있다. 어둡고 속이 텅 빈 나무 둥치와 동굴 안에서 주로 발견된다. 서양종도 동양종과 비슷하게 어두운 곳을 좋아하는데, 빈 나무 둥치, 통나무, 동굴, 바위 틈새 등 자연적으로 생성된 공간에 집을 짓는다. 여러 개의 벌집이 평행하게 매달려있고 각 벌집 사이에 규칙적으로 균일한 공간을 두는 점도 동양종과 비슷하다.

이처럼 어두운 곳에 집을 짓는 습성 덕분에 수천 년 동안 인간과 공존해왔다. 인간은 꿀벌의 야생 봉군이 서식하도록 토분이나 나무로 된 상자와 바구니, 손질한 통나무 등 적절한 보금자리를 제공했다(29쪽 참조). 꿀을 수확하기 위해 주기적으로 벌집을 들어냈지만, 오히려 꿀벌이 새로운 집을 만들어 봉군을 유지하는 데 도움이 되었다.

벅파스트종(Buckfast Bee)

1919년 영국의 수도사 아담(Adam)이 양봉을 시작했던 데본에 위치한 벅파스트 수도원(Buckfast Abbey)의 이름을 딴 종이다. 와이트섬 병(74쪽 참조) 사태로 영국의 검은 꿀벌들이 대부분 죽자, 아담은 엄선된 봉군으로 검은 꿀벌과 유사하지만, 질병에 더 강한 종을 만들어냈다. 원래의 검은색, 즉 외형을 되살리려 하기보다는 검은 꿀벌의 온순함과 내한성을 강화하고 분봉열을 낮추는 편을 선택했다.

인도최소종의 둥지.

인도최대종의 둥지.

텅 빈 나무 둥치 속의 서양종의 둥지.

동양종의 둥지.

벌집의 구성원들

더위가 한창인 여름에 활동성이 좋고 건강한 벌집에는 약 2만~5만 마리의 꿀벌이 북적인다. 그중 대부분이 일벌(몇몇 옛 문헌에서는 '중성벌'이라 표현하기도 한다)이다. 일벌들은 봉군을 위해 먹이를 구하고, 밀랍으로 벌집을 만들며, 꿀과 꽃가루를 먹이 벌집에 저장한다. 또한 꿀을 노리는 적으로부터 벌집을 보호하며 애벌레들을 성충이 될 때까지 보살피면서 평생을 보내는 불임 암컷이다.

일벌들 사이에는 수벌 수백 마리가 섞여 있다. 수벌들은 꿀만 홀짝거리며 빨아 마실 뿐 아무 일도 하지 않기에, 결국 암컷들에 의해 벌집 밖으로 쫓겨나게 된다.

벌집의 심장부에는 산란이 가능한 단 한 마리의 여왕벌이 있다. 여왕벌은 계속 교체되는데, 자신의 수발을 드는 일벌들에게 먹이를 받아먹으며 평생 육아방에 알을 낳는 일만 한다.

곤충의 암컷과 수컷을 구별하는 데 현미경, 보통 돋보기 정도는 필요하지만, 꿀벌은 육안으로도 구별할 수 있다(여왕벌과 일벌의 구별도 쉽다). 그러나 꿀벌의 신체 구조를 이해하기 위해서는 우선, 가장 개체 수가 많고 흔한 일벌에서부터 시작해야 한다.

일벌

일벌은 한눈에 봐도 전형적인 곤충의 체격을 가지고 있다. 몸길이는 대략 12~15mm이며 몸체는 비교적 단단한 원통형이다. 대부분 짙은 갈색이나 검은색이며, 세계 각지의 종마다 적갈색, 주황색, 노란색 등 다양한 색이 띠 형태로 복부를 둘렀다. 날개는 4장이나 뒤 쌍은 앞 쌍보다 훨씬 작아서 살아 움직이는 일벌을 보고 알아보기는 어렵다. 날개는 매끈하고 투명해 혈관들이 검게 보이고, 이 혈관들은 찢어지기 쉬운 얇은 날개를 튼튼하게 지탱한다. 앞날개의 뒤쪽 끝을 따라 여러 개의 갈고리가 붙어 있어 뒷날개 앞쪽 끝의 두껍게 접힌 부분을 단단하게 잡아 앞날개와 뒷날개를 연결한다. 날개를 하나로 연결하면 더욱 효과적으로 강한 양력을 발생시켜 빠르고 효율적인 비행이 가능하다.

머리는 다소 큰 편이며 마름모꼴의 두 겹눈은 약 6000개의 육각형 낱눈(ommatidia)으로 구성되어 있다. 낱눈들은 각각 하나의 광수용체 역할을 한다. 내부에 신경이 있는 투명한 원뿔 형태의 렌즈에 빛을 모으는데, 이를 봉상체(rhabdom)라 한다.

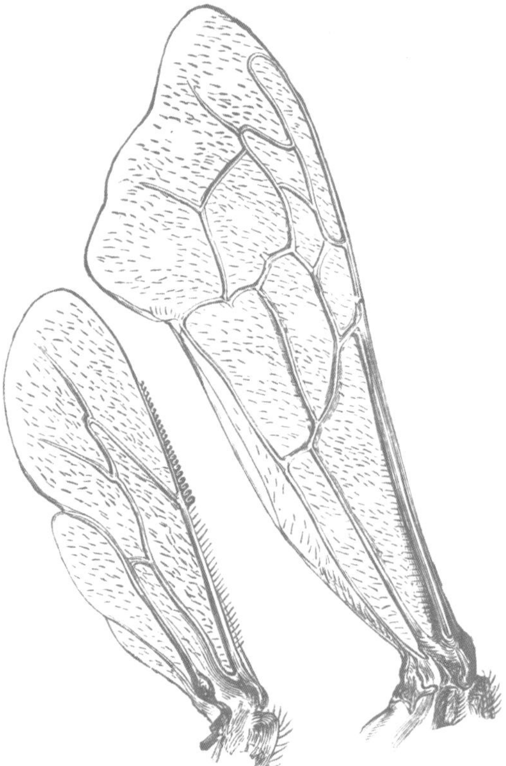

일벌의 오른쪽 앞날개와 뒷날개의 모습.

이 낱눈들로 수집한 이미지들은 포유류 혹은 조류의 시각 시스템보다 상대적으로 거칠다. 마치 수많은 이미지가 마구 겹쳐진 모자이크처럼 보인다. 그렇지만 시각은 꿀벌이 꽃을 인식하고 벌집 주변의 상황을 인지하여 심적 지도를 만들 수 있게 해주는 매우 강력한 감각이다.

벌에게 가장 중요한 시각 기능은 빛이 비치는 방향을 감지하는 능력이다. 이 기능 덕분에 해가 뜬 방향을 정확하게 판단하게 된다. 심지어 흐린 날에도 가능하다(113쪽 참조). 태양의 편광을 감지하는 기능이 있는 부분은 다른 눈들에 비해 조금 큰 낱눈들이 모여 있는 겹눈의 상단 가장자리 두세 줄 부분이다.

머리 상단에는 3개의 반짝이는 반구형 눈이 삼각형을 이루며 위치한다. 이것들은 홑눈(ocelli)이라 불리는 기관들인데, 이곳의 기능은 아직 완전히 밝혀지지 않았다. 하지만 홑눈 수정체의 초점과 내부의 광수용체 배열을 볼 때, 이 홑눈들은 물체의 이미지를 수집하는 것이 아니라 전체적인 빛의 양을 감지하는 기능을 한다고 추측된다. 한편에서는, 수평선을 기준으로 빛(하늘)과 어둠(땅)의 색 대비를 감지하여 먹이터로 이동할 때 수평으로 비행하는 데 필요한 기능이라는 주장도 있다.

꿀벌의 안면에는 두 개의 더듬이가 있다. 더듬이는 여러 절로 구성되어 있는데, 가장 긴 기본 마디(촉각근)와 관절식 팔굽 마디(육경), 그리고 10개의 절로 이루어진 채찍 마디(편모)가 있다. 더듬이는 감각을 느끼는 털로 덮여 있으며 감각기(sensillae)라 부르는 자잘한 판형 돌기가 있다. 더듬이는 꿀벌에게 눈 다음으로 중요한 감각기관이다.

일벌은 어두운 벌집 안에서 민감한 촉각 기관인 더듬이로 동료들이나 여왕벌과 끊임없이 스치며 교감한다. 더듬이에 난 털의 일부는 각각 신경과 연결되어있어 다른 단단한 물체에 접촉할 때 기계적으로 반응하는, 일종의 '터치 센서'로 기능한다.

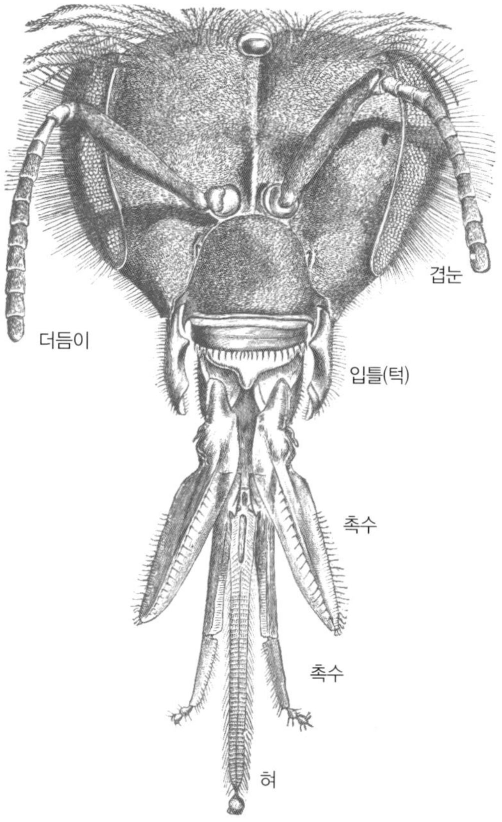

일벌의 머리 구조.

한때는 벌이 소리를 듣지 못한다고 여겨지기도 했다. 떠 있을 때 날개의 진동 소리조차 듣지 못한다고 생각했다. 그러나 최근 존스턴 기관(Johnston's organ)이라 불리는 특수 감각기관이 더듬이의 팔굽 마디에서 발견되었다. 소리의 진동, 특히 꿀벌들이 벌춤을 출 때(112~113쪽 참조) 나는 진동은 채찍처럼 생긴 편모를 진동시키고, 그때 발생하는 편모 뿌리의 움직임을 존스턴 기관이 감지한다.

더듬이는 벌집 안팎을 구별하지 않고 주요 후각 기관의 기능도 한다. 더듬이를 덮고 있는 감각기는 납작한 돌기와 굵고 짧은 털구멍 등 여러 모양과 형태를 보인다. 이것들은 모두 미세한 모공으로 덮여 있으며, 내부로 공기가 천천히 유입하여 화학 수용체가 공기 중에 떠다니는 냄새 분자에 반응한다. 꽃향기는 물론 꿀벌이 벌집 내부에서 방출하는 집합 페로몬(화학 분비물)과 벌침을 쏠 때 방출되는 경보 페로몬(130쪽 참조) 등도 마찬가지다. 더듬이의 감각기는 온도와 습도, 이산화탄소에 반응하기도 한다(특히 벌집을 공격하려는 포유류들의 호흡에서 감지한다).

더듬이 아래에는 입틀이 있다. 가장 눈에 띄는 부분은 물체를 물고 꽃가루를 모으며 밀랍의 모양을 다듬을 때 사용하기 적당한 크기의 두 개의 삼각형 턱(큰 턱)이다. 두 턱이 오므라들면서 부드럽게 자르는 기능을 한다.

턱 밑의 긴 주둥이는 수많은 작은 조각이 연결된 형태로, 서로 합쳐져 액체를 빨기 위한 빨대 모양의 혀(설엽)와 먹이를 인지하고 다룰 때 사용하는 촉수(입술수염), 그리고 두꺼운 보호 껍질(육경과 모상 건막)로 이루어져 있다. 주둥이는 사용하지 않을 때 머리 아래로 접어 넣을 수 있다.

입틀은 꽃을 물어 꽃가루를 모을 때, 벌집의 다른 가족들에게 줄 감로를 빨아들일 때, 벌집을 만들면서 밀랍을 다루고 모양을 만들 때, 벌집에서 쓰레기와 죽은 벌을 밖으로 옮길 때, 벌집을 침입하는 적을 물고 붙잡을 때, 그리고 여왕벌을 핥을 때 쓴다.

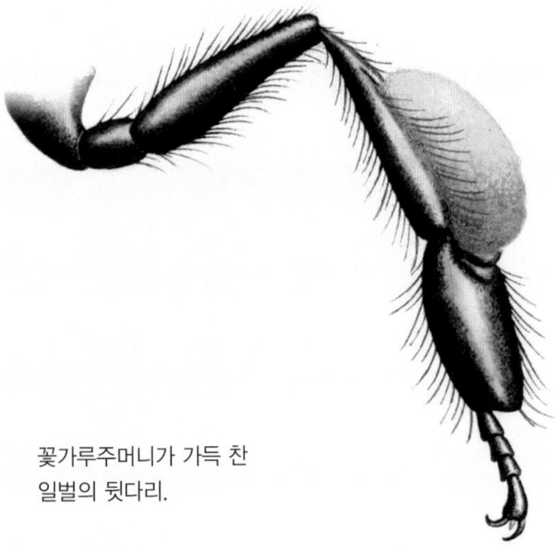

꽃가루주머니가 가득 찬
일벌의 뒷다리.

**일벌은 짝짓기하지 않으며
유정란을 낳지 못한다.
가끔 무정란을 낳기도 하는데,
이 알에서는 수벌만 태어난다.**

꿀벌의 몸에 난 깃털 모양의 털은 꽃가루를 모으기 위해 오랫동안 적응하고 진화한 결과이다. 일부 원시시대의 단독살이벌 종들은 작은 집으로 돌아와 기어 들어갈 때 몸에 묻은 꽃가루가 떨어져 나갔다. 가위벌은 복부 아랫부분에 꽃가루를 감싸 다시 운반하는 데 사용되는 긴 털이 두텁게 나도록 진화했다. 꿀벌과 호박벌에게는 꽃가루를 채집하는 일이 정교한 과정을 거칠 정도로 중요해졌고 커다란 꽃가루 덩어리를 나르기 위해 뒷다리가 독특한 모양으로 발달했다.

꿀벌이 꿀을 얻기 위해 꽃에 접근하면 꽃가루 알갱이에 뒤덮이게 된다. 꿀벌이 꽃에서 나오는 즙을 마시다가 꽃가루를 생성하는 부분인 꽃밥(anther)을 물어 터뜨리면 꽃가루가 방출된다. 그러면 꿀벌은 뻣뻣한 털이 덮인 뒷다리로 머리와 가슴에 묻은 꽃가루를 빗어내려 뒷다리로 옮긴다.

이 뒷다리에는 뻣뻣한 강모들이 모여 자란 9개의 빗처럼 생긴 특수 부분(꽃가루솔)이 있는데, 꿀벌이 두 뒷다리를 함께 비비면 꽃가루가 종아리마디(경골)와 발바닥 위 첫 번째 마디(제일 발목 마디) 사이의 관절로 들어간다. 꿀벌의 종아리마디와 발목마디 사이의 관절을 꽃가루 압착기(pollen press)라고 부르는데, 관절과 관절을 연결하는 이 특수 기관은 점성을 가진 꽃가루를 단단한 덩어리로 압축하여 종아리마디의 넓고 매끄러운 바깥면으로 옮긴다. 그곳에는 길고 곱슬한 털이 뭉쳐져 꽃가루를 담을 수 있는 꽃가루 바구니(corbicula)가 있다. 꿀벌과 호박벌은 이 꽃가루 바구니가 특히 잘 발달했다. 둥지로 돌

벌집 구성원의 특징

일벌

여왕벌이나 수벌보다 가볍고, 다리에 꽃가루를 수집하는 장치가 있다. 복부 아래쪽 튀어나온 부분에는 벌집을 짓는 데 사용되는 밀랍을 만드는 밀랍샘이 있다. 벌침에는 갈고리형 가시가 있어 벌침을 쏜 뒤 침을 빼려다 오히려 죽는다.

여왕벌

여왕벌의 몸은 길쭉하고 복부가 뾰족하다. 다리는 길고 튼튼하며 꽃가루주머니가 없다. 벌침은 구부러져 있고 가시가 일벌과 비교해 덜 굽어 있어 침을 빼려다 생명을 잃지 않는다. 일벌보다 혀가 짧다.

수벌

여왕벌과 일벌보다 무겁고 다부진 체격이다. 복부가 뭉툭하고 머리가 커다란 겹눈으로 덮여 있다. 꽃가루주머니나 밀랍샘이 없으며 혀가 매우 짧고 벌침이 없다.

아오는 꿀벌의 뒷다리에서 밝은색의 꽃가루 빛이 선명하게 비치는 모습은 쉽게 발견된다. 게다가 꽃가루는 꽃마다 색깔이 다르므로 벌이 어떤 꽃의 꿀을 먹었는지 눈으로 확인할 수도 있다.

일벌의 꽁무니에는 방어용 벌침이 있다. 유충에게 먹이를 먹이기 전에, 먹이를 죽이거나 마비시키기 위해서 침을 공격 무기로 사용했던 말벌과 같은 조상으로부터 물려받았다. 일벌의 벌침은 벌집을 방어하는 데만 사용한다. 알을 낳는 기관이 변형된 것이라 암컷만 가지고 있다. 벌침에 관한 자세한 내용은 128~130쪽을 참조하기 바란다.

눈에 보이지는 않지만, 일벌은 꿀주머니(밀위)와 밀랍샘이라는 매우 중요한 내장 기관을 가지고 있다(124쪽 참조).

여왕벌

여왕벌은 일벌보다 몸체가 홀쭉하며 길다(최대 18~19mm). 머리도 일벌보다 작고 눈도 작은데(3500여 개의 낱눈), 더 촘촘하게 털이 나 있다(여왕벌은 해의 편광을 측정하거나 꿀이 든 꽃을 찾을 필요가 없기 때문이다). 시종 벌들이 먹이를 먹여주기 때문에 꽃에서 꿀을 빨 필요가 없어서 혀도 짧다. 턱은 일벌과 비슷한 크기지만, 두 턱을 오므리면 가운데에서 만나지 않으며, 끝부분이 깊은 날의 톱니 형태이고 뾰족한 끝부분이 서로 만난다(여왕벌에게 가장 중요한 여왕 페로몬을 분비하는 턱샘이 잘 발달했기 때문일 것이다. 114쪽 참조). 먹이를 구하기 위해 오래 날 필요가 없어 흉곽이 좁지만, 알을 낳아야 하기에 복부는 더 길다. 다리는 일벌보다 튼튼하지만, 털은 훨씬 적다. 꽃가루 바구니가 필요 없으므로 종아리마디 바깥 면은 볼록하지 않으며 길고 곱슬한 털도 없다. 벌집을 만드는 데 참여하지 않아 밀랍샘이 없으며, 벌집을 지키는 데에도 관여하지 않아 벌침에 갈고리형 가시도 없다.

수벌

수벌(수컷)은 몸길이 15~17mm에 암컷보다 무겁고 팔팔하며 빽빽한 솜털로 뒤덮여있다. 여왕벌처럼 먹이 활동과 집짓기, 벌집 방어에 전혀 관여하지 않는다. 수벌의 유일한 목적은 번식기의 처녀 여왕벌의 짝짓기 비행을 따라나서서 여왕벌을 수정시키는 것이다. 수벌의 머리 크기는 일벌과 별반 다르지 않지만, 머리 대부분이 거대한 눈이다. 각각 1만개가 넘는 낱눈이 모여 있는 한 쌍의 겹눈은 머리 꼭대기에서 만나 서로 닿는다. 그래서 그 자리에 있어야 할 홑눈들은 머리 앞쪽으로 몰려있다. 말벌을 포함해 모든 수벌의 더듬이는 암컷보다 더 튼튼하고 길며, 11개의 마디로 이루어져 있다. 암컷 더듬이의 마디는 10개뿐이다. 수벌의 턱은 작고 빼곡한 털로 뒤덮여있으며, 여왕벌과 마찬가지로 혀가 짧다. 가슴이 넓고 건장하며 복부도 크지만, 꽁무니는 뭉툭하고 벌침이 없다. 다리에는 털이 거의 없으며, 앞다리와 중간다리 4개는 매우 가늘다. 뒷다리에 꽃가루를 모으는 기관이 없다.

일벌과 다른 벌을 구분하는 법

일벌이 아닌 벌을 구분하는 가장 분명한 특징은 여왕벌의 기다란 몸체와 혼자서는 절대 둥지 밖을 나서지 않는 점, 그리고 수벌의 커다랗고 검은 눈이다.

꿀벌의 성장, 알에서 성충까지

초여름 봉군이 번성하는 시기에 여왕벌은 알을 매일 약 1500개까지도 낳는다. 자신의 몸무게보다 더 무거운 양이다. 이 알들에서 한 해 동안 약 20만 마리의 일벌이 태어난다.

여왕벌은 보통 2년이나 3년 정도 살면서 봉군을 다스리지만, 4년에서 5년 이상을 살았다는 기록도 있다. 얼마나 오래 살든 여왕벌은 짧은 짝짓기 비행 단 한 번으로 수벌 한 마리, 혹은 여러 마리와 교미해 평생 사용할 정자를 저장한다. 이 저장된 정자들을 조금씩 아껴서 난자를 수정시켜 몇 년 동안 알을 낳는다(116쪽 참조).

성별 결정

꿀벌의 성별 결정에는 원래 다른 벌과 말벌, 개미나 다른 곤충들처럼 단수배수체(haplodiploidy)라는 성별 결정 메커니즘이 작용한다고 알려졌다. 성별이 총 염색체 수에 의해 결정된다는 것이다. 수컷은 16개의 반수체(haploid) 혹은 1배 염색체(single chromosome condition)이고, 암컷은 32개의 배수체(diploid) 혹은 2배 염색체(double chromosome condition)이다. 여왕벌의 난소에서 난자를 생산하는 과정에 염색체의 수가 32개에서 16개로 반감한다고 여겨졌지만, 이는 수벌의 세포가 모두 16개의 염색체를 가지고 있고 정자의 염색체는 반감하지 않는 사실과 상반되는 현상이므로 여왕벌이 알을 낳을 때마다 저장된 정자를 선택적으로 수정에 사용한다고 보는 편이 맞다. 따라서 정자와 난자가 수정된 알은 16개의 모계 염색체와 16개의 부계 염색체를 가지며, 이는 총 32개의 염색체를 가진 암컷, 즉 일벌이나 여왕벌이 된다. 정자와 수정되지 않은 난자는 16개의 모계 염색체만 가진 수벌이 된다.

그러나 최근에는 꿀벌의 성별이 '상호보완성 성별 결정자(Complementary Sex Determiner, CSD)'라는 하나의 유전자에 의해 결정된다고 밝혀졌다.

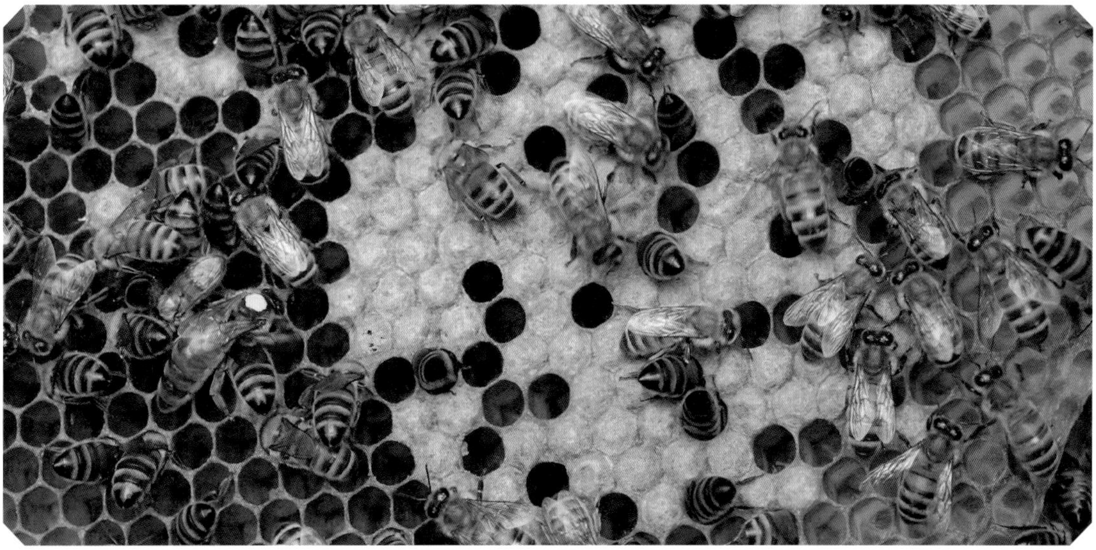

일벌들이 유충을 돌보는 동안 알을 낳고 있는 여왕벌이 노란 점으로 표시되었다.

산란과 부화, 그리고 육아

짝짓기가 이루어지고 나면 여왕벌은 일벌들이 주는 영양분이 가득한 특별한 먹이를 받아먹고 난소가 팽창해 확장된다. 그러면 약 3~4일 후에 알을 낳기 시작한다.

사나흘 뒤 알이 부화하면, 일벌들은 즉시 열린 육방에 있는 작은 애벌레를 찾아가 먹이를 주기 시작한다. 일벌 유충은 육아벌이라고 불리는 일벌에게 총 140번이 넘게 먹이를 받아먹는다. 일벌과 여왕벌 유충은 5일간 먹이를 먹으면 충분하지만, 수벌은 하루를 더 먹어야 한다.

여왕벌이 알을 낳은 후 9일째가 되어 유충이 충분히 먹으면 일벌들이 밀랍으로 덮개를 만들어 육방을 봉인한다. 이 작업은 일벌들이 100번 이상 들락거려야 하며, 적어도 6시간 이상 걸리는 작업으로 생각보다 훨씬 복잡하다.

봉인된 육방 안에서 유충은 번데기가 되고 성충으로 변태한다. 여왕벌은 성충이 되는 데 16일이 걸리고, 일벌은 보통 21일, 수벌은 24일이 걸린다. 유충에서 성충으로 발달하는 정확한 시기는 지역 조건에 따라 달라진다. 따라서 온대 기후에서 서식하는 서양꿀벌(*Apis mellifera*)과 훨씬 더운 열대 기후에서 서식하는 동양꿀벌의 남쪽 지역 종(*Apis cerana indica*)이 일반적으로 비슷한 발달 시기를 보이는 점은 주목할 만하다. 이처럼 발달 시기가 유사한 까닭은 꿀벌이 한겨울 추위나 열대 지방의 뜨거운 무더위에서도 벌집 내부를 일정한 온도(약 35℃)로 유지하는 데 매우 뛰어난 능력을 발휘하기 때문이다 (111, 118쪽 참조).

성충이 되어 벌방 밖으로 나오는 시기가 다른 것은 주로 성충이 되었을 때 체구의 차이(수벌이 일벌보다 크고 무거움)와 섭취했던 먹이의 영양가 차이 등이 복합적으로 작용한다. 영양가는 특히 암컷 유충에게 중요하게 작용한다.

같은 유형의 수정란에서 어떤 벌은 일벌이 되고,

부화 사이클

1일째: 여왕벌이 산란한다.
3~4일째: 부화, 일벌이 유충을 먹이기 시작한다.
8~9일째: 일벌이 밀랍으로 육방을 봉인한다. 유충은 번데기가 된다.
16일째/21일째/24일째: 여왕벌, 일벌, 수벌이 각각 성충이 된다.

알과 유충, 번데기가 들어있는 방의 모습. 육아벌이 번데기를 살피고 있다.

101쪽: 성충이 되어 방을 비집고 나오는 벌.

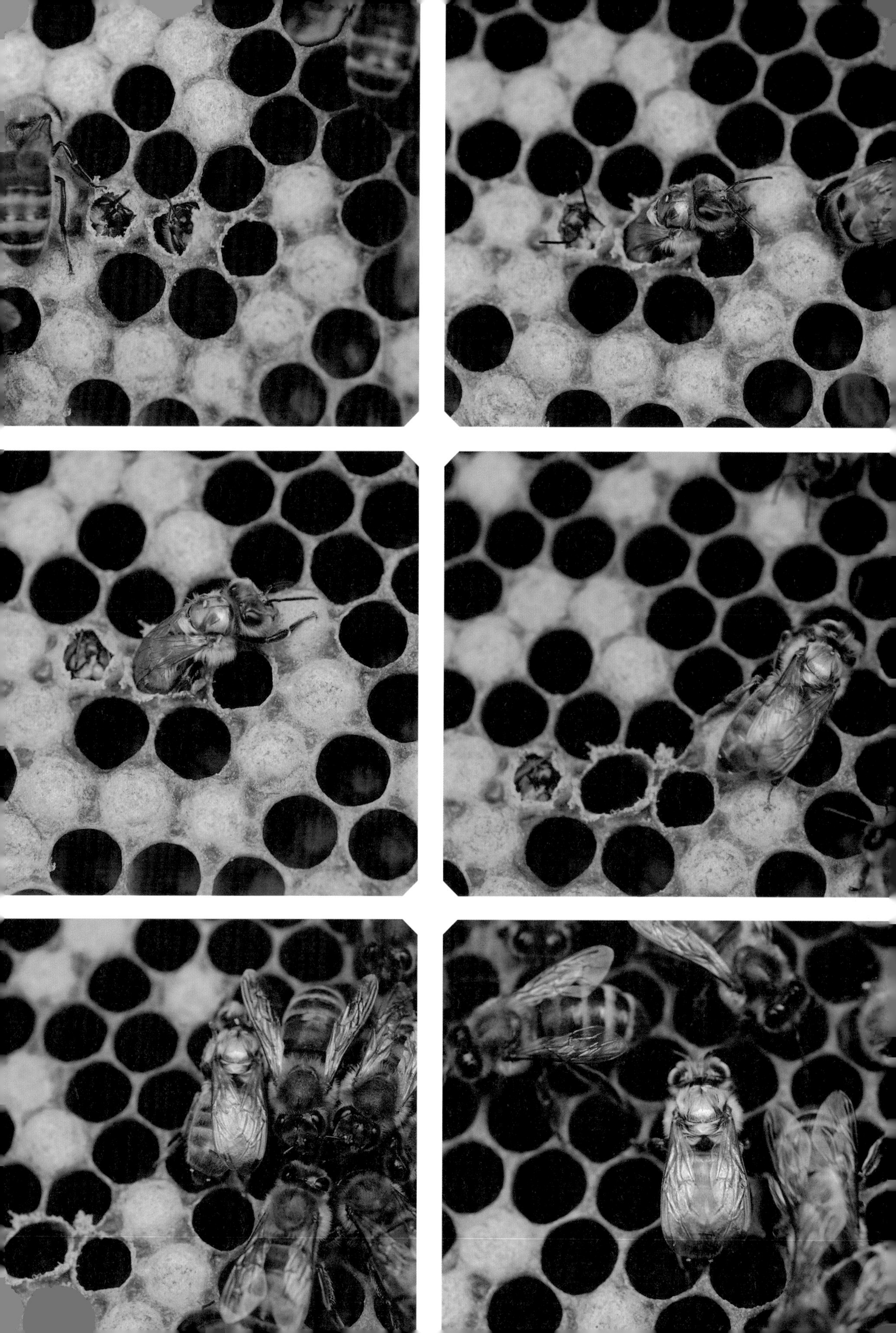

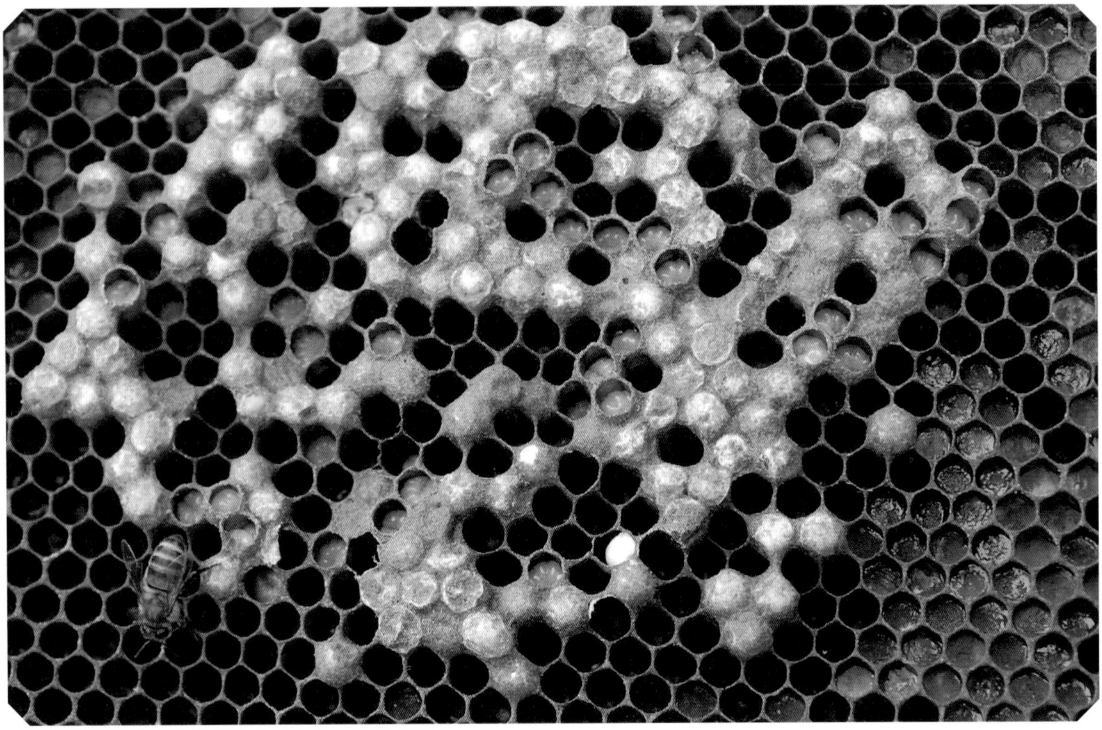

유충이 들어있는 방. 밀랍으로 입구가 막힌 방에는 번데기와 먹이가 들어있다. 노란색 꽃가루가 가득한 방도 보인다.

어떤 벌은 여왕벌이 되는데, 이 차이에 관해서는 수년 동안 정확하게 밝혀진 바가 없었다. 생후 초기(보통 3일 차 혹은 4일 차까지)에는 일벌이 될 유충과 여왕벌이 될 유충이 정확히 같은 종류의 먹이를 받아먹는다. 즉, 육아벌들은 유충에게 꿀과 꽃가루를 직접 먹이지 않고 하인두선(hypopharyngeal, 일벌의 머리에 있는 분비선 - 옮긴이)과 대시선(mandibular, 턱에 있는 분비선 - 옮긴이)에서 단백질이 풍부한 물질을 만들어내어 먹인다. 이 물질에 함유된 단백질의 양은 꿀벌이 먹은 꽃가루의 양에 따라 달라진다.

이후, 일벌 유충은 꿀과 꽃가루가 희석된 먹이를 받아먹지만, 여왕벌 유충은 하인두선과 대시선의 분비물을 계속 섭취하게 된다. 워낙 많은 양을 계속 공급받는 바람에 여왕벌 유충의 커다란 방 안은 하얀 우윳빛 먹이로 가득 쌓이게 된다.

이 분비물을 '로열젤리(royal jelly)'라고 하는 이유가 바로 여왕벌 유충이 받아먹는 영양이 풍부한 먹이이기 때문인데, 어쨌든 모든 유충이 처음 며칠 동안은 이 분비물을 받아먹는다. 그래서 이 분비물을 '성장의 묘약(brood food)'이라고 부르기도 한다.

또한, 이 분비물은 단순히 유충이 먹는 먹이 중 하나가 아니라, 계급을 결정하는 것이기도 하다. 먹이의 양도 마찬가지다. 알에서 깨어나 처음 며칠 동안은 모든 유충에게 무한정으로 먹이를 주지만, 이후 일벌 유충은 적은 양을 일정하게 받아먹게 된다. 오직 여왕벌 유충만이 엄청난 양의 먹이를 계속 받아먹는 특권을 누리게 된다.

추운 날씨 때문에 유충이나 번데기의 발육 속도가 급격하게 늦춰지기도 한다.

벌방 안의 유충에게 먹이를 주는 결정 과정에 관해서는 아직 완전히 밝혀내지 못했지만, 유충이 자라고 있는 방의 종류는 매우 중요한 의미가 있다. 봉군이 정상적으로 성장하기 시작하는 초기 성장기에는 거의 모든 벌방이 일벌을 양육하기 위해 사용된다. 하지만 채취하는 꿀의 양이 증가하면서 벌집 가장자리에 좀 더 넓은 방 몇 개가 만들어진다. 바로 수벌의 방이다.

여름과 가을 사이에 작은 봉군에서는 몇 마리, 큰 봉군에서는 몇백 마리 정도로 적은 수의 수벌이 태어난다. 수벌은 봉군이 포화상태가 되어 새로운 여왕벌을 중심으로 새로운 무리를 지어야 할 때를 대비한 보험이다. 처녀 여왕벌이 알을 낳기 위해서는 수벌과 짝짓기를 해야 하기 때문이다.

제 기능을 다 하는 건강한 여왕벌이 살아있는 동안에는 봉군이 정상적으로 유지된다. 하지만 여왕벌

벌의 수명

먹이 활동이 활발한 계절에 태어난 일벌은 보통 4주에서 6주 정도 살지만, 먹이 활동이 끝날 무렵에 태어난 일벌은 추운 기간 동안 먹이를 먹고 따뜻하게 지내는 것 외에는 거의 다른 활동을 하지 않기 때문에 봄까지 살아남는다.

여왕벌의 평균 수명은 1년에서 3년이다.

수벌은 여왕벌과 짝짓기를 한 직후 여왕벌의 몸속에 자신의 생식기를 남기고 죽는다. 수벌은 봄과 여름에는 봉군 내부에 널리 분포하지만, 가을이 오면 벌집에서 쫓겨나 굶어 죽거나 포식자에게 잡아먹힌다.

일벌의 방과 수벌의 방. 수벌의 방이 더 크다.

여왕벌의 방은 일벌과 수벌의 방보다 더 크고 수직 방향으로 매달려 있다. 여왕벌 유충을 확인하려고 일부러 벌방을 연 모습이다.

이 죽거나 건강이 나빠지면, 봉군의 일벌들은 몇 시간 내에 이러한 변화를 감지한다. 봉군이 특정 한계치(크기)에 도달하면(114쪽 참조), 일벌들의 행동 방식도 변한다. 일벌들은 즉시 다른 벌방과 다르게 생긴 커다란 왕대를 만들기 시작한다. 그곳에서 새로운 여왕벌이 자라게 된다. 만약 여왕벌이 왕대에 수정된 암컷 알을 낳지 못하고 갑자기 죽는다면, 일벌들은 이미 3일 동안 충분히 영양을 섭취한 유충이 든 방(이미 만들어져있던 벌방)을 확장해 그 유충을 잘 먹여 여왕벌로 키운다.

유전적 수수께끼

1858년, 찰스 다윈(Charles Darwin, 1809~1882)은 자연선택에 의한 진화론을 처음 주장했다(이후 1859년에 『종의 기원(Origin if Species)』이라는 책을 펴내면서 주장을 이어나갔다). 그는 꿀벌이 자연선택 진화론의 비밀을 풀 열쇠라고 생각했다.

자연선택은 각 유기체(식물이나 동물)가 크기, 모양, 색상, 반응력 등에서 아주 약간이나마 다른 개체보다 우월할 때 작용한다. 이처럼 우월한 유기체는 그 유전자를 후손에게 물려줄 확률이 높으며, 따라서 그 후손들은 그러한 우월 유전자를 가지게 된다. 우월성이 없는 개체들은 도태되어 후손들에게 좋은 유전자를 물려주기 어렵게 되고, 그 자체도 경쟁 개체와 비교해 불리한 조건에 놓이게 되므로 결국 멸종에 이르고 만다.

그렇다면 꿀벌(호박벌, 말벌, 개미도 마찬가지로)은 어떤 시스템으로 진화를 이루게 되었을까? 집을 짓고, 지키고, 보살피는 데 평생을 바치는 일벌들은 생식 능력이 없기에 그러한 '도움' 유전자를 후손에게 물려줄 수단이 없지 않은가? 게다가 일벌들은 벌집을 지키다 적에게 벌침을 쏘고 스스로 목숨을 끊기도 한다. 생물학적으로 자살 유전자를 후손에게 물려준다는 것은 모순이다. 죽어버리면 후손에게 아무것도 물려줄 수 없기 때문이다.

찰스 다윈은 저서 『종의 기원』에 꿀벌을 주제로 한 부 전체를 할애했다.

그러므로 자연선택 이론에 따르면 벌들은 이렇게 오래 살아남으면 안 되었다. 이는 골치 아픈 수수께끼가 되어 생물학자들을 오랫동안 괴롭혔다. 하지만 두 가지의 새로운 이론이 등장해 꿀벌 사회처럼 계급에 기반을 둔 사회가 다른 사회 모델을 능가하고 오늘날까지 버젓이 존재하는 이유에 대해 설명하게 되었다.

집단선택

일벌들의 이타적 봉사와 희생으로 집단 이득을 얻는 봉군이, 암컷들이 경쟁적으로 자신의 알을 낳아 유전적으로 생명을 이어나가려는 비 협동적 봉군보다 살아남기 쉽다는 설명이 집단선택(Group selection)이다. 따라서 일벌을 중심으로 한 계급이 있는 꿀벌 사회가 다른 계급 사회보다 성공적으로 번식한다고 말이다. 사실상 진화가 각 개체의 수준에서 작용하는 것이 아니라, 봉군 혹은 집단의 수준에서 작용한다는 주장이 집단선택의 요지다.

그러나 이 이론은 진화가 일어난 후 사회 형태가 지속되는 과정에 관해서 부분적으로는 설명되지만, 어떻게 처음 진화가 시작되었는지는 설명하지 못한다.

혈연선택

1964년 영국의 진화생물학자 윌리엄 해밀턴(William D. Hamilton, 1936~2000)은 벌의 단수배수체 성별 결정 시스템(99~100쪽 참조)이 일벌 계급의 진화에 이바지했을 가능성을 제기했다. 일벌은 부계 유전자를 100%(수벌의 16개 염색체 모두) 물려받지만, 모계 유전자는 50%(여왕벌의 32개 염색체 중 16개)만 물려받는다. 따라서 일벌들은 평균적으로 75%의 유전자를 공유한다. 이는 생식 활동으로 후손에게 줄 수 있는 유전자(50%)보다 더 많다.

따라서 유전자를 미래의 후손에게 성공적으로 물려준다는 측면에서 보면, 일벌들에게는 여왕벌이라는 존재를 위해 자신의 생식 능력을 버릴만한 가치가 있는 것이다(심지어 일벌들은 벌집을 보호하기 위해 목숨을 바치기도 한다). 여왕벌은 일벌들의 어머니가 가문의 영광을 극대화하기 위해 낳은 마지막 존재이자 일벌들의 자매이기 때문이다.

해밀턴과 궤를 함께했던 존 메이너드 스미스(John Maynard Smith, 1920~2004)는 이러한 일벌들 사이의 끈끈한 혈연관계를 반영하기 위해 이 모델을 '혈연선택(kin selection)'이라 명명했다.

혈연선택과 양립하는 이론이 있는데, 바로 '모계 조작(maternal manipulation)'이라는 개념이다. 생식이 가능한 암컷(여왕벌)은 페로몬(화학적 분비물)을 이용해 유전자를 조작하여 자손 일부(일벌)의 신체적 능력을 감소시키며, 반대로 다른 자손, 즉 새로운 여왕벌에게는 우월한 유전자를 전해주려 한다는 주장이다.

꿀벌 무리.

진정한 의미의 사회적 곤충 집단(어미와 새끼들이 한 봉군 내에서 함께 살고 일하는 것) 모델은 최소 열두 번의 서로 다른 진화를 거쳤다. 그중 열한 번이 벌목(*Hymenoptera*) 곤충들로부터 일어났고, 열두 번째는 흰개미목(*Isoptera*) 곤충들로부터 일어났다. 단수배수체 성별 결정 시스템은 벌목 곤충들 사이에서는 보편적이지만, 사회적 습성이 전혀 진화하지 않은 벌목 곤충들도 많다.

생물학자들은 아직도 이러한 봉군 진화의 수수께끼를 해결하지 못하고 있다. 학자들의 주장은 이론과 수학적 모델, 추정과 암시에 근거할 뿐, 실험과 관찰을 통해 꿀벌 진화를 완전히 이해하는 데는 여전히 부족한 실정이다.

꿀벌의 사회생활

5만 마리의 벌들이 서식하는 집을 짓고, 그렇게 정성 들인 보금자리를 유지하고 보호하며, 후손들의 미래를 보장하기 위해 수많은 일벌이 노력한다는 사실은 오래전부터 알려져 왔다. 일벌이 할 일은 매우 많다. 외역벌은 새로운 먹이터를 찾아내 꿀과 꽃가루를 채취하고 물을 길어 와야 한다. 일터에서 돌아온 벌은 가져온 먹이 일부는 여왕벌에게 먹이고, 일부는 새끼들과 다른 일벌들을 먹이며, 또 일부는 꿀방에 저장한다. 벌집 내부에서 일하는 내역벌은 벌집에 새로운 벌방을 만들고, 쓸모없어진 수벌을 포함한 죽은 벌의 사체와 찌꺼기를 치우며, 둥지 입구에서 침략자와 싸워 적의 위협으로부터 무리를 지킨다. 또한, 벌집을 식히기 위해 날갯짓을 하기도 한다. 그리고 마지막에는 여왕벌을 호위해 무리 지어 날아가 또 새로운 둥지를 짓는다.

한때는 일벌의 분업이 선천적으로 결정되며, 일벌의 나이와 상태에 따라 달라진다고 알려졌다. 그리고 일벌은 태어나서 죽을 때까지 다양한 일을 하며, 그 과정이 서로 다르지 않을 것이라 여겼다. 하지만 일벌의 일생은 생각보다 다양하다는 사실이 밝혀졌다. 실험 결과, 일벌은 나이에 상관없이 그 모든 일을 할 수 있으며, 일벌의 수명은 에너지 사용량보다는 영양 섭취와 더 깊은 관련이 있었다.

그렇다고 하더라도 일벌 대부분이 겪는 전형적인 삶의 과정은 따로 있다.

성충이 된 지 4일에서 5일이 지난 벌들이 벌방에 먹이를 저장하고 있다.

107쪽: 일벌 한 마리가 꽃가루를 수집해 벌집으로 돌아온다. 입구에는 여러 마리의 경비벌들이 벌집을 지키고 있다.

일벌의 생애

탄생에서 첫 비행까지

번데기로 지내던 방에서 처음으로 몸을 빼낸 성충 일벌은 몸이 깨끗하고 뽀송뽀송해질 때까지 몇 시간이고 몸을 다듬는다. 성충이 되고 처음 며칠 동안은 벌집에 머무르면서 지나가는 일벌들에게 혀를 내밀며 먹이를 구걸만 하고 아무 일도 하지 않는다. 그러다 보면, 한 마리가 턱을 열어 혀를 내리며 입속 꿀주머니에서 꿀 한 방울을 꺼내어 준다. 어린 꿀벌은 긴 주둥이를 빨대처럼 꿀방울에 꽂아 넣고 마신다. 며칠 동안은 이런 식으로만 배를 채우게 된다.

약 3일이 지나면 스스로 먹이를 찾아야 한다. 꿀방에서 꿀을 먹고, 꽃가루방에서 꽃가루를 꺼내 먹는다. 이 기간에 어린 일벌이 하는 일은 정확히 게으름피우기다. 사실 모든 벌은 일하는 시간보다 쉬는

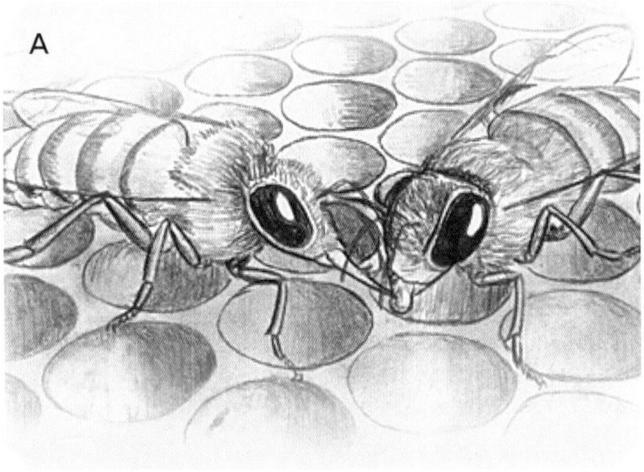

A. B. 일벌이 어린 벌을 먹이고 있다.
C. 일벌이 죽은 유충을 치우고 있다.

10~12일쯤 된 일벌들이 새 벌방을 만들고 있다.

시간이 더 많다. 하지만 쉴 때도 서로의 체온을 모아 유충이 자라기 가장 좋은 온도(31~35℃)로 벌집을 유지하는 유용한 일을 한다. 이때 이 어린 일벌은 이전에 사용했던 방에 새로 알을 넣을 수 있도록 깨끗이 청소하는, 일종의 '집안일의 의무'를 수행하기도 한다.

성충이 된 지 4일에서 5일쯤 된 일벌은 유충에게 먹이를 줄 수 있게 된다. 처음에는 어느 정도 자란 유충에게 꿀과 꽃가루를 먹이는 정도지만, 6일 정도 되면 하인두선이 발달해 섭취했던 꽃가루를 단백질이 풍부한 분비물로 변환할 수 있게 된다.

10일에서 12일이 되면 하인두선 분비물은 거의 소진되지만, 배 밑쪽에 있는 분비선에서 밀랍을 만들 수 있게 되어 벌방을 만들고 고치게 된다.

비슷한 시기에 벌집을 떠나는 일벌도 있는데, 첫 비행에서 첫 배변을 한다. 일벌에게는 벌집 안에서 배변하지 않는 습성이 있다. 장에 쌓인 노폐물을 처리하려는 욕구가 첫 비행을 부추기는 일종의 자극일지도 모른다.

정찰 비행은 한낮이나 이른 오후의 따뜻한 날씨에 주로 이루어지며, 이를 통해 벌집 근처의 환경에 익숙해진다. 처음에는 벌집 입구 주변을 맴도는 비행으로 시작하지만, 곧 주변 지역에 대한 경험을 쌓으며 더 멀리, 더 빨리 날아오르게 된다.

벌집에 침입하려는 적을 쫓아내는 경비벌.

벌집 안에서 하는 일

이후 1~2주 동안은 벌집 안에서 먹이를 수확해 돌아오는 벌들을 맞이하는 일을 한다. 먹이를 구해온 일벌이 직접 벌집 깊숙이 들어가 방에 먹이를 저장하는 대신, 기다리고 있는 내역벌에게 먹이를 전달한다. 외역벌이 꽃꿀을 뱉어내면, 어린 일벌은 꽃꿀을 빨아 자신의 꿀주머니에 저장하고 숙성시킨다(123~124쪽 참조). 이 숙성 과정에서 꽃꿀의 물기가 제거되어 걸쭉하고 끈적한 꿀이 된다. 그런 다음 꿀을 꿀방에 저장한다. 외역벌이 꽃가루방 근처에 대충 떨어트려 둔 꽃가루들을 모아서 정리하는 역할도 하는데, 오가는 사이에 다리에 꽃가루가 더 묻어 처음보다 더 커진 꽃가루 덩이를 옮기는 벌도 가끔 보인다.

어린 일벌은 이 시기 중 첫째 주에는 벌집 내부나 둥지 밑에 떨어진 죽은 벌 사체 등의 찌꺼기들을 치우는 일을 한다. 약 3~4주가 지나면 드디어 벌집을 떠나 먹이를 찾는 외역벌이 될 준비를 한다. 꿀과 꽃가루가 가득한 새로운 먹이터를 찾아내고 귀환한 정찰벌의 벌춤(112~113쪽 참조)을 더욱 유심히 살피기 시작한다. 어린 일벌이 춤의 의미를 알아보고 정확히 따르기까지는 몇 시간, 아니 며칠이 걸릴지도 모르지만, 결국 이 일벌은 벌집 밖에서 꽃을 찾아 나서는 외역벌이 된다.

경비 임무를 맡는 일벌도 있다. 앞다리를 치켜세우고 덤비라는 듯 특유의 자세로 벌집 입구를 막아서서 들어오는 모든 벌을 감시해 침입자가 꿀을 훔쳐 가지 못하도록 막는다. 이 임무를 수행하는 벌들은 일벌 중에서도 적은 비율이다. 대부분은 바로 먹이를 채집하는 임무를 수행한다.

먹이 활동

일반적인 조건이라면 벌은 주로 꽃꿀을 먹는다. 모든 벌을 움직이게 하는 양분이며, 포도당, 과당, 자당이라는 세 가지 중요한 당분을 함유하고 있다. 꿀벌이 전 세계적으로 대접을 받게 된 데에는 많은 요인이 있지만, 그중 하나가 바로 주식을 꿀로 만들어 저장하는 이 중요한 능력일 것이다.

먹이 활동을 하는 일벌은 사실상 죽을 때까지 일한다.

벌은 단백질을 얻기 위해 꽃가루를 수집한다. 그저 꿀을 채취할 때 딸려오는 부산물이 아니라 꽃가루를 수집하기 위해 꽃을 찾는 것이다. 꽃가루가 많아지는 시기에는 벌집으로 돌아오는 길에 일부러 꽃가루를 떨어뜨리기도 한다. 꽃가루가 필요해질 때를 대비하는 행동이다. 유충이 많이 태어나고 그만큼 먹이를 만들기 위해 꽃가루가 필요할 때 더 많은 꽃가루를 가져오기 위함이다.

꿀벌은 꽃꿀과 꽃가루를 채취해 그냥 가져가지 않고 연못이나 개울가, 물웅덩이, 도랑은 물론 이슬이나 동물의 똥, 젖은 진흙 등을 찾아다니며 유충에게 먹일 꿀을 묽게 만든 뒤 벌집에 몸을 문질러 물기를 증발시킨다.

나무껍질에 난 상처에서 나오는 끈적한 수액인 '프로폴리스(propolis)'도 꿀벌이 채취하는 먹잇감이다. 외역벌은 이 물질을 가지고 둥지로 돌아와 적과 해로운 벌레들의 침입을 차단하기 위해 벌집 틈새를 막으며, 다중 구조인 벌집의 구조적 강도를 높이고 원형을 보존한다(프로폴리스에 관한 자세한 내용은 126쪽을 참조).

먹이 활동이 한창인 여름의 외역벌은 너무 열심히 일하는 탓에 수명이 5~6주 정도밖에 되지 않는다. 이는 가을에 태어나는 벌의 수명이 5~6개월인 것과 매우 대조적이다. 그러나 벌의 수명은 단지 먹이 활동의 강도에 의해서만 결정되지는 않는다. 가을에 태어나는 벌은 성충이 된 초기, 즉 육아를 위한 먹이를 만들기 위해 꽃가루를 마구 먹어 치우는 시기에 지방을 흡수해 추가 에너지원을 저장한다. 그러나 여름 벌은 먹여야 할 유충들이 너무 많아 축적한 지방을 빠르게 소모하고 만다. 가을에는 유충이 적은 편이어서 지방 에너지를 계속 유지하기에 가을 벌이 오래 산다.

외역벌은 꽃꿀과 꽃가루뿐만 아니라 벌집에 공급할 물도 채집한다.

꿀벌의 의사소통

먹이 활동은 고도로 조직화한 작업이다. 벌은 꽃꿀과 꽃가루의 존재 여부, 방향, 거리, 영양 수준 등을 둥지에 있는 동료들에게 알린다. 꿀벌이 벌집 위에서 추는 '벌춤'은 오랫동안 단순히 먹이를 많이 채집하기 위해 동료들을 불러 모으는 수단으로만 여겨졌다. 1923년이 되어서야 이러한 먹이 활동을 함께할 동료를 모으는 방식에 대한 이해도가 높아지기 시작했다(1946년 이후에 더욱 확대되었다).

그 시작은 오스트리아의 동물학자 카를 폰 프리슈(Karl von Frisch, 1886~1982)였다. 그는 인위적으로 먹이터의 위치를 바꿔가며 꿀벌 춤의 변화 양상을 연구했다. 그는 꿀벌의 춤을 '원형 춤'과 '8자 춤'의 두 가지 유형으로 묘사했다. 다른 벌들은 두 종류의 춤 모두에 즉시 반응했는데, 어두운 곳에서 옹기종기 모여 정찰벌의 몸짓을 유심히 관찰했다.

75m 이내의 비교적 가까운 거리에 먹이터가 있으면 돌아온 정찰벌은 벌집 위에서 원형 춤을 추면서 동료들에게 신호를 보낸다. 시계 방향으로 몇 바퀴

꿀벌의 춤. 세로축과 꿀벌의 중심이 이루는 각도 x는 태양을 기준으로 먹이터의 방향이 이루는 각도를 나타낸다.

원을 그리다 반시계 방향으로 원을 그리기도 한다. 그때 정찰벌에게서 나는 냄새는 새로 외역벌이 된 일벌을 자극하는 후각 단서가 된다. 이들은 곧 가까운 곳에서 비슷한 냄새가 나는 꽃들을 찾기 위해 집을 나서게 된다.

가장 주목할 만한 춤은 8자 춤(waggle)이다. 복귀한 정찰벌 중 일부는 8자 모양을 그리는 독특한 춤을 춘다. 시계 방향으로 반원을 그린 뒤 중앙을 지나면서 직선으로 움직이며 배 부분을 좌우로 격렬하게 진동시키고, 다시 반시계 방향으로 반원을 그린 뒤 중앙으로 돌아와 직선으로 움직이며 배를 흔든다. 이 동작을 몇 번 반복하는데, 그때 다른 벌들이 춤을 추는 정찰벌의 뒤를 바짝 좇아 함께 움직인다.

이 춤이 그저 새로운 먹이터의 위치 정보를 전달할 뿐만 아니라, 날아가야 할 방향, 거리, 심지어 그곳에 무엇이 있는지까지 알려준다는 점은 매우 놀라운 사실이다. 8자 춤의 방향이 항상 같은 쪽을 향하지는 않는다. 8자 춤의 중심에서 직선으로 이동하며 배를 흔드는 동작이 다른 꿀벌들에게 방향을 알려주는 부분이다. 이 직선이 벌집의 세로축과 이루는 각도는 지평선 위에 뜬 태양의 위치(방위각)와 먹이터의 위치가 이루는 각도와 같다. 그러므로 꿀벌은 새로운 먹이터를 찾기 위해 태양을 기준으로 춤의 각도 방향으로 날아간다. 또한, 춤의 직선 경로의 길이는 먹이터의 거리를 나타내는 지표이다. 최근에는 꿀벌이 눈에 스치는 주변 환경의 움직임(빛의 흐름)을 통해 거리를 판단한다고 여겨진다. 게다가, 거리 판단에 풍속까지 고려하는데, 바람을 등지고 날아야 맞바람을 뚫고 날 때보다 시간이 덜 걸리기 때문이다. 배를 흔들 때 이러한 정보를 담기 위해 매번 상대적으로 더 짧게, 혹은 더 길게 흔든다. 먹

꽃가루주머니를 노랗게 가득 채워 돌아온 일벌이 먹이터를 알리기 위해 8자 춤을 춘다.

이터의 상태는 배를 진동하는 강도로 분명히 나타낸다.

폰 프리슈는 꿀벌 춤을 관찰하고 연구하기 위해 유리로 된 관찰용 벌통(62~63쪽 참조)을 사용했다. 그는 어둠 속에서 벌들을 관찰할 수 없었지만 어린 일벌은 완전한 어둠 속에서도 벌집 위에서 벌춤을 추는 정찰벌을 '관찰'했다. 이는 꿀벌이 비 시각적 수단으로 춤의 방향과 강도, 크기 등을 관찰한다는 의미이다. 최근 꿀벌의 더듬이에서 발견된 존스턴 기관(95쪽 참조)으로 정찰벌이 직선으로 춤을 출 때 닫혀 있는 날개의 진동으로 생성되는 200~300Hz의 소리를 듣는다는 사실이 밝혀졌다. 이 소리는 일방적 신호가 아니다. 정찰벌의 춤 동선을 따르는 일벌이 가슴을 벌집 바닥으로 누르고 날개 근육을 떨어 약 350Hz의 진동을 발생시켜 춤을 추는 정찰벌에게 신호를 보낸다. 정찰벌은 다리에 달린 일종의 센서를 통해 벌집의 진동을 감지한다. 정찰벌이 진동을 감지하면 채집해 온 먹이를 뱉어내어 뒤를 따르는 일벌에게 시식용으로 제공한다.

먹이 활동에 미치는 날씨의 영향

날씨가 따뜻하고 화창하면 꿀벌이 먹이를 찾아다니기에 매우 좋고, 비가 많이 오는 날이면 꿀벌이 벌집에서 잘 나오지 않는다. 날개가 흠뻑 젖어 제대로 날지 못하고, 꽃꿀에 빗물이 섞여 묽어지기 때문이다.

꿀벌은 흐린 날에도 하늘의 가장 밝은 부분을 감지하여 구름에 가려진 태양의 위치를 시각적으로 감지한다. 심지어 먹구름이 잔뜩 껴 매우 어두운 날에도 눈에 닿는 빛의 파장으로 태양의 위치를 식별한다. 햇빛이 대기 상층부를 통과할 때 장파(적외선)보다 단파(자외선)가 많이 흡수된다. 꿀벌은 파장이 훨씬 짧은 자외선을 감지하는데, 이때 하늘에서 자외선이 가장 적은 부분이 태양의 위치이다. 또한, 구름 사이로 잠깐 보이는 파란 하늘만으로도 햇빛의 편광을 감지한다. 태양이 움직일 때 일어나는 광파의 진동 방향은 일정한 패턴으로 변화하는데, 사람은 이를 볼 수 없지만 꿀벌은 가능하다. 꿀벌은 이러한 패턴을 이용하여 하늘을 날며, 패턴의 변화를 춤으로 표현한다.

분봉

꿀벌의 분봉 습성은 정상적인 벌집 활동을 방해하고 꿀 생산 흐름을 방해하기 때문에 양봉가들에게는 환영받지 못하며 양봉가들은 이를 통제하려 한다(일부 방법은 198~208쪽 참조). 그러나 분봉은 새로운 꿀벌 봉군이 만들어지는 자연스러운 방식이다. 이동식 틀 벌통이 개발되기 전(스켑이 널리 이용되던 시기. 37쪽 참조)에는 분봉하는 벌들이 양봉가들에게 환영받았으며, 양봉의 한 해 과정 중 의미 있는 부분이었다.

벌들의 분봉 이유는 매우 단순하다. 벌집이 일정 크기로 커지고 꿀벌들의 밀도가 높아지면($1cm^2$ 당 약 2.3마리) 벌들은 커다란 왕대를 만들어 새로운 여왕벌에게 풍부한 먹이(로열젤리)를 먹이며 양육한다. 새 여왕벌이 부화하기 직전에 기존의 여왕벌은 약 1만~2만 마리의 일벌들(수벌 몇 마리도 함께)을 데리고 둥지를 떠나 다른 곳에 새 둥지를 만든다. 오직 꿀벌과 몇몇 침 없는 벌 종류만이 이런 방식으로 새로운 무리를 형성한다. 짝짓기 비행을 수행하는 수컷과 암컷 무리만 떠나는 개미나 흰개미가 무리 짓는 방식과는 확연한 차이가 있다.

일벌들은 여왕벌이 벌집을 나가기 전 여러 날 동안 분봉 준비를 한다. 이를 가장 분명하게 나타내는 징후는 보통 벌집 가장자리에 만드는 왕대의 등장이다. 이 여왕벌의 육아방은 새로운 여왕벌이 자라날 커다란 방으로 확장된다. 오래전부터 일벌들이 왕대를 만드는 이유가 여왕벌이 페로몬(향기)으로 지시했기 때문이라고 알려져 있다.

그러나 만약 여왕벌이 갑자기 둥지에서 사라지거나 일벌들과의 접촉이 사라지면, 일벌들은 즉시 기존의 벌방을 확장해 새 여왕벌을 키울 공간을 만드

벌떼가 구름처럼
몰려들어 무리를 짓는
모습이 장관이다.

새 벌집을 짓기 위해 이동하던 벌들은 가끔은 상상을 초월하는 장소에서 무리 지어 휴식을 취하기도 한다.

는 긴급 공사를 시작한다.

여왕벌의 턱에서 분비되는 페로몬은 지금까지 확인된 스물네 가지의 화학물질과 아직 확인되지 않은 수많은 화학물질의 복합물로 알려져 있다. 페로몬의 두 가지 주요 성분은 9-옥소-(E)-2-데센산(9-ODA)과 9-하이드록시-(E)-2-데센산(9-HDA)이다. 이 화학적 신호를 받은 수행벌은 여왕벌과 체액을 교환하며 끊임없이 여왕벌의 상태를 확인하고 보살피며 먹인다. 벌집 안의 모든 구성원끼리 먹이와 체액이 교환되다 보니, 이 페로몬은 결국 일벌 전체에 퍼지게 된다.

꿀벌의 수가 많아질수록 각 꿀벌에게 전해지는 페로몬의 농도가 묽어지기도 하고, 페로몬을 받지 못한 일벌들도 많기에 페로몬이 원활하게 교환되지 못한다. 그렇게 되면 일벌이 하루에 필요한 페로몬의 양인 0.001mg도 제대로 받지 못하는 시점이 오는데, 이러한 페로몬 부족이 분봉을 유발하는 주요 요인 중 하나이다.

여왕벌은 발에서 화학물질을 분비하기도 한다. 그래서 여왕벌이 지나간 벌집 위에 발자국처럼 화학물질이 묻게 되는데, 벌집이 너무 커져서 여왕벌이 정기적으로 벌집 내부를 모두 돌아다닐 수 없게 되면 여왕벌의 발자국을 찾지 못한 일벌들은 새로운 여왕벌방(왕대)을 만들기 시작한다.

무리가 벌집을 나가기 며칠 전, 정찰벌(보통 이 지역을 잘 아는 나이 든 꿀벌)은 새로운 둥지를 만들 장소를 찾는다. 꿀벌 무리의 형태는 두 가지가 있는데, 날면서 구름 형태로 뭉친 무리와 어느 장소에서 휴식을 취할 때 윙윙거리는 덩어리 형태의 무리가 있다. 두 가지 형태 모두 한번 보면 결코 잊지 못할 멋진 광경이다. 날아다니는 무리를 관찰하기는 어려운 편이나, 그와 관련된 많은 일화가 전해진다. 구름 형태의 무리는 수백 미터를 날기도 한다. 구의 형태로 날기 시작해 약 1km/h의 속도로 천천히 움직이다가 약 10km/h의 속도로 날아간다. 지상에서 약 3m 높이로 날아가는데, 속도가 붙으면 납작해져 계란형이 된다.

정찰벌들은 무리 안팎에서 무리를 새로운 장소로 이끈다. 정찰벌들은 구름 같은 무리를 통과해 새 장소를 향해 빠르게 날아간다. 먼저 새로운 장소에 도착한 정찰벌들은 착륙한 뒤 꽁무니의 분비샘에서 나소노프 페로몬(Nasonov pheromone)이라는 특별한 향을 가진 화학물질을 배출한다. 뒤따라오는 무리는 이 냄새를 좇아 새 장소를 찾는다. 이동 중에 무리는 잠시 쉴 곳을 찾기도 하지만, 정찰벌들은 결국 무리를 끝까지 목적지로 몰아간다.

새 장소에 도착하자마자 일벌들은 즉시 새 벌집을 짓기 시작한다. 이렇게 할 수 있는 까닭은 일벌들이 이전 둥지를 떠나기 전에 충분히 꿀을 섭취했기 때문이다. 일벌들은 각자 평균 36mg의 꿀을 먹고 움직이는데, 이는 꿀벌 몸무게의 약 40%를 차지하는 양이다. 새 벌집을 만들어 새로운 둥지를 완성하는 데는 며칠밖에 걸리지 않는다.

짝짓기

기존의 벌집으로 돌아가 보자. 새로운 여왕벌들이 왕대 밖으로 나오기 시작한다. 한 벌집에는 오직 한 여왕벌만 남아야 하기에 처음 나온 여왕벌은 털을 손질하고 말리자마자 벌집에 있는 다른 왕대를 찾아다닌다. 여왕벌은 턱으로 다른 여왕벌들이 있는 왕대를 억지로 열어 나머지 여왕벌들과 여왕벌 유충, 번데기들을 모두 찔러 죽인다.

새로운 여왕벌은 이제 '결혼 비행'에 나선다. 수컷이 암컷을 찾아 나서는 일반적인 곤충의 행동과는 달리, 여왕벌은 나무 꼭대기나 높은 곳에 모여 기다리고 있는 수벌들을 찾아 수벌을 유혹하는 특별한 페로몬(향기)을 방출한다. 여왕벌을 본 수벌들은 여왕벌의 뒤를 쫓아 떼 지어 날아가는데, 이 모습은 마치 혜성을 보는 듯한 착각을 일으킨다. 짝짓기 비행은 약 30분간 이루어지며, 한 마리 이상의 수벌이 여왕벌과 교미에 성공할 때까지 수 킬로미터를 비행하기도 한다.

고속 카메라로 촬영한 영상을 통해 수벌이 여왕벌의 아래쪽에서 여왕벌에게 접근한다는 사실이 밝혀졌다(수벌의 눈에서도 가장 감각이 뛰어난 부분이 머리 꼭대기에 있기 때문이다). 수벌은 다리로 여왕벌을 뒤에서 끌어안은 뒤 생식기 속의 내음경(endophallus)을 여왕벌의 침 구멍에 삽입한다. 그런 다음 여왕벌을 안았던 다리를 풀고 몸을 뒤로 휙휙 젖힌다. 이렇게 갑자기 몸을 뒤로 구부리는 동작은 복부의 내장을 압박해 폭발적으로 정자를 여왕벌의

짝짓기 비행 중 여왕벌 위에 올라탄 수벌.

몸속에 뿜어내고, 내음경은 툭 하고 부러지고 만다. 짝짓기는 몇 초 안에 끝이 나고, 생식기가 잘린 수벌은 땅에 떨어져 죽는다. 여왕벌은 정자를 가지고 둥지로 돌아오는데, 부러진 내음경은 그대로 여왕벌의 생식기에 박혀 있다. 이것은 여왕벌이 짝짓기를 했다는 것을 알리는 표식이다.

이 부러진 내음경은 여왕벌이 난자와 수정시키기 위해 평생 간직해야 할 정자를 흘리지 않도록 구멍을 막는 마개의 역할을 하도록 진화했다고 추측된다. 그러나 내음경이 박혀 있다고 다른 수벌과 짝짓기를 못 한다는 의미는 아니다. 다른 수벌의 내음경이 들어와 박혀 있던 표식을 밀어내고 그 자리에 자신의 표식(자신의 정자도 함께)을 남기도록 내음경의 형태가 발달했기 때문이다.

일벌들은 벌집으로 돌아온 여왕벌의 몸속에서 이 표식들을 제거한다.

5월의 벌 무리는 건초 한 더미의 가치가 있고,
6월의 벌 무리는 은 숟가락 하나의 가치가 있다.

겨울나기

서양종(*Apis mellifera*)은 추운 날씨에 잘 적응하는 종으로 손꼽힌다. 그래서 원래의 주 서식지였던 아열대 기후의 아프리카와 아시아 지역을 훨씬 넘어서는 범위로 퍼져나가게 되었다. 현재는 거의 모든 온대 지역, 특히 북유럽과 유라시아, 일본, 북아메리카와 남아메리카, 오스트레일리아와 뉴질랜드까지 서식지를 넓혔다. 또한, 스칸디나비아반도와 영국, 아일랜드, 뉴질랜드 등 습하고 바람이 많이 부는 바다 주변 국가처럼 일간 기온과 주간 기온의 변화가 큰 지역은 물론, 겨울에는 눈이 많이 내리고 여름에는 타는 듯한 무더위가 지속되는 등 연교차가 매우 큰 유럽과 북아메리카 대륙에서도 살아남았다.

서양종은 극도로 추운 기간 동안 이에 맞춰 무리 생활을 하는 습성 덕분에 급격한 기온 변화에 대처할 수 있었다. 모든 곤충이 그렇지만, 꿀벌은 변온(냉혈) 곤충이다. 체내 온도가 주변의 외부 기온에 큰 영향을 받는다. 따라서 연중 체온 변화를 1℃ 이내로 유지하는 포유류와 조류 같은 정온(온혈) 동물과는 달리, 겨울에는 체온이 떨어진다.

체온이 약 12℃ 이하가 되면 꿀벌은 저온 혼수상태가 된다. 근육이 마비되고 복부의 호흡 움직임이 멈춘다. 15℃ 이상이 되면 활동을 시작하고 주변을 날아다니지만, 약 28℃ 이하에서는 날지 못한다.

겨울 프랑스의 벌통.

꿀벌이 서식하는 지역 대부분의 겨울 기온은 이 한계치보다 훨씬 낮은 기온으로 장기간 계속되지만, 꿀벌은 벌집 내부를 주변보다 높은 온도로 유지하기 때문에, 배변을 위한 짧은 비행을 한다.

한겨울에는 먹이 활동을 하거나 알을 돌보지 않는다. 대신 여름에 막대한 에너지를 소비하지 않아 살아남은 벌들은(가을에 태어나 오래 사는 일벌들, 111쪽 참조) 여왕벌을 중심으로 벌집 한가운데에 모인다. 공 모양으로 무리 지은 이 형태가 바로 겨울형 봉군이다. 움직임은 거의 없지만 신진대사 활동은 계속된다. 가슴에 있는 커다란 날개 근육을 이용해 두 날개를 떨어뜨린 뒤 실제로 날개를 움직이지 않고 빠르게 근육을 수축시키고 이완시키면서 날개를 '떠는' 동작을 한다. 이러한 신진대사 활동으로 열을 발생시켜 무리의 온도를 최적 온도인 35℃에 가깝

꿀벌의 겨울형 봉군.

게 유지한다. 유충이나 번데기가 32℃ 이하에서는 잘 성장하지 못하며 36℃ 이상에서는 죽을 수도 있기 때문이다.

그러나 한겨울 동안 봉군의 실제 온도는 20℃까지 떨어질 수 있다. 주변 온도가 낮아질수록 꿀벌들은 더욱 똘똘 뭉쳐 봉군 크기를 줄여 효과적으로 열 손실을 줄인다. 그러다 내부에 있던 꿀벌들의 체온이 너무 올라가면 외부 가장자리로 이동해 열을 식힌다.

봄이 되어 기온이 오르기 시작하면 꿀벌도 활발하게 움직이면서 육아를 재개한다. 처음 만드는 육아방은 겨울형 봉군의 중심에서 가까이에 만들며, 모두 일벌이 태어난다. 수벌방은 보통 벌집 가장자리에 있지만, 규모가 크고 튼튼한 봉군에서는 벌집 가장자리의 벌방도 빠르게 만들 수 있어 수벌이 비정상적으로 빨리 태어나기도 한다. 그러나 겨울을 지내고 난 뒤 의욕이 가득한 일벌들은 대개 벌집 중간쯤에 수벌방이 있으면 그 방을 허물고 일벌방으로 만들어 버린다.

인간을 돕는 꿀벌

양봉으로 얻는 물질적 이익은 꿀벌이 생산하는 많은 양의 꿀과 밀랍이다. 이는 수천 년 동안 인간들이 수확해왔으며, 그 가치를 인정해 소중히 여겨왔다. 그러나 환경과 인류 경제 모두에 꿀벌이 진정으로 가치 있는 이유는 꿀벌이 꽃의 수분 작용을 돕는다는 점이다.

꽃가루는 식물의 정자라 할 수 있다. 동물의 정자와 마찬가지로 수많은 양이 생산되어 그중 일부가 난자에 도달하는 것이 목표다. 동물처럼 난자는 암꽃에 있고, 꽃가루가 수꽃에서 암꽃으로 이동해야 한다. 그래야만 수정이 일어나 씨앗 안에서 새로운 배아가 자라게 된다.

풀과 나무는 대개 바람에 날리는 꽃가루를 만들어 낸다. 이것이 꽃가루 알레르기를 일으키는 주범이다. 이렇게 공기 중에 떠다니는 작은 꽃가루 알갱이들이 바람을 타고 날아다니다 암꽃을 만나게 된다.

한 봉군의 꿀벌들은 동시에 다양한 꽃에서
꿀을 얻는 것처럼 보이지만,
자세히 보면 벌마다 좋아하는
특정 꽃만 찾아다니는 경향을 보인다.

그러나 화초는 다른 방향으로 진화했다. 꽃의 구조와 색채를 중심으로 정교하게 진화했으며, 달콤한 꽃꿀을 만들어낸다. 이것으로 곤충들(박쥐나 새들도 불러들인다)을 유혹해 매개체로 활용한다. 꿀

사과나무의 활짝 핀 꽃이 먹이를 찾는 꿀벌을 맞이한다.

을 먹는 곤충들은 이 꽃 저 꽃 이동하면서 꽃가루를 옮긴다.

이렇게 꽃과 꽃꿀 생산에 집중하여 진화하는 과정은 식물의 자원을 많이 소모하는 일이다. 그러므로 수꽃의 꽃가루가 같은 종의 암꽃으로 옮겨지도록 보장하는 방책도 필요하다. 꽃의 수분 작용을 돕는 곤충은 다양하지만, 꿀벌과 호박벌은 정확한 수분 작용이라는 그들만의 특별한 능력 덕분에 최고의 수분 매개체로 인정받고 있다. 꿀벌은 먹이 활동을 할 때 각각 한 종류의 꽃만 찾아가는 습성이 있다. 덕분에 수꽃의 꽃가루가 같은 종의 암꽃에 옮겨질 가능성이 매우 증가할 뿐만 아니라, 꽃가루가 다른 종의 꽃으로 옮겨지는 낭비를 크게 줄이는 효과가 있다.

약 1억 년 전 말벌을 닮은 조상으로부터 벌이 출현한 까닭은 선사시대의 화초 등장과 복잡한 관련이 있다. 최초의 식물 화석은 4억 2천 5백만 년이라는 나이를 자랑하고, 곤충 대부분은 2억 5천만 년 전에 나타나기 시작했지만, 최초의 화초는 약 1억 3천만 년 전에야 출현했다. 오늘날 이런 속씨식물(화초)

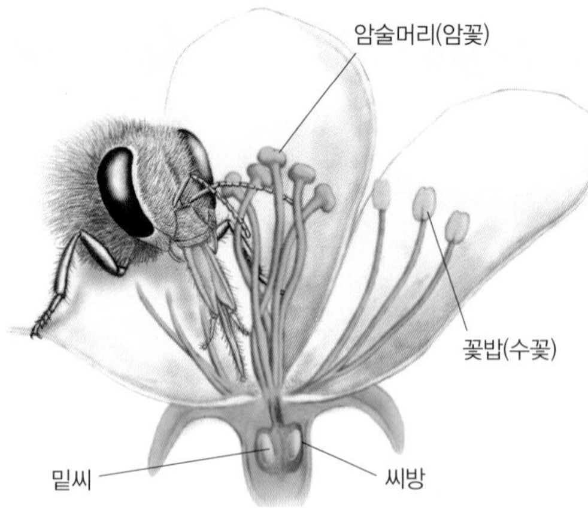

외역벌은 혀를 꽃 속까지 넣어 꽃꿀을 빤다.
그리고 꽃밥을 치거나 턱으로 부수어 꽃가루를 채집한다.

이 가장 다양하고 광범위한 식물 종이자 지구상에서 가장 많은 뿌리를 내린 식물군이라는 것은 틀림없는 사실이다. 모두 벌 덕분이라고 말할 수는 없지만, 벌이 화초의 진화와 역사의 주요 부분을 차지하고 있음에는 의심의 여지가 없다.

오늘날 식물과 수분 매개체 사이의 관계가 서서히 밝혀지고 있다. 일부 단독성 벌 종들이 찾는 식물은 단 하나의 종이거나 그와 비슷한 식물 몇 종류에 불과하며 제한된 종류의 꽃만을 찾아다닌다.

이와 다르게 호박벌 종들은 혀의 길이가 다양하므로 화관(꽃의 꿀샘과 연결된 관 모양의 꽃잎)의 길이가 각기 다른 다양한 꽃을 찾아 꿀을 채취한다.

꿀벌의 혀는 비교적 짧다. 혀 길이가 10mm가 넘는 호박벌도 있지만, 꿀벌은 약 6mm에 불과하다. 그런데도 꿀벌은 매우 다양한 꽃의 꿀을 채취한다. 벌들은 장미과(Rosaceae) 식물의 수분을 돕는다고 잘 알려져 있다. 관상용 장미와 야생 장미뿐만 아니라 아몬드, 사과, 살구, 블랙베리, 체리, 복숭아, 배, 자두, 모과, 라즈베리, 딸기 등 사람이 재배하는 중요한 농작물도 꿀벌의 손을 빌린다. 이 식물들은 꽃가

자주개자리(lucerne 또는 alfalfa)

가축의 먹이로 이용되는 매우 중요한 식물인 자주개자리(북아메리카에서는 알팔파라 불린다)는 꿀벌들이 꿀을 빨기 위해 자주 찾는 식물이지만, 생각보다 수분이 잘 이루어지지 않는다. 그 이유는 꿀벌이 와서 꽃밥을 치면 꽃가루가 폭발적으로 방출되어 꿀벌의 하복부를 때리는데, 이를 꺼리는 꿀벌들이 꽃가루가 방출되지 않도록 꽃밥을 건드리지 않고 꽃꿀만 빨아먹는 법을 터득했기 때문이다.

121쪽: 꿀벌은 수꽃의 꽃밥에서 암꽃의 암술머리로 꽃가루를 옮긴다.

루를 주는 기관과 꽃가루를 받는 기관 주변의 꽃잎이 컵 모양으로 넓게 '열려 있다'.

이 꽃에는 꿀이 많지 않아 꿀벌이 양을 채우기 위해서는 더 많은 꽃을 찾아야 하는 번거로움이 있지만, 이러한 꿀벌과 장미과 식물의 공생 관계를 살펴보면 어떻게 이들이 수백만 년 동안 서로 협력하면서 진화해왔는지 잘 알 수 있다. 장미과 식물의 구조는 꿀벌이 꿀을 얻기 쉽게 발달했다. 꿀벌은 완두콩 꽃이나 강낭콩 꽃처럼 무거운 꽃잎을 밀어낼 필요도 없고, 디기탈리스처럼 빽빽하게 나 있는 따가운 털을 헤치고 들어갈 필요도 없어서 좋고, 꽃들은 꿀벌이 채집량을 채우려면 한꺼번에 여러 꽃에서 꿀을 채집해야 하므로 꽃가루가 더 많이 퍼져서 좋다.

꿀벌의 수분 작용으로 얻는 경제적 효과는 정확하게 책정하기 어렵다. 사람이 먹는 작물의 10~15%가 꿀벌의 수분으로 재배되고 있으며, 동물 사료로 사용되는 작물의 10~15%도 마찬가지다. 이는 수십억 달러의 가치가 있는 사업이다.

과수원에 벌통을 두는 것은 오랜 전통이다. 한 종류의 나무에서 피는 수많은 꽃은 독특하고 맛있는 꽃꿀을 만들어낸다. 동시에 수분 작용을 확실히 도맡는 꿀벌 덕분에 과일 수확량도 극대화된다. 미국의 넓은 단일 작물 과수원에서는 꽃이 피는 동안 엄청난 수의 이동식 벌통을 들여 수분 작용을 맡긴다 (70~72쪽 참조).

꿀, 밀랍, 프로폴리스

꿀벌은 곤충을 사냥하던 말벌이 조상이지만 꿀을 먹고 살아간다. 육식의 습성은 세월 속에 잃어버리고 채식을 하는 꿀벌로 진화했다. 이런 변화가 어떻게 일어났는지에 관한 생물학자들의 추측이 다분하다. 그중에서도 꿀벌의 조상인 초기 말벌이 진딧물의 꿀을 먹고 살았을 것이라는 주장은 매우 설득력 있는 이론이다. 진딧물의 꿀이란 진딧물의 달콤한 액체 배설물인데, 달콤한 맛을 내는 식물 수액이다. 진딧물이 대량으로 번식해 식물의 수액을 빨아먹고 잎에 배설하는데, 먹은 수액을 거의 그대로 배출한다. 꿀벌의 조상들은 이 진딧물을 사냥해 잡아먹었다. 진딧물은 그저 수액 주머니에 지나지 않았다(현대의 말벌 중에서도 진딧물을 잡아먹는 종이 있다).

둥지에서 먹이를 받아먹던 유충들은 단백질 덩어리였던 진딧물의 껍질이 걸리적거릴 정도로 많은 양의 수액을 받아먹다가, 어느 시점부터 이를 토해내어 수액을 저장하는 역사적인 순간이 발생하고 원시적 형태의 꿀이 탄생했다는 설명이다.

하지만 이처럼 간단하게 곤충을 사냥하던 벌들이 꿀을 먹이로 삼고 저장하게 된 복잡한 사연이 분명하게 해명되지는 않는다. 예컨대, 현대 말벌이 식물 수지로 만드는 벌집은 방수와 항균 효과가 있는 밀랍 벌집보다 저장할 수 있는 방이 부족하다. 꿀은 길게 늘어나는 끈적한 액체이기에 수직 형태의 벌집에 수평으로 만들어진 방에 넣으면 쏟아져버리고 만다. 그러나 1억 년이 넘는 시간 동안 진화를 거듭한 꿀벌에게 꿀이란, 봉군 생활에 극단적으로 적응한 산물이다.

꽃꿀로 꿀을 만드는 과정

꽃꿀은 당분이 녹아있는 물이다. 당분의 비율은 5~80%(보통 34~45%)까지 매우 다양하다. 그러나 꿀벌은 더 달고 더 걸쭉한 것을 좋아한다. 묽은 꽃꿀을 채집해 둥지로 돌아오면 내역벌에게 꿀을 제대로 전해주기가 어렵기 때문이다.

외역벌이 채집한 꽃꿀을 내역벌에게 전해주면 벌집 내부에서 숙성되어 꿀이 된다.

당도가 높은 꽃꿀이더라도 여전히 완전한 형태의 꿀보다는 수분이 많다. 그래서 내역벌이 꽃꿀을 숙성시켜 완성된 꿀을 토해낸다. 꽃꿀을 전해 받은 내역벌은 벌집 한쪽의 조용한 벌방에 들어가 주둥이 부분을 이용해 꽃꿀을 변환한다. 꿀주머니에서 소량을 토해낸 다음 혀 위에서 굴리다 다시 삼키는 작업을 반복한다. 이는 꽃꿀을 공기에 계속 노출하는 과정인데, 수분 함량이 약 60%에서 약 20%가 될 때까지 이를 반복해 수분을 증발시킨다. 벌집 다른 곳에서는 완전한 꿀이 만들어질 때까지 다른 벌들이 계속 날개를 퍼덕이며 벌집을 부채질한다. 벌집 내부 온도를 조절하고 건조한 공기를 퍼트리기 위해서다.

동시에 꿀주머니 내부의 효소가 이 당분 혼합물의 화학적 구성을 변화시킨다. 꽃꿀에 포함된 주요 당분은 슈크로스(자당, 사탕수수나 사탕무로 만드는 설탕과 같은 종류)이다. 이당류의 하나인 슈크로스는 두 개의 단당류 분자가 결합한 형태로, 다른 모든 당 화합물과 성질이 다르다. 인버테이스(invertase)라는 자당 분해 효소는 각 자당 분자를 포도당과 과당으로 나눈다. 이 두 단당류는 용해성이 슈크

꿀벌의 생산량과 소비량

꿀벌 한 마리가 생산하는 꿀과 밀랍, 젖(로열젤리, 74쪽 참조)의 양을 정확하게 측정하기란 불가능하지만, 추정해 볼 수는 있다. 채집한 꽃가루의 무게와 꿀주머니의 부피를 측정해서 한 봉군에 서식하는 꿀벌의 개체 수와 유충과 번데기, 먹이가 저장된 벌방의 수를 추산해 비교하는 방식이다. 이러한 방식으로 밀랍 생산량과 꿀 생산량도 추정할 수 있다.

최근의 연구에 따르면, 평균적으로 1년 동안 한 봉군에 15만 마리의 꿀벌이 살고 있으며, 매년 꽃가루 20kg, 꿀 60kg이 필요하다고 알려졌다. 이 양을 충족하기 위해서는 300만 번의 꽃꿀 수집 활동과 130만 번의 꽃가루 수집 활동이 필요한 것으로 추정된다. 따라서 한 봉군의 꿀벌들이 먹이 활동을 위해 비행하는 거리를 모두 합하면 연평균 약 2천만km이다.

로스보다 훨씬 좋아서 꿀벌이 고농도의(약 80%) 당혼합물을 만들어내게 된다. 이렇게 20분가량 꽃꿀을 건조하고 효소를 조작한 다음 벌방에 꿀을 저장한다.

꿀은 열량이 매우 높은데(3040kcal/kg), 이를 간단하게 물에 희석해 겨울 동안 유충을 먹이고, 한데 모여 겨울을 나는 무리가 나눠 먹게 된다. 저장이 쉽고 소화가 잘되는 화학적 형태 덕분에 꿀은 벌과 인간 모두에게 매우 중요한 식량 자원이 되었다. 또한, 당분 함량이 높아서(상대적으로 수분 함량은 낮다) 미생물이 번식하기 어렵다. 꿀에 떨어진 효모나 박테리아 포자는 상대적으로 높은 수분을 함유한 벌방의 벽과 훨씬 낮은 수분을 함유한 꿀 사이에 일어나는 삼투압 현상으로 인해 급속히 말라 죽는다.

밀랍 생산

일벌은 복부의 네 번째 마디에서 일곱 번째 마디까지를 겹겹이 덮고 있는 단단한 판(복판, sternite) 아래로 8쌍의 밀랍샘이 있다. 밀랍을 생산하는 정확한 메커니즘을 완벽하게 이해할 수는 없지만, 최근에는 전자 현미경을 이용해 몇 가지 해답을 얻어냈다.

밀랍 분비샘의 표면은 납경(蠟鏡, wax mirror)이라는 매끄럽고 빛나는 타원 형태의 판인데, 다른 곤충들의 각피에 비해 접합부가 튼튼하지 못하다. 납경 표면에는 일련의 분비세포가 정렬되어 드러나 있는데, 세포마다 처음에는 물방울 형태로 밀랍을 분비하다가, 밀랍 양이 늘어나면서 서로 합쳐져서 말랑한 원추 형태가 된다. 이 조각은 폭 3mm, 두께 0.5mm 정도로 납작한 형태이며, 복판 사이사이로 튀어나온 모습도 관찰된다.

벌집을 지을 때 일벌은 뒷다리 꽃가루주머니의

일벌이 뒷다리로 밀랍 가루를 들어 앞쪽으로 옮기고 있다.

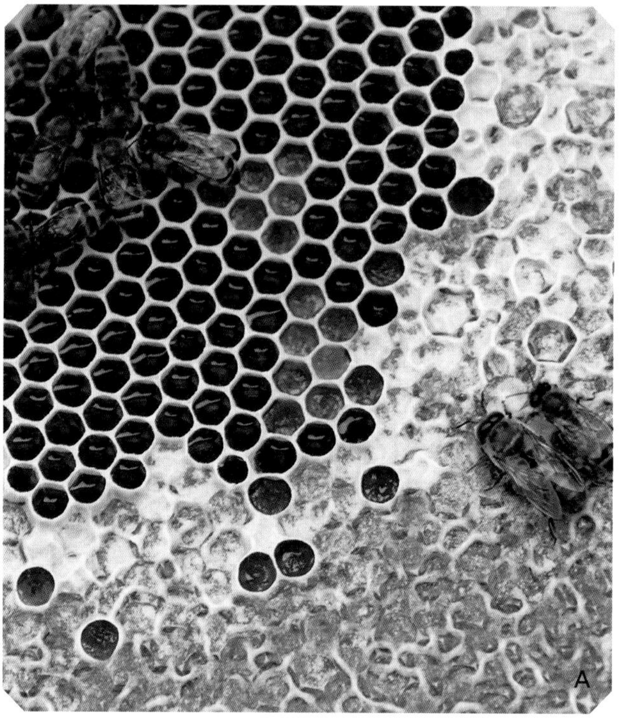

A. 외역벌이 채집해온 꽃꿀을 내역벌이 전해 받아 꿀로 숙성시킨 뒤 벌방에 저장한다.
B. 다른 벌들은 건조한 공기를 벌집 내부에 퍼뜨리기 위해 날개를 움직여 쉼 없이 부채질한다.

갈퀴를 이용해 납경에서 밀랍을 긁어낸 다음(밀랍 조각의 크기는 분비한 기간에 따라 벌마다 다르다), 앞다리로 전달하여 턱으로 씹기 위해 밀랍 조각을 잡는다. 타액과 섞인 밀랍은 더 말랑해져서 형태가 잘 변하는 성질이 된다. 일벌은 사용하기에 알맞게 밀랍을 씹어 완벽한 건축 재료를 만든다.

꿀벌 무리는 새 둥지 터에 처음 도착하면 가득 가져온 커다란 밀랍 조각들을 씹어서 벌집을 만들기 적합한 구멍을 찾아 윗부분에 쌓는다. 벌집의 규칙적인 육각 배열 구조를 만들 첫 번째 방을 만들기에 충분할 만큼 조각들이 쌓이면 건축을 시작한다. 밀랍을 대충 가장자리에 바른 다음 조심스럽게 다듬어 매우 아름답고 정밀한 6면을 만드는데, 덕분에 각 벌방은 구분이 매우 쉽다. 방을 만들면서 파낸 밀랍은 재사용해도 되므로 만들어진 방 뒤쪽으로 넘겨 다음 방을 만들 때 사용한다. 이렇게 밀랍을 계속 쌓아나가며 방을 하나씩 만들어나간다. 만들어진 벌방은 몇 번이고 재사용된다. 그래서 꿀방과 번데기방을 덮었던 밀랍 덮개 역시 제거한 뒤에 바로 재사용된다.

밀랍은 아주 강한 물질이다. 복잡하고 긴 사슬 모양 분자 구조의 탄화수소와 에스테르(지방산과 알코올이 반응하여 생긴 화합물) 및 삼백여 가지 다른 성분들의 혼합물이다. 매우 단단하지만 가볍고 유연하기도 해 40배가 넘는 무게의 꿀도 지탱한다. 인도 최대종(92쪽 참조)의 거대한 판형 벌집도 같은 성분의 밀랍으로 만든다.

새 벌집을 만드는 일은 성공적인 먹이 활동과 밀접한 관련성이 있다. 한때는 먹이 활동을 멈추고 밀랍을 생산해 벌집의 크기를 키워서 꿀을 저장할 공간을 늘려야 할 때라는 일종의 경험적 메시지가 꿀벌들 사이에 전파되는 것이라 여겨졌다. 그러나 지

일벌의 복부. 밀랍샘이 보인다.

프로폴리스

꿀벌이 만드는 생산품 중 마지막은 바로 프로폴리스(propolis)다. 프로폴리스는 꿀벌이 화초와 나무에 핀 꽃이나 상처에서 나는 식물 수지를 채취해 만드는 끈끈한 물질이다.

꿀벌은 턱으로 식물 수지를 채취해 뒷다리의 꽃가루바구니에 넣어 둥지로 가져온다. 가져온 프로폴리스는 벌집 외피의 작은 틈새를 막고 벌집을 구조적으로 더욱 튼튼하게 만드는 데 사용한다. 프로폴리스의 원래 용도는 벌집을 프로폴리스 막으로 코팅하는 것이지만, 무너진 벽과 천장을 보강하고 외부 물질이나 침입으로부터 벌집을 보호하는 데 사용하기도 한다. 주 입구를 제외한 다른 구멍을 막음으로써 포식자나 기생충, 꿀을 훔쳐 가는 적의 침입을 차단하게 된다. 인도최소종은 개미의 침입을 막기 위해 프로폴리스를 끈적끈적한 띠 형태로 만들어 사용한다.

금은 벌들이 꿀을 저장할 공간을 찾지 못하면 꿀을 저장하는 대신 모두 소화하는데, 이 추가 에너지가 밀랍 생산을 증가시켜 벌집을 넓히게 된다고 알려졌다.

밀랍 생산을 촉진하는 꿀

60g의 밀랍을 생산하는 데 필요한 꿀은 약 1kg으로 추정된다. 평균 크기의 벌집을 만드는 데 드는 밀랍은 약 400g인데, 이를 만들기 위해서는 약 7kg의 꿀이 필요하다.

벌집틀 상부 틈 사이에 쌓인 프로폴리스(암갈색의 수지 물질).
127쪽: 밀랍으로 만든 막 내부에 모여 있는 꿀벌들.

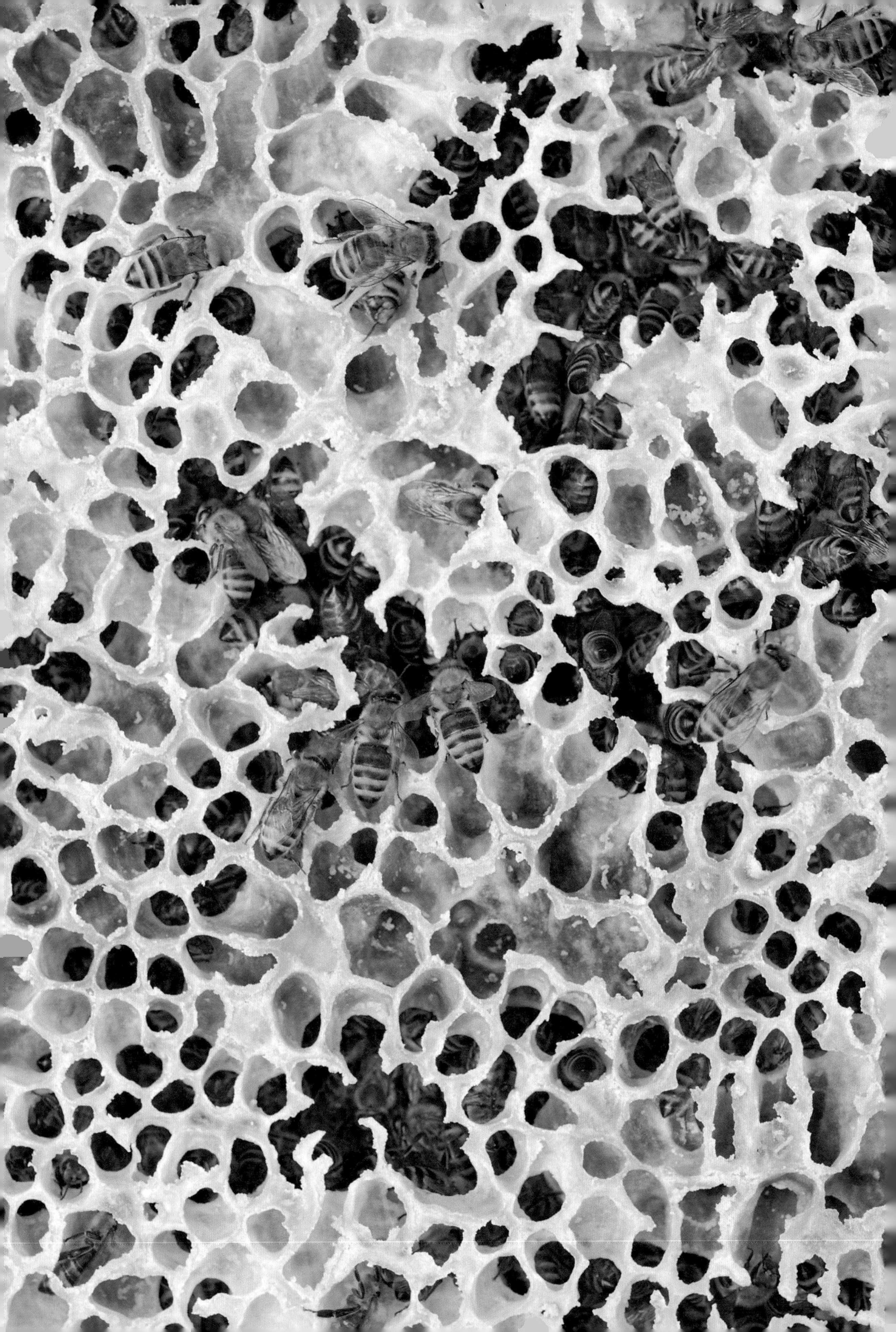

벌침

꿀벌은 말벌을 닮은 조상으로부터 물려받은 벌침이 있다. 그러나 말벌은 먹잇감을 제압하고 마비시키거나 죽이기 위한 공격 무기로 사용하는 반면, 꿀벌은 방어 목적으로만 침을 사용한다. 한 가지 예외는 처녀 여왕벌이 왕대에서 갓 나온 뒤 다른 여왕벌들을 죽이는 동족상잔의 목적으로 사용될 때이다(116쪽 참조).

벌침은 알을 낳는 관인 난모세포가 변형된 것이기에 암컷(일벌과 여왕벌)만이 가지고 있다. 수벌은 벌침이 없어 쏘일 위험이 없다. 말벌이나 개미 수컷도 마찬가지다.

벌침은 복잡한 구조로 이루어져 있다. 두 가닥의 뾰족한 침이 하나로 합쳐져 중앙으로 길게 뻗어 있고, 침의 바깥쪽에는 앞뒤로 움직이는 톱니 형상의 날카로운 미늘이 돋아나 있다. 근육과 관절로 이 미늘들을 움직인다. 독샘과 독주머니는 독을 만들어내는데, 벌침이 상대의 몸속으로 들어가면서 독액이 침 속의 관을 타고 밀려 내려온다. 독주머니에는 약 0.6mg의 독액이 들어 있으며, 독주머니의 건조중량은 약 0.15mg이다. 벌침을 쏠 때 독이 주입되는 양은 보통 이보다 훨씬 적지만, 벌침이 상처에 붙어서 독을 주입한 시간에 따라 달라진다(130쪽 참조).

꿀벌이 사람(혹은 포유류나 조류)을 쏠 때의 과정을 살펴보면, 우선 다리로 목표물을 꽉 움켜쥔 뒤 꽁무니를 배 쪽으로 말아 적의 피부나 가죽에 벌침을 수직으로 단단히 밀어 넣는다. 그런 다음 근육을 움직여 벌침의 미늘을 빠르게 앞뒤로 움직여 벌침을 더 깊숙이 밀어 넣는다. 양방향으로 난 미늘은 서로 엇갈려 움직이면서 효과적으로 살을 파고든다. 역방향으로 난 미늘은 상처를 더 깊이 파낸다. 이처럼 리듬감 있게 벌침을 움직여 벌침 내부의 독관을 통해 독액을 아래로 밀어내어 벌침 끝부분의 작은 구멍을 통해 적의 상처에 주입한다.

꿀벌의 독은 단백질로 이루어진 복합 화학물질이다. 일부는 독소지만, 나머지는 피부와 체내의 단백질을 공격하고 분해하는 효소다. 독의 정확한 성분은 아직도 밝혀지지 않았다.

주요 성분 중 하나인 멜리틴(melittin)은 적혈구를 파괴하고 피부와 혈관의 세포들을 용해하며 조직에 다량의 히스타민(histamine)을 배출하는 단백질 분자이다. 히스타민은 혈관을 확장해 쉽게 독이 확산하도록 하는데, 염증과 부기, 홍조를 동반한다. 히스타민은 소량의 독액에도 포함되는 성분이지만, 인체에서 자체 방출하는 히스타민에 비하면 꿀벌 독에 포함된 히스타민은 극소량에 불과하다. 사람이라면 여러 번 쏘여도 그리 위험하지 않지만, 다른 곤충들에게는 매우 치명적인 양이다. 히알루로니다제(hyaluronidase)라는 효소는 신체의 조직을 녹이고 분해하여 독 성분이 빠르게 확산하도록 한다. 아파민(apamin)은 정상적인 신경 기능을 방해하는 신경독이다.

적의 피부를 뚫고 들어가는 벌침.

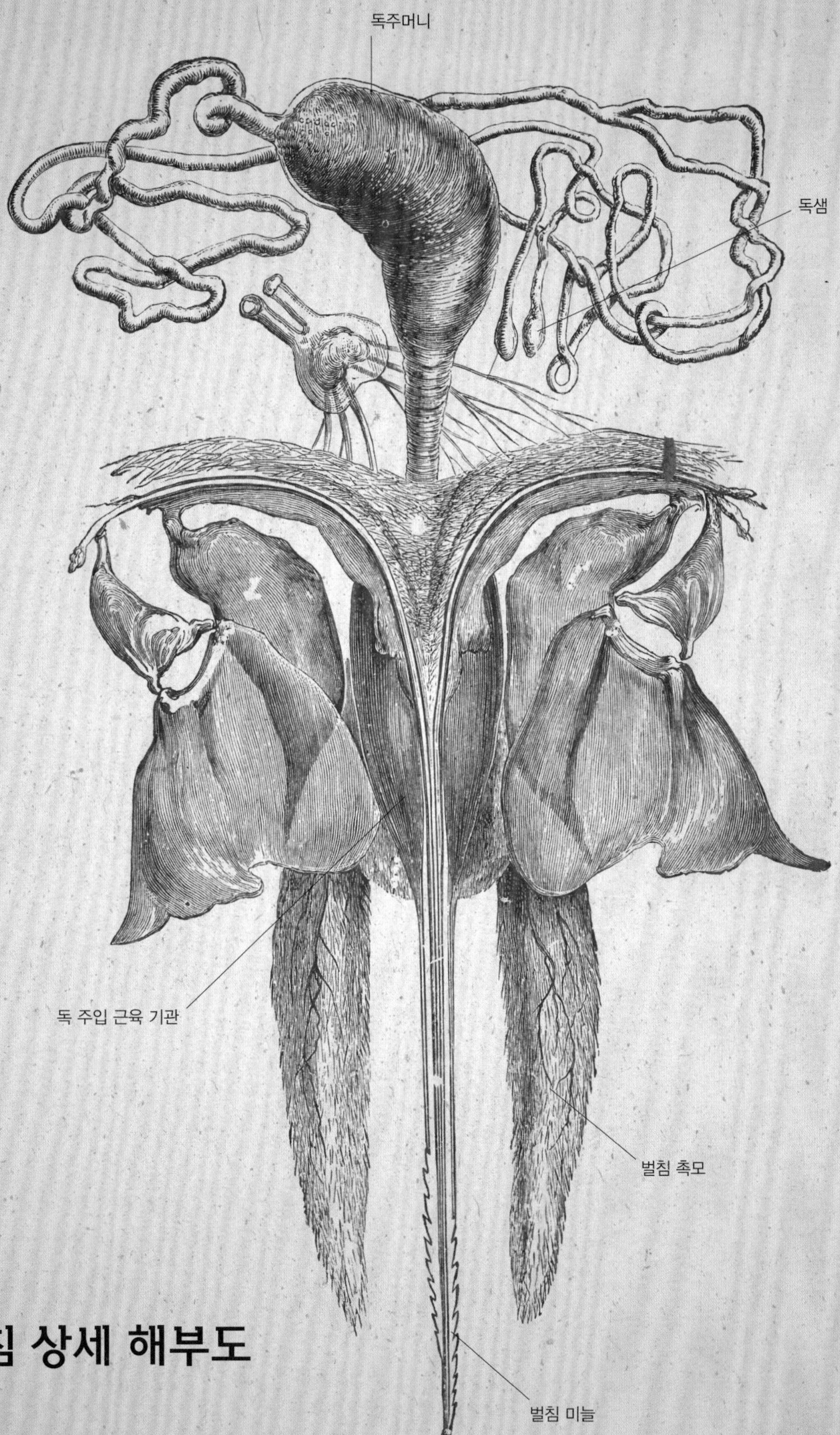

벌침 상세 해부도

벌침은 꿀벌의 목숨과 맞바꾸는 최후의 일격이다. 꿀벌이 적의 피부에 침을 박아 넣고 날아오르는 순간, 꿀벌의 몸속 독주머니와 독 주입 근육 조직이 통째로 뽑혀 남게 된다. 내장이 뽑힌 꿀벌은 곧 죽고 만다. 독주머니와 근육 조직은 이후에도 30~60초 동안 펄떡거리며 상처에 독을 계속 밀어 넣어 적의 고통을 증가시킨다.

꿀벌이 침을 쏘면 경보페로몬(alarm pheromone)이 방출되는데, 공중에 퍼진 경보페로몬은 적의 침입을 동료들에게 알려 함께 적을 공격하도록 한다. 심지어 벌침을 쏜 꿀벌이 죽고 나서도 적의 피부에 꽂힌 벌침에서 계속 페로몬이 방출되어 적이 쫓지 못할 정도로 멀리 도망가지 않는 한 계속해서 적을 공격하게 만든다.

벌침의 효과

상처 부위의 극심한 통증은 벌에 쏘이면 즉시 나타나는 국소 반응이다. 한 시간 혹은 그 이상 홍조, 부기, 저림, 염증과 가려움을 동반한다. 이러한 증상이 며칠이나 계속된 사례도 있다. 침에 쏘이고 몇 분 이내로 독이 혈관을 타고 돌면서 발진과 쌕쌕거림, 메스꺼움, 복통, 어지러움 등의 증상을 보이는 알레르기 반응을 보이는 때도 있다.

벌침 하나가 아무리 극소량의 독을 주입한다고 해도 여러 번 쏘이게 되면 알레르기 반응이 매우 심하게 나타나게 되며, 100번 쏘이면 입원해야 할 수준이 된다. 그래서 민감한 사람들은 20번 정도 쏘이더라도 치명적이다.

심각한 경우(다행히 매우 드물지만) 단 한 방의 벌침으로도 인체의 알레르기 대응 기전이 완전히 무너지기도 한다. 심지어 극소량의 벌독이 함유된 주사를 맞고 외부 화학물질이 신체의 면역 체계를 무너뜨려 과민반응이 일어난 사례도 있다.

이때 호흡곤란과 쌕쌕거림, 구토, 정신착란을 동반한 과민성 쇼크가 일어나 혈압이 급격히 떨어지고 의식을 잃고 만다. 아드레날린(에피네프린)을 투여하는 등의 즉각적인 치료를 받지 못하면 사망에 이르기도 한다.

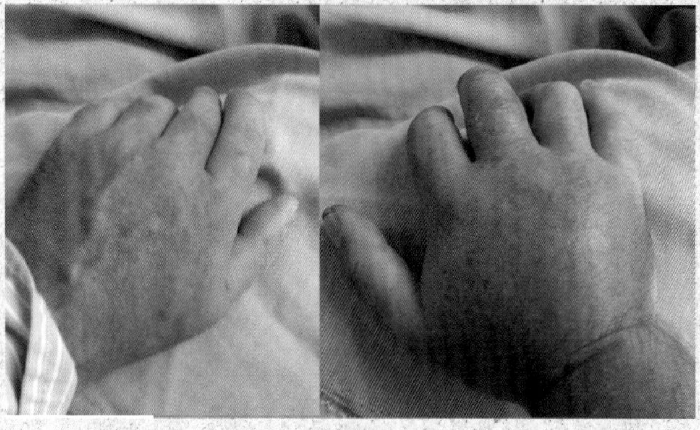

벌침에 여러 번 쏘여 오른손이 퉁퉁 부은 상태. 왼손과 무척 대비된다.

꿀벌의 서식지

야생꿀벌은 1년 동안 계절의 변화에 따라 각 시기에 많이 피는 종과 그 종이 풍부하게 자라는 특정 지역을 찾아 최대한 먹이를 구하러 나선다. 꽃이 피는 식물은 거의 모두 꽃꿀과 꽃가루를 만들어낸다. 꽃가루는 수분을 돕는 곤충들을 유혹할 수 있도록 진화했다(120쪽 참조). '야생'에서 살아가는 꿀벌은 다양한 토착 식물을 찾아 먹이를 얻는다. 그러나 인간의 농업 활동으로 지구의 많은 부분에 변화가 일어났으며 농작물은 대부분 단일 재배 방식으로 재배되어 꿀벌도 한정된 종류의 식물에서 먹이를 채집하게 되었다. 상업 목적으로 양봉 되는 꿀벌도 마찬가지다. 이런 환경의 변화는 특정한 '야생' 꽃들이 꿀벌의 주요 먹잇감이 되었음을 의미한다.

이처럼 꿀벌이 특정 종류의 꽃만 먹잇감으로 삼는 습성은 꽃과 꿀벌 모두에게 이득이 되었다(119쪽 참조). 꿀벌마다 한 종류의 꽃꿀로만 꿀을 만들게 되자 양봉가들도 단일 품종으로 만든 꿀을 얻게 되었다. 이러한 다양한 종류의 단일 품종 꿀은 각각 다른 맛과 명암, 색상, 탁도, 점도를 보여 양봉가들도 치즈 생산자들이 다양한 종류의 치즈로 흥미롭게 홍보하는 방식으로 대중에게 꿀을 선보이게 되었다.

꿀벌이 서식하는 전형적인 형태의 풀숲.

꿀벌의 먹이 활동 시기와 다양한 꿀, 이른 봄부터 초겨울까지

이어지는 식물과 야생화 목록은 유럽과 온대 북아메리카 대부분 지역에서 피는 시기에 따라 배열하고, 남반구에서 피는 시기는 따로 메모해 두었다. 또한 학명과 함께, 자생 지역이나 주요 재배 지역, 대략적인 먹이 활동 시기, 꿀에 관한 내용 등을 서술했다.

아몬드(almond)
Prunus dulcis
미국 캘리포니아 지역과 프랑스 지역(2월)에서 주로 재배한다. 꿀은 질이 좀 떨어지는 것으로 평가되며 대부분 제빵업에 이용된다.

사과(apples)
Malus 종(특히, 야생 능금(*M. sylvestris*)과 배나무(*Pyrus communis*))
과수원이 있다면 전 세계 어디에서든 재배할 수 있다. 북반구에서는 주로 4월에서 6월 사이에 꽃이 피지만, 지역과 계절에 따라 매우 달라진다. 재배하는 품종이 다양하다. 꿀은 연한 호박색이며 좋은 향을 풍기고 빨리 굳는다.

아보카도(avocado)
Persea americana
남아메리카와 중앙아메리카가 원산지였으나, 지금은 캘리포니아주, 플로리다주, 스페인 남부, 남아프리카 지역(3~4월), 오스트레일리아와 뉴질랜드(8~10월)까지 확장되었다. 꿀은 진한 갈색이며 캐러멜을 첨가한 당밀과 비슷한 맛이 강하게 난다.

코코스야자(coconut palm)
Cocos nucifera
하와이와 플로리다주, 서인도제도(연중 내내)에서 난다. 꿀은 진한 갈색이다.

클로버(clovers)
Trifolium 종(특히, 앨사이크클로버(*T. hybridum*)와 화이트클로버(*T. repens*))
북아메리카와 유럽(5~10월), 오스트레일리아와 뉴질랜드(11~4월)를 비롯해 전 세계 곳곳에서 자란다.
2~3월경에 자라는 이집트 클로버(Barseem, *T. alexandrinum*)는 이집트의 이른 봄 꿀 생산량에 중요한 역할을 한다.
레드 클로버(*T. pratense*)는 화관이 길어 꿀벌보다는 호박벌이 주로 찾는다. 꿀은 부드럽고 은은한 맛과 꽃향기가 난다. 보통 다른 꿀과 섞어서 사용한다.

민들레(dandelion)
Taraxacum officinale (종류가 매우 다양하며 수백 개의 별개 종으로 나뉜다.)
전 세계에서 이른 봄에 피는 야생화이며 북반구에서는 3월에서 9월 사이, 남반구에서는 10월 이후까지 피는 중요한 꽃이다. 꿀은 황금빛이며 입자가 굵다.

구스베리(gooseberry)
Ribes uva-crispa
유럽에서는 3~5월에, 뉴질랜드에서는 9~11월에 자란다.
연초에 채집하는 꿀 중에서 품질이 좋은 편이다.

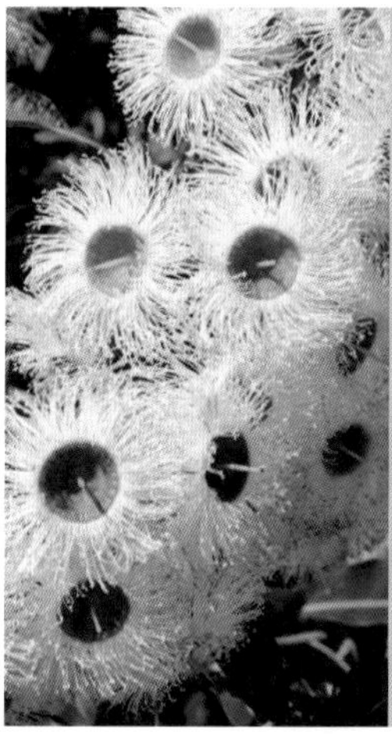

검나무(gum tree)
Eucalyptus 종
오스트레일리아에서 생산되는 꿀은 대부분 이 나무에서 채취하기 때문에 매우 중요한 자원이다(10~1월). 캘리포니아주(4~7월)에서도 자란다. 독특한 맛과 향이 난다.
옐로우 박스 검나무(*E. melliodora*)의 꿀은 색이 옅고 묽다. 레드 박스 검나무(*E. polyanthemos*)의 꿀은 어두운 갈색이며 매우 진하다.

호랑가시나무(holly)
Ilex aquifolium, I. opaca, I. glabra
서유럽과 남유럽, 미국 남부(4~7월)에서 자란다. 옅은 색의 꿀은 풍미가 훌륭하다.

가죽나무(leatherwood)
Eucryphia lucida
태즈메이니아(1년 내내 나지만 주로 여름에 핀다. 11~4월) 지역에 자란다. 꿀은 맛이 아주 독특하지만, 먹을수록 맛있다.

마누카(manuka)
Leptospermum scoparium
뉴질랜드에서 1년 내내 나지만 특히 9월에서 이듬해 5월 사이에 많이 보인다. 꿀은 허브향이 나며 달콤하고 풍부한 맛을 낸다. 특히 항균 효과가 좋은 것으로 유명하다.

단풍나무(maple tree)
Acer 종
시카모어(*A. pseudoplatanus*)는 영국에서 주로 자라며, 마운틴 메이플(*A. spicatum*)은 캐나다 동부와 미국 북동부에서 자란다(4~6월). 꿀은 연한 노란색과 옅은 녹색을 띠며, 부드러운 풍미가 있다. 그저 그런 맛으로 치부되기도 한다.

메스키트(mesquite)
Prosopis glandulosa
캘리포니아주에서 멕시코로 이어지는 미국 남부와 멕시코 북부(3~9월)에서 자란다. 꿀은 백색에서 황색까지 다양하며, 훈제한 당밀 혹은 흑설탕 향이 난다.

니들 부시(needle bush, silky oak)
Hakea, Grevillea 종
오스트레일리아(종에 따라 1년 내내)에서 자란다. 꿀은 맑고 달콤하다.

오렌지(레몬, 라임, 포도 등)
Citrus 종
유럽 지중해 지역과 미국 캘리포니아주, 애리조나주, 텍사스주, 플로리다주(3~4월)와 뉴질랜드(9~10월)에서 자란다. 맑고 진하며 독특한 과일 맛과 꽃향기가 퍼지는 맛있는 꿀이다.

로즈메리(rosemary)
Rosmarinus officinalis
유럽, 특히 지중해 지역(3~11월)에서 자란다. 적당한 무게감이 느껴지는 두꺼운 질감의 꿀이다.

타임(thyme)
Thymus 종
유럽 지중해 지역과 북아메리카(5~9월), 뉴질랜드(11~3월)에서 자란다. 꿀은 향이 강해 향긋한 맛이 난다.

니사나무(tupelo, sour gum)
Nyssa sylcatica
미국 플로리다주와 조지아주의 남동부에서 자란다(4~6월). 습지에 서식하는 꿀벌들은 홍수를 피할 수 있도록 높은 곳이나 배 위에 둥지를 만드는데, 니사나무는 이 꿀벌들의 주요 먹잇감이 된다. 꿀은 연한 호박색이며 부드럽고 매우 달다.

꿀벌의 먹이 활동 시기와 다양한 꿀,
늦은 봄부터 여름까지

아카시아(와틀, 미모사)
Acacia (다양한 별개 종)
유럽과 캐나다, 중국, 미국 캘리포니아주와 애리조나주(5~7월), 그리고 오스트레일리아(11~7월)에서 자란다. 아주 맑고 묽으며 맛이 연한 꿀이다.

메밀(buckwheat)
Fagopyrum esculentum
유럽과 미국의 캘리포니아주와 북부 주, 캐나다에서 자란다(6~9월). 짙은 색의 꿀은 보랏빛이 돌기도 하며, 당밀과 맥아를 떠올리게 하는 강한 향이 난다. 다른 음식들과 궁합이 좋은 것은 아니지만, 기름진 구운 음식과 바비큐 소스에는 잘 어울린다.

블루베리(빌베리, 워틀베리)와 크랜베리
Vaccinium 종
유럽 서부와 북부, 캐나다 동부, 그리고 미국의 오대호(Great Lakes) 지역에 많이 자란다(종류별로 다르지만, 보통 5월에서 8월 사이에 약 2주 정도만). 꿀은 살짝 과일 맛이 나다가(특히, 크랜베리 꿀) 은은한 버터 향이 남는 맛이다.

아까시나무(false acacia)
Robinia pseudoacacia
북아메리카와 유럽에서 자란다(6~7월). 꿀은 적당한 밀도에 맛이 좋고 연하다.

보리지(borage)
Borago officinalis
유럽과 북아메리카에서 자란다(6~9월). 꿀은 아주 연하고 색이 희다. 보리지오일을 만드는 좋은 꿀을 얻기 위해서는 야생 보리지만으로는 모자라 5~10년마다 재배한다.

산사나무(hawthorn)
Crataegus monogyna 등
유럽 북부와 서부, 북아메리카(5~6월), 뉴질랜드(11~12월)에서 자란다. 짙은 호박색의 꿀은 견과류의 맛이 난다.

브램블(블랙베리)
Rubus fruticosus
영국제도와 캐나다에서 자란다(6~9월). 꿀은 평범한 색이지만, 다소 조잡스러운 맛이 난다.

수레국화(knapweed, hardheads, blackhead)
Centaurea nigra
아일랜드에서 매우 중요한 작물이다(6~9월). 꿀은 황금빛이며 가벼운 질감에 쌉싸름한 맛이 난다.

라벤더(lavender)
Lavendula 종
프랑스와 스페인에서 주로 자란다(6~7월). 꿀은 연한 황금빛이며, 버터와 비슷한 질감에 입자가 고우며 맛이 좋다. 향수와 오일을 만들기 위해 재배되는 라벤더는 꿀벌에게 거의 쓸모가 없다. 재배되는 라벤더는 한창 꽃을 피울 때 수확되기 때문이다.

라임 트리(lime tree, linden, basswood)
Tilia platyphylos, T. cordata, T. americana, T. x vulgaris
유럽과 캐나다, 북중미에서 위도와 계절, 지형에 따라 6월에서 8월 사이에 2~3주간 자란다. 가로수로 라임 트리를 심는 도시에서는 특히 중요한 식물이다. 연녹색 또는 호박색 꿀에서는 박하 향이 살짝 느껴진다.

자주개자리(lucerne, alfalfa)
Medicago sativa, 야생 *Medicago* 종
미국(특히, 미시시피강 서쪽 지역)과 캐나다의 브리티시컬럼비아주의 건조한 지역에서 자생한다(6~8월). 꿀은 옅은 흰색이나 밝은 호박색이며 밀랍의 향이 배어있다. 박하 향이라고 하기도 한다.

전동싸리(melilots, sweet clover)
Melilotus alba, M. officinalis, M. indica
전 세계 각지에 자생한다. 특히 북아메리카와 유럽(6~9월), 오스트레일리아(7~3월)에 많다. 옅은 녹황색 꿀은 계피 향이 약간 난다.

유채꽃(oil-seed rape)
Brassica napus subsp. *oleifera*
유채꽃의 중요성이 점점 증가하면서 유럽과 북아메리카에서 광범위하게 재배되고 있다. 아시아도 마찬가지이다(5~8월). 꿀은 질 좋고 깨끗하며 빨리 마른다.

라타 트리(rata tree)
Metrosideros 종
뉴질랜드에서 자란다(11~3월). 희고 연하며 맑은 꿀이 난다.

샌포인(sainfoin)
Onobrychis viciifolia
북아메리카와 유럽, 특히 석회암토양 지대에서 자란다(6~8월). 꿀은 레몬 빛깔이다.

단밤나무(sweet chestnut)
Castanea sativa
유럽 남부에 많이 자생한다(5~6월). 꿀은 진한 갈색이며 맛이 강하고 시큼하지만, 먹을수록 당기는 맛이다. 밤나무(horse-chestnut, *Aesculus hippocastanum*)와는 다르다. 밤나무는 꿀벌들이 그리 자주 찾는 나무는 아니지만, 어린잎과 싹을 덮고 있는 끈적한 진액(프로폴리스)과 꽃가루는 중요한 자원이다.

엉겅퀴(thistle)
Cirsium arvense 등
전 세계에 자생한다. 특히 오스트레일리아(12~2월)와 캐나다, 미국의 캘리포니아주, 플로리다주, 오대호 근처 지역의 개간되지 않은 곳에 많이 자란다(6~8월). 옅은 색의 향미가 풍부한 꿀을 만들어낸다.

튤립(tulip tree, yellw poplar)
Liriodendron tulipifera
미국 동부 오하이오의 계곡 지대와 애팔래치아 산맥 지역에 많이 자란다(5~6월). 꿀은 짙은 갈색이며 맛이 강하다.

꿀벌의 먹이 활동 시기와 다양한 꿀, 늦여름부터 겨울까지

목화(cotton)
Gossypium hirsutum 등
미국 남부(캘리포니아주에서 노스캐롤라이나주까지), 중앙아시아와 이집트에서 자란다(7~9월). 꿀은 맛이 깔끔하고 옅은 호박색이다.

벨 헤더(bell heather)
Erica 종
스코틀랜드를 비롯한 영국의 여러 지역에서 중요한 식물이며, 아일랜드에도 자란다(7~9월). 꿀은 포트 와인과 비슷한 느낌의 짙은 갈색이다.

분홍바늘꽃(fireweed, rosebay, willowherbs)
Chamerion angustifolium, Epilobium 종
전 세계 각지에서 자란다. 특히 유럽과 캐나다, 미국 북부에 많다(7~9월). 꿀은 색이 희고 옅으며 차의 풍미를 생각나게 하는 은은한 맛이다.

링 헤더(ling heather)
Calluna vulgaris
유럽, 특히, 스칸디나비아 지역과 스코틀랜드, 그리고 잉글랜드의 황무지와 저지대에 매우 많이 핀다(7~9월). 어두운 황금빛을 띠는 갈색 꿀이 젤리 형태로 굳어 있기 때문에 힘을 가해서 추출해야 한다.

푸크시아(fuchsia)
Fuchsia 종
미국 남부와 북부, 유럽(특히, 영국과 아일랜드), 뉴질랜드에서 자란다(7~9월). 꽃이 아래로 향하여 피기 때문에 꽃꿀이 빗물에 잘 씻겨나가지 않는다. 꿀은 밝은색이지만 매우 연하고 맛이 없다.

담쟁이(ivy)
Hedera helix
유럽과 아시아, 북아메리카에서 자란다(10~12월). 회백색 꿀은 은은한 향과 시큼한 맛을 낸다. 끈적함이 오래 가고, 결정화 현상이 빠르게 진행된다. 그래도 늦은 시기에 꽃피우는 식물 중에서는 중요한 자원이다.

미역취(goldenrod)
Solidago canadensis
북아메리카와 유럽에 자생한다(7~10월). 요즘 유럽에서는 정원용 화초로 널리 재배되고 있다. 꿀은 옅은 색이며 향이 강하고 매운맛이 난다.

해바라기(sunflower)
Helianthus anuus
북아메리카와 유럽 중부와 남부, 러시아와 중국에서 자란다(7~10월). 꿀은 밝은 호박색이며 은은한 시트러스 향을 낸다.

독성 꿀: 한 식물학자의 이야기

영국의 저명한 식물학자이자 탐험가, 채집가였던 프랭크 킹던 워드(Flank Kingdon-Ward, 1885~1958)는 저서 『식물 사냥꾼의 천국(Plant-hunter's Paradise, 1937)』에서, 동물학자이자 사냥꾼이었던 크랜브룩 경(Lord Cranbrook)과 함께 미얀마 북부의 이라와디강 원류 쪽으로 거의 티베트까지 거슬러 올라가며 탐험했던 이야기를 이렇게 풀어놓았다. '하루는 그곳의 티베트 족장이 우리에게 미드를 한 잔 건네주었다. 제철을 맞아 갓 수확한 로도덴드론(만병초) 꿀로 만든 것이었다. 그것을 마시고 완전히 취하기야 했지만, 다른 부작용은 없었다. 그러나 5월 초에 족장이 준 진짜 꿀은 완전히 달랐다.'

어느 날 저녁, 킹던 워드가 캠프로 돌아왔더니, 크랜브룩이 쓰러져 침대에 누워 있었다. 킹던 워드는 대체 무슨 일이 일어났는지, 왜 그가 쓰러져 있는지 알 길이 없었다. 그는 분명 그날 아침에 평소처럼 총을 들고 강둑을 탐험하러 나갔다. '그는 아무런 전조 증상도 없이 갑자기 쓰러지면서 강에 빠졌다. 다행히 물살 덕분에 강가로 밀려 나왔지만, 다리가 마비되어 걷지도 못했다. 그는 둑을 기어오르면서 도와달라고 소리쳤다.'

마노라는 킹던 워드의 수행원도 훗날 이렇게 이야기했다. '크랜브룩 씨는 분명 정상이 아니었어요. 음식을 입에 넣자마자 바로 토해버렸죠. 그리고는 침대로 쓰러졌어요. 급성 알코올 중독 증상으로 보였습니다. 저도 몇 년 전에 같은 증상을 겪어서 저한테는 면역력이 있다고 생각했어요. 그래서 꿀이든 팝콘을 계속 먹었죠. 그런데 하루 이틀이 지나면서 기운이 없어졌어요. 만성 중독이 걱정돼 바로 꿀을 끊었죠.'

킹던 워드는 로도덴드론 꿀에 독성이 있다는 생각을 완전히 확신하지는 못했다. 그 지역의 티베트인들은 꿀을 먹어도 아무런 증상이 없었기 때문이었다. 킹던 워드는 그들에게 어떤 형태의 면역력이 생성되었다고 추측했다. 그리고는 고민을 시작했다.

영국 남부와 서부에서도 로도덴드론 재배가 늘어가는데, 대부분 5월과 6월에 꽃이 핀다. 그런데 왜 영국에서는 꿀 중독 사례가 없을까? 언론들이 일부러 보도하지 않은 게 아닐까?

로도덴드론(만병초)은 프랭크 킹던 워드의 이름을 딴 학명(*Wardii var. puralbum*)을 얻었다.

독성이 있거나 맛이 없는 꿀

산월계수(mountain laurel, lambkill)

Kalmia latifolia

미국 동부의 메인주에서 플로리다주와 인디애나주에 자생한다(5~6월). 관상용으로 유럽에 소개되었다. 모든 부분에 독성이 있고, 꿀에도 인간에게 영향을 미치는 독이 있다.

쥐똥나무(privet)

Ligustrum vulgare 등

유럽과 아시아(5~6월), 오스트레일리아(11~12월)에서 자란다. 꿀은 맛이 너무 강해 연한 꿀과 섞지 않으면 먹기 힘들 정도이다.

곰취(ragwort)

Senecio 종

유럽과 북아메리카(6~11월), 오스트레일리아와 뉴질랜드(12~5월)에서 자란다. 꿀은 악취가 나고 매우 쓰다.

로도덴드론(rhododendron)

Rhododendron ponticum 등

유럽 남부와 아시아, 특히 히말라야산맥 남쪽과 서쪽 지역에서 자란다. (종류와 지역에 따라 1년 내내 꽃이 핀다). 꿀에는 독성이 있다.

대극(spurge)

Euphorbia 종

남아프리카(특히 다양한 속이 자생한다)에 자생하는 특정 종은 누어스(noors) 혹은 누어스던(noorsdorn) 꿀을 만들어내는데, 이 꿀은 맛이 쓰고 입과 목에 타는 듯한 통증을 일으키며, 중독되어 위험할 수도 있다(종에 따라 1년 내내 꽃을 피운다).

꿀벌이 좋아하는 정원

아무리 작은 정원이라도 식물을 키우고 꿀벌이 좋아하는 환경으로 조성할 수 있다. 정원을 장식하기 위한 식물들은 아무래도 화려한 꽃을 피우는 종으로 키우게 된다. 꿀벌은 가끔 비정상적으로 크거나, 더 밝고 진귀한 색상을 한 꽃잎에 주의를 빼앗길 때도 있지만, 꽃꿀과 꽃가루를 생산하는 한 모든 꽃이 꿀벌의 관심을 끌 만큼 충분히 매력적이다.

꿀마다 농도가 다르고 독특한 향과 식감이 있으며 다양한 홍보 전략으로 각기 다른 상업적 매력도 갖추었지만, 유통되는 꿀은 대부분 잡화 꿀이다. 보통 순수한 단일 밀원 꿀은 오직 꿀벌이 일원화된 농업 문화, 즉 단일 품종을 재배하는 과수원이나 농지, 삼림지 같은 곳에서 길러져야만 생산된다. 그러나 잡화 꿀은 각기 다른 시기에 각기 다른 꽃의 꿀을 모으는 꿀벌로부터 자연적으로 만들어지거나, 공장에서 혼합하여 병에 담는다.

정원은 디자인하기에 따라 다양한 꽃을 가꿀 수 있다. 그래서 다양한 종류, 크기, 색깔의 꽃들이 한데 어우러지게 된다. 1년 내내 다른 꽃이 피기도 한다. 이러한 다양성은 울타리와 담장, 열을 맞춰 심은 나무들로부터 얻게 되는 보금자리, 흙의 종류, 조경의 상태 등 다양한 조건의 영향을 받는다. 아무리 작은 정원이라도 다른 정원과의 조화는 중요하다. 다른 정원의 한 부분으로 보이는지, 다른 정원과 얼마나 인접해 있는지, 다른 정원과 서로 대비하고 보완하는 관계인지 파악해야 한다. 꿀벌은 이러한 다양성을 좋아한다. 마치 모자이크처럼 작지만 다양하게 조성되어있는 환경을 좋아한다. 꿀벌이 다양한 야생화와 정원에서 자라는 화초를 찾아다니며 생산하는 야생화 꿀이나 잡화 꿀은 소규모 꿀 생산업체들에는 매우 소중한 상표로서의 가치가 있다.

절굿대는 꿀벌이 매우 좋아하는 식물이다.

꿀벌을 부르는 꽃

꿀벌은 꽃가루와 꽃꿀을 좇는다. 대표적으로 꽃잎이 이중 혹은 다중 구조 형태인 폼폼국화(pompom chrysanthemums)처럼 인공적인 형태로 번식한 꽃들은 복잡한 꽃잎 구조가 장벽이 되어 꿀벌의 접근을 막기 때문에 꽃가루를 찾는 꿀벌에게 많은 관심을 받지 못한다.

꽃잎이 열린 형태로 배열된 단순한 구조의 꽃이 꿀벌에게 가장 인기 있는 먹잇감이다. 꽃꿀을 채취하는 데 별다른 노력이 필요하지 않기 때문이다. 과꽃류(asters), 블랙베리(*Rubus*), 체리꽃(*Prunus*), 클레마티스(*Clematis*) 같은 꽃들이 그렇다. 꿀벌은 작은 꽃을 여러 개 피우는 꽃도 좋아한다. 한 번 내려앉아서 여러 개의 꽃에서 먹이를 얻기 때문이다. 이런 꽃에는 절굿대(globe thistle, *Echinops*, 엉겅퀴의 한 종류, 둥근 공 모양 꽃이 핀다 - 옮긴이), 미역

꿀벌과 야생동물이 정원에서 자라는 꽃에게 매력을 느끼는 이유는 꽃의 다양성에 있다.

취(*Solidago*), 라벤더(*Lavendula*) 등이 있다.

어떤 정원에 가장 어울리는 꽃이란 정원의 위치와 연간 강수량, 일조 시간, 위도, 기온의 일교차와 계절 변화에 달려있다. 하지만 한랭 기후에서나 아열대 기후에서나, 전 세계의 정원 어디에서나 자라는 강인한 열대산 꽃들이 있어서 다행스러운 일이다.

길을 따라 뻗어 자라는 작은 덩굴 식물들부터 제멋대로 자라 여기저기 불쑥 솟은 초본 식물과 반관목, 그리고 관목과 교목에 이르기까지 다양한 크기의 식물들을 사용하는 것이 정원 가꾸기의 기본 중 하나다. 이러한 환경은 꿀벌에게 도움이 된다. 식물은 서로 보완적으로 다양한 먹이 원천을 꿀벌에게 제공한다. 종이 달라서 연중 서로 다른 시기에 꽃을 피우기 때문만은 아니다. 식물이 자라는 속도가 모두 다르기에 그렇기도 하다. 하루하루 달라서 아침부터 꽃꿀이 나오는 꽃도 있고, 저녁 늦게야 나오는 꽃도 있다. 꽃은 서로 추위와 바람을 막아주는데, 이는 꿀벌에게도 도움이 된다. 돌풍이 부는 날에도 꿀벌이 바람에 날려가지 않고 먹이를 찾게 해주기 때문이다.

야생화와 정원용 꽃이 꿀벌을 비롯한 야생동물들에게 제공하는 이점이 서로 다르기에, 정원을 가꾸는 사람들과 자연주의자들 사이에서는 어느 쪽이 더 나은지에 관한 논쟁이 이어지고 있다. 간단히 답을 내기 힘든 문제다. 토종 잡초에서 피는 꽃도, 이국적인 자태를 자랑하는 꽃도 똑같이 꽃꿀과 꽃가루를 만들어내기 때문이다.

야생화의 편을 들자면, 모든 유충 단계의 벌 새끼는 넓은 정원에서 길러지는 외래종의 이국적인 맛을 싫어하는 경향이 있어서 토종 야생화가 더 도움이 된다. 토종 야생화가 정원의 장식용 외래종보다 유리한 한 가지는 이미 그 지역의 날씨와 기후에 적응한 상태라는 점이다. 따라서 사람의 손길이 훨씬 덜 가도 되며, 더위나 추위, 습기나 건조 등 극한의 환경에서 더 잘 살아남는 편이라 외래종보다 훨씬 기르기 쉽다.

정원 한구석에 야생화를 기를 공간을 남겨두면 꿀벌을 비롯한 모든 야생동물에게 도움이 된다. 꿀벌(호박벌 등 다른 벌들도 마찬가지다)이 찾아옴은 물론이고, 나비와 나방이 애벌레의 먹잇감인 야생화 위에 알을 낳는다. 새들도 씨앗과 열매를 먹기 위해 찾아올 것이다. 사람의 손길이 자주 가지 않아도 되는 이 공간에는 지렁이를 비롯한 무척추동물은 물론, 더 큰 동물들이나 새들이 쉬어가며, 겨울잠을 자고 겨울을 나는 쉼터가 되어 준다.

벌들을 부르는 또 다른 매력 포인트

정원에 연못이 있으면 자연 습지의 감소로 삶의 터전을 잃어가던 양서류, 잠자리 등 수생 동물의 수를 크게 늘리는 효과가 있다. 연못에서 물을 얻게 되는 꿀벌에게도 도움이 된다. 물은 꿀벌이 채취한 꽃꿀을 체내에서 숙성시킬 때 꽃꿀을 묽게 만드는 용도로 쓰인다. 또한, 매우 더운 날씨에 벌집에 물을 묻힌 다음 증발시켜 벌집 온도를 낮추기도 한다. 연못 주위에 피는 꽃도 꿀벌의 좋은 먹잇감이 된다.

과수원은 전통적으로 내부에 벌통을 두고 길러왔지만, 대다수 작목은 개화 기간이 짧기에 1년 내내 먹이를 찾아야 하는 꿀벌은 나무 사이사이, 관목 울타리를 따라 자라난 다양한 야생화로부터 꿀을 얻는다. 오랫동안 미생물이 서식하지 않아 야생동물이 살기에 적합하지 않은 경작지라 하더라도 울타리, 도로와 인접한 경계선을 따라 식물을 심으면(야생화 서식지와 경작지 사이의 비경작 공간을 제거하면) 꿀벌의 먹이터로 활용된다.

꿀벌은 농약에 매우 민감하다. 특히 농작물의 잎과 꽃, 씨앗, 열매를 먹는 해충을 죽이기 위해 식물의 체내로 화학물질을 흡수시키는 침투성 살충제는 더욱 그렇다. 꽃꿀과 함께 이 독소를 섭취한 꿀벌은 이 독성 수확물을 봉군의 다른 꿀벌과 나눠 먹는다. 정원 살포든 공중 살포든, 모두 꿀벌이 죽는 원인으로 지목되어 왔다.

집 뒷마당에서 소규모 양봉을 계획 중이라면 꿀벌이 아이들, 반려동물, 이웃들에게 미칠 영향을 미리 파악하고 주의해야 한다. 벌통을 한곳으로 격리해 아예 신경이 쓰일 일을 만들지 않는 것이 상책이다. 울타리를 높게 치는 방법도 좋다. 꿀벌이 먹이를 찾아 날아갈 때 울타리를 넘기 위해 높이 솟구치게 하여 이웃집을 지나갈 때 공중으로 지나가도록 하는 방법이다. 고양이와 개는 꿀벌에게 조심스럽게 다가가기도 하고 호기심을 보이기도 하지만, 닭은 다르다. 땅에 떨어진 것은 뭐든지 쪼아대는 습성에도 불구하고 의외로 꿀벌과 잘 어울려 지낸다.

유럽과 북아메리카 지역 대부분에 적합한 정원용 식물들

* 표는 사진 속 식물

미나리과, *Apiaceae*
*노르웨이당귀
(*Angelica archangelica*)
러비지 (*Levisticum officinale*)

국화과, *Asteraceae*
*코스모스
(*Cosmea bipinnatus*)
치커리 (*Cichorium intybus*)
망초 (*Erigeron speciosus*)
공절굿대 (*Echinops ritro*)
옥스아이데이지
(*Leucanthemum vulgaris*)
큰샤스타데이지
(*Chrysanthemum maximum*)
해바라기 (*Helianthus annuus*)
터리톱풀
(*Achillea filipendulina*)

지치과, *Boraginaceae*
앙쿠사 아주레아
(*Anchusa azurea*)
보리지 (*Borago officinalis*)
*에키움 불가레
(*Echium vulgare*)

십자화과, *Brassicaceae*
이베리스 (*Iberis matronalis*)
들갓 (*Sinapis arvensis*)
골든알리섬 (*Alyssum saxatile*)
루나리아 (*Lunaria biennis*)
목서초 (*Reseda odorata*)
아우브리에타 델토이데아
(*Aubrieta deltoides*)
헤스페리스 마트로날리스
(*Hesperis matronalis*)
*꽃무 (*Cheiranthus cheiri*)

초롱꽃과, *Campanulaceae*
*초롱꽃 (*Campanula* 종)

삼과, *Cannabaceae*
*호프 (*Humulus lupulus*)

산토끼꽃과, *Dipsacaceae*
체꽃 (*Scabiosa* 종)
*디프사쿠스 풀로눔
(*Dipsacus fullonum*)

*보리수나무과, *Elaeagnaceae*
보리수나무
(*Elaeagnus argentea*)

콩과, *Fabaceae*
*양골담초 (*Cytisus* 종)

까치밥나무과, *Grossulariaceae*
*까치밥나무 (*Ribes* 종)

바늘꽃과, *Onagraceae*
*달맞이꽃
(*Oenothera biennis*)

꿀풀과, *Lamiaceae*
오레가노 (*Origanum vulgare*)
*박하 (*Mentha* 종)

꽃고비과, *Polemoniaceae*
*풀협죽도 (*Phlox paniculata*)

백합과, *Liliaceae*
*무스카리 보트리오이데스
(*Muscari botryoides*)

앵초과, *Primulaceae*
*앵초
(*Primula* 종, 재배종)

림난테스과, *Limnanthaceae*
*림난테스
(*Limnanthes douglasii*)

장미과, *Rosaceae
개야광나무
(*Cotoneaster vulgaris* 등)

부처꽃과, *Lythraceae*
*부처꽃 (*Lythrum* 종)

운향과, *Rutaceae*
*베르가못 (*Monarda didyma*)

아욱과, *Malvaceae*
알케아 로세아 (*Alcea rosea*)
*아욱
(*Malva*, *Lavatera* 종)

마타리과, *Valerianaceae*
*켄트란투스 루베르
(*Centranthus ruber*)

꿀벌을 위협하는 요소

여왕을 위해 목숨을 바칠 각오가 되어 있는 5만에 달하는 무장한 전사들, 결코 얕보기 힘든 무시무시한 군사력이다. 그러나 꿀벌은 끊임없이 위협받고 있다. 꿀과 꽃가루, 밀랍을 저장해둔 방은 그냥 지나치기 힘든 먹잇감이며, 꿀벌의 몸과 피는 굶주린 포식자들의 귀중한 단백질 공급원이다. 게다가 벌집에 무리 지어 사는 생활 방식은 기생충과 질병이 퍼지기 좋은 환경이다.

다른 동물들과 곤충들의 공격

꿀방은 달콤함을 좇는 약탈자들에게 매우 매력적인 먹잇감이다. 야생꿀벌에게 가장 위험한 적은 아프리카와 인도에 서식하는 꿀먹이오소리(*Mellivora capensis*)이다(147쪽 참조). 이 거친 가죽 갑옷을 두른 포식자는 벌집과 꿀, 꽃가루는 물론 알까지 집어삼키는데, 벌침 따위는 전혀 통하지 않는다. 꿀먹이오소리는 꿀길잡이새(*indicator indicator, I. variegates*)와 서로 공생 관계를 이루고 있는데, 꿀길잡이새는 봉군 근처에서 지저귀며 벌집의 위치를 알린 다음, 꿀먹이오소리가 벌집을 사냥해 배를 채우고 나면 남은 찌꺼기를 먹으며 살아간다.

꿀과 꿀벌 알을 먹고 사는 오소리나 곰 같은 척추동물은 세계 각지에 살고 있다. 쥐와 고슴도치, 도마뱀 같은 몸집이 작은 동물들이 벌통에 들어가기도 하는데, 이는 그저 겨울을 나기 위해 쉴 곳을 찾아 들어가는 행동이다. 이러한 유해 동물들을 퇴치하는 방법은 234쪽과 242~243쪽에 자세히 설명해 두었다.

스켑에 벌을 기르던 시절에는 해골박각시나방(*Acherontia atropos*)이 유명했다. 이 나방의 주둥이는 꽃에서 꿀을 홀짝거리는 다른 나방들의 섬세하고 곱슬곱슬한 혀와는 달리 매우 짧고 튼튼해 벌꿀을 잘 빨아 마셨다. 현대의 벌통은 출입구가 스켑보다 작아서 해골박각시나방이 들어가는 일이 줄어들었다.

꿀을 매우 좋아하는 개미는 사납게 벌집을 공격하지만, 대부분 벌집을 둘러싼 프로폴리스 막 때문에 벌집 안으로 들어가지 못한다. 꿀벌도 기회만 있다면 이웃 벌집을 습격한다. 이를 막기 위해서 둥지 입구에서 끊임없이 경계하는 경비벌의 역할이 중요한 것이다. 대형 말벌(*Vespa* 종, 81쪽 참조)과, 그보다 작은 크기의 무리 말벌, 혹은 옐로우재킷(*Vespula, Dolichovespula* 종)은 적극적으로 꿀벌을 공격하고 죽이며 꿀과 알을 얻기 위해 벌집을 습격하여 사정없이 파괴한다.

벌통 속의 꿀과 밀랍은 다양한 곤충들을 끌어들이기도 한다. 이들은 아주 쉽게 벌통에 침투한다. 벌이(*Braula coeca*)는 날개 없는 파리를 닮은 기괴한 모습의 곤충이다. 벌이 유충은 벌집의 밀랍 속으로 파고들어 꿀과 꽃가루를 먹으며 자란다. 다 자라면 약 1.5mm가 되는 성체는 꿀벌의 몸에 달라붙기도 하지만, 해를 끼치지는 않는다고 알려져 있다.

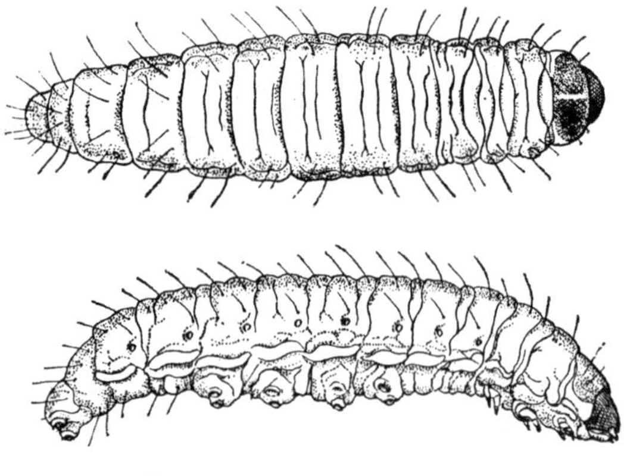

벌집나방의 유충.

해골박각시나방은 스켑과 방비가 취약한 벌통을 습격한다.

남아프리카의 벌통에 침투하는 벌집꼬마밑빠진벌레(*Aethina tumida*)는 최근까지는 그저 조금 성가신 정도였다. 아프리카의 꿀벌 종들은 오랫동안 이 벌레의 침입을 방어하도록 진화해왔다. 그러나 이들이 1998년에 미국, 2002년에 오스트레일리아로 건너가게 되면서 문제가 되기 시작했다. 보통 썩은 과일이나 발효된 나무 수액에 알을 낳아 번식하는데, 이 유충들은(한 벌통에 3만 마리 이상) 밀랍에 구멍을 내어 자유롭게 드나들면서 꿀과 꽃가루를 먹고 벌집에 균열을 내며 똥으로 꿀을 오염시킨다. 벌집꼬마밑빠진벌레의 침입에 대처하는 방법은 245쪽에 자세히 나와 있다.

방비가 덜 된 벌집들은 몇몇 꽃가루와 꽃꿀을 먹고 사는 곤충들의 공격도 받을 것이다. 벌집큰밑빠진벌레(*Hyplostoma fuligineus*)는 아프리카의 벌통에서 종종 발견되는 꽤 큰 풍뎅이 종류다. 검은꽃풍뎅이(*Euphoria sepulcralis*)는 꽃을 먹고 사는 풍뎅이인데, 미국 남부의 벌통에서 가끔 발견되기도 한다. 이 곤충들은 가끔 꿀을 훔쳐 먹는 정도에 지나지 않는다.

벌집나방(*Achroia grisella, Galleria mellonella*)은 벌통에 큰 피해를 주는 경우가 많다. 특히, 벌집 속의 꿀벌의 수가 적어 꿀벌이 몸으로 덮지 못하는 부분이 많은 벌집이나 겨울 휴식기 동안 관리가 되지 않은 벌집과 벌틀은 속수무책으로 당할 수밖에 없다. 벌집나방의 유충은 벌집을 헤집고 다니며 꿀과 꽃가루, 알을 먹어 치우고 엉클어진 실타래 같은 기다란 배설물을 남긴다. 이러한 나방들의 공격을 막는 방법은 244쪽에 설명되어 있다.

날아다니는 꿀벌은 공중의 포식자들에게 공격받기 쉽다. 곤충을 잡아먹는 새들 대부분이 먹이를 가리지 않지만, 특히, 벌잡이새(이름 그대로다)와 때까치(shrike), 딱새(fly-catcher), 제비(swallow), 칼새(swift), 흰털발제비(martin), 할미새(wagtail) 등이 벌을 즐겨 먹는다. 딱따구리도 나무로 만든 벌통에 구멍을 뚫어 벌과 유충을 잡아먹는다. 새들의 공격으로부터 꿀벌을 보호하는 방법은 242쪽을 참조하면 된다.

거미는 새에 버금가는 벌 사냥꾼이다. 거미줄을 이용하거나 함정을 쳐 놓고 기다리기도 하고, 그냥 덮쳐 버리기도 하는 등 다양한 방식으로 벌을 잡아먹는다. 이외에도 파리매, 잠자리, 사마귀 등 벌을 잡아먹는 포식성 곤충은 아주 다양하다. 꿀벌잡이노래기벌(*Philanthus triangulum*)이라는 단독성 말벌종은 꿀벌을 사냥해 새끼들에게 먹이로 준다. 그래서 늑대벌이라는 별명을 얻게 되었다.

응애와 기생충

여타 곤충과 마찬가지로 꿀벌도 응애가 기생하기 쉬운 곤충이다. 눈으로 잘 보이지도 않는 이 조그만 동물들은 벌의 몸을 감싸고 있는 단단한 판 틈새의 부드러운 막을 뚫고 들어가 혈액과 유사한 곤충의 체액인 헤모림프(haemolymph)를 빨아먹는다. 기문응애(*Acarapis woodi*)는 꿀벌의 흉부와 복부에 있는 호흡기관인 기문(tracheae)에 기생하여 기문을 막고 꿀벌의 활력과 먹이 활동 능력을 떨어뜨린다. 매우 쇠약해진 꿀벌은 날지 못하게 되고 결국 죽음에 이른다(자세한 내용은 239쪽 참조).

바로아응애(240쪽 참조)는 오랫동안 동양종(*Apis cerana*) 꿀벌을 괴롭혔지만, 비교적 약한 기생충으로 알려져 왔다. 그러나 1960년대에 러시아와 일본의 서양종에까지 퍼지게 되자, 면역력이 거의 없는 새로운 숙주를 찾은 응애가 활개를 치기 시작해 꿀벌의 수를 감소시켰으며 꿀 생산에 막대한 손실을 초래했다.

바로아응애(*Varroa jacobsoni*)는 말레이시아 반도와 인도네시아 군도를 중심으로 동양종 꿀벌에 기생하면서 별다른 해를 주지 않고 있지만, 형제 종인 바로아 소멸자 응애(*V. destructor*)는 러시아(1960년대), 동유럽(1970년대), 남아메리카(1971년), 서유럽(1980년대), 미국(1987년), 캐나다(1989년), 영국(1992년), 뉴질랜드(2000년), 하와이(2007년)로 퍼져나갔다. 이 응애가 유명해져 세간의 관심을 받게 된 시점에는 오스트레일리아와 아프리카의 일부 지역만이 이 응애의 피해로부터 안전할 수 있었다. 바로아응애 치료법은 240~241쪽에 자세히 나와 있다.

일본산 장수말벌(*Vespa mandarinia*)이 벌집 입구를 지키던 경비벌을 공격하고 있다.
147쪽: 꿀먹이오소리 두 마리가 벌집을 공격하고 있다.

HONEY RATTEL

질병과 바이러스

꿀벌은 특유의 무리 생활, 음식과 체액을 서로 나누는 습성, 벌통 안에서 다닥다닥 붙어서 생활하는 환경 등으로 인해 포자나 세균이 빠르게 확산하기에 질병의 희생양이 되기 쉽다. 기생충이라면 적어도 돋보기나 현미경으로 확인할 수 있지만, 질병은 눈에 띄는 이상 행동이나 반응으로 식별하는 방법밖에 없다(몇몇 질병의 영향은 눈으로 확인되지 않는다).

미국부저병(American Foul Brood)은 꿀벌에게 매우 위험한 질병 중 하나로, 병원체인 파에니바실루스(*Paenibacillus*)에 감염되어 발생한다. 이 세균은 어느 정도 자란 꿀벌 유충과 어린 번데기를 공격한다. 번데기는 완전히 세균에 뒤덮여 죽게 된다. 이 세균은 새로운 숙주 유충에게 전염될 때까지 보통 먹이 안에 잠복하는 내생포자를 만들어내기 때문에 통제가 어렵다.

멜리소코커스 플루토니우스(*Melissococcus plutonius*)라는 병원체가 일으키는 유럽부저병(European Foul Brood)은 미국부저병과 유사하지만 주로 어린 유충을 공격한다. 이 병원체는 포자를 형성하지 않기 때문에 미국부저병보다는 통제가 수월하다.

백묵병(Chalk Brood)은 아스코스파에라 아피스(*Ascosphaera apis*)라는 병원체에 의해 발생하는 진균성 질병이다. 죽은 유충은 미라화되어 분필처럼 단단해진다.

석화병(Stone Brood)도 비슷한 질병이다. 유충이 돌처럼 딱딱해지는 것이다. 이 질병은 아스페르길루스 진균(*Aspergillus fungi*)에 의해 발생한다.

노세마병은 노세마 아피스(*Nosema apis*)와 현재 서양에서 발견되고 있는 노세마 세라네(*Nosema ceranae*)라는 진균에 장이 감염되는 질병이다. 감염된 벌은 날지 못하게 되고, 방향감각을 잃은 듯 땅위를 이리저리 기어 다닌다. 이 진균에 감염되고도 증상이 없는 봉군도 있지만, 오래 갇혀있거나 무리가 빠르게 증가할 때, 그리고 영양 상태가 좋지 않거나 기상 악천후로 인해 빠르게 진균이 퍼지면서 증상이 발현된다. 이러한 꿀벌 질병의 치료법에 관해서는 236~241쪽에서 다룬다.

최근에는 미생물학 기술의 발전으로 많은 꿀벌 질병 유발 바이러스가 발견되었다. 여왕벌 유충이 검게 변하는 검은 여왕벌방 바이러스(black queen cell virus), 유충의 몸을 물집으로 가득 채워 결국 쪼그라들어 말라 죽게 만드는 낭충봉아부패병(sacbrood virus) 외에도 급성, 만성, 카슈미르 꿀벌 바이러스(KBV) 등의 마비 바이러스와 이름만으로도 무슨 질병인지 짐작이 되는 '날개 변형 바이러스(deformed wing virus)'가 새롭게 발견된 바이러스이다.

노세마병은 꿀벌에게
매우 위험한 질병 중 하나다.

바이러스성 질병의 발병 메커니즘은 점점 밝혀지는 추세다. 몇몇 바이러스는 다른 질병들과 관련이 있다. 검은 여왕벌방 바이러스는 노세마병 감염과 함께 나타나며, 바로아응애는 날개 변형 바이러스와 급성 마비 바이러스가 확산되게 만든다. 바이러스는 생리적인 스트레스를 받거나(노세마병이 심해지는 것처럼), 바이러스를 막아주던 면역 체계가 약해질 때까지 숙주의 몸속에 잠복한다는 사실은 잘 알려져 있다.

새로운 질병이 계속 발견되고 있는 와중에도 기존의 꿀벌 질병은 예고도 없이 생기고 사라지기를 반복하고 있다. 20세기가 열린 뒤 20년 동안 불가사의한 질병이 영국의 꿀벌 무리를 죽음으로 내몰았다. 이 질병은 처음 발생한 영국 남쪽 해안의 섬의 이름을 따서 와이트섬 병으로 명명되었으며, 이 질병으로 인해 영국 꿀벌의 95%가 사라지고 말았다(74쪽 참조).

148쪽: 아메리카딱새는 꿀벌은 물론 다양한 곤충을 잡아먹는다.

1970년대에 미국의 27개 주에서 발생한 대규모 꿀벌 폐사는 커다란 파장을 불러일으켰으며, '꿀벌 실종 병'이라는 용어가 탄생했다. 꿀벌들은 벌통 안에서 죽지 않고 말 그대로 사라졌다. 당시에는 다행히 없어진 꿀벌들이 쉽게 대체되어 미국의 양봉 산업은 빠르게 회복되었다.

2006년 가을, 미국 북동부의 양봉업자들이 대량의 벌통이 텅 빈 상태가 되어버린 불가사의한 현상을 신고했다. 꿀벌들이 도망쳤다고 하기에는 꿀과 꽃가루가 가득하고 거의 다 자란 유충과 번데기들이 그대로 남아있는 벌집이 설명되지 않는다. 이러한 꿀벌 실종 현상은 벌집군집붕괴현상(Colony Collapse Disorder, CCD)이라고 명명되었다.

벌집군집붕괴현상의 원인으로 지목된 것은 유전자 조작 식물(식물의 DNA에 살충 독소를 생성하는 박테리아 유전자를 주입한 식물)과 니코틴 성분이 함유된 새로운 농약 사용, 휴대전화 안테나에서 발산하는 전자파 등이었다. 그러나 지금까지는 속 시원하게 원인을 설명할 수 있는 생물학적 결과가 나오지 않고 있다. 그러나 이 질병과 싸우기 위해 다양한 방식으로 노력해 왔으며, 그중 일부는 247쪽에 수록되어 있다.

전 세계에서 벌집군집붕괴현상에 대한 언론의 보도가 이어지고 있으며, 이 문제의 원인에 관한 여러 가지 이론이 제기되었다. 그중 가능성 있는 한 가지 이론은 벌집군집붕괴현상이 이전에 알려지지 않았던 완전히 새로운 바이러스성 질병이라는 이론이다. 그 이유는 이 현상이 처음에는 고립된 지역의 토종 꿀벌에게서만 발생했지만, 이들에게 면역력이 생기자 이제 전 세계로 퍼져 취약한 새로운 숙주를 찾는 추세이기 때문이다. 상업용 꿀벌 산업의 확산으로 꿀벌의 유전적 다양성이 부족해졌고, 이는 새로운 전염병의 창궐이라는 재앙으로 이어질 가능성이 크다. 이러한 상업용 꿀벌은 질병에 걸릴 가능성이 매우 크기 때문이다.

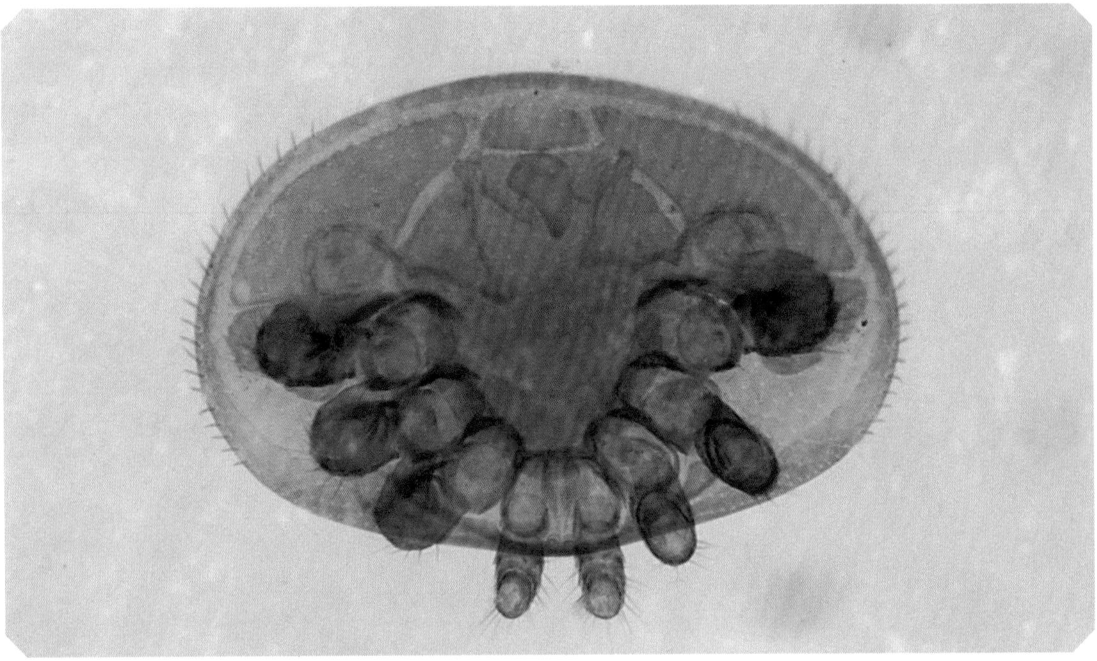

바로아응애의 확대 사진.
151쪽: 바로아응애는 자라고 있는 꿀벌 번데기를 먹고 산다.

PART 3

실전 양봉

적합한 벌통 선정
벌통 제작 및 유지
양봉 장소 선정
양봉가의 복장
양봉장의 규모
기록 관리
분봉을 관리해야 하는 이유
먹이 주기
위생 관리 및 안전 수칙
양봉의 1년 흐름
질병, 해충 및 천적
꿀 수확
밀랍 채취
상업 목적의 양봉장 구성하기
양봉의 미래

적합한 벌통 선정

벌통은 꿀벌이 밀랍으로 벌집을 만들고 먹이(꿀과 꽃가루)를 저장하며 자손(알과 유충, 번데기)을 기르는 밀폐형 구조물이다. 꿀벌 한 마리는 길들여지지 않지만, 사람이 만든 벌통 안에 봉군이 살게 할 수는 있다. 벌통을 만들 때 두 가지 중요한 사항이 있다. 첫째, 내부 치수가 정확해야 한다. 둘째, 벌통은 그곳에 살 꿀벌의 크기에 맞춰야 한다. 그래야만 몸집이 큰 말벌이나 다른 봉군의 꿀벌들이 입구를 통해 침입하지 못한다.

오늘날 대부분의 양봉가는 삽입과 제거가 쉬운 나무틀 방식의 벌통을 사용한다(이 벌통의 역사는 61쪽 참조). 꿀벌은 이 틀에 벌집을 만들고 양봉가들은 틀을 꺼내어 봉군을 검사하고 꿀을 수확한다. 나무틀의 치수와 벌통 내부에 배치할 때의 위치는 매우 중요하다. 양봉가 얀 지에르존은 실제로 사용하는 이동식 나무틀 방식의 벌통은 각 벌집틀의 중심 사이의 간격을 야생 상태에서 벌집 사이의 간격과 같은 38mm로 해야 한다는 사실을 발견했다. 로렌조 랑스트로스 목사는 꿀벌이 벌통 벽과 벌집 사이에 6~9mm 정도의 공간을 남겨둔다는 점을 발견했다. 그는 이 공간을 '벌 공간(155쪽 참조)'이라 불렀는데, 이 공간은 꿀벌들이 드나들기 충분한 너비였다. 벌집틀과 벌통 벽 사이의 간

둥지와 벌통

야생꿀벌이 분봉 준비를 시작할 때가 되면 정찰벌은 둥지를 떠나 빈 구멍을 찾고, 내부에 들어가 그 넓이가 적당한지 측정한다. 벌떼가 도착하면 벌들은 구멍 위쪽에 떼를 짓고, 일벌은 복부 아래쪽에 있는 분비샘에서 밀랍을 분비한다. 분비된 밀랍을 육각형으로 빚어 특유의 벌집 형태를 만들어 꼭대기에 부착하고, 아래로 벌집을 확장해 나간다. 인간이 만든 벌통은 단순히 꿀벌이 그곳에 정착하여 집으로 여길 수 있도록 야생꿀벌의 둥지와 비슷한 상태를 흉내 내는 것에 불과하다.

격이 6mm 미만이면 꿀벌은 프로폴리스(수지 물질)로 그 공간을 채워 버리고, 간격이 9mm 이상이 되면 밀랍 다리(벌집과 벌집 사이를 밀랍으로 연결해 만든 다리 형태)를 만들어 공간을 채운다. 이렇게 되면 이 프로폴리스와 밀랍 때문에 벌집틀이 서로 붙거나 벌통 벽에 붙어버려 양봉가들이 봉군을 검사하기 어려워진다. 랑스트로스 목사는 이 발견을 토대로 벌집틀의 측면과 벌통 벽 사이에 벌 공간을 둘 수 있는 이동식 벌집틀을 개발했다. 이는 현대식 벌통 디자인의 기초가 되었다.

'벌 공간'이란 꿀벌이 자유롭게 드나들 정도의 간격이다. 이동식 벌집틀 벌통은 벌집틀과 벌통 벽 사이, 벌집틀의 위쪽과 아래쪽에 벌 공간이 있다('상부 벌 공간'과 '하부 벌 공간' 참조).

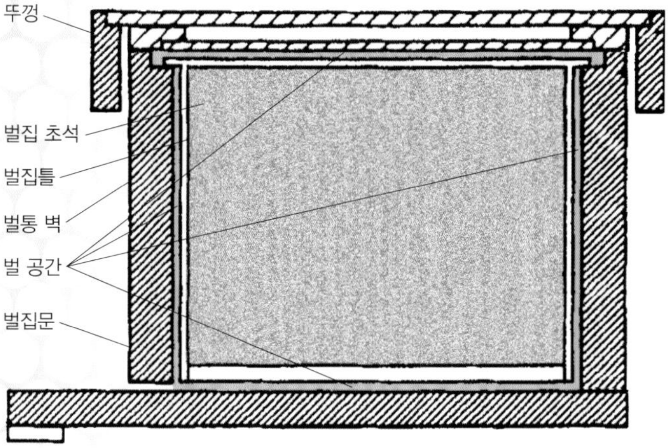

벌 공간은 6~9mm이다. 공간이 너무 넓으면(A) 꿀벌들은 밀랍 다리를 만들고, 공간이 너무 좁으면(B) 프로폴리스로 공간을 채운다. 적당한 너비의 벌 공간은 (C) 양봉가들이 봉군을 쉽게 검사할 수 있게 해준다.

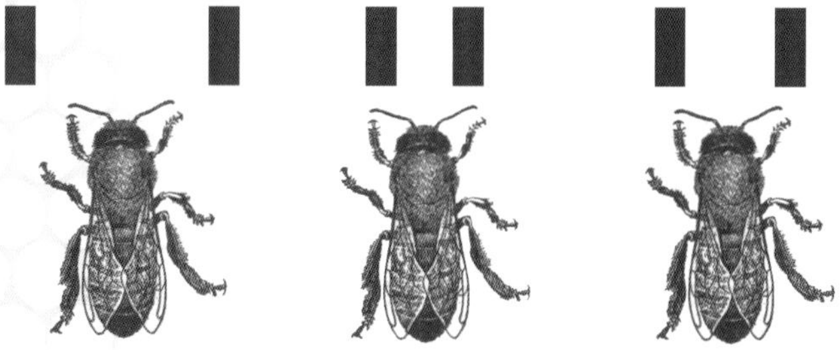

A. 간격이 너무 넓다. B. 간격이 너무 좁다. C. 간격이 적당하다.

벌통의 구조

오늘날 사용되는 벌통은 몇 가지 유형이 있지만 상자 안에 벌집틀을 서로 적당한 간격을 두고 배치하는 기본 구조는 거의 비슷하다. 아래쪽부터 살펴보자. 벌통의 바닥이나 밑판을 받침대 위에 올려 습기를 줄이고 작업하기 편한 높이로 맞춰져 있다. 바닥이 딱딱하게 막혀 있는 벌통도 있고, 바로아응애의 침입 여부를 확인하기 편리하게 철망이나 서랍식 상자를 둔 벌통도 있다(240쪽 참조). 22mm 두께의 나무 막대로 3면을 막고 네 번째 면을 막는 막대에는 입구를 만든 뒤 위에 벌통 본체를 올린다.

소문개폐기(entrance block)라는 작은 막대기를 입구에 달아 입구 높이를 약 10mm, 폭 75~100mm 사이로 조절하는데, 보통 입구 가운데에 단다. 소문개폐기는 제거하거나 교체하기 쉽도록 너무 단단히 고정하지는 않는다.

밑판 바로 위에는 육아벌통 혹은 육아실(brood box, brood chamber)이 올라간다. 여왕벌은 이 육아실에서만 알을 낳는다. 일벌은 유충에게 먹일 꽃가루와 꿀을 보관한다. 이 깊은 상자의 측면에는 벌집틀을 끼울 수 있도록 철이나 플라스틱으로 된 레일이 위아래로 붙어 있다. 이 좁고 가느다란 레일을 상자의 세로 방향을 따라 이어나가다 옆면에 고정한다. 레일의 모서리는 벽의 두께만큼 윗부분에 구부려 걸친다. 이 레일에 벌집틀을 꽂을 때 벌집틀의 윗면이 벌통 벽의 상단과 같은 높이가 되게 하거나(하부 벌 공간), 아랫면이 벽의 하단과 같은 높이가 되게 한다(상부 벌 공간).

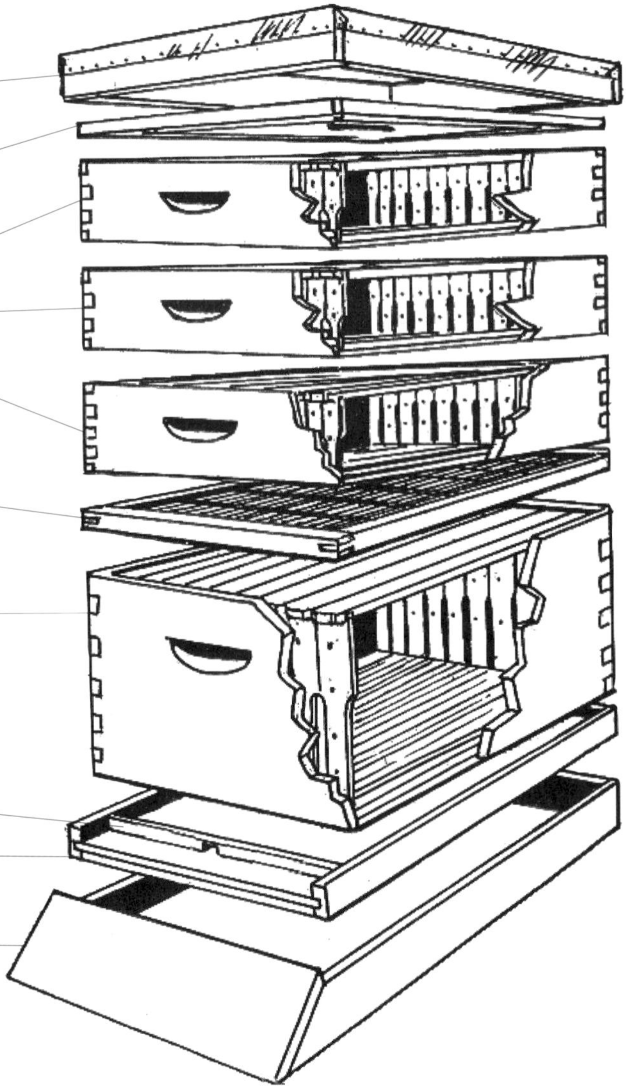

이동식 벌통의 구조.

벌통 아래에 철망을 두면 바로아응애의 침입 여부를 주기적으로 확인할 수 있다(155쪽 참조).

여왕벌과 수벌은 일벌보다 몸집이 크기 때문에 격왕판에 막혀 육아실 위쪽 상자(꿀 저장실)로 올라가지 못한다. 격왕판은 벌통의 평면 치수와 같은 격자 나무틀 혹은 철망이나 플라스틱 망인데, 일벌만 통과되는 크기의 격자로 이루어져 있다.

꿀벌이 꽃꿀을 모아 오는 먹이 활동 기간에는 육아실 위에 격왕판을 넣은 다음, 그 위로 다른 상자들을 올린다. 이 상자를 꿀 저장실(super)이라 하는데,

일벌만 통과할 수 있는 크기의 격자로 되어 있는 격왕판을 설치해 여왕벌이 육아실(아래쪽)에서 꿀 저장실(위쪽)로 이동하지 못하게 막는다.

일벌은 이곳에 꿀을 저장한다. 보통 육아실 상자보다 높이는 낮으며, 평면 치수는 같다. 내부에는 높이에 맞는 벌집틀을 넣는다. 양봉가는 다른 꿀 저장실을 위로 추가해서 꿀벌이 벌통 내부에 잘 있는지 확인할 수 있으며 벌집의 크기도 키우게 된다. 대부분 한 벌통에 3개 혹은 4개의 꿀 저장실이 필요하다. 꿀벌이 첫 번째 꿀 저장실을 꿀로 채우면 두 번째, 세 번째 공간을 제공해 벌집을 확장하고 더 많은 꿀을 저장하게 하며, 첫 번째 꿀 저장실에 가득 찬 꿀을 수확할 때 꿀 저장실 상자를 빼낸 자리를 빈 상자로 대체하기 위해서다.

상판(crownboard)은 평평한 탈착식 판으로, 최상단 꿀 저장실의 윗부분에 맞는 크기이다. 상판에는 보통 꿀벌에게 먹이를 줄 때 사용하는 구멍이 1~2개 나 있으며(217쪽 참조), 늦여름 꿀 채취 기간에는 이 구멍에 포터식 탈봉기(Porter bee escape, 249쪽 참조)를 삽입해 꿀

레일은 벌집틀을 지지하는 데 사용되는 매끄럽고 긴 금속판이다. 이 사진에 보이는 틀삽입판도 레일과 같은 역할을 하지만 벌집틀을 정해진 간격으로만 넣을 수 있다.

벌집틀 배치하기

틀삽입판(castellation, frame spacer)은 레일과 유사한 기능을 하는 금속 또는 플라스틱 재질의 평평하고 긴 판이다. 그러나 벌집틀을 정해진 간격으로만 고정할 수 있다. 틀삽입판의 홈을 이용해 벌집틀이 상자 전체에 올바른 간격으로 배치되게 한다. 그러나 틀삽입판을 이용하면 벌집틀을 조작할 수 없으므로 육아실에는 거의 쓰이지 않고 꿀 저장실에만 사용된다.

저장실을 청소할 때 벌이 도망가지 않게 한다. 상판 위에는 덮개가 있는데, 이 덮개 안에는 꿀을 훔치려는 곤충들이 숨어 있다. 덮개를 통해 들어가는 공기는 벌통 내부를 순환하면서 벌통을 건조하게 유지한다. 꿀벌 봉군 내부의 습도가 높으면 진균이 퍼질 수 있으므로 적절한 환기는 필수다. 덮개는 일반적으로 얇은 금속 재질의 판이나 비바람에 강하고 내구성이 높은 소재를 이용해 만든다.

내부를 관찰하기 위해 한쪽 벽을 제거한 WBC 벌통(이중벽 벌통).

단일 또는 이중벽 벌통

양봉가들은 대부분 단일 벽 벌통을 사용하는데, 크기는 다양하다. 랑스트로스(Langstroth) 단일 벽 벌통은 세계에서 가장 널리 쓰이는 벌통이다. 영국의 양봉가들은 일반적으로 더 작게 개조된 영국 수정 규격(Modified National) 벌통을 사용한다. '영국 규격(내부)'이라는 이름 그대로 말벌과 다른 벌들의 침입을 막기 위해 벌이 통과하지 못하는 철망으로 벌통을 보호하며, 각 면의 상단 가운데에 나 있는 환기 구멍이 일반적인 벌통보다 많다. 스미스(Smith) 벌통과 상업용(Commercial) 벌통, 다당트(Dadant) 벌통도 널리 쓰이는 단일 벽 벌통이다.

이중벽 벌통은 추운 지역에 더 적합하다. 벌집틀을 넣는 상자는 단일 벽 벌통보다 덜 튼튼한 목재로 만들고, 상자 외부를 다른 상자로 둘러싸고 그 위에 덮개를 올린다. 영국에서 가장 유명한 이중벽 벌통은 1890년 윌리엄 브로턴 카(William Broughton Carr)가 만든 WBC 벌통이다. 그의 이름을 딴 이 벌통은, 사람들이 벌통 하면 떠올리는 덮개가 있는 탑형 구조이다. 보기 좋은 외형이 정원에 잘 어울리고, 외부 상자는 각종 위험 요소에서 벌통을 더 효과적으로 보호한다.

그러나 봉군 검사를 하기 위해서는 덮개와 외부 상자를 거의 모두 제거해야 해서 시간이 많이 든다는 단점이 있다(단일 벽 벌통은 덮개만 제거하면 된다). 꿀 저장실 상자가 많으면 많을수록 외부 상자를 더 많이 추가해야 하기에 꿀 생산기가 끝날 때쯤에는 봉군 검사를 위해 제거해야 할 외부 상자가 6~7개 정도에 이른다. 외부 상자를 탈거하고 재장착할 때 꿀 저장실에 충격이 가해지면 내부에 있던 꿀벌의 활동을 방해할 수도 있고, 꿀벌을 다른 먹이터로 옮기려면 벌통의 모든 구조물을 함께 옮겨야 하므로 현실적으로 힘들다.

상단 벌 공간과 하단 벌 공간

야생꿀벌은 벌집과 벌집 사이와 벌집 주위에만 벌 공간을 남겨둔다. 수평으로 된 벌 공간은 없다(벌집을 수평으로 가로질러 나누지 않는다). 그러나 양봉가에게는 봉군 검사 중 상자를 쉽게 분리하도록 수평으로 난 벌 공간이 필요하다. 벌 공간의 간격은 너무 좁아서 꿀벌이 프로폴리스로 채워 버리거나 너무 넓어서 밀랍 다리를 만들지 않을 정도의 간격이어야 한다(155쪽 참조). 벌 공간이 상자의 윗부분, 즉 벌집틀 위에 있는 벌통(랑스트로스 벌통, 다당트 벌통, 스미스 벌통)은 벌집틀의 하단이 상자의 바닥에 붙는다('상단 벌 공간'). 벌 공간이 상자의 아랫부분, 벌집틀의 아래에 있는 벌통(BS 영국 규격 벌통, WBC 벌통, BS 상업용 벌통)은 벌집틀의 상단이 상자의 상단과 높이가 일치한다('하단 벌 공간'). 한 벌통에 두 가지 유형의 상자를 함께 사용하면 안 된다. 중고 장비를 구매하고자 한다면 반드시 고려해야 할 사항이다.

현대적으로 장식된 점토 벌통. 모리스 쇼디에르(Maurice Chaudière)의 작품.

그 외 형태의 벌통

탈착식 틀형 벌통이 개발되기 전에는 꿀벌을 스켑에 넣고 길렀다. 일부 지역에서는 지금도 여전히 스켑을 사용하고, 영국에도 여전히 스켑을 사용하는 곳이 있다. 스켑이 봉군을 수집하는 데 매우 효과적이기 때문이다(198~199쪽 참조). 그러나 미국에서는 스켑을 이용한 양봉이 불법이다. 질병을 검사하고 치료하기 어렵기 때문이다.

자신에게 맞는 벌통 고르기

꿀벌은 적당한 크기의 구멍 안에 살고 싶어 한다. 야생꿀벌 봉군은 구멍 뚫린 나무와 벽은 물론 심지어 쓰레기통에도 집을 짓는다. 그러나 양봉가들은 대부분 수익을 높이는 데 중점을 두고 설계된 벌통을 사용한다. 자신에게 가장 어울리는 벌통은 자신의 양봉 계획과 희망하는 성과에 달려있다. 단순히 정원에 꿀벌을 키우고 싶은 사람들에게는 WBC 벌통이 제격이다. 그러나 더 큰 성과를 원한다면, 특히 특정 작물을 재배하기 위해 꿀벌을 키우려 한다면 단일 벽 벌통이 훨씬 유용하다. 특히, 영국 규격 벌통처럼 들기 쉬운 벌통이 좋다.

지역의 기후와 키우려는 꿀벌의 종류도 고려해야 한다. 꿀벌이 번식하기 좋은 따뜻한 지역에서는 더 큰 육아실 상자를 사용하거나 육아실이 두 개인 '이중 육아실(double brood)'시스템을 사용하면 된다. 추운 지역이거나 꿀벌의 번식이 힘든 상황에서는 생산성이 다소 떨어지더라도 영국 규격 벌통이나 WBC 벌통에 육아실 하나인 '단일 육아실(single brood)' 시스템으로 충분할 수 있다. 그 외에 육아실 하나와 꿀 저장실 하나로 구성되는 시스템(brood and a half)이 있다.

벌통을 선택할 때 그 지역에서 어떤 벌통이 주로 쓰이는지 알아보면 도움이 된다. 현지에서 인기 있는 벌통을 선택하면 구하기도 쉽고 중고 거래도 수월하다. 핵심은, 일단 벌통을 선택했다면 벌집틀과 상자를 계속 호환하여 사용할 수 있도록 같은 형태의 벌통으로 늘려 나가야 한다는 점이다. 그러면 모든 구성품이 서로 잘 어울리며, '벌 공간'도 정확히 지키게 된다. 나중에 다른 벌통을 추가 구매해 벌집틀을 옮겨야 하는 상황이 생기더라도 문제없이 수행할 수 있다.

벌집틀

벌집틀은 상단 막대(top bar)와 두 개의 측면 막대(side bar), 두 개의 하단 막대(bottom bar)로 이루어져 있다. 현대의 양봉가들은 벌집의 육각형 패턴이 양각된 '벌집기초(foundation)'라는 판을 탈착식 틀에 고정해두고 꿀벌이 그 위에 벌집을 만들게 한다. 이는 꿀벌이 틀 안에서만 벌집을 만들도록 유도하는 것이다. 틀을 사용하면 양봉가들이 벌집을 검사하고 꿀을 수확하기 수월하다.

상단 막대

벌집틀의 상단 막대는 양쪽 측면 막대의 위치보다 길게 뻗어 있으며, 튀어나온 귀 부분은 벌집틀을 꺼낼 때 손잡이로 사용된다. 이 두 개의 귀로 벌집틀을 벌통 상자에 매달아 놓으면 된다.

형태가 각기 다른 벌통에는 각기 다른

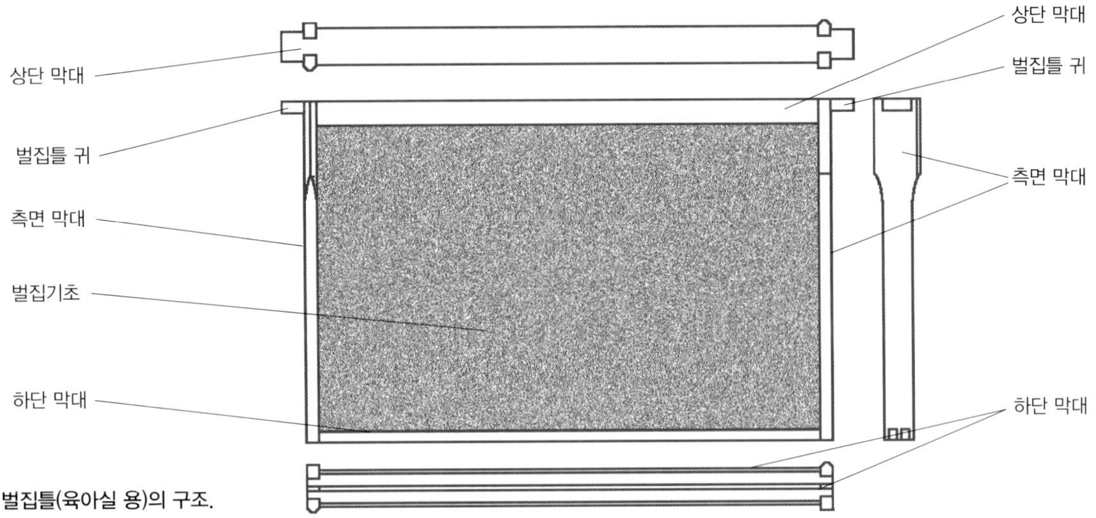

벌집틀(육아실 용)의 구조.

크기의 벌집틀이 필요하며, 깊이가 깊은 육아실과 깊이가 얕은 꿀 저장실 안에 맞는 벌집틀이 따로 있다. 랑스트로스 벌통과 상업용 벌통, 스미스 벌통, 다당트 벌통에 사용하는 벌집틀은 귀가 짧고, 영국 규격 벌통과 WBC 벌통에 사용하는 영국 규격 벌집틀이나 영국 표준(BS) 벌집틀은 귀가 길다. 스미스 벌집틀은 영국 표준 벌집틀과 벌집을 만드는 영역이 같아서 영국 규격 벌통과 WBC 벌통에도 사용해도 되고, 영국 표준 벌집틀은 귀를 짧게 만들면 스미스 벌통에도 호환된다. 랑스트로스 벌통과 상업용 벌통, 다당트 벌통에 사용하는 벌집틀은 상단 막대의 폭이 27mm로 넓다. 폭이 22mm인 영국 표준 벌집틀과 스미스 벌집틀도 사용해도 되지만, 상단 막대의 폭이 넓으면 꿀벌이 벌집틀 사이에 밀랍 다리를 만들지 못하므로 봉군 검사를 할 때 더 편리하다.

측면 막대

측면 막대에는 세 가지 기본 형태가 있다. 영국 표준 벌집틀에는 일자형 측면 막대를 사용한다. 벌집틀이 올바른 위치에 걸릴 수 있도록 벌집틀의 귀 부분에 금속 스페이서나 플라스틱 스페이서를 장착해야 한다. 영국 표준 벌집틀의 측면 막대의 폭은 약 10mm이며 단면은 직사각형이다.

호프만(Hoffman)이 고안한 벌집틀은 자거장치(벌집틀의 간격을 벌 공간의 범위 내로 스스로 유지하는 스페이서 - 옮긴이)가 달려있는데, 측면 막대 상단부가 더 넓어(35mm) 벌집틀의 간격을

스페이서

스페이서(spacers)는 벌집틀의 간격을 유지하는 장치로, 크기별로 두 가지 종류가 있다. 좁은 타입은 육아실 상자에 사용된다. 새 벌집기초를 장착한 벌집틀에 사용하면 꿀 저장실에도 사용할 수 있다. 하지만 꿀벌이 꿀 저장실에 벌집을 만들기 시작하면 좁은 스페이서를 넓은 스페이서로 교체하여 꿀벌이 벌집의 두께를 두껍게 만들어 더 많은 꿀을 저장할 수 있게 해야 한다. 그렇다고 처음부터 넓은 스페이서를 꿀 저장실 벌집틀에 사용하는 것은, 넓은 벌집틀 사이에 꿀벌이 밀랍 다리를 만들어 버리기 때문에 좋은 방법이 아니다. 이 상황을 조기에 해결하지 못하면 꿀을 채취할 때 벌집틀을 하나씩 들어낼 수 없게 된다.

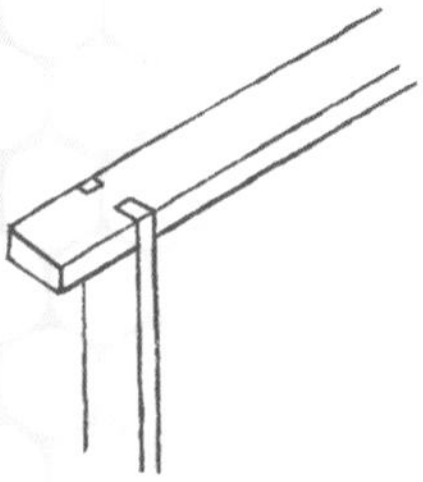

일자형 측면 막대 벌집틀.

올바로 유지할 수 있다. 이 벌집틀은 육아실에 사용하기 제격이다. 한쪽은 평평하고 다른 한쪽은 기울어진 상단부 넓은 부분의 모서리는 인접한 벌집틀의 모서리와 맞닿아 꿀벌이 프로폴리스를 채워 넣을 가능성이 있는 공간의 표면적을 줄인다.

일자형 측면 막대 벌집틀과 호프만 벌집틀을 꿀 저장실에 사용하려면 육아실에 사용하는 것보다 측면 막대를 더 짧게 만들어야 한다. 세 번째 형태는 꿀 저장실에만 사용하는 맨리(Manley) 벌집틀이다. 맨리 벌집틀의 측면 막대는 넓은 일자형이며, 폭은 보통 41mm로 사용하지만, 랑스트로스 벌통에 사용할 때는 46mm로 넓게 만든다. 상단 막대와 하단 막대도 폭이 넓어서 벌집틀의 외곽이 평평한데, 덕분에 꿀을 수확할 때 봉인된 꿀방을 쉽게 열 수 있다(250쪽 참조).

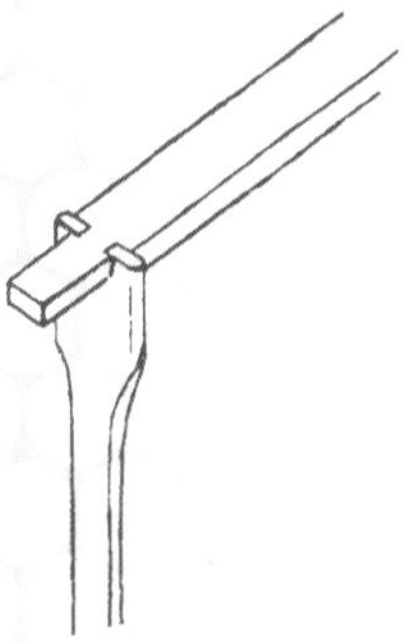

호프만의 자거 (self-spacing) 벌집틀.

틀삽입판으로 꿀 저장실 벌집틀의 간격을 확보할 수도 있다(157쪽 참조).

하단 막대

하단 막대는 직사각형 목판 2개를 사용하는데, 측면 막대 바닥에 난 홈에 끼워 넣을 수 있다. 간격을 좁게 할 수도, 넓게 할 수도 있는데, 측면 막대의 가장자리와 폭이 비슷하도록 넓게 배치하면 꿀벌이 벌 공간에 밀랍 다리를 만들지 못하도록 막는 효과가 있다.

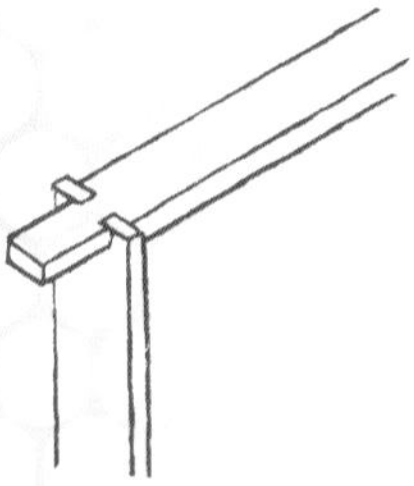

맨리 벌집틀.

벌집기초

벌집기초는 양면에 밀랍을 붙여 야생 벌집처럼 보이기 위해 육각형 벌집 패턴을 새긴 판이다. 벌집을 평평하게 만들

벌집틀의 크기에 맞는 벌집기초.

기 위해 틀에 끼워서 봉군 검사나 채밀 시 쉽게 빼내도록 제작되었다.

벌집기초 덕분에 꿀벌은 더 적은 자원과 노동력으로 벌집을 만들게 되었다. 게다가 더 빨리 벌집을 확장하고 번식도 많이 하게 되었다. 그러나 벌집기초를 제공하는 것이 그렇지 않을 때보다 훨씬 더 많은 꿀을 저장할 수 있게 하는지, 아니면 그저 벌집을 짓는 초석의 기능만 하는 것인지에 관해서는 논쟁의 여지가 있다.

벌집기초에는 벌집을 지탱하기 위해 철선을 깐다. 갓 만든 벌집은 아직 굳지 않아서 알이나 유충, 꿀, 꽃가루로 채우면 쉽게 처지기 때문에 철선을 넣어 지지해줘야 한다. 꿀 저장실에 사용하는 벌집기초에도 철선을 사용하는데, 역시 벌집을 튼튼하게 지탱하고 꿀을 수확하기 위해 벌집틀을 추출기에 넣을 때 발생하는 훼손이나 손상을 방지하는 역할을 한다(250쪽 참조).

벌집기초는 양봉 장비 판매점에서 구매하거나 직접 만들어도 된다(286쪽 참조). 벌집이 더 튼튼하게 달린다고 알려진, 밀랍이 얇게 코팅된 플라스틱 벌집기초를 사도 좋다. 사용하지 않은 벌집 기초는 바람이 잘 통하는 찬장 같은 따뜻한 장소에 수평으로 적재해 보관하는 것이 좋고, 뒤틀림을 방지하기 위해 너무 무겁지 않고 평평하고 단단한 소재로 만든 시트를 위아래로 깔아주어야 한다.

벌집틀과 벌집기초 준비하기

벌집틀을 배치하기 전에 벌집 사이의 간격을 올바르게 유지하기 위해서 벌집틀을 점검해봐야 한다. 벌집틀은 꼬임이 있어서는 안 되며, 네 모서리가 직각이어야 한다. 알맞은 치공구를 사용하면 편리하게 조립할 수 있다. 벌집틀 배치는 언제든 해도 되지만, 벌집기초를 벌집틀에 부착하는 작업은 벌집틀을 사용하기 직전에 하면 가장 좋다.

벌집틀을 조립할 때는 먼저 상단 막대 아래의 쐐기를 제거한 다음, 쐐기와 틀에 붙은 목재 찌꺼기를 깨끗이 제거한다. 그런 다음 양쪽 측면 막대의 홈이 안쪽으로 향한 상태로 상단 막대에 끼워 넣는다(랑스트로스 벌집틀과 다당트 벌집틀에는 홈이 없다). 옻이나 래커로 검게 코팅된 19mm 짜리 못으로 각 측면 막대를 상단 막대에 고정한다. 하단 막대 하나를 아래에 댄 다음, 양쪽 끝을 측면 막대의 끝에 맞추고 못질하여 고정한다. 못을 완전히 박아 넣기 전에 벌집틀이 평평한지, 모서리가 직각으로 잘 맞춰졌는지 반드시 확인해야 한다.

벌집틀에 벌집기초를 끼울 때는 벌집기초를 양쪽 측면 막대의 홈에 위치시킨 후 하단 막대 쪽에서 상단 막대 쪽으로 밀어 넣는다. 벌집틀에 매어둔 철선

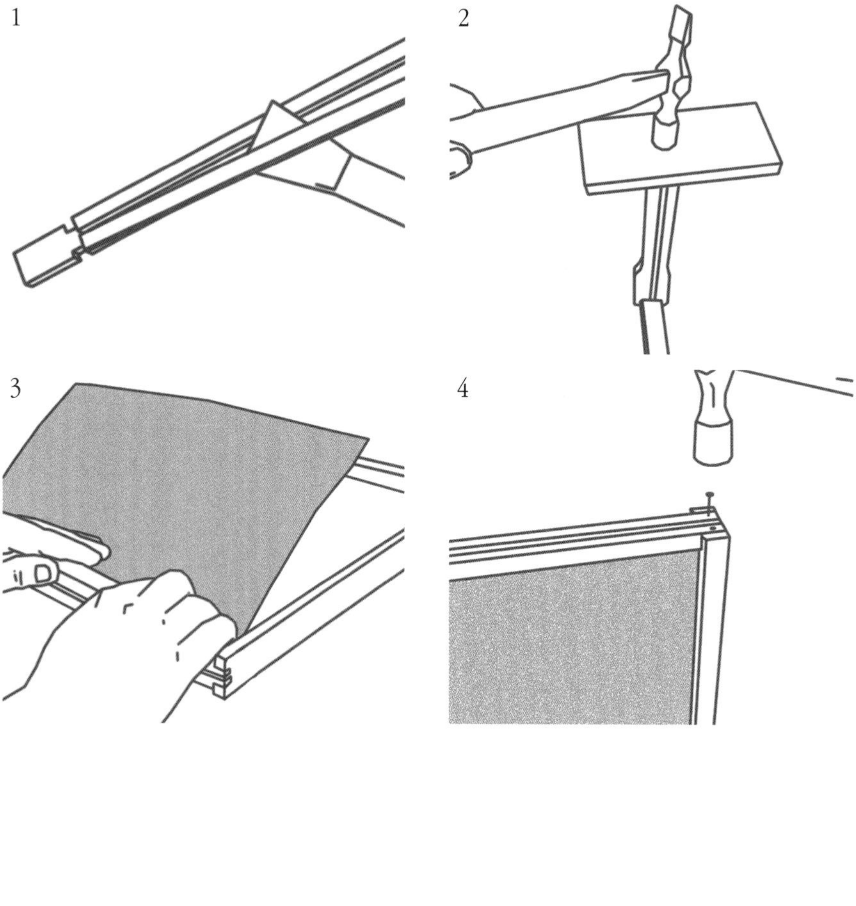

벌집틀에 벌집기초를 넣는 방법

1. 상단 막대 아래의 쐐기를 제거한다.
2. 측면 막대를 상단 막대 안으로 밀어 넣는다.
3. 철선을 넣은 벌집기초를 끼운다.
4. 하단 막대를 결합해 단단히 못질한다.

의 고리 혹은 끝부분을 직각으로 구부리고 벌집기초의 밀랍이 상단 막대 쪽으로 밀리지 않았는지 확인한다. 그런 다음, 고정을 위해 쐐기를 다시 박아 넣는다. 이때, 위쪽을 향하는 각도로 상단 막대에 서너 군데 박아 넣는다. 이제 나머지 하단 막대를 붙일 차례인데, 벌집기초가 두 하단 막대 사이에 평평하게 놓여 있는지 확인한 다음 못을 박는다. 하단 막대 2개를 못 하나로 한 번에 고정하려고 해서는 안 된다. 나중에 벌집기초를 교체해야 할 때 하단 막대를 빼내지 못하게 된다.

평행 배치와 수직 배치

영국 규격 벌통은 정사각형이라 벌집틀을 입구와 평행하게 배치하거나(warm way), 입구와 수직으로 배치할 수 있다(cold way). 평행 배치는 장점이 많은데, 그중 하나는 봉군 검사를 할 때 양봉가가 벌집틀 뒤에 위치할 수 있어서 입구를 드나들며 활동하는 벌들을 방해하지 않는다는 점이다. 꿀벌은 입구와 가까운 곳에 벌집을 만들지 않는 습성이 있어 벌집틀을 평행하게 배치하면 입구와 가장 가까운 벌집틀만 영향을 받는다. 반대로 벌집틀을 수직으로 배치하면 한쪽 모서리가 빈 벌집틀이 여러 개 생긴다.

육아실 상자 안에 있는 봉아권(알과 유충, 번데기가 있는 구역)은 거의 구형에 가까우며, 꽃가루방에 둘러싸여 있다. 벌집의 나머지 부분은 꿀을 저장하는 데 사용된다. 벌집틀을 끼우는 것은 이 구형의 벌집을 몇 조각으로 얇게 썰어서 나누는 것과 같다. 평행 배치 방식에서는 벌집틀의 가운데를 중심으로 대칭 형태가 되며, 중심 부근에 봉아권이 형성된다. 수직 배치 방식에서는 봉아권이 입구쪽 벌집틀에 형성되고 꿀 저장 영역은 뒤쪽 벌집틀에 형성된다.

겨울에는 꿀벌이 봉아권 근처에 모여 있으며, 벌집 온도를 올리기 위한 에너지를 얻으려고 저장된 꿀방의 꿀을 먹는다. 꿀벌 무리는 근처의 꿀방을 다 먹으면 다른 저장 꿀방을 찾아 위쪽으로 이동한다. 좌우로 움직이는 행동은 자연스러운 움직임이 아닐 뿐더러, 벌집틀 사이에 틈이 있기에 더욱 그렇다. 특히, 수직 배치된 벌집틀의 꿀벌은 좌우에 꿀방이 있더라도 굶어 죽는 경우가 많다. 일반적으로 벌집틀의 배치 방향과 관계없이 겨울철에 먹이를 먹기 위해서는 항상 꿀벌이 무리 지은 위쪽에 꿀방이 있어야 한다.

육각형 벌집 패턴이 새겨진 벌집기초에 꿀벌들이 벌집을 이어 만들기 시작한다.

벌통의 종류

랑스트로스 벌통

영국 수정 규격 벌통

스미스 벌통

상업용 벌통

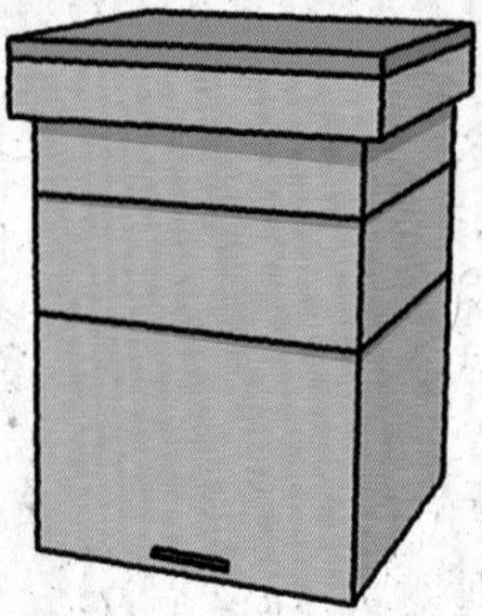

다당트 벌통

WBC 벌통

종류	육아실 외부 규격(mm)*	육아실 외부 규격(in)*	특징
랑스트로스 벌통	508 × 413 × 242	$20 \times 16\frac{1}{4} \times 9\frac{1}{2}$	단일 벽 벌통, 상부 벌의 공간
영국 수정 규격 벌통	460 × 460 × 225	$18\frac{1}{8} \times 18\frac{1}{8} \times 8\frac{7}{8}$	단일 벽 벌통, 하부 벌의 공간
스미스 벌통	416 × 463 × 225	$16\frac{3}{8} \times 18\frac{1}{4} \times 8\frac{7}{8}$	단일 벽 벌통, 상부 벌의 공간
상업용 벌통	465 × 465 × 267	$18\frac{5}{16} \times 18\frac{5}{16} \times 10\frac{1}{2}$	단일 벽 벌통, 하부 벌의 공간
다당트 벌통	508 × 470 × 298	$20 \times 18\frac{1}{2} \times 11\frac{3}{4}$	단일 벽 벌통, 상부 벌의 공간
WBC 벌통	451 × 413 × 225 (육아실) 546 × 546 (외부 상자)	$17\frac{3}{4} \times 16\frac{1}{4} \times 8\frac{7}{8}$ (육아실) $21\frac{1}{2} \times 21\frac{1}{2}$ (외부 상자)	이중벽 벌통, 하부 벌의 공간

* 같은 종류의 벌통이라도 사용되는 지역에 따라 형태와 규격이 조금씩 다를 수 있다.

벌통 제작 및 유지

시중에서 조립된 상태의 벌통을 구매할 수 있다. 벌집기초와 벌집틀까지 포함된 완제품을 구매하면 바로 양봉을 시작할 수 있다. 가장 빨리 양봉을 시작하는 방법이지만, 비용이 많이 든다.

따라서 대부분 양봉가는 새 벌통을 살 때 부품 상태로 구매한다. 선택한 벌통 디자인의 크기와 모양에 맞게 정확히 절단한 모든 부품이 들어있는 팩이 있다. 스스로 조립할 수 있도록 상세한 설명서와 못도 함께 들어 있다.

물론, 목재로 된 부품을 직접 만들 수도 있다. WBC, 랑스트로스 벌통 등의 제작 정보는 www.beesource.com을 참조하거나, 영국 양봉가 협회(www.britishbee.org.uk)에서 WBC 벌통과 영국 규격 벌통, 스미스 벌통 및 랑스트로스 벌통의 제작법을 확인할 수도 있다.

예부터 벌통은 변형이 없고 장뇌(camphor) 성분의 보존유를 머금고 있어 추가 방부 처리가 필요 없는 적삼목(Western Red Cedar)으로 만들었다. 좀 더 저렴한 소나무는 살충 성분이 없는 방부제로 정기적으로 방부처리를 하면 오래 사용할 수 있다. 벌통 전용 특수 페인트나 아마인유(linceed oil)를 사용하는 것도 좋다.

목재는 두껍다고 다 좋은 것은 아니지만 견고하게 만들려면 두께가 적어도 19mm는 되어야 한다. 22mm가 적당하다. 벌통 내부의 벌 공간을 유지하기 위해서는 내부 규격을 정확하게 측정해야 한다.

직접 벌통을 만든다면 육아실에 설치할 레일과 꿀 저장실에 설치할 틀삽입판도 구매해야 한다. 벌통을 조립하려면 크기 2.7mm, 길이 50mm인 아연 도금 못이 필요하다. 못질을 하기 전에 연결부에 방수 접착제를 바르면 견고하게 조립할 수 있다.

상자의 모서리를 90도로 맞추어 4면이 직각을 이루게 하고, 모서리에 붙는 나무판들은 평평해야 한다. 상자의 모든 부분은 틈이 생기지 않도록 맞춰서 조립해야 한다. 치공구나 긴 죔쇠를 사용하면 부품을 쉽게 제자리에 고정할 수 있다. 하지만 접착제를 바르거나 못질을 하기 전에는 서로 직각을 이루는지 반드시 확인해야 한다. 모서리 연결부에 미리 구멍을 뚫어 놓으면 나무가 갈라지는 것을 방지할 수 있다.

하단 벌 공간 벌통의 경우, 레일이나 틀삽입판을 고정할 때 벌집틀의 상단이 상자의 위쪽 가장자리와 높이가 같은지 확인해야 한다. 벌집틀을 제자리에 넣고 상자 벽면에 못을 박기 전에 레일의 위치를 조정한다. 상단 벌 공간 벌통의 경우에는 하단 막대가 상자의 바닥 면에 빈틈없이 밀착되었는지 확인한다.

밑판과 상판, 덮개 또한 반드시 모서리가 직각을 이루어야 하며 평평해야 한다. 이 부분에 사용한 나무판이 변형되거나 시간이 지나면서 뒤틀리고 습기가 차면, 벌통에 틈이 생겨 다른 생물들이 들어올 가능성이 커진다.

영국에서는 바로아응애를 감시하고 관리하기 위해 종합적 병충해 관리(Integrated Pest Management, IPM) 프로그램의 하나로 개방형 철망 밑판을 사용하고 있다(240쪽 참조). 직접 제작하려면 25mm 당 철사 8개가 엮인 검은색 에폭시 코팅 철망을 구매하면 된다. 이 철망 밑판을 사용하면 바로아응애가 철망 사이로 빠져 바닥이나 검사용 쟁반에 떨어진다. 쟁반은 꿀벌이 떨어진 바로아응애 사체에 접근할 수 없는 구조로 되어 있지만, 부채명나방의 유충들이 번식할 수 있어 꿀벌에게 위협이 된다(244쪽 참조).

덮개의 양쪽 상단 중앙에는 환기 구멍을 뚫어야 한다. 이 구멍으로 다른 곤충들이 날아들지 못하게 철망을 덮는다. 방수 소재의 커버로 덮개 상단을 덮고 못을 박은 뒤, 못을 박은 옆면을 접어 넣어서 빗물이 새지 않게 한다.

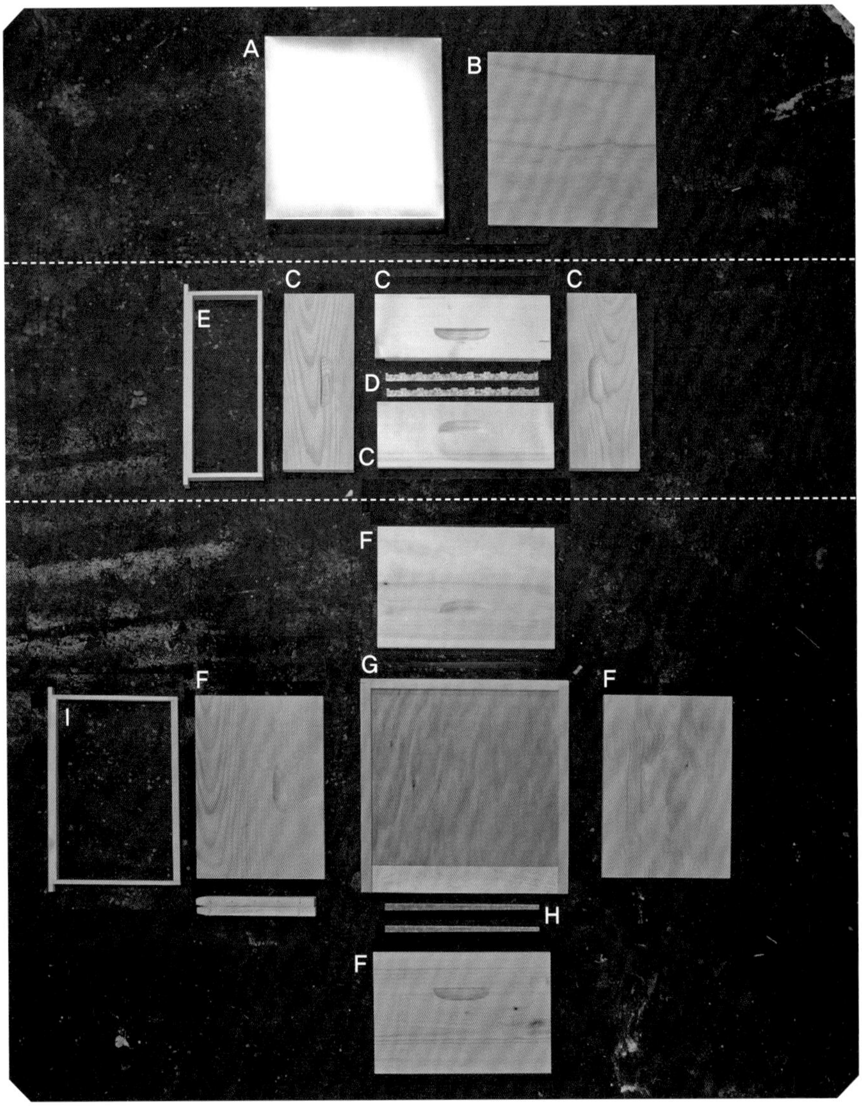

벌통 조립용 부품

A. 덮개
B. 상판

꿀 저장실 부품

C. 벽판
D. 틀삽입판
E. 벌집틀

육아실 상자 부품

F. 벽판
G. 밑판
H. 레일
I. 육아실용 벌집틀

양봉 장소 선정

꿀벌은 양봉가가 신중하게 고른 장소라면 어디에서든 살아서 도시에서는 평평한 지붕 위나 옥상에서 주로 기르고, 시골에서는 보통 정원에서 기른다. 집안이 아니더라도 경작하지 않는 밭 한구석에 마련한 외부 양봉장에서도 잘 산다.

미국과 몇몇 유럽 나라에서는 현지의 법률에 따라 도시의 경계, 혹은 특정 규모의 사유지 경계 안에 지정된 거리 내에서만 벌을 기를 수 있다는 규정이 있기도 하며, 꿀벌과 벌통을 등록해야 하는 곳도 있다. 자세한 사항은 지역 양봉 협회에 문의하면 정확한 정보를 얻을 수 있다.

벌통 하나당 필요한 면적에는 양봉가가 봉군 검사를 위해 서 있을 수 있는 공간도 고려해야 하며, 덮개를 바닥에 놓을 공간도 필요하다. 보통 벌통 2개를 나란히 배치하면 이러한 여분의 공간을 공유하여 필요한 면적을 줄일 수 있기에 필수 조건은 아니지만, 벌통 하나당 벌통이 차지하는 면적의 최소 9배의 공간이 필요하다.

새 양봉장을 만들 계획이라면 다음 사항을 기억해야 한다. 꿀벌은 무리를 짓는 본능이 있으므로(114쪽 참조) 봉군은 기하급수적으로 빠르게 늘어난다. 따라서 자신이 최대로 기를 수 있는 봉군의 수를 생각해야 하며, 봉군을 관리할 때 꿀벌을 임시로 수용할 여분의 상자를 충분히 준비해야 한다.

벌통은 남쪽을 바라보는 경사면에 두는 것이 가장 이상적이며, 바람을 확실히 막아줄 수 있는 방풍목 울타리가 필요하다. 삐죽 솟은 나무들은 피하는 것이 가장 좋지만, 더운 날씨에는 이 나무들의 그늘이 도움이 되기도 한다. 꿀벌들은 벌통 밖의 기온이 따뜻해지기 전에는 날지 않기에 양봉장의 위치가 주변보다 기온이 떨어지는 곳은 아닌지 확인해야 한다.

영국 런던의 한 정원에 있는 양봉장.

이웃을 배려하라

이웃이 여러분의 양봉을 반기기만 할 것이라 착각해서는 안 된다. 그러므로 양봉할 장소를 선택할 때 이 점을 심사숙고해야 한다. 이웃과 잘 지내고 있다면, 벌통을 정원에 내놓기 전에 이웃과 이야기를 나누어 보자. 양봉을 하기 위해서는 7~9일마다 벌통을 열어야 하며, 주말도 예외가 아니라는 점을 잘 설명해야 한다. 이웃에게도 정원에 나와 여유로운 시간

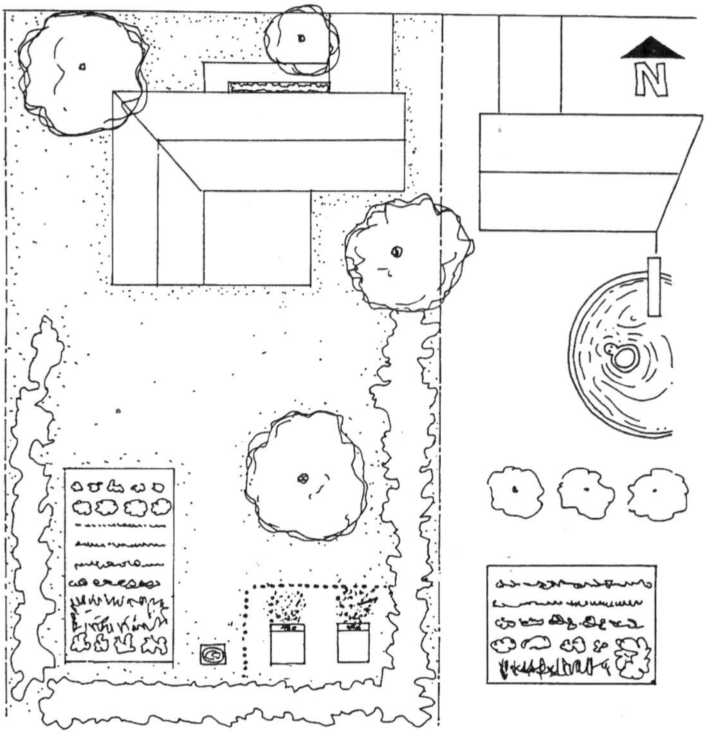

남쪽을 향하게 벌통을 배치하고 눈에 잘 띄지 않게 한 전형적인 양봉장의 벌통 배열 형태. 벌통 주위의 높은 울타리 덕분에 꿀벌의 비행경로가 높게 형성되며 이웃의 정원으로부터 멀리 떨어져 있다. 꿀벌이 양봉장 안에서 물을 구할 수 있도록 했다.

을 보낼 권리가 있기 때문이다.

문제는 이른 봄부터 생길 수 있다. 추운 겨울 동안 벌통에 갇혀있던 꿀벌이 봄이 되어 날아오르면 가장 먼저 하는 행동이 바로 배설이다. 꿀벌의 황갈색 똥이 어디에나 떨어질 수 있는 것이다. 깨끗이 세탁하여 널어둔 이웃의 이불 위도 예외가 아니다.

꿀벌이 분봉하는 시기가 되면 또 한 번 문제가 생길 수 있다. 꿀벌이 이웃의 정원에 자리 잡을 수도 있으며, 더 심각한 문제는 이웃의 굴뚝이나 벽에 난 구멍 안에 봉군을 형성하기도 한다는 것이다. 문제를 예방하는 가장 좋은 방법은 애초에 꿀벌이 분봉하지 못하게 하는 것이지만(198~216쪽 참조), 항상 그렇게 된다는 보장이 없기에 꿀벌이 분봉하면 재빨리 포획하여 가두는 것이 최선이다(198~199쪽 참조).

이웃이 조금이라도 싫어할 것 같으면 벌통을 정원이 아닌 작업장 안에 보관하는 것이 좋다. 작업장 입구를 이웃과 반대되는 벽 쪽으로 해두면 이웃은 당신이 양봉가라는 것을 전혀 눈치채지 못할 것이다. 마을에서 좀 떨어진 곳에서 적합한 장소를 찾아 외부 양봉장을 설치하는 것도 좋은 방법이다.

꿀벌을 정원에서 길러야 한다면, 최대한 이웃에게 방해가 되지 않도록 벌통을 배치해야 한다. 벌통을 머리 높이의 울타리나 벽에 가까이 두고 입구를 벽 쪽으로 하면 꿀벌이 입구를 나서서 날아오를 때 장애물 때문에 높이 날아올

습한 장소는 피하라

벌통 내부는 습해지기 쉽다. 꿀벌은 대사 과정 중에 수증기를 만들어낸다. 벌통 안의 수증기는 위로 상승하여 상부의 통풍구를 통해 빠져나가며, 꿀벌들이 입구 근처에서 빠르게 날갯짓을 하며 벌통 내부를 부채질하여 과도한 수분을 날려버린다. 그러나 벌통이 습한 장소에 설치되어 있다면 꿀벌들이 스스로 벌통의 습도를 충분히 낮출 수 없게 되어 벌통 내부에 곰팡이가 생길 수 있다. 축축해진 목재에 곰팡이가 생기고, 꽃가루방에 곰팡이가 자라는 것을 보게 될 것이다.

어쩔 수 없이 습기가 많은 곳에서 벌을 길러야 한다면, 적합한 지지대를 이용해 벌통을 땅에서 떨어트려야 한다. 가능한 한 건조한 곳으로 옮기는 것이 상책이다.

169쪽: 정원에 벌통을 두고 기를 때는 이웃에게 폐를 끼치지 않도록 적절하게 관리해야만 한다.

도시 양봉

사회가 점점 도시화하면서 양봉에도 변화가 필요해졌다. 그러나 자연으로 돌아가고픈 사람들의 욕구가 커지면서 양봉은 작은 마을의 정원과 대도시에 딸린 양봉장에서 주로 번성하고 있다. 런던에서는 여름철 꿀벌의 개체 수가 도시 인구의 30배에 달한다. 꿀벌이 도시에서 먹이를 구하지 못하리라 생각할 수 있지만, 실제로는 도시의 공원과 정원, 숲과 자연 목초지의 화초들은 다양하고 훌륭한 꽃꿀을 만들어낸다. 런던 피커딜리의 퍼트넘 앤 메이슨(차로 유명한 런던의 맛집 – 옮긴이) 본사 옥상에서부터 브루클린 지점 옥상(도시 법에 반하긴 하지만)에 이르기까지, 도시 양봉이라는 뜨거운 감자가 익어가고 있다.

라야 한다. 그렇게 하면 바람이 강하게 불지 않는 한 꿀벌은 높은 고도에서만 날아다닌다. 즉, 이웃의 정원을 가로지르더라도 높이 날기 때문에 이웃에게 폐가 되진 않을 것이다.

양봉으로 즐거움을 얻고 이웃 관계도 잘 유지하려면 꿀벌이 온순한 상태가 될 수 있도록 항상 애써야 할 것이다. 온순한 꿀벌이란, 최소한 보호복을 입지 않고도 벌통 근처를 걸을 수 있어야 하며, 꿀벌에게 방해를 받지 않아야 한다. 벌통 근처를 거닐더라도 꿀벌이 윙윙거리며 날아오르지 않는다면 이웃에 방해가 되지 않는다. 당신을 따라다니지 않는 꿀벌, 벌통을 지키려 하지 않는 꿀벌을 길러야 한다. 공격성이 강한 봉군을 이끄는 여왕벌을 대체하는 방법과 온순한 꿀벌을 번식시키는 방법은 180쪽에서 자세히 다룬다.

물 공급

꿀벌이 물을 구할 데가 없어 이웃 정원의 연못에서 물을 마시고 있다면, 이웃에게 민폐를 끼치는 것일지도 모른다. 그러므로 벌통 근처에 물을 제공해 주어야 한다. 얕은 용기에 물을 담아 줄 수도 있지만, 그러면 맑은 날에는 물이 빨리 뜨뜻미지근해질 것이다. 꿀벌이 내려앉아 물을 마실 수 있는 발판도 만들어 줘야 한다. 그렇지 않으면 꿀벌이 익사할지도 모른다. 수면보다 약간 높은 돌덩이나 물에 뜨는 나무 조각을 이용하면 된다. 흙이나 이탄 모래(peat)를 채운 용기의 바닥에 구멍을 뚫어 물을 채운 더 큰 용기에 넣는 방법도 있다. 흙이나 이탄 모래는 물을 흡수하므로 꿀벌이 축축해진 표면에 내려앉아 안전하게 물을 마실 수 있다.

꿀벌이 제공된 물만 먹을 수 있게 해

외부 양봉장의 모습.

야 한다. 꿀벌은 여러 물통을 돌아다니며 물을 먹을 것이 뻔하니, 햇볕이 잘 드는 곳에 여러 개의 물통을 배치해 둬야 한다. 그런 다음 꿀벌이 어떤 물통에 많이 가는지 계속 확인하고 물을 채워 넣어야 한다.

새로운 물통을 배치했다면 꿀벌을 유인해야 한다. '미끼'로는 설탕과 물을 일대일 비율로 섞은 시럽을 쓰면 된다. 상단 막대 위에 시럽을 한 숟가락 흘려 두면, 맛을 본 꿀벌이 시럽을 찾아 물통으로 날아올 것이다. 꿀벌이 물을 마시기 시작하면 물을 더 채워 시럽을 점차 희석한다. 페퍼민트처럼 독특한 풍미를 내는 에센스를 첨가하면 꿀벌이 물통을 찾는 데 도움이 된다. 물을 계속 채워두는 한 꿀벌은 계속 그 물통을 찾을 것이다. 그러나 물통에 물이 말라버리면 당연히 대안을 찾을 것이므로 물이 마르지 않게 주의해야 한다.

외부 양봉장

차량으로 쉽게 접근 가능하며 벌통을 세울 수 있도록 흙이나 자갈, 콘크리트로 된 바닥이 있는 곳이 외부 양봉장으로 제격이다. 무거운 상자를 울타리 너머로 들어 올리지 않고도 차에 싣고 내릴 수 있는 곳이 훨씬 좋을 것이다. 외부 양봉장에는 필요한 만큼 꿀벌을 기를 수 있도록 충분한 양의 벌통을 설치할 공간이 있어야 하며, 여분의 벌통과 양봉 장비를 보관할 수 있는 공간도 필요하다. 축사나 외양간 한쪽에 양봉장을 마련했다면 벌통 주위에 울타리를 만들어야 한다. 벌통은 양이나 소, 말들이 등을 긁기 딱 좋지만, 그러다 벌통이 넘어지기라도 한다면 정말 큰 재앙이 되기 때문이다.

드문 일이지만, 강도나 방화범이 침입할 수도 있다. 특히 외부 양봉장은 그런 위험에 취약하다. 이들은 양봉장에 침입해 벌통을 부수거나 넘어트리고, 돌을 던지기도 한다. 벌통 안에 불을 붙이는 만행도 저지른다. 그러므로 주도로와 최대한 떨어진 외딴 양봉장을 선택하는 편이 좋다. 찾기 힘든 곳에 벌통을 두는 것이 안전하기 때문이다.

양봉을 처음 접할 때부터 편안하고 안전하게 시작하는 것이 중요하다. 유순한 꿀벌을 키우고 싶은 것이 모두의 바람이겠지만, 언제든 벌에 쏘일 수 있다는 것을 알아야 한다. 경험 많은 양봉가도 가끔 쏘인다. 벌에 쏘이면 알레르기 반응이 일어날 수 있으며, 극히 드물지만 목숨이 위험해지는 일도 있다(130쪽 참조). 보호복을 착용한다고 해서 전혀 쏘이지 않는 것은 아니지만, 위험성을 크게 줄일 수 있다.

양봉가의 복장

양봉 모자

봉군 검사를 위해 벌통을 열면 꿀벌은 양봉가의 얼굴과 눈으로 날아든다. 그물망이 달린 양봉 모자를 착용하면 얼굴과 눈을 보호할 수 있다. 양봉 모자는 그물망이 빳빳한 모자챙에 달린 형태부터 작업복과 붙어 있는 일체형 양봉 모자까지 다양한 형태가 있다. 모든 양봉 모자는 시야를 확보하면서 양봉가의 얼굴이 벌과 멀리 떨어질 수 있도록 설계되어있다.

셔리프식 양봉 모자를 쓰고 보호 장구를 모두 갖춰 입은 양봉가의 모습.

최근에는 일체형 양봉 모자가 주류로 자리 잡았다. 뒷면은 천으로, 앞면은 가늘고 검은 철망으로 되어 있으며, 철망을 지지할 수 있도록 두 개의 보강재가 아치 형태로 붙어 있다. 설계한 사람의 이름을 따서 셔리프(Sherriff)식 양봉 모자로 알려진 제품은 작업복에 탈착할 수 있으며 가벼운 면 재킷에도 부착할 수 있다.

지금도 널리 사용되는 구형 양봉 모자는 둥근 모자의 챙을 따라 철망이 부착된 형태다. 챙은 넓고 빳빳하며 턱 아래로 묶는 끈이 달려있다. 나일론이나 면사가 촘촘하게 엮인 검은 그물망이 얼굴 쪽에 달려있으며, 아래쪽에는 가슴에 묶는 끈이 여러 개 달려있다. 그물망의 아래쪽 끝부분은 어깨높이와 비슷해야 한다. 너무 길어서 팔을 덮는 상태가 되면 팔을 들어 올렸을 때 벌어진 틈새로 꿀벌이 들어올 수 있다. 이 형태의 양봉 모자들은 보통 모자챙 가장자리와 같은 크기의 금속 고리를 그물망 중간중간에 한두 개 정도 달아서 그물망이 얼굴에서 떨어지도록 한다.

방충 작업복

어떤 타입의 보호복이든, 안 입는 것보다 입는 편이 낫다. 적어도 다른 옷을 더럽히진 않을 것이다. 게다가 두꺼운 재질의 보호복을 입으면 꿀벌에 쏘이는 일도 줄어든다. 보호복은 보통 피부에 달라붙지 않으므로 벌이 침을 쏘더라도 모자의 챙에 안전 그물망이 달려 있는 양봉 모자. 최근에 출시되고 있는 모델들은 작업복에 부착해 일체형으로도 사용할 수 있다.

침이 피부에까지 닿지 않는다.

꿀벌은 소매와 점퍼 아랫단, 바지 끝단 틈새로 기어오른다. 그래서 일체형 보호복이나 작업복을 착용하는 것이 좋다. 하지만 벌이 들어오지 못할 만큼 보호 재킷의 아랫단을 허리에 맞게 충분히 조였다면 양봉 모자와 보호 재킷, 바지를 따로 착용해도 괜찮다.

가끔 꿀벌이 양봉 모자 안이나 옷 안으로 들어오기도 한다. 이럴 때는 일단 침착해야 한다. 들어온 꿀벌을 그물망으로 눌러 죽이거나, 벌통에서 멀리 떨어져서 양봉 모자를 벗거나 지퍼를 내려 벌을 쫓아내면 된다.

꿀벌은 보통 어두운색에 강하게 반응하므로 밝은 색의 옷을 입는 것이 좋다. 양모 재질이나 털이 긴 옷은 입으면 안 된다. 꿀벌이 이 털옷을 곰처럼 꿀을 훔쳐 가는 적으로 착각해 본능적으로 털 사이로 파고드는데, 그러다 딱딱한 표면(피부)에 도달하면 벌침을 쏜다.

보호 장갑은 가볍고 신축성이 좋아야 한다.

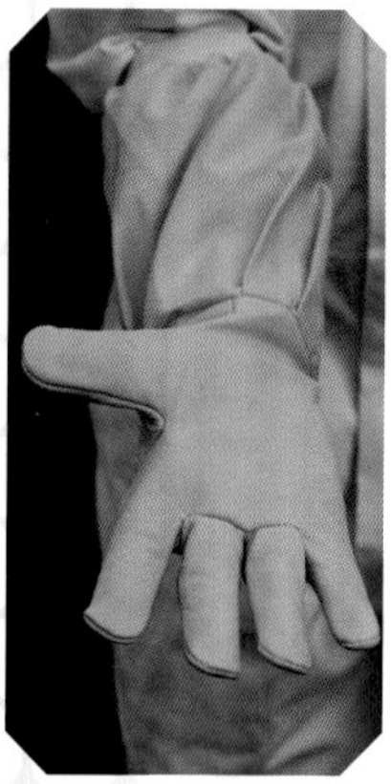

보호 장갑

양봉가들, 특히 초보 양봉가들은 봉군을 검사할 때 장갑을 낀다. 경험 많은 일부 양봉가들은 꿀벌의 반응을 잘 느끼기 위해 장갑을 끼지 않는 것을 선호하기도 한다. 꿀벌이 유순하다면 더욱 그렇다. 그러나 이들도 꿀벌이 예민해지는 시기를 대비해 장갑을 따로 보관해 둔다.

보호 장갑은 최대한 꿀벌의 활동을 방해하지 않고 벌집틀을 부드럽게 탈착할 수 있도록 가볍고 신축성이 좋아야 한다. 양봉 용품점에서 구할 수 있는 장갑 중에는 팔뚝 보호대가 부착된 모델도 있다. 보호 장갑 대신에 고무장갑을 사용해도 된다. 고무장갑은 보호 효과는 그리 크지 않지만, 작업 중에 프로폴리스가 묻어 끈적해지면 장갑을 버리고 새 고무장갑을 끼면 되므로 부담이 덜하다.

다리 보호구

종아리 길이의 고무장화를 신으면 발목과 발을 보호할 수 있다. '앵클 바이터(Ankle Biter)'라는 별명을 가진 벌들은 바닥 높이에서 공격한다. 또한, 고무장화를 신으면 땅이 축축하고 미끄러울 때 덜 미끄러진다.

기본 장비

양봉에서 가장 중요한 도구 두 가지를 꼽자면 단연 훈연기와 벌통끌이다.

훈연기

수천 년이 흐른 양봉의 역사 속 양봉가들은 봉군 검사 등 꿀벌이 방해되는 작업을 하기 전에 연기를 피워 꿀벌을 진정시켰다. 현대식 훈연기는 연소실과 풀무로 구성되어 있으며 크기와 모양이 매우 다양하다. 훈연기를 구매할 때는 크기가 클수록 연료를 자주 보충하지 않아도 된다는 점을 기억하자. 검사할 벌통이 많을수록 큰 훈연기가 유리하다. 그러나 큰 훈연기는 손이 작은 사람은 다루기 힘들 수도 있다.

연기 피우기

꿀벌은 연기가 피어오르면 꿀방으로 달려가 꿀을 마구 먹기 시작하는데, 이 반응은 꿀벌이 불에 두려움을 느껴 본능적으로 하는 행동이다. 여차하면 벌집을 버리고 새 벌집을 지으러 날아가기 위해 준비하는 것이다. 꿀로 배를 가득 채운 꿀벌은 복부를 둥글게 말기 어려워 벌침을 제대로 쏠 수 없기에 양봉가가 침에 쏘일 위험이 훨씬 적어진다.

연소실은 원통형이며 내부 공간이 나뉘어 있어 연료를 넣는 곳이 따로 있고, 원통형의 안쪽과 아래쪽으로 공기가 흐른다. 경첩이 달린 뚜껑을 열고 연료를 보충하고 불을 붙인다. 뚜껑을 닫으면 연기가 노즐을 통해 나오며, 필요하다면 연기의 방향을 어느 정도 조정할 수 있다.

풀무는 나무판 2개로 구성되어 있는데, 아래 판에는 경첩이 달려있으며, 아래 판과 위판 사이에 스프링을 달아 간격을 두었다. 연소실과 아래 판 사이의 구멍에 장착된 파이프를 통해 풀무를 빠져나간 공기는 실린더의 구멍을 통해 연소실로 유입된다. 훈연기를 구매할 때는 풀무의 스프링이 너무 강하지 않은 것을 고르되, 풀무를 펌프질해보고 노즐에서 공기가 잘 나오는지 확인해야 한다.

A. 사용하기 편리한 각도로 노즐을 세팅한 최신 현대식 훈연기.

B. 수제 훈연기.

C. 구식 훈연기. 요즘에는 노즐이 위로 향하는 형태를 잘 사용하지 않는다.

D. 태엽식 훈연기. 이 형태는 연기를 연속으로 뿜을 수 있지만, 연소실이 너무 작아서 벌통 여러 대를 검사하는 동안 유지할 수 없어서 실용성이 떨어진다.

훈연기 점화

훈연기에 불을 붙이고 봉군 검사 시 필요할 때마다 사용할 수 있도록 불이 꺼지지 않게 유지하는 기술이 있다. 천천히 연소하고 풍부한 연기를 만들어내야 좋은 연료다. 썩어서 물러진 나무와 대팻밥, 삼나무 잎이나 긴 솔잎도 좋다. 못 쓰는 솜 뭉치나 압축한 짚 뭉치도 좋은 연료다. 불에 잘 타지 않는 물질이나 살충제 같은 화학물질이 첨가된 연료는 사용하지 말아야 한다.

연료를 연소하려면 좋은 점화원이 필요하다. 썩은 나무 조각에 불을 붙여 쓰거나 기다란 주방용 점화기를 사용하면 된다(A). 불이 붙으면 연소실에 넣고 연료를 약간 추가한다(B). 풀무를 펌프질하여 공기를 주입하면 연료가 타기 시작한다. 연료가 잘 탈 때까지 펌프질을 계속한 다음, 연료를 연소실에 가득 채우고 뚜껑을 닫는다(C). 대팻밥처럼 날리기 쉬운 연료를 사용할 때는 긴 지푸라기를 한 움큼 쥐어 연료 위에 올려놓으면 대팻밥이 노즐 밖으로 날리는 것을 막을 수 있다.

작업이 끝나면 화재가 발생하지 않도록 연소실 내부를 완전히 비우거나 노즐을 막아서 훈연기를 끄면 된다. 노즐을 막는 용도로 코르크나 나무 마개를 철사나 끈으로 훈연기에 부착해 두는 양봉가들도 있고 풀을 꼬아서 막는 사람도 있다. 풀무와 연소실 사이의 구멍을 풀 뭉치 같은 것으로 막는 방법도 훈연기를 더 빨리 끄는 데 도움이 되어 연료를 절약할 수 있다.

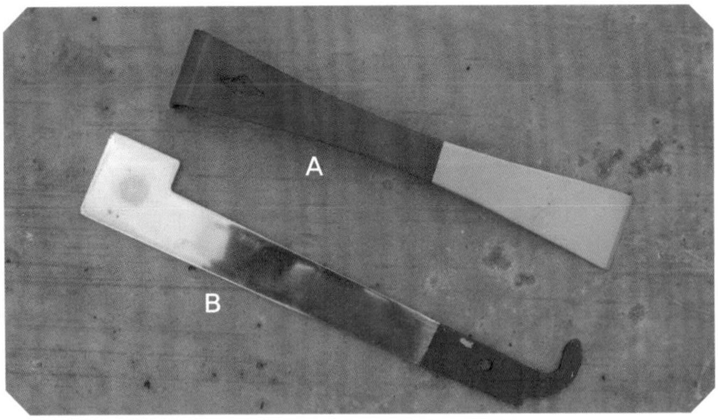

A. 표준형 벌통끌
B. 'J'형 벌통끌

벌통끌

벌통끌(hive tool)도 봉군 검사에 꼭 필요한 도구이다. 상자 사이에 넣고 비틀어 상자를 분리하고, 벌집틀을 들어 올리며, 상단 막대에 묻은 불필요한 밀랍 다리와 프로폴리스를 긁어내는 등 다양한 작업에 사용된다.

벌통끌은 표준형과 'J'형의 두 가지 형태로 판매된다. 둘 다 경화강이나 스테인리스강으로 제작하며, 한쪽 끝이 넓고 평평하며 경사져있다. 표준형 벌통끌의 다른 쪽 끝은 폭이 넓어지면서 안으로 휘어 들어간 형태로, 뭔가를 긁어낼 때 사용한다. 'J'형 벌통끌의 한쪽 끝은 둥글게 구부러져 납작한 갈고리 형태가 되는데, 이 부분은 벌집틀을 들어 올릴 때 지렛대의 역할을 한다. 이 기능 덕분에 벌집틀의 귀를 어느 방향으로든 들어 올릴 수 있어 표준형보다 효과적이다. 벌통끌을 사기 전에 어떤 벌통끌이 자신에게 적합한지 두 형태 모두 직접 사용해보고 결정하는 것을 권장한다. 봉군 검사 중에는 항상 벌통끌을 손에 쥐고 있는 습관을 들여야 한다.

양봉 도구상자

양봉을 시작하면 다양한 양봉 도구들을 갖춰 나가게 된다. 적절한 휴대용 상자에 보관하면, 필요할 때마다 적합한 도구를 꺼내 쓸 수 있다. 특히, 외부 양봉장에 가서 일할 때 매우 편리하다.

양봉 도구상자.

양봉장의 규모

몇 개 안 되는 벌통을 기르는 양봉가들은 보통 가족과 친구들이 나눠 먹기 충분할 만큼만 꿀을 생산하면 된다고 여긴다. 동네 가게나 마을 축제 중에 꿀을 몇 병 팔 때도 있겠지만, 꿀 생산은 그들의 주목적이 아니다. 이들이 꿀벌을 기르는 진짜 이유는 꿀벌을 돌보는 것이 즐겁기 때문이다.

영국의 양봉가 대부분은 봉군 12개 이내의 소규모 양봉을 한다. 미국에서는 봉군 50개 정도 기르는 것까지는 그저 취미생활로 여긴다. 50~500개의 봉군을 기르는 소규모 양봉가들은 양봉을 부업 정도로 여기고 있으며, 수분에 대한 수수료와 꿀 판매로 전체 수입의 일부를 벌어들인다. 상업 양봉가들은 500~2만 개 이상의 봉군을 기르며, 양봉만으로 생계를 유지한다. 영국에는 양봉가 등록제도가 없다. 미국의 일부 주와 유럽의 일부 국가에서는 벌통과 양봉가의 정보를 통지해야 할 의무가 있다. 자세한 사항은 각 지역의 양봉 협회에 문의하면 확인할 수 있다. 상업적 양봉업을 계획하고 있다면 262~263쪽을 참조하기 바란다.

초보 양봉가

양봉이 처음이라면 적어도 2개 이상의 봉군으로 시작하는 것을 추천한다(그러나 여러 벌통을 동시에 관리하려면 상당한 경험이 필요하므로, 경험이 쌓이기 전까지는 대여섯 개 이하로 시작하길 바란다). 각 봉군마다 별도의 벌통이 필요하다.

봉군 하나만으로 시작하면 양봉을 잘하고 있는지 아닌지 판단하기 힘들다. 봉군이 2개라면 꿀벌이 활동을 시작하는 봄철에 두 봉군이 비슷한 속도로 커지고 있는지 확인할 수 있으며, 만약 그렇지 않다면 약한 무리에 질병이 있지는 않은지 검사해볼 여지가 생긴다(236~247쪽 참조). 두 봉군간의 특성을

양봉가들은 대부분 소규모 양봉장을 운영한다.

비교할 수도 있다. 한 봉군이 다른 봉군보다 둥지를 방어하고 적에게 벌침을 쏠 준비가 더 잘 되어 있을 수도 있고, 한쪽은 겨울을 나기 위해 저장된 꿀을 아껴 쓰지만, 다른 한쪽은 먹이를 더 줘야 할 수도 있다. 또한, 양쪽에서 생산하는 꿀을 비교할 수도 있다.

비상 상황이 발생하면 두 번째 봉군의 소중함을 알게 될 것이다. 첫 번째 봉군이 갑작스럽게 여왕벌을 잃었는데, 새로운 여왕벌을 기르지 않았거나 대체할 수단이 없다면 두 번째 봉군의 여왕벌 유충을 데려올 수 있다. 그러면 첫 번째 봉군은 어린 여왕벌 유충을 자신들의 여왕으로 정성껏 기른다. 이 여왕벌 유충은 두 번째 봉군에 있을 때보다 더 나은 대접을 받을 것이다. 처음에는 사용 가능한 양봉 공간을 어느 정도 비워두는 편이 좋다. 꿀벌이 무리를 짓기 시작하면 봉군의 수가 빠르게 증가한다(214쪽 참조). 그러면 일시적으로 늘어난 꿀벌들을 수용할 벌통이나 장비들을 배치할 공간이 필요할 것이다. 여분의 장비를 미리 준비하는 것은 매우 중요하다.

양봉장을 선택하고 그곳에 수용할 벌통의 수를 결정할 때 고려해야 할 또 다른 요인은 반경 3~6km 내에 먹이를 구할만한 장소가 있어야 한다는 것이다. 예를 들어, 양봉장 근처에 봉군 4개를 감당할 수 있는 먹이터가 있는데, 그 양봉장에서 8개의 봉군을 기를 수 있을까? 한 봉군이 구할 수 있는 먹이는 절반으로 줄어드는데 봄이 되어 따뜻해지면 봉군은 확장할 것이고 먹이를 먹여야 할 유충은 많아질 것이다. 꽃가루 수요가 늘어나는 만큼 충분히 꽃가루를 얻지 못하면 그만큼 유충을 제대로 먹이지 못한다. 그러면 봉군 확장에 방해가 될 것이며, 결국 외역벌의 감소와 꿀 수확의 감소로 이어진다. 그러므로 나머지 4개의 봉군을 기를 다른 양봉장을 찾아야 한다.

새로운 주인을 기다리고 있는 벌통들.

장비 구매

지역 양봉 협회를 방문해 중고 양봉 장비를 구할 수 있다. 혹은 전문 공급업체를 찾거나 양봉 잡지의 광고를 통해 구매할 수도 있다. 중고 장비를 구매할 때는 상태가 좋은지 확인해야 한다. 장비 상태가 좋으면 양봉가로서의 첫 발걸음이 훨씬 즐거울 것이다. 벌통은 벌어진 틈새가 없이 딱 맞아야 하며, 벌집틀이 올바르게 장착될 수 있도록 레일이 제자리에 있는지 확인해야 한다. 또한, 육아실 상자와 꿀 저장실 상자의 내부 치수가 올바른지 확인하고, 벌집틀 주위에 벌 공간이 있는지 확인해야 한다(155쪽 참조). 본격적인 양봉 시즌이 시작되기 전에 여분의 장비를 충분히 보유하고 있는지 점검해 보고 미리 준비해야 한

벌통 거치대 같은 튼튼한 장비를 써서 지면에 벌통이 직접 닿지 않도록 해야 한다.

다. 유밀기가 한창일 때나 꿀벌이 분봉 준비를 하고 있을 때, 뒤늦게 여분의 벌집틀이나 벌집기초, 상자를 주문하는 일이 없도록 해야 한다. 배송이 늦어지면 곤란한 상황이 생길 수 있다.

벌통 배치

적합한 양봉장을 선택하고 벌통을 구매했다면, 이제 양봉장에 벌통을 배치해야 한다. 벌통을 배치할 때는 튼튼한 거치대를 사용하여 벌통이 직접 바닥에 닿지 않도록 하고, 육아실 상자의 윗부분이 손과 비슷한 높이가 되도록 하면 봉군 검사 시 벌집틀을 넣고 빼기 편하다. 높이를 잘못 설정하면 여러 개의 벌통을 검사하는 데 매우 불편하며, 허리를 다치기 쉽다(223쪽 참조).

봉군이 최대로 확장하고 꿀이 가득 차게 되면 벌통은 매우 무거워진다. 따라서 그 무게를 견디지 못하고 찌그러질 수 있는 물체 위에 벌통을 올려서는 안 된다.

봉군 검사를 할 때 양봉가가 각 벌통 옆에 설 수 있도록 공간을 두고 벌통을 배치해야 한다. 양봉가가 서 있는 방향과 평행하게 벌집틀을 넣는 것이 가장 좋으며, 벌통의 입구 앞에 서지 않도록 해야 한다. 꿀벌의 이동을 방해하기 때문이다.

먹이 활동을 할 수 있을 만큼 자란 꿀벌은 입구로 나와 크게 원을 그리며 날면서 주변의 지형지물과 벌통의 위치를 익힌다. 벌통이 길게 일렬로 늘어서 있으면, 먹이 활동 후 돌아온 꿀벌이 자신의 벌통을 찾지 못하고 헤매다 다른 벌통으로 들어가 버릴 수도 있다. 아무리 다른 봉군의 꿀벌이라도 꿀을 양껏 가지고 들어오는 꿀벌을 쫓아내진 않기 때문에 일렬로 배치하면 가운데 벌통보다 양 끝의 벌통에 꿀이 더 많이 모이기도 한다.

이러한 현상을 방지하기 위해 입구가 서로 다른 방향으로 향하도록 벌통을 배치한다. 완전히 무작위로 배치할 수도 있고, 입구를 가운데를 향하도록 한 다음 원형이나 반원형으로 넓게 배치해도 좋다. 2개의 그룹으로 나눠 입구를 바깥쪽

벌통 지지대 만들기

땅의 네 모서리에 기둥을 박고, 그 위에 사각형 틀을 고정하는 간단한 방법으로 벌통을 올려둘 지지대를 만들 수 있다. 벌통 앞뒤로 틀이 조금 돌출되어 있어 쥐가 벌통 안으로 올라오기 어렵다. 기둥 사이에 버팀대를 넣어 고정하면 안정감을 높일 수 있다. 벽돌로 사각 틀을 지지해도 된다. 벽돌을 양쪽으로 쌓은 다음, 벌통의 짧은 쪽 폭보다 약간 안쪽으로 모이게 배치한다. 긴 틀은 가운데를 지지해 처지지 않도록 한다.

으로 향하도록 넓은 사각형으로 배치하는 방법도 있다. 이 방법은 봉군 검사를 하는 동안 꿀벌들이 드나드는 길을 전혀 막지 않는 방법이다. 하나의 지지대 위에 같은 방향을 향하는 벌통 두 개를 올려놓는 정도로는 꿀벌이 제집을 찾지 못하고 헤맬 가능성이 그리 크지 않다.

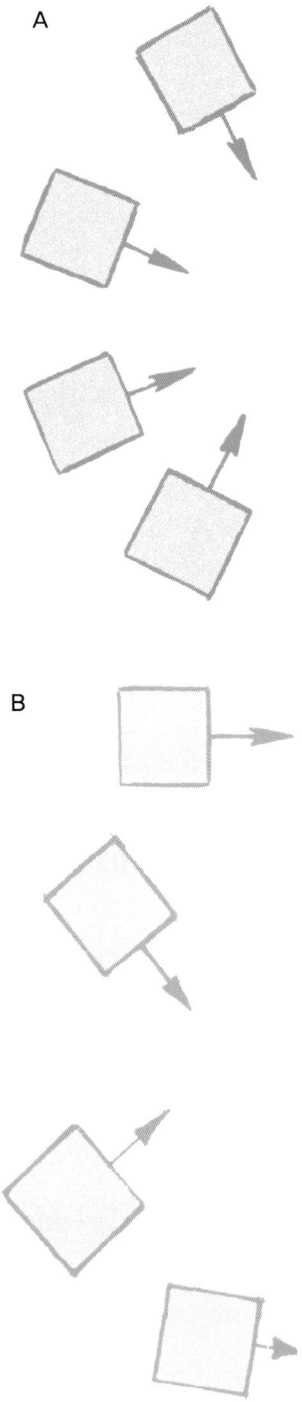

A 형태의 배치가 더 깔끔해 보이지만, B 형태의 배치보다 꿀벌들이 헤매기 쉽다.

적합한 꿀벌 선택하기

언제든지 꿀벌을 구할 수 있겠지만, 초심자라면 봄에 핵군(nuclei)이라고 하는 작은 봉군(181쪽 참조) 몇 개를 사는 것이 가장 좋은 방법이다. 작은 봉군이 점점 커지면서 관리 경험을 쌓을 수 있다. 만약 가을에 벌을 산다면, 먹이를 잘 먹고 자란 꿀벌인지, 바로아응애에 감염되지는 않았는지 잘 살펴봐야 한다(240쪽 참조).

자신에게 적합한 꿀벌을 고르는 가장 좋은 방법은 그 지역의 선배 양봉가들로부터 얻거나 지역 양봉 협회를 통해서 얻는 방법일 것이다. 양봉 장비 판매 업체나 양봉 잡지의 광고를 통해서도 구매할 수 있지만(이 경우, 보통 직접 봉군을 선택해야 한다), 항상 꿀벌의 건강 상태가 보장되는 믿을만한 곳에서 구매하는 것이 좋다.

어떤 꿀벌을 선택하느냐는 양봉가의 즐거움과 이웃과의 관계에 큰 영향을 미치는 매우 중요한 문제다. 쉽게 쏘지 않고 자주 분봉하지 않는 온순한 꿀벌을 기르기 위한 노력은 모든 양봉가의 의무이다.

봉군들은 각각 매우 다양한 특성이 있다. 봉군 검사를 하는 동안에도 벌집 안에서 얌전히 움직이기만 하는 봉군도 있고, 벌집틀의 바닥 끄트머리에 달라붙어 매달리다가 바닥으로 떨어지거나 양봉가의 신발 속으로 떨어져 버리는 별난 봉군도 있다. 경계심이 매우 강해 양봉가의 머리 주변을 날아다니며 성난 듯 윙윙거리는 소리를 내는 봉군도 있다. 너무 자주 분봉하는 봉군도 있고, 몇 년 동안 분봉하지 않는 봉군도 있다. 여왕벌의 생식 능력이 떨어질 것을 대비해 여왕벌이 버젓이 살아있는 동안 다른 여왕벌을 기르는 봉군도 있다.

이러한 봉군들 저마다의 차이점을 확인하려면 그 지역의 양봉장을 방문해보는 것도 좋다. 그 지역에 사는 좋은 기질의 꿀벌은 분명 그 지역 환경에 잘 적응한 것이며, 따라서 꿀 수확량이 많고 겨울에도 잘 살아남을 가능성이 크다.

좋은 기질을 가진 다른 지역의 다른 종을 사 오고 싶은 유혹이 생길 수도 있다. 하지만 다른 곳에서 여왕벌을 사 오더라도 결국에는 분봉을 통해 대체될 것이고, 새로운 처녀 여왕벌은 토박이 수벌들과 짝짓기를 한다. 여왕벌이 몇 번 세대 교체되는 동안 봉군의 좋았던 기질은 약화하고 만다. 그렇게 되면 결국 꿀벌의 순한 기질을 유지하기 위해서는 다시 외부에서 여왕벌을 비싼 돈을 주고 사 와야 할 것이다. 이래서는 사업성이 없다. 그렇게 들인 여왕벌을 기존의 무리가 받아들이지 않는 일도 있다. 자신들의 여왕벌을 빼앗긴 봉군에 들어간 새 여왕벌은 일벌들에게 죽임을 당할지도 모른다.

꿀 생산이 양봉의 주목적이라면 생산

력이 강한 벌을 선택하는 것이 중요하다. 한 봉군이 생산하는 꿀의 양은 날씨와 비행 가능한 범위 안에 있는 먹이터의 질에 따라 달라진다. 그러나 꿀벌의 생산력도 중요한 조건이 되는데, 이는 결국 일벌의 수명과 여왕벌의 번식력에 따라 결정되는 것이다. 예를 들어 여왕벌이 하루에 1000개의 알을 낳는 봉군이라면, 하루에 1000마리의 성충이 먹이 활동에 힘을 보태는 만큼 생산력이 늘어나는 것이다. 반면에 봉군의 크기와 일벌의 사망률이 완전히 같다고 할 때, 이 비교 봉군의 일벌들이 첫 번째 봉군보다 하루 더 오래 살 수 있다면 두 번째 봉군의 하루 생산력이 생존한 1000마리만큼 더 증가한다. 즉 꽃꿀을 더 많이 모을 수 있는 잠재력이 있다는 것이다. 새로 태어난 유충은 먹이가 필요하다. 그래서 유충의 수도 봉군의 효율성에 영향을 준다. 번식력이 매우 강한 여왕벌은 일벌들이 수확해온 꽃꿀이나 꿀이 가득한 꿀방을 모두 꿀벌로 변하게 할 수 있다는 의미다. 즉, 양봉가가 수확할 꿀이 남아나지 않는다는 것이다.

꿀벌 구매 시 함께 배송되는 물품

2개의 핵군을 사는 것으로 양봉을 시작하기로 했다면, 각 핵군은 여왕벌 1마리와 적당한 수의 꿀벌들로 구성되며, 벌집틀 5개가 포함된 작은 상자(최소한 육아용 벌집틀 2개와 먹이 저장용 벌집틀 하나는 필요하다)가 함께 딸려올 것이다. 이 작은 봉군은 일반적인 크기의 봉군보다 다루기 쉬우며, 봉군의 크기가 점점 커질수록 경험과 자신감을 얻을 수 있다. 일반적인 크기의 봉군을 사면 보통은 꿀벌 외에도 밀판과 육아실 상자, 상판과 덮개까지 포함되어 있다. 격왕판과 꿀 저장실 한두 개를 함께 주는 경우도 많다. 운이 좋다면 벌통 지지대나 꿀 추출기 같은 장비도 얻을 수 있다.

핵군은 보통 튼튼한 골판지 같은 재질로 만든 운송용 상자에 포장하여 배송된다. 만약 이미 가지고 있는 벌통이 있어서 육아실을 따로 구매하지 않았다면, 직접 꿀벌을 꺼내 벌통으로 옮겨야 한다(182쪽 참조).

운송용 상자에 담겨 배송된 핵군.

구매 전 봉군 검사

되도록 대금을 결제하기 전에 핵군이나 봉군을 검사하는 것이 좋다. 광고를 통해 꿀벌을 구매할 때는 지역 양봉 협회의 경험 많은 선배 양봉가에게 부탁해 함께 사러 가거나, 영국에서는 지역의 꿀벌 검사관에게 도움을 요청하는 방법도 있다. 항상 봉군의 질병 감염 여부를 확인해야 한다(236~239쪽 참조). 백묵병이 있는 봉군은 눈으로 봐서는 특이한 점을 발견하기 어렵다. 그러나 모르고 구매했다가 번데기가 되기 전에 유충들이 죽는다면 큰일이다. 몇몇 특정 질병은 감염이 의심되는 경우 관련 기관에 알릴 법적 의무가 있다(237쪽 참조).

봉군에 여왕벌이 포함되는지 판매자에게 확인해야 한다. 또한, 육아와 먹이 저장에 쓰는 벌집틀의 수량과 봉군에 신고 의무가 있는 심각한 질병이 없는지도 확인해야 한다. 판매자는 해당 봉군이 언제, 어떤 방식으로 바로아응애를 관리했는지 구매자에게 알려야 한다(240~241쪽 참조). 영국의 모든 양봉가는 법에 따라 봉군을 치료한 내용을 기록해야 한다. 약품을 구매하고 투여한 날짜와 약품 포장에 있는 일련번호도 기록한다(현재, 미국에는 이러한 법률이 없다).

꿀벌 옮기기

먼저 새 벌통을 준비하고 양봉장에 배치한다(165쪽 참조). 핵군을 구매했다면 벌통의 육아실에 충분한 여유 벌집틀과 벌집기초가 있는지 확인한다. 꿀벌은 틈새가 보이는 족족 밀랍으로 메우는 습성이 있다. 불규칙적으로 밀랍을 만들어 붙이기 때문에 상판에 붙이거나 이상한 각도로 붙여놓으면 상당히 제거하기 까다롭다.

핵군 상자를 벌통 옆에 나란히 놓고 두 상자의 입구가 같은 방향을 향하도록 한다. 핵군 상자의 입구를 열어 꿀벌이 날아오르면 새로운 환경에 적응하도록 며칠 정도 지켜본다.

이주할 준비가 된 것 같으면, 벌통의 덮개를 연다. 덮개는 근처에 거꾸로 놓아둔다. 상판을 벗겨 덮개 위에 비스듬히 놓아두거나 벌통 지지대에 기대어 둔다. 육아실의 벌집틀을 빼내어 덮개 위에 두거나 쉽게 손이 갈 수 있는 가까운 곳에 둔다. 이제 육아실은 꿀벌을 맞이할 준비가 되었다.

보호복을 착용하고 훈연기를 점화하여 불이 잘 붙었는지 확인한다(175쪽 참조). 꿀벌의 기질이 유순하다면 별다른 문제없이 벌통으로 옮길 수 있지만, 이

A. 핵군 상자 내부에 연기를 불어넣고 있다.

B. 벌통끌을 이용해 벌집틀을 벌리고 있다.

핵군 상자의 벌집틀을 부드럽게 들어 올린다.

작업이 처음이라면 먼저 연기를 피우는 것이 작업에 도움이 된다. 입구에 연기를 조금 불어 넣은 후 핵군 상자의 덮개를 제거하고 벌집틀 윗부분에다 천천히 연기를 내뿜는다.

핵군에 꽂혀 있는 벌집틀과 평행으로 서면 벌집틀 귀를 손쉽게 잡을 수 있다. 벌통끌을 이용해 벌집틀을 쉽게 뺄 수 있도록 벌통끌의 한쪽 끝을 벌통의 벽과 벌집틀의 끝부분 사이에 넣고 지렛대의 원리를 이용해 부드럽게 젖힌다.

프로폴리스가 엉켜있어 잘 떨어지지 않으면 벌통끌의 평평한 끝부분을 각 벌집틀 사이에 수직으로 넣고 다시 지렛대의 원리를 이용해 떼어낸다. 벌집틀이 떨어질 때 나머지 한 손으로 벌집틀을 받친다. 오른손잡이는 벌집틀의 왼쪽을 먼저 분리하고 오른쪽으로 가면서 작업을 반복하면 된다(이때, 떼어낸 벌집틀이 한쪽으로 기울지 않게 엄지로 살짝 잡아준다). 손의 움직임에 반응하는 벌도 있을 것이다. 그러나 이 방식으로 작업을 하면 상자에 주는 진동이나 충격이 최소화된다. 왼손잡이면 반대로 진행하면 된다.

이제 첫 번째 벌집틀을 들어 올릴 수 있을 만큼 공간이 확보되었다. 벌통끌의 곡선형 끝부분 혹은 'J'형 끝부분을 사용하여 상단 막대 양쪽의 귀 부분을 살짝 들어 손가락을 넣을 공간을 마련한 다음, 양손의 엄지와 검지로 가볍게 쥐고 벌집틀을 상자 밖으로 부드럽게 꺼낸다. 첫 번째 벌집틀을 꺼낼 때가 공간이 거의 없어서 가장 어렵다. 벌집틀과 상자 벽 사이, 첫 번째 벌집틀과 두 번째 벌집틀 사이에 꿀벌이 있다는 것을 잊지 말자. 벌집틀을 들어 올릴 때 꿀벌이 굴러 떨어질 수도 있다. 그러니 최대한 다치지 않도록 벌집틀을 부드럽게 들어 올리는 것이 중요하다.

꿀벌과 함께 들어낸 벌집틀을 새 육아실로 조심스럽게 옮긴다. 이때, 핵군 상자의 벽을 향하던 면이 육아실 측면을 향하도록 방향을 확인한 후 꽂아 넣는다. 꿀벌이 벌집을 확장하고 벌집틀에 밀랍을 바르면 벌집틀의 표면이 고르지 않다. 이는 인접한 벌집틀과 대칭 형상을 이루므로, 한쪽 면에 돌출부가 있으면 두 벌집틀 사이의 공간을 유지하기 위해 마주 보는 면의 밀랍 두께가 얇아진다. 그래서 벌집틀을 항상 순서에 맞게 관리하여 이 구조를 유지하는 것이 중요하다. 한 벌집틀의 밀랍이 다른 벌집틀의 밀랍과 부딪히면 안 된다. 이 과정을 반복하여 핵군 상자에 놓여 있던 구조 그대로 벌통으로 옮겨야 한다.

핵군 상자 안에 꿀벌이 남아있지 않도록 상자를 흔들어서 육아실로 옮긴다. 꿀벌이 안 떨어지면 바닥에 몇 번 두드리던지, 깃털이나 긴 풀 같은 부드러운 물체로 쓸어내리면 된다. 반드시 모든 벌이 육아실로 들어가도록 해야 한다. 집을 잃고 방황하는 꿀벌이 여왕벌일지도 모른다!

나머지 벌집틀을 넣어 육아실을 채운 다음 상판과 덮개를 다시 덮으면 완성이다.

이것이 첫 벌통인 양봉가도 경험을 쌓으면 일일이 벌통을 열어보지 않고도, 벌집틀 하나하나 일일이 살펴보지 않아도 되는 순간이 올 것이다. 그러나 처음에는 철저한 검사가 필수다. 첫 봉군을 갖게 된 것은 정말 특별한 순간일 것이다. 이미 지역 양봉 모임에 가봤거나 다른 양봉가를 도와본 적이 있다 하더라도, 자신의 벌통 안에 자신의 꿀벌들이 있다는 것은 특별하다. 앞으로 이 꿀벌들과 함께하는 시간은 흥미로운 작업 시간이기도 할 것이며, 조금 벅찬 시간이 되기도 할 것이다.

육아실에 벌집틀을 넣고 있다.

여왕벌 구매하기

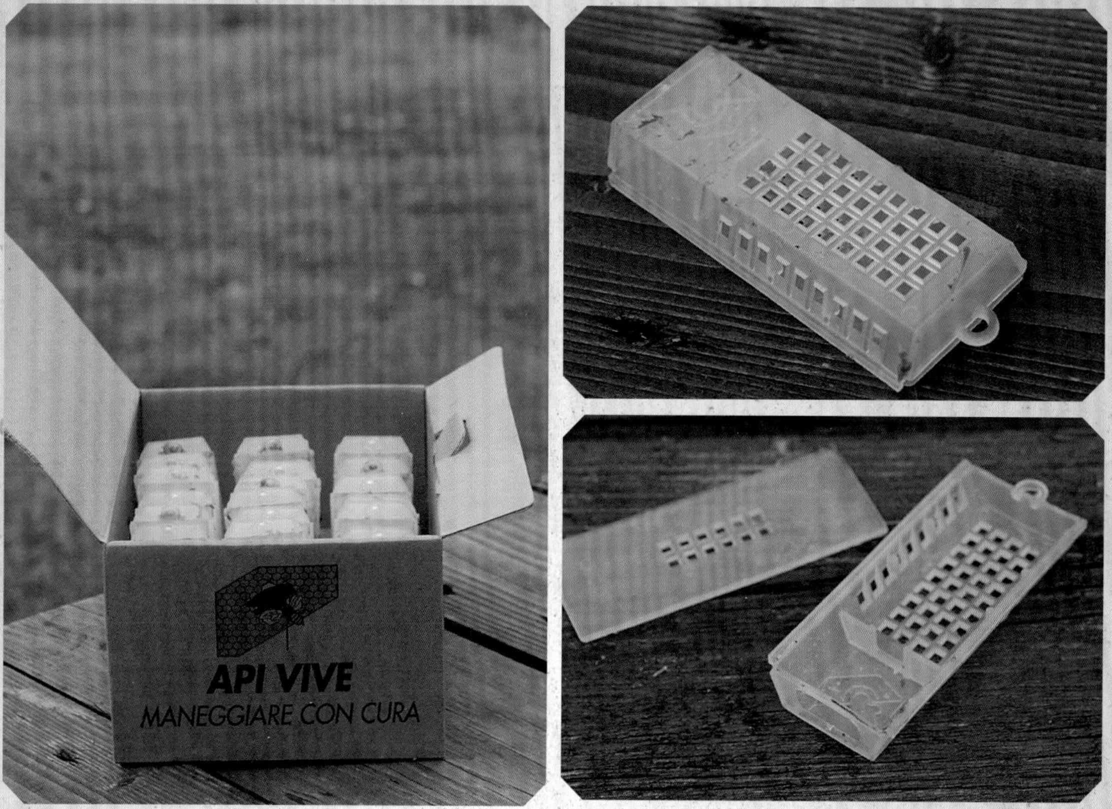

작은 우리에 담겨 배송된 새로운 여왕벌.

양봉을 시작할 때는 여왕벌 한 마리보다 꿀벌 한 무리가 더 필요하다. 하지만 나중에는 여왕벌을 구매해야 할 때가 생길 것이다. 나쁜 기질의 여왕벌을 대체하기 위해서라도, 혹은 무리의 여왕벌을 잃었을 때 그렇다. 그럴 때는 여왕벌을 구매할 수 있다. 여왕벌은 작은 우리에 며칠 간의 먹이와 함께 담겨 배송된다. 여왕벌은 자신을 먹여주고 돌봐주는 수행벌 10여 마리가 필요하다. 여왕벌은 반드시 상태를 보증하는 믿을만한 구매처에서 사야 한다. 해외에서 구매할 수도 있지만, 양봉가의 환경과 날씨, 기후에 적응된 지역 여왕벌을 사는 것을 추천한다.

여왕벌이 배송되면 수행벌들은 여왕벌이 들어갈 봉군의 일벌들로 대체되며, 일벌들은 그때부터 여왕벌을 먹여 살린다. 여왕벌이 들어있는 우리에는 화분떡을 꽂는 구멍이 있다. 이 우리를 육아용 벌집틀 사이에 놓는다. 벌통의 일벌들은 우리 안에 있는 여왕벌을 더듬이로 건드릴 수 있을 뿐, 공격할 수 있을 만큼 가까이 접근하지는 못한다. 그러나 가끔 여왕벌의 다리를 깨물기 때문에, 여왕벌이 몸을 피할 수 있도록 우리의 끝부분이 단단하게 되어 있다. 꿀벌들이 우리에 꽂힌 화분떡을 다 먹고 나면 그 구멍으로 여왕벌이 나오는데, 이미 여왕벌의 향기에 익숙해진 일벌들은 그 여왕벌을 무리의 여왕으로 받아들인다.

여왕벌 표식 남기기

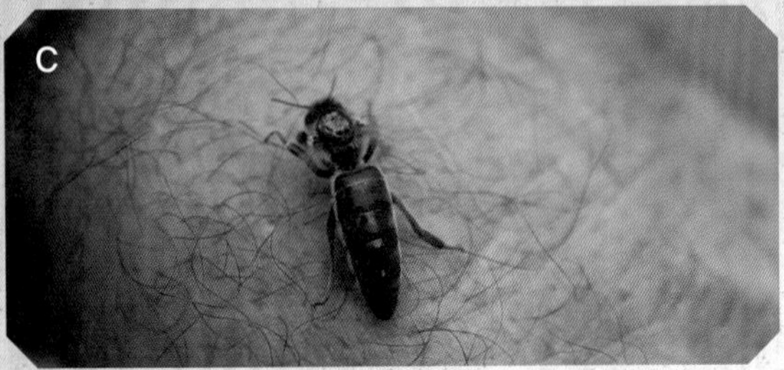

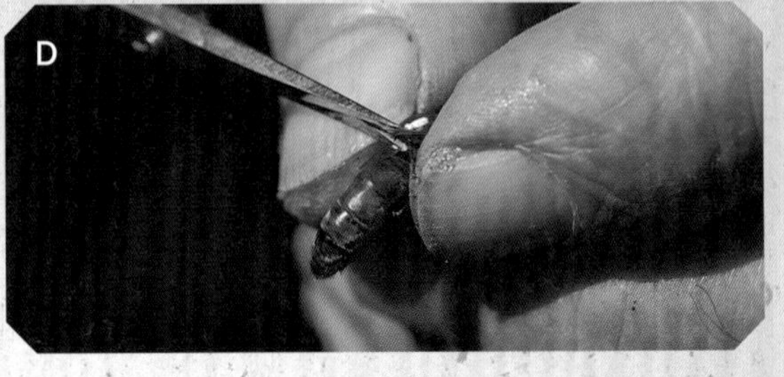

여왕벌이 태어난 해를 여왕벌의 등에 표식으로 남길 수 있다. 보통 다섯 가지 색(흰색, 노란색, 빨간색, 녹색, 파란색)으로 표시하는데, 각각 1과 6, 2와 7, 3과 8, 4와 9, 5와 0으로 끝나는 해를 나타낸다. 1부터 시작한다는 것만 기억해두면, 색깔 순서를 외우는 것도 어렵지 않을 것이다. 여러분이 기르고 있는 벌은 무슨 색인가?

여왕벌에 표식하려면 일단 여왕벌을 잡아야 한다. 엄지와 검지로 벌집에서 여왕벌을 집어낸 다음, 중지로 다리 부분을 받쳐주는 방법이 있는데(A), 이는 상당한 기술이 필요한 방법이다. 커다란 클립 모양의 포획기를 이용하여 벌집에서 꺼내는 방법도 있다. 그런 다음 표식을 붙이는데, 이때 여왕벌을 손으로 잡고 있기 싫으면 '가시 면류관(crown of thorns)'이라고 불리는 고정 도구(B)를 사용해 벌집 위에 고정해 둘 수 있다. 이 도구는 납작한 고리 아래에 철사로 된 침을 빙 둘러 꽂아 넣고 가운데를 비워둔 형태인데, 침 사이의 간격은 '벌 공간'만큼 띄운다. 이 도구 안에 여왕벌을 넣다가 일벌들을 함께 가두게 되면, 일벌들만 침 사이로 빠져나갈 수 있다. 침으로 여왕벌이나 일벌들을 찌르지 않게 조심해서 벌집에 꽂아 넣는다, 여왕벌이 살짝 끼어서 움직이지 못할 때까지 부드럽게 꽂으면 된다.

여왕벌을 못 움직이게 했으면, 여왕벌의 등에 페인트로 작은 표식을 남긴다(C). 이때 사용하는 페인트는 표식 전용 페인트로, 앞서 설명한 다섯 가지 색상을 사용할 수 있다. 숫자가 새겨진 작은 원판을 여왕벌의 등에 붙이는 방법도 있다.

여왕벌에 표식을 남겼으면 페인트가 마를 때까지 잠시 기다린 후 여왕벌을 벌통으로 돌려보낸다. 이때, 일벌들의 반응을 지켜보는 것이 좋다. 페인트 냄새 때문에 여왕의 향기를 인식하지 못하고 여왕벌을 공격할 수 있기 때문이다. 이럴 때는 여왕벌을 다시 꺼내어 조금 더 기다렸다가 벌통에 넣어야 한다.

여왕벌을 못 움직이게 잡아 둔 상태에서 잘 드는 가위를 이용해 여왕벌의 날개를 끝에서 1/3가량 잘라낸다(D). 여왕벌을 날지 못 하게 해 분봉을 막는 것이다. 날개가 잘린 여왕벌은 무리를 이끌고 날아가려 하다가 균형을 잃고 땅으로 떨어진다. 그러면 무리를 지었던 벌들은 다시 벌통으로 돌아갈 것이다. 만약 이로 인해 여왕벌을 잃더라도, 다른 벌들을 모두 지킬 수 있다. 이후에는 각자 선택한 방법으로 무리 짓는 것을 통제하면 된다.

원한다면 처녀 여왕벌에게도 표시할 수 있지만, 짝짓기하기 전에는 날개를 자르면 안 된다. 여왕벌이 봉군에 잘 정착할 때까지는 표식과 날개 자르기를 미루는 것이 좋다.

기록 관리

꿀벌 봉군을 검사하기 전에 각 봉군의 현재 상태와 할 일, 시간 등을 어떤 방식으로 기록해 둘 것인지부터 정해야 한다. 간단히 기록할 수도, 복잡하게 기록할 수도 있을 것이다. 벌통 위에 돌을 얹어두는 것으로도 그 벌통이 여왕벌을 키우고 있는 봉군의 벌통임을 표시할 수는 있겠지만, 그러한 정보를 기록해두는 것이 더욱 안전하다. 처음에는 하루하루 일지를 쓰는 것만으로도 충분하다. 그러나 장기적으로는 각 봉군에 관한 정보를 한 장의 카드에 각각 연속해서 기록해두는 것이 좋다. 영국 양봉 협회 홈페이지(www.britishbee.org.uk)에서 몇 가지 카드 양식을 구할 수 있다. 기록 카드에는 봉군 검사 시의 기상 조건과 그에 따른 꿀벌들의 이상 반응에서부터 왕대의 수, 꿀 저장량 등의 여러 정보를 담아둘 수 있다.

벌통과 여왕벌에 번호 매기기

기록을 시작하기로 했다면 각 벌통을 식별하고 번호를 매기는 것이 우선이다. 라벨용 테이프를 이용하여 번호를 매기면 쉽다. 테이프에 번호를 새겨 넣고 뒷면의 종이를 제거한 다음 육아실에 붙인 뒤 압정으로 고정한다.

그러나 각 여왕벌에 번호를 부여하는 것이 더 좋은 방법이다. 그런 다음 여왕벌의 번호를 테이프에 새긴 뒤 벌통에 부착한다. 이렇게 해 두면, 예를 들어 봉군이 분봉을 위해 무리를 지으려 할 때

여왕벌이 있는 벌통을 표시하기 위해 벌통 위에 표식물을 올려두었다.

여왕벌을 다른 상자로 옮겨서 조절할 수 있다(198~207쪽 분봉 관리법 참조). 그런 다음 여왕벌의 카드와 벌통의 번호표를 떼어내 새 벌통에 붙이면 된다. 여왕벌에 관한 모든 기록이 모여 있으니 상태를 확인하기 쉽다. 벌통에 번호를 매기는 방식은 여왕벌을 다른 벌통으로 옮겨야 할 때 따로 기록해둬야 할 뿐만 아니라 추적하기도 어렵다. 벌통 수가 증가할수록 더욱 힘들어진다.

기록 카드 맨 위에는 여왕벌에 관한 자세한 사항을 기록한다. 예컨대, 여왕벌의 표식 여부(전용 페인트로 표시했는지, 혹은 번호판을 붙였는지), 표식의 색깔, 여왕벌의 원산지(여왕벌만 단독으로 구매했는지, 봉군과 함께 구매했는지, 아니면 기존의 봉군에서 태어나 길러진 것인지 등), 여왕벌의 나이, 날개 자르기 작업 여부 등을 기록하면 된다.

육아 단계별 기록

여왕벌을 찾은 것을 기록하는 항목을 만든다. 이를 기록해두면 안심할 수 있다. 하지만 봉군에서 여왕벌을 찾는 것은 쉬운 일이 아니다. 아무리 표식을 해 두었더라도 매우 어렵다. 벌집에 알이 있다면 여왕벌이 있다고 생각해도 된다. 최소한 3일 전까지 여왕벌이 있었던 것은 분명하다. 일반적인 조건에서, 알을 낳는 벌은 여왕벌이 유일하기 때문이다.

알과 유충을 관찰한 기록도 발달 단계별로 남겨두어야 한다(알과 유충의 단계별 발달에 관해서는 99~105쪽을 참조). 대략적인 알과 유충, 번데기(밀랍으로 입구가 막힌 방)의 수를 기록해두면 봉군이 발달하는 방식을 알 수 있다. 알이 부화하여 유충이 되기까지 3일이 걸리고, 유충은 6일 후에 번데기가 되며, 12일이 지나면 성충이 된다. 따라서 여왕벌이 일정하게 알을 낳는다면, 유충은 알보다 2배 많아지며 번데기도 유충보다 2배 많아진다. 여왕벌이 유충보다 많은 수의 알을 낳으면 봉군이 확장되는 것이다. 반대로 유충보다 알을 적게 낳는 것은 여왕벌이 겨울을 대비해 알을 낳는 것을 줄이고 있거나 봉군이 분봉을 위해 무리 지을 준비를 하고 있다는 뜻이다. 이미 무리 짓기 시작했을지도

벌집에서 여왕벌을 찾으면 안심이 되지만, 찾기가 쉬운 일이 아니다.

모른다. 벌집에 왕대가 있거나 만들고 있다면 분봉 준비가 확실하다. 대략적인 발달 단계별 벌방의 수를 이전과 비교해보면 지금 어떤 일이 벌어지고 있는지 알 수 있다.

꿀방과 꽃가루방의 저장량 기록

꿀벌들이 이용할 수 있는 저장된 먹이의 양을 기록하는 항목도 필요하다. 꿀벌은 육아용 벌집틀의 가장자리에 있는 꿀방과 꽃가루방에 먹이를 저장한다. 저장량이 적으면(적정 저장량에 관해서는 217쪽 참조) 추가로 먹이를 주는 것도 고려해야 한다(먹이의 종류와 급식 방법에 관해서는 217~220쪽 참조).

봉군의 습성 기록

꿀벌이 방어적 습성을 가졌다면 반드시 기록해둬야 한다. 꿀벌이 방어적이라면 양봉이 힘들어지기 때문이다. 방어적인 꿀벌은 양봉가가 덮개를 여는 즉시 벌집틀에서 날아올라 여차하면 공격할 준비를 한다. 순한 습성의 꿀벌은 웬만한 자극에는 동요하지 않는다.

꿀벌은 다양한 방식으로 자신들의 보금자리를 지킨다. 처음에는 윙윙거리는 소리를 내면서 주위를 날아다닌다. 자신들만의 방식으로 경고하는 것이다. 이 경고를 무시한다면 다음 단계로 침을 쏠 것이다. 한 꿀벌이 침을 쏘면 복부에서 페로몬이나 화학적 냄새가 풍겨 나온다. 이 벌침 페로몬은 동료들에게 둥지가 위험하다는 것을 알리는 것이다. 그래서 다른 일벌들도 같은 상대에게 벌침을 쏜다.

양봉가가 검사를 마치고 집이나 차로 돌아가면 꿀벌 몇 마리가 양봉가의 뒤를 따라가기도 하는데, 이는 방어적 꿀벌의 습성 중 하나다. 이런 습성을 보이는 봉군을 모두 식별할 수 있도록 기록해야 한다. 그러면 나쁜 습성을 보이는 봉군의 여왕벌을 더 좋은 기질의 꿀벌을 생산하는 봉군의 여왕벌로 대체할 수 있다(231쪽 참조).

질병 기록

질병을 기록하는 항목은 필수다. 질병이 의심된다면 모두 기록해두어야 한다. 대부분의 봉군에 존재하는 몇몇 가벼운 질병들로는 크게 우려할 만한 상황이 발생하지 않는다. 그러나 몇몇 국가에서 법적으로 신고 의무가 있는 질병들은 징후가 나타나면 바로 알아차릴 수 있도록 질병에 관해 잘 알고 있어야 한다(236쪽 참조).

질병을 발견할 수 있어야 할 뿐만 아니라, 양봉을 시작할 때부터 건강한 봉군의 생김새를 확실히 알고 있어야 한다. 유충은 진주처럼 하얀빛을 띠어야 하며, 벌방 안에서 'C'자 형태로 말려 있어야 한다. 벌방뿐만 아니라 벌집의 모든 방의 밀랍 덮개는 균일하고 연한 갈색이어야 하며, 건조한 상태를 유지해야 한다. 또한, 구멍이 뚫려 있으면 안 된다. 밀랍 덮개로 봉인된 방이 있는 구역에서는 거의 모든 방이 봉인되어 있어야 한다. 빈방이 있다는 것은 여왕벌이 꾸준히 알을 낳지 않거나 일벌들이 무언가 문제를 감지해 방 안의 내용물을 청소하고 있다는 말이 된다. 좋지 않은 현상이다.

봉군이 건강하지 않은 상태인 것 같다면, 경험 많은 양봉가에게 도움을 요청해보자.

법률 기록

기록 카드에는 법률을 검토하는 항목도 필요하다. 법적 요건은 지역에 따라 다르지만, 영국에서는 꿀벌이 식품을 생산하는 동물로 분류된다. 따라서 양봉가들에게는 꿀벌에게 투여할 의약품을 구매하고 약품 투여 상황을 기록해야 할 법적 책임이 있다. 어떤 약을 언제 얼마나 구매했는지, 약품 공급자의 이름과 주소가 적힌 포장의 일련번호, 약을 사용한 날짜와 사용한 벌통 등을 기록해 두어야 한다.

봉군 검사

보호복과 고무장화, 장갑, 양봉 모자를 착용하고 벌통끌과 훈연기, 연료, 점화기, 기록 카드를 갖췄다면 이제 첫 번째 봉군 검사를 시작할 준비가 되었다. 벌통을 열기 전에 자신의 계획을 점검해 보고 그렇게 해야 하는 이유를 생각해 보자. 여왕벌을 찾아서 봉군이 정상인지 확인할 생각인가? 경험이 쌓이면서 무리 짓기 전의 징후를 찾거나, 벌통에 추가 꿀 저장실이 필요한지 판단하거나, 질병의 징후를 확인하거나, 꿀방을 꺼내서 추출할 준비가 되었는지 확인하기 위해서 봉군 검사를 하게 된다. 봉군 검사를 하는 이유는 경험과 시기에 따라 달라지며, 결국에는 봉군의 상태를 검사하는 것은 물론, 계획한 검사

191쪽: 봉군을 검사하고 있다.

봉군 검사 체크리스트

아래 항목은 봉군 검사 시 확인해야 할 기본 사항이다.

여왕벌이 있는가?
알이 있는 방의 상태는?
유충이 있는 방의 상태는?
번데기가 있는 방의 상태는?
봉군이 건강한가?
분봉을 준비하고 있는가(왕대에 알이 들어 있는가)?
꿀방에 꿀이 충분히 들어 있는가?
봉군의 기질은 어떠한가(벌침을 몇 번이나 쏘았는가)?
꿀 저장실이 필요한가?
추출할 만큼 꿀이 모였는가?

벌통을 열기 전에 훈연기의 상태를 확인한다.

를 모두 수행할 수 있게 될 것이다.

목표에 집중하려고 노력해야 한다. 봉군 검사를 할 특별한 이유가 없는 벌통이라면 그냥 내버려 두는 것이 최선인 경우가 많다. 그러나 온대 기후 지역의 초기 활동기인 4월 중순부터 7월 중순까지는 7~9일에 1회 이상 모든 벌통을 검사해야 한다(226~234쪽 참조). 검사의 주된 목적이 분봉 징후를 점검하기 위한 것이기에, 검사 간격은 여왕벌의 생애 주기, 즉 새로운 여왕벌을 키우는 데 걸리는 시간과 연결되어 있다(231쪽 참조). 특히, 초기 활동기에는 더욱 그렇다.

훈연기 사용

먼저 훈연기를 점화한다(175쪽 참조). 불이 잘 붙었으면 알맞은 연료를 채웠는지 확인한다. 공기가 통하지 않을 정도로 연료가 채워져 있으면 안 된다. 검사 중에 훈연기가 꺼질 때를 대비해 여분의 연료와 점화 도구를 준비한다.

훈연기 노즐을 벌통 입구에 댄 상태로 훈연기를 잡고 연기를 살짝 불어준 후, 효과가 나타날 때까지 기다린다. 양봉 모자와 장갑을 착용하고 이 작업을 하면 다소 불편하기에, 연기를 입구로 넣은 뒤에 모자와 장갑을 착용하는 양봉가도 있다.

벌통 열기

덮개를 분리해 근처에 뒤집어 놓는다. 뒤집은 덮개의 네 군데 모서리 나무 기둥 위로 벌통의 다른 상자를 쌓아 올릴 수 있는데, 이렇게 하면 만약 꿀벌이 사이에 끼이더라도 기둥의 면적이 좁아 피해를 최소화할 수 있다. 꿀벌이 아래로 떨어지더라도 뒤집어둔 덮개 안에 모이게 되어 검사가 끝나고 다시 벌통에 집어넣을 수 있다.

그런 다음 상판을 분리한다. 벌통끌의 평평한 쪽 날을 상판 한쪽 구석 아래에 넣고 살짝 비튼다. 그 틈새로 연기를 조금 불어넣어 꿀벌이 벌집틀 사이로 내려가게 한다. 그런 다음 벌통끌로 프로폴리스 코팅막을 깨면서 상판을 들어 올린다. 상판은 벌통 옆에 기대어 두거

A. 덮개를 들어 올려 분리한다.
B. 상판을 빼낸다.

검사 시 벌집틀을 돌리는 방법.

나 덮개 위에 올려둔다. WBC 벌통은 내부 상자를 열기 전에 외부 상자를 먼저 분리해야 한다.

벌집틀 검사

벌집틀은 꿀벌을 구매했을 때 핵군 상자에서 육아실 상자로 옮겼던 방법과 정확히 같은 방식으로 빼내면 된다(182~184쪽 참조). 첫 번째 벌집틀과 다음 벌집틀 사이의 프로폴리스 막을 깨고 부드럽게 꺼낸다. 그런 다음 벌집틀에 무엇이 있는지 자세히 살펴본다. 그 벌통이 핵군을 옮긴 지 얼마 안 되어 이제 막 벌집을 짓기 시작한 봉군이라면 첫 번째 벌집틀은 벌집기초가 더 많이 보이거나 갓 뽑아낸 밀랍으로 만든 빈방이 많을 것이다. 봉군이 점점 커지면서 벌집기초 위에 밀랍을 쌓아 벌집을 만들 것이며, 곧 꿀과 꽃가루 혹은 새끼들로 가득 찰 것이다. 여왕벌의 번식력이 매우 뛰어나지 않는 한 상자벽에 가장 가까운 바깥쪽 벌집에는 벌방이 없으며, 대부분 꿀방이나 꽃가루방이다.

양봉가들은 대부분 육아실에 철망이 달린 벌집기초를 사용한다. 하지만 아무리 철망으로 지지한다고 해도 따뜻한 날에는 새로 만든 벌집이 흐물흐물해질 수 있으므로 망가지지 않게 주의해야 한다.

벌집틀 돌리기

벌집틀을 다룰 때는 항상 천천히 부드럽게 다루어야 한다. 갑자기 움직이거나 충격을 가하면 벌집틀이 손상될 수 있으며 놀란 꿀벌들이 양봉가를 공격할 수도 있다. 벌집틀 귀를 단단히 잡고 들어 올려 한쪽(A)을 검사한다. 검사하는 동안 여왕벌이 아래로 떨어지더라도, 벌통 안으로 떨어질 수 있도록 반드시 벌

첫 번째 벌집틀을 빼낸 다음 들어 올린다.

프로폴리스

프로폴리스를 많이 생산하는 봉군도 있지만, 거의 생산하지 않는 봉군도 있다. 왜 이런 차이가 나타나는지 알려지진 않았지만, 기후와 관련이 있을지도 모른다. 꿀벌은 프로폴리스를 벌집의 틈새를 메우는 일종의 방습제로 사용한다. 프로폴리스로 벌통 입구의 크기를 조절하는 봉군도 있다. 입구 전체를 프로폴리스 막으로 덮고 꿀벌만 통과할 수 있는 크기의 구멍을 몇 개 뚫는다. 이렇게 하면 둥지를 쉽게 방어할 수 있다. 또한, 벌집 내부를 불투명하게 하고 벌집을 튼튼하게 하려고 프로폴리스를 사용하기도 한다.

프로폴리스는 매우 끈적끈적해서 손가락이나 옷에 묻으면 제거하기 쉽지 않다. 메틸알코올을 묻히면 희석되는데, 메틸알코올이 마르기 전에 씻어내야 한다. 주방용 세정제를 사용해도 되지만, 제법 힘들게 문질러야 한다. 옷에 묻은 프로폴리스를 제거하는 것은 더 어렵다. 그러나 타르와 레진 성분이 포함된 얼룩 제거제를 사용하면 제거할 수 있다. 얼룩 제거제의 자극이 남지 않도록 주의한다.

통 위에서 검사해야 한다. 반대쪽을 검사하려면 귀를 잡은 채로 한 손을 아래로 내려 상단 막대가 세로로 놓이게 한다(B). 그 상태에서 벌집틀을 90도로 회전시켜 벌집틀의 반대쪽이 몸 쪽을 향하게 한 다음, 내렸던 손을 들어 올려 상단 막대를 수평 위치로 되돌린다. 그렇게 하면 벌집틀 반대쪽을 볼 수 있게 되었지만, 상단 막대가 아래로 내려온 상태가 된다(C). 검사를 끝내고 벌집틀을 넣을 때는 같은 방법으로 원래 방향으로 돌려 넣는다.

다음 벌집틀 검사하기

벌집틀의 양면을 모두 검사했다면 벌통 입구와 가까운 벌통 벽에 한쪽 귀를 걸치게 하여 기대어 둔다. 그러면 꿀벌들이 자유롭게 벌통 안으로 들어갈 수 있다. 어떤 벌통 지지대는 육아실 상자 한쪽 면에 벌집틀을 거치해 둘 수 있는 구조로 디자인되어 있다. 열린 상자에 걸어두는 형태의 벌집틀 거치대를 구매해도 된다. 이 거치대에 첫 번째 벌집틀을 거치해 놓을 수 있다. 안 쓰는 핵군 상자가 있다면 첫 번째 벌집틀을 다시 벌통에 넣을 때까지 그 안에 넣어두는 것도 괜찮다. 이제 두 번째 벌집틀을 검사할 차례다. 첫 번째 벌집틀을 빼내어 생긴 공간으로 두 번째 벌집틀을 옮긴 다음 들어 올린다. 두 번째 벌집틀을 검사한 후에는 다음 벌집틀과 멀어지도록 공간의 가장자리에 다시 꽂아 넣는다. 이런 식으로 레일을 따라 벌집틀을 한 칸씩 이동시키는 방식이 효과적이다. 이제 같은 방식으로 다음 벌집틀을 검사한다.

벌집틀을 탈부착 할 때 벌통 벽에 부딪히지 않도록 주의한다. 반드시 벌집틀을 순서대로 교체하고 다시 넣어서 원상태로 배치해야 한다(197쪽 참조).

침착하게 작업해야 한다. 도저히 검사를 진행할 상황이 아니라고 판단되면 벌집틀을 함께 밀어서 원상태로 되돌린 다음 첫 번째 벌집틀을 다시 넣은 뒤 벌통을 닫으면 된다. 검사는 나중에 다시 할 수 있다.

여왕벌 찾기

첫 번째 검사에서 바로 여왕벌을 찾을 수 있다면 좋을 것이다. 여왕벌에 표식을 남겼다면 쉽게 찾을 수도 있겠지만(186쪽 참조), 그렇다 하더라도 여왕벌을 찾는 것은 쉬운 일이 아니다. 핵군으로 시작했다면 꿀벌이 적기 때문에 여왕벌을 쉽게 찾을 수 있을 것이다. 여왕벌은 일벌이나 수벌보다 몸집이 크지는 않지만, 눈에 띄는 특징을 가지고 있다. 일벌보다 길고 색이 연한 여왕벌의 다리를 보고 찾는 양봉가도 있고, 길고 뾰족한 복부를 보고 찾는 사람도 있다(97~98쪽 참조).

벌집틀을 들어 올리자마자 재빨리 벌집틀의 가장자리를 훑어본다. 여왕벌은 빛을 싫어해서 벌집틀을 들어 올렸을 때 그늘이 지는 쪽에서 발견되는 경우가 많다. 그러니 앞면을 너무 오래 보지 않는 것이 좋다. 나중에 다시 검사해도 된다.

여왕벌이 보이지 않는다고 당황할 필요는 없다. 일벌들에게 가려져 있거나 벌통 바닥에 떨어졌을지도 모른다. 뭉쳐 있는 꿀벌들을 부드럽게 만지거나 입김을 불어 떨어뜨려 놓는다. 연기를 조금 피우

벌집틀을 잡고 반대쪽 면을 검사하고 있다.

는 것도 효과가 있다. 일벌들이 뭉쳐 있던 자리의 벌방에서 알을 찾는 것이 중요하다. 알이 있다면 여왕벌이 최소한 3일 전까지는 이 벌집틀에 있었다는 의미다.

알이나 유충이 들어있는 왕대가 있는지 살펴본다. 이는 분봉을 위해 무리 지을 준비를 하는 징후이므로 예방 조치를 해야 한다. 그렇지 않으면 많은 수의 꿀벌들이 여왕벌과 함께 무리 지어 날아가 버린다. 많은 꿀벌과 여왕벌을 잃게 되는 것이다.

벌통 닫기

검사를 마쳤으면 상자의 벌집틀을 원래의 위치로 되돌린다. 호프만 벌집틀(161쪽 참조)은 벌집틀과 벌통 벽 사이에 벌통끌을 넣고 젖히면 한 번에 모든 벌집틀을 제자리로 돌려 고정할 수 있기에 상당히 편리하다. 일자형 벌집틀에 금속이나 플라스틱 스페이서가 장착된 형태라면 이 작업이 그리 쉽지 않을 것이다. 여러 단계에 걸쳐 진행해야 할 수도 있다.

이제 육아실 벽과 두 번째 벌집틀 사이에 공간이 생겼으므로 첫 번째 벌집틀을 다시 넣을 수 있다. 좁은 공간에서 꿀벌이 다치지 않게 하려면 벌집틀에 있는 꿀벌을 털어내야 한다. 벌통 위에서 벌집틀을 잡고 세게 흔들어 꿀벌을 벌통으로 떨어뜨린다.

그래도 남아있는 꿀벌은 그냥 두고 벌집틀을 제자리에 꽂는다. 그런 다음 첫 번째 벌집틀을 두 번째 벌집틀에 대고 밀어서 벌 공간을 확보한다.

상단 막대 위로 연기를 부드럽게 불어넣어 꿀벌들이 육아실 상자 안쪽으로 들어가도록 한 다음 상판을 닫는다. 이 과정에서 꿀벌을 다치게 하지 않고 육아실 상자 위로 나머지 벌통 상자들을 올리는 방법이 두 가지 있다. 상판과 격왕판, 꿀 저장실 상자를 육아실 상자 측면과 일직선으로 위에 올리는 방법과 45도 각도로 올린 다음 돌려서 자리를 잡는 방법이다. 첫 번째 방법을 사용한다면, 벌통의 상자들이 겹쳐지는 부분에 꿀벌이 모여 있지 않은지 확인하면서 제자리에 내려놓아야 한다. 꿀벌을 옆으로 빗질해내거나 연기를 조금 뿜어내어 꿀벌이 작업에 방해가 되지 않도록 한다. 두 번째 방법에서는 상판과 격왕판, 꿀 저장실 상자를 평평하게 배치한 다음, 조심스럽게 돌리며 위치를 잡는다. 이때도 꿀벌이 끼이진 않는지 확인하고 꿀벌을 다른 곳으로 옮겨가며 작업해야 한다.

WBC 벌통은 외부 상자를 다시 설치한 다음, 검사를 끝내고 덮개를 올린다.

격왕판 설치

먹이 활동 시즌이 계속되면, 꿀을 저장할 공간이 더 필요할 것이다. 육아실이 벌로 가득 차면 꿀 저장실을 추가해야 한다. 먼저, 격왕판을 육아실 상자 위에 올려두면 여왕벌이 위로 올라가서 꿀 저장실에 알을 낳는 것을 막을 수 있다. 격왕판과 꿀 저장실을 육아실 상자와 똑바로 맞춘 다음, 상판과 덮개를 올린다.

다음 검사에서는 먼저 꿀 저장실을 빼내어 뒤집어 놓은 덮개 위에 올린다. 그런 다음 격왕판의 한쪽 모서리를 살며시 들어 올려 보고, 벌집틀과 잘 분리되면 조심스럽게 들어낸다. 꿀벌이 프로폴리스로 격왕판을 고정해버리고, 격왕판과 벌집틀 사이에 밀랍 다리를 만들어 두었을 수 있기 때문이다. 육아실 검사가 끝난 뒤 격왕판을 다시 올리기 전에 격왕판을 다른 벌통 덮개 위나 평평한 표면에 깔고 벌통끌로 잉여 물질을 긁어낸다. 격왕판의 살 사이에 벌통끌이 끼이지 않도록 주의한다. 잘못하면 살이 변형되어 여왕벌이 비집고 들어갈 만큼 살 틈새가 커질 수 있기 때문이다.

격왕판.

천 덮개

일부 양봉가들은 봉군 검사 중에 꿀벌이 날아오르는 것을 막기 위해 천으로 된 덮개를 사용한다. 커버로 사용하는 천은 벌통 너비보다 길고 두꺼운 면직물 조각들이다. 벌통보다 길게 자른 무거운 막대기 끝에 천을 꿰맨 뒤 벌집 벽을 가로질러 거치한다. 천 한 장을 벌집틀과 평행하게 열린 상자 위에 깐다. 그런 다음 천을 말아서 들어 올릴 벌집틀의 상단 막대를 드러낸다. 첫 번째 벌집틀과 두 번째 벌집틀을 검사한 뒤 두 번째 벌집틀을 다시 넣고 레일을 따라 밀어서 틈을 만든다. 천을 반대로 말아 세 번째 벌집틀이 드러나게 한다. 그런 다음 다른 천을 검사가 끝난 두 번째 벌집틀 위에 놓는다. 검사를 진행하면서 첫 번째 천을 계속 말아 검사할 벌집틀만 드러나게 하고, 두 번째 천을 펼쳐 검사가 끝난 벌집틀을 덮는다. 이렇게 하면 검사를 진행하는 벌집틀을 제외한 모든 벌집틀을 천으로 덮을 수 있다.

이 천 덮개를 사용하면 검사 속도가 느려질 수 있다. 직접 사용해보고 천 덮개가 도움이 되는지, 아니면 방해가 되는지 확인한 다음 결정하면 된다.

육아용 벌집틀의 패턴

육아용 벌집틀은 육아실 상자 중앙에 위치할 것이다. 여왕벌이 알을 낳는 곳이기에 이 벌집틀에서 여왕벌을 찾을 가능성이 크다.

꽃가루방이 육아방을 둥글게 둘러싸고 있으므로, 꽃가루가 많은 벌집틀을 찾으면 근처에 있는 육아용 벌집틀을 쉽게 찾을 수 있다. 이 육아용 벌집틀부터 육아방 패턴이 나타나기 시작한다. 정상적인 육아방 패턴을 만드는 여왕벌은 점점 커지는 원형을 그리며 알을 낳는다. 첫 번째 알을 가운데 벌방에 낳고 나면, 일벌들이 청소해 둔 벌방에 알을 낳으면서 점점 바깥쪽으로 이동한다. 알이 부화하고 유충이 자라면 발달 단계에 따라 만들어진 다양한 고리 형태를 관찰할 수 있다. 중심에 있는 방은 유충의 발달 단계의 마지막인 번데기가 되어 밀랍 덮개가 덮여 있으며, 바깥쪽으로 갈수록 열린 방과 알이 든 방의 고리가 만들어진다. 첫 번째 성충이 나오고 나면 일벌이 빈 방을 청소해 여왕벌이 알을 낳을 수 있도록 하고, 이러한 순환이 다시 시작된다. 활동적인 시즌인 봄부터 초여름까지는 여왕벌이 알을 빨리 낳으므로 육아 벌집이 점점 커지는데, 첫 번째 알이 발달 단계를 마치기 전에 육아 벌집에 빈방이 없어지면 여왕벌은 다른 벌집을 찾아 알을 낳는다. 그래서 육아 벌집이 바깥쪽으로 확장하게 된다. 그러므로 육아방이 있는 벌집틀의 수를 기록해두면 봉군 확장의 진행 상황을 쉽게 파악할 수 있다.

분봉을 관리해야 하는 이유

분봉은 봉군이 2개 혹은 그 이상으로 분리되어 새로운 무리를 형성하는 자연스러운 과정이다. 무리 짓는 시기는 일반적으로 주요 유밀기의 흐름과 궤를 같이하는데, 대유밀기에는 꽃꿀이 넘쳐나고 먹이가 풍부하기에 새로운 무리를 만들 최적기다. 양봉가가 분봉을 방지할 수 있다면, 더 많은 꿀을 수확하게 되는 것은 당연하다. 또한, 분봉을 방지함으로써 이웃의 불안과 민원도 예방하게 된다. 누구나 벌떼를 보면 두려운 마음이 먼저 든다. 무리 짓기를 통제하면, 공동시설의 벽이나 굴뚝처럼 접근하기 어려운 곳에 집을 지을 가능성을 줄일 수 있다. 접근하기 어려운 곳에 집을 지어버리면, 벽이나 굴뚝을 떼어내거나 벌들을 죽여야 하는 등 처리하기가 매우 곤혹스러워진다. 벌들을 죽이기 위해 사용되는 살충제는 이후 남아있는 꿀에 끌려 접근하는 다른 벌들에게 치명적이므로 해충 방제 관리원들은 파괴된 벌집의 모든 구멍을 막아 접근을 방지해야 한다.

어디로 분봉할지 결정하지 못한 공중에 매달린 무리를 모으는 편이 공동시설에 자리 잡은 벌떼 제거보다 훨씬 수월하다.

무리 포획 서비스

지역 양봉 협회는 대부분 무리 포획 서비스를 운영하고 있으므로, 매달린 무리를 직접 수거하기 힘든 경우에는 협회에 미리 연락을 취해 사람이 접근하기 어려운 곳에 새로운 집을 짓기 전에 제거하도록 한다.

무리 지어 벌집을 떠날 채비를 하는 봉군.

분봉 방지하기

키우는 벌 무리가 겨울을 잘 견뎌내고, 개체 수가 꾸준히 증가하고 있으면, 양봉가는 서식지가 확장되도록 새로운 공간을 제공해줘야 한다. 그렇게 하지 않으면, 벌의 수가 늘어나 지나치게 붐비게 되고, 결국 새로운 무리를 만들게 된다. 사용 가능한 공동 공간을 확장하면 분봉을 방지하거나, 최소한 지연시킬 수 있다. 벌통 상자가 꿀벌로 가득 차 보이면 바로 여왕벌 후계자와 꿀 저장실을 추가해주도록 한다. 각 벌통에는 추가 꿀 저장실이 3~4개 정도 있어야 한다. 벌통이 정상적으로 확장되면, 꿀을 저장하기 위해 추가한 꿀 저장실을 이용하게 되고 생활 공간이 여유로워지므로 과밀을 방지해 준다.

날씨가 따뜻해질수록, 7일에서 9일에 한 번씩 정기적으로 벌통 상자를 검사하여 왕대가 있는 벌집틀의 봉아권을 확인해 본다. 왕대는 도토리 깍정이와 비슷하게 생겼으며, 모든 무리는 이런 여왕벌 유충을 위한 왕대를 만든다. 여왕벌이 왕대 안에 알을 낳으면 꿀벌들은 측면을 확장하여 여왕벌 유충을 위한 육아방으로 바꾼다. 여왕벌 알은 새로운 무리가 준비되고 있음을 의미한다. 정기적인 점검을 통해 이런 현상이 발생하면 바로 알아채도록 하자.

봉군 통제

봉군은 양봉가가 제공한 추가 공간의 양과는 무관하게, 대부분 봄이나 초여름경에 분봉을 준비한다. 따라서 알이 든 왕대를 발견했을 때 어떻게 대응할 것인지 미리 계획하고 준비해 두는 것이 중요하다. 한 집단이 분봉 준비를 하면, 다른 집단도 준비 중일 때가 많으므로 양봉가는 각 봉군의 분봉에 사용할 장비를 충분하게 마련해 놓도록 한다.

양봉가가 왕대에서 알을 발견했는데, 다음날 알이 바로 부화하거나 유충이 자라고 있어도 밀랍 덮개가 덮이기까지는 5~6일이 남아있으므로, 밀봉되지 않은 왕대는 대응할 시간이 아직 남아있는 것이다. 유충의 나이를 추정하여 왕대가 밀봉될 때까지의 시간을 계산하여 분봉 문제가 발생할 시기를 예상할 수 있다. 그러나 왕대가 이미 밀봉되었다면 봉군의 일부가 이미 무리 지어 떠났음을 나타낸다(205쪽 참조).

분봉의 징후

봉군의 분봉은 왕대에 알을 낳는 것으로부터 시작된다. 유충은 3일 후에 부화한다. 알을 낳은 지 9일째 되는 날 덮개를 씌우고 7일 후, 즉 총 16일째 되는 날 여왕벌이 탄생한다. 기존의 여왕벌은 새 여왕벌의 왕대가 덮일 즈음에 무리와 함께 떠난다. 양봉가가 개입하지 않으면, 처음 태어난 여왕벌이 또 일부 무리를 이끌고 벌통을 떠나게 된다. 이후 더 많은 여왕벌이 태어나면서 차례로 무리를 데리고 떠난다. 이 과정은 무리가 생존을 위협받지 않을 정도의 수만 남았다고 '결정'할 때까지 계속된다. 일벌들은 처녀 여왕벌 1마리만 남기게 되고, 여왕벌은 짝짓기 후 봉군으로 돌아온다.

종에 따라 무리를 꾸리기보다는 오래된 여왕벌을 그대로 두는 편을 선택하기도 하는데, 이들은 늙은 여왕벌이 죽을 때까지 일벌과 여왕벌이 한 무리에서 화목하게 지낸다.

모든 벌통에는 여왕벌 알을 키우기 위한 왕대를 만든다. 여왕벌이 이곳에 알을 낳으면 왕대는 여왕벌 유충의 육아방으로 완전히 확장된다.

분봉 통제에 대한 이해

분봉 통제에는 여러 가지 방법이 있어 혼란스러울 때도 있다. 봉군 내에서 어떤 사건이 언제 발생하는지를 파악하는 것이 핵심이다. 일단 왕대에 알을 낳으면, 여왕벌이 탄생하는 시간표가 만들어진다. 여왕벌은 3일째 부화하여 5일간 유충으로 지내다가 9일째 왕대에 봉인된다. 그 후 7일간 번데기 상태로 있다가 16일째 여왕벌이 된다. 이 모든 과정이 알을 낳으며 시작된다.

모든 분봉 통제법은 어떤 식으로든 봉군을 나누는 것이 포함되어 있다. 봉군은 여왕벌, 봉아, 날아다니는 벌(외역벌과 내역벌), 이렇게 세 부분으로 구성되어 있다고 생각하자. 이 중 하나를 분리해 내어 추가 조처를 하면 분봉을 통제할 수 있다.

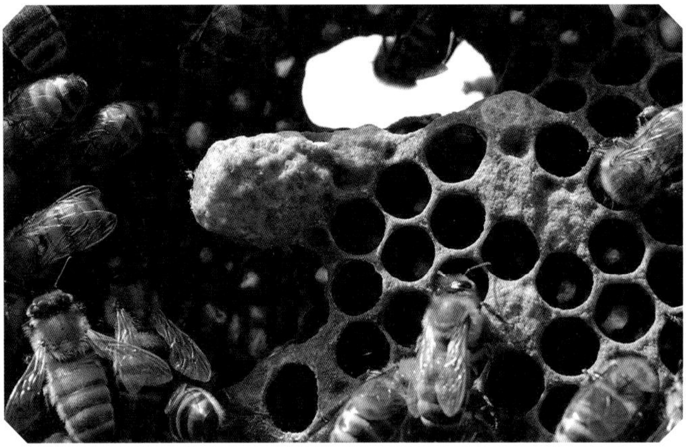

분봉을 준비 중인 무리가 밀봉한 왕대.

핵군내기: 여왕벌 옮기기

여왕벌을 제거하면 꿀벌들이 무리를 지었더라도 벌통을 떠나지 못한다. 제거하는 방법의 하나는 여왕벌을 벌집에서 꺼내어 격리하는 것이다.

여왕벌을 서식지에서 분리하려면 여분의 밑판과 육아실 상자, 상판, 덮개와 3~5개의 벌집이 달린 벌집틀이나 벌집 기초가 장착된 벌집틀이 필요하다. 또는 비슷한 구성의 핵군 상자를 사용해도 된다. 여왕벌과 그 무리를 오래 두지 않을 예정이라면 벌집틀 3개짜리 핵군 상자로도 충분하다. 그러나 새로운 무리로 키울 계획이라면, 5개 이상 넣어두어야 한다. 무리를 제대로 갖춰진 벌통으로 옮기기 전에 좀 더 시간적 여유를 가질 수 있다.

또 다른 방식은 적은 수의 핵군을 여분의 벌통에 직접 옮기는 것이다. 그리고 가름틀(dummy board)을 사용하여 벌이 편하게 집을 짓도록 한 공간의 벌집 수를 제한하는 것이 가장 좋다. 가름틀은 벌집틀과 닮은 크기가 작은 틀로, 벌집 안에 걸도록 튀어나온 귀가 있다. 작은 봉군이 확장되면 가름틀을 빼내고 벌집틀을 추가하면 된다.

봉군 검사 시 열려 있는 왕대만 있고 밀봉된 왕대가 없다면, 다음의 단계들을 따르면 된다.

왜 여왕벌을 제거해야 할까?

핵군내기 외에도 여왕벌을 제거해야 할 이유가 생기곤 한다. 예를 들어, 방어 성향이 높은 봉군은 유전적인 영향일 가능성이 크기 때문에, 여왕벌을 교체하여 성향을 온순하게 바꿔줘야 한다. 그러나 여왕벌을 죽인 후 짝짓기가 끝난 다른 봉군의 여왕벌을 데려오거나 봉군 스스로 적절한 대체 여왕벌을 키우지 못한다면 봉군의 생존이 위협받게 된다(203쪽 참조). 그러므로 어떤 방식이든, 여왕벌을 대체할 때는 새 여왕벌이 봉군에 잘 적응할 때까지 기존의 여왕벌을 살려두는 것이 현명한 처사이다.

첫 번째 단계

① 꿀벌이 있는 먹이 벌집틀을 핵군 상자로 옮기고 틀을 한쪽 벽으로 밀어 올린다.

② 여왕벌이 있는 봉아 벌집틀을 꿀벌들이 붙어있는 상태 그대로 핵군 상자로 옮긴다. 핵군 상자에 넣기 전에 벌집을 확인하여 태어날 가능성이 있는 모든 여왕벌 알이나 유충을 벌통끌이나 손가락으로 눌러서 제거한다. 벌집틀에 손바닥 크기의 작은 봉아권만 남아있는 것이 이상적이다.

③ 먹이 벌집틀을 핵군 상자로 하나 더 옮긴다. 그러면 육아 벌집틀 양쪽에 먹이 벌집틀이 놓이게 된다. 보통 봉아권의 바깥쪽이 먹이를 저장하는 벌집이므로 벌집틀의 바깥쪽을 확인해 적당하게 먹이 벌집이 만들어진 벌집틀을 고른다.

④ 원래 벌통에서 벌집틀을 2개 더 꺼내어 핵군 상자 위에서 흔들거나 빗질을 하여 벌을 떼어낸다. 벌들을 떼어낸 벌집틀을 원래 벌통에 다시 넣는다.

⑤ 빈 벌집틀로 핵군 상자의 빈자리를 채운다. 꿀벌은 더 넣지 않아도 된다. 벌집이 만들어져 있는 벌집틀을 넣으면 가장 좋겠지만, 벌집기초를 사용해도 된다. 그런 다음 입구에 풀 뭉치를 쑤셔 넣어 단단히 막고 상판과 덮개를 올린다. 핵군 상자 입구를 막지 않으면 꿀벌들이 나와서 이전 벌통으로 돌아가게 된다. 그러므로 상자를 폐쇄하여 꿀벌들이 핵군 상자를 집으로 인식하도록 해야 한다.

⑥ 원래의 벌통을 유심히 관찰한다. 왕대가 충분히 커져서 봉인될 시점에 가까워질 때까지 제거해서는 안 된다. 즉, 매우 작은 여왕벌 유충이 있거나 열려있는 왕대는 남겨 둬야 한다. 왕대의 변화를 쉽게 파악할 수 있도록 상단 막대에 압정을 꽂아 각 왕대의 위치를 표시한다.

⑦ 원래 벌통의 벌집틀들을 한쪽으로 밀어 공간을 만든다. 이 공간에 여왕벌과 먹이 벌집틀을 핵군 상자로 옮길 때 빼놓았던 핵군 상자의 빈 벌집틀을 넣는다(처음부터 벌집틀이 모두 채워져 있는 핵군 상자를 사용해야 이 작업이 끝날 때까지 두 상자를 제대로 채운 상태로 작업할 수 있다).

⑧ 핵군 상자를 기존 벌통의 옆이나 양봉장에 있는 다른 지지대 위에 놓아둔다. 시간이 지남에 따라 막아두었던 풀

손가락으로 잡거나(A) 양봉 도구를 사용해(B) 왕대를 없앤다.

이 시들며 벌들이 밖으로 나오게 된다. 48시간 이내에 벌들이 밖으로 나오지 않으면 풀을 직접 제거해줘야 한다. 이 과정을 모두 마치게 되면 양봉가는 늙은 여왕벌이 이끄는 무리와 작은 봉아권이 생긴 핵군 상자를 갖게 된다. 핵군 상자의 여왕벌은 기존 벌통의 새 여왕벌이 적응하지 못하거나 짝짓기에 실패할 경우를 대비한 보험이다(이러한 상황이 발생하면 핵군 상자에 있는 기존 여왕벌을 다시 복귀시키면 된다).

두 번째 단계

두 번째 단계는 보통 7일 후에 진행된다. 여왕을 제거한 후 8~9일가량 방치해도 되지만, 부화시키기 위해 표시해둔 첫 번째 여왕벌 알이 부화하기 전에는 작업을 시작해야 한다. 이 시기에 최대 4일까지의 일벌 유충을 비상 여왕벌로 사육할 수 있지만, 여왕벌이 원래의 벌통에서 나간 지 7일이 돼서 이 기회가 지나면 남아있는 비상 왕대가 없기 때문이다(203쪽 참조).

① 벌통을 검사할 때, 왕대를 하나만 남기고 모두 제거한다(처음 발견된 왕대는 너무 서둘러 제거하지 않아도 된다. 벌들은 왕대를 스스로 분해한다고 알려져 있다. 왕대는 벌들이 의도적으로 하나 남겨둔 것일 수 있다!) 먼저, 마지막 검사 때 유충이 들어있는 왕대를 확인하여 하나를 고른다. 자세히 보려면 벌집에서 벌을 털어내면 된다. 발육 중인

비상시를 대비해 만들어진 왕대.

벌집기초를 장착한 벌집틀을 채운 핵군 상자.

벌통에서 작업하기 위해 꿀 저장실을 제거하는 모습.

여왕벌 유충을 꺼내려고 하면 손상될 수 있기에 충격을 주지 않도록 조심한다. 벌들이 만들어 둔 다른 왕대를 제거하고 선택한 왕대가 손상되지 않도록 주의하며 틀을 교체한다. 마지막으로, 남아있는 틀을 모두 확인하고 각각의 틀에 있는 왕대를 모두 제거한다. 이때 틀을 흔들거나 털어서 벌을 쫓아내도 된다. 왕대는 오직 하나만 남겨두도록 한다. 왕대가 더 있으면 처음 부화한 처녀 여왕벌이 큰 무리를 이끌고 떠나버려서 양봉가의 노고가 수포로 돌아간다. ② 이제 서식지에는 단 하나의 왕대만이 남아있고, 오직 1마리의 처녀 여왕벌만이 탄생하기에 분봉열이 발생하지 않는다. 여왕벌과 중심 무리를 핵군 상자로 옮기면 주요 무리가 떠난 것과 같다. 그 후 기존의 서식지를 2~3주간 그대로 둬야 한다. 이 사이에 처녀 여왕벌이 태어나 성장하고, 짝짓기 비행을 한 후 돌아와 알을 낳기 시작한다. 이런 작업 후에는 대부분의 봉군이 분봉을 시도하지

비상 왕대

여왕벌이 갑자기 죽어버려서 봉군에서 사라지면, 태어난 지 4일 된 일벌 유충이 여왕벌로 키워진다. 일벌 육아방에서 자라고 있는 유충 중 하나가 성장하는 동안 계속 로열젤리를 먹이면 여왕벌이 된다. 이럴 때 육아방은 더 큰 유충을 수용하도록 길게 확장되지만, 벌집 앞면에 특수 제작된 왕대(114쪽 참조)와는 달리 일반 육아방을 개조한 형태이므로 그 길이가 좀 더 짧다. 이를 비상 왕대라고 부른다.

않지만, 소수의 벌은 새로운 여왕벌 무리가 생기며 분봉을 시도하기도 하므로 계속 지켜봐야 한다.

③ 이제 기존 여왕벌의 운명을 결정해야 한다. 주변 무리와 함께 완전히 다른 봉군으로 키울 계획이면 살려두고, 죽인 후 핵군 상자의 무리를 원래의 벌통과 합사시켜 하나의 봉군으로 만들어도 된다(235쪽 참조).

인공 분봉

많은 양봉가가 또 다른 2단계 과정을 거쳐 분봉을 관리하는데, 이를 인공 분봉이라고 한다. 원래 벌통의 무리를 속여서 자연적으로 무리를 지었다고 착각하게 하는 방법이다.

이 방법을 선택하는 경우 알이 있는 왕대를 발견하는 즉시 제거하여 통제를 시작하는 것이 가장 좋다. 성공의 여부는 첫 번째 단계를 수행할 때 덮개가 있는 왕대의 유무에 달려있다. 왕대에는 알이나 아주 어린 유충만 있고, 더 성숙한 유충이 없다면, 7일 후 두 번째 단계 시작 이전까지 여왕벌이 출현하지 않을 것이다. 벌집기초를 장착한 벌집틀로 채운 여분의 벌통 상자와 밑판, 상판, 덮개가 필요하다.

첫 번째 단계

첫 단계는 왕대에 알이나 유충이 있을 때 여왕벌과 그 주변 벌들을 다른 일벌들과 육아벌로부터 분리하는 작업이 포함되어 있다.

① 원래의 벌통(벌통 A)에서 꿀 저장실을 제거하고 뒤집은 뚜껑 위에 올린다.

② 벌통 A를 바닥과 함께 한편으로 치워두되, 손이 닿기 좋은 위치에 둔다.

③ 새 벌통(벌통 B)을 밑판과 함께 벌통 A의 받침대에 놓는다.

④ 벌통 B의 틀이 수직으로 배치되었으면(163쪽 참조) 중앙에서 3개를 꺼내고, 평행 배치되었으면 앞쪽 3개의 틀을 제

여왕벌이 있는 벌집틀을 새로운 육아실 상자로 옮긴다.

거한다.
⑤ 벌통 A에서 여왕벌이 있는 벌집틀을 찾아서 벌통 B로 옮긴다. 이때 여왕벌과 함께 옮기는 틀의 모든 왕대를 제거하는 것이 매우 중요하다.
⑥ 벌집기초가 장착된 여분의 틀이 있으면, 여왕벌이 있는 틀 양쪽으로 모아 둔 후 벌통 B를 벌집기초를 부착한 틀을 채운다.
⑦ 격왕판을 벌통 B 위에 놓고, 꿀 저장실과 꿀벌을 추가하고 상판과 덮개를 덮어 벌통을 완성한다.
⑧ 벌통 A를 원래 위치에서 옆으로 약 1m 떨어뜨려 놓고 입구가 이전과 같은 방향을 향하도록 한다.
⑨ 벌통 A의 틀을 확인하여, 큰 왕대만 모두 제거하고 나머지는 그대로 둔다.
⑩ 기존 장소에서 벌통 B의 격왕판 및 꿀 저장실을 교체한다.
⑪ 양쪽 벌통의 상판과 덮개를 교체한다.

두 번째 단계

두 번째 단계는 왕대의 알이 부화하기 바로 직전인 7일 후에 이루어지며, 새로 비행을 시작하는 벌들을 왕대와 분리하는 작업을 포함한다.
① 먼저, 한쪽으로 옮겨진 벌통 A에서 밀개가 있는 왕대를 찾아낸다. 처녀 여왕벌을 외역벌 무리와 분리하고 그 수를 줄임으로써 분봉이 방지된다. 이를 달성하려면 벌통 A를 벌통 B(여왕벌 포함)와 다른 곳 또는 양봉장에서 더 멀리 떨어진 다른 장소로 옮겨둔다. 새로운 위치에 놓인 벌통 A의 벌들은 비행 후 벌통이 사라진 것을 보고 가장 가까운 집으로 들어가게 된다. 그게 꿀 저장실까지 다 완전히 갖춰진 벌통 B여야 한다. 외역벌들이 더 많은 꽃꿀을 모으고 개체 수를 늘리는 데 도움이 된다. 두 번 옮겨진 벌통 A의 무리는 외역벌을 비롯한 무리의 수가 매우 적어졌기에 분봉을 하지 못한다. 이제, 첫 번째 처녀 여

벌집 내부의 꽃가루 채집 흔적은 새 여왕벌이 알을 낳기 시작했다는 좋은 징조이다.

왕벌이 태어나서 나머지 왕대의 여왕벌 유충이나 알을 죽인다.

② 핵군내기(200~204쪽 참조)와 마찬가지로, 2~3주 동안 왕대와 함께 벌통을 열지 않는다. 그 후 왕대에 새로운 여왕벌이 자라고 있는지 확인해 본다. 벌통을 열지 않고도 일벌들이 꽃가루를 많이 채집해 들어가고 있으면 여왕벌이 성장하고 있다는 좋은 징조로 생각하면 된다.

③ 이와 더불어 벌통 B에 있는 여왕벌 무리(여왕벌이 포함된 봉군)도 확인해서 추가로 왕대를 만들고 있으면 모두 파괴한다. 일주일 후 봉군이 정상적으로 발달하고 있는지 확인하며 새로운 무리를 꾸리지 않도록 관리한다.

여왕벌을 찾지 못했을 때

대부분의 봉군 통제법은 여왕벌을 찾아야 하지만, 여의치 않을 때의 조치법도 있다. 벌통을 열고 검사를 했음에도, 밀개가 있는 왕대나 여왕벌을 찾지 못했다면, 앞서 설명한 인공 분봉법의 첫 3단계를 시행한 후 다음의 과정을 따르도록 한다.

④ 알, 유충, 밀랍 덮개가 있는 육아방 등, 모든 단계의 벌 새끼가 있는 봉아권(벌통 A) 벌집틀을 찾아 그곳의 꿀벌 무리와 틀을 핵군 상자(벌통 B)로 옮긴다. 이 틀에는 여왕벌이 있어선 안 된다.

⑤ 한쪽으로 옮긴 벌통 A의 전체 무리 틀을 살펴보며, 밀랍 덮개가 있는 왕대가 없는지 확인하고 있으면, 바로 제거한다. 이 작업은 매우 중요하다.

⑥ 벌통 B의 육아실 상자를 벌집이 만들어져 있는 벌집틀이나 벌집기초를 부착한 벌집틀로 채우고 격왕판과 그 주변 무리, 상판, 뚜껑이 있는 꿀 저장실을 추가하고 벌통 B를 원래 자리에 둔다.

⑦ 나머지 봉군이 들어있는 벌통 A를 다른 층에 놓고 원래 위치(벌통 B를 놓은 곳)에서 최소한 1m 떨어진 곳에 둔다. 틀을 한편으로 밀고 벌집틀이나 벌집기초 틀로 빈 공간을 채운다. 입구가 이전과 같은 방향으로 향하고 있는지 확인해야 한다.

⑧ 상판과 덮개를 교체한다.

벌통 상자 아래에 있는 여왕벌. 여왕벌을 찾아내지 않아도 가능한 분봉 방지법이 있다.

일주일 후 봉군 검사를 하면 여왕벌이 있는 장소가 확인된다. 벌통 B에 알과 어린 유충이 있으면 그곳에 여왕벌이 있으며 실제로 인공 분봉이 진행된 장소라는 의미이므로, 이전과 같이 진행하면 된다. 그러나 대개는 옮겨진 원래의 벌통(벌통 A)의 육아실 위에 있을 가능성이 더 크다. 이런 경우에는 여왕벌과 수벌들을 외역벌들과 분리한다. 벌통 A에서 날아오는 벌들은 먹이를 찾아 원

놓쳐버린 분봉 무리. 왕대만 제거해서는 봉군을 효과적으로 통제하기 어렵다.

래 장소로 돌아와 그곳의 '새로운' 봉군(벌통 B)에 합류한다. 따라서 여왕벌은 왕대가 있어도 벌통 A에서 새로운 무리를 지어 떠나지 않는다.

여왕벌은 먹이를 구해올 수 있는 벌들로만 무리를 짓기 때문에 어린 벌들만 남아있는 상태에서는 분봉하지 못한다. 이후 7일에서 9일 동안, 남아있는 벌들은 왕대를 계속 파괴하며 분봉열이 발생하기 이전의 상태로 돌아가게 된다.

7일 후, 벌통 A의 여왕벌은 봉아권에 알을 낳고 있고 왕대가 없는 상태가 된다. 그리고 여왕벌이 없는 벌통 B의 벌들은 비상 왕대를 만들기 시작할 것이다. 이 벌집틀들을 확인하여 왕대를 하나만 남겨두고 모두 제거하도록 한다. 가장 성숙한 왕대를 남겨, 여왕벌이 태어나 무리를 이끌도록 하자. 여왕벌 무리(벌통 A)는 더 발전하도록 남겨둬도 되며, 필요한 경우 꿀 저장실을 추가해도 된다. 이런 봉군은 대체로 분봉을 준비하지 않는다. 하지만, 새로운 무리를 준비하는 징후가 포착되면, 바로 여왕벌과 모든 왕대를 제거한다. 9일 후, 한 번 더 왕대를 제거한다. 여왕벌도 없고 대체할 비상왕대도 없는 일벌 봉군(벌통 B)은 양봉장의 다른 봉군과 합사하면 된다.

봉군 조절 장애

모서리나 틀의 하단 막대 등에 숨겨져 있는 왕대를 놓쳤거나, 서식지 조사를 적절한 시기에 하지 못하면, 양봉가는 결국 벌떼의 일부를 잃게 된다. 더 이상의 분봉이 발생하지 않도록 조처를 해야 한다. 분봉이 발생했다는 증거는 이렇다.

❀ 봉아권에 알이 몇 개만 있거나 밀랍

덮개가 덮인 왕대가 여러 개라면 여왕벌과 무리를 잃은 것이다.
- 꿀벌이 평소보다 더 공격적이며 벌집틀에서 날아올라 쉽게 침을 쏘면 그 벌통에 여왕벌이 없다는 의미로 해석된다.

분봉열이 발생했으면 다음의 과정을 진행하자.
- 벌통의 왕대에 모두 밀랍 덮개가 있으면, 분봉하지 않도록 1개만 남기고 모두 제거한다.
- 밀랍 덮개가 있는 왕대와 없는 왕대가 같이 있으면, 밀랍 덮개가 있는 왕대를 모두 파괴한다. 일주일 후, 다시 밀랍 덮개가 있는 왕대를 1개만 남겨두고 모두 제거한다.

왕대 일부를 갉아낸 봉아가 보인다면, 기존 여왕벌이 주요 무리와 함께 남겨졌고 몇몇 처녀 여왕벌이 새로운 무리를 꾸리고 있다는 의미다. 이 경우 남은 왕대를 잘 살펴봐야 한다. 밀랍이 제거되고 끝부분이 갈색인 번데기는 '성숙' 하였거나 부화가 임박한 상태이다. 주머니칼이나 벌통끌의 모서리를 사용하여 각 왕대의 끝을 매우 조심스럽게 열어 부화가 임박한 여왕벌이 있는 것을 찾아 왕대와 여왕벌을 제거해야 한다. 그 후에 생기는 모든 왕대 또한 제거한다. 처녀 여왕벌을 서식지에 풀어 놓은 후에는 2~3주간 그대로 내버려 둬야 한다. 2~3주 후에 여왕벌이 짝짓기를 했는지, 알을 낳고 있는지 확인하면 된다.

다른 처녀 여왕벌이 이미 등장한 봉군은 어떻게 해야 할까? 아직 내부에 왕대가 없는 한 여왕벌의 등장은 중요치 않다. 여왕벌이 많은 꿀벌을 이끌고 떠나게 되는 것은 왕대의 유무에 의해 좌우된다. 왕대가 없는 한, 처녀 여왕벌들은 서로 싸우다 죽게 되며, 분봉은 발생하지 않는다. 규모가 큰 봉군에 두 개의 왕대가 남아있으면, 무리를 잃게 될 가능성이 매우 크다.

밀랍 덮개가 열린 왕대.
처녀 여왕벌이 떠났다.

분봉 무리 포획하기

당신이 양봉가라는 소식이 알려지면, 벌떼를 포획해 달라는 연락이 올 것이다(대부분의 양봉 협회는 이 서비스를 받을 의향이 있는 사람들의 명단을 가지고 있으니, 본인을 추가해달라고 요청하면 된다).

양봉가의 관점에서 이상적인 무리는 주변 초목이 없는 깨끗한 공간에서, 대략 어깨높이의 크고 깔끔한 나뭇가지에 매달려있는 형태이다. 그러나 침엽수의 가지 사이에 퍼져 있기도 하고 기둥의 옆면을 도배하듯 모여 있기도 하며 닿지 않는 높이의 가느다란 가지에 매달린 상황도 많다.

어떤 형태의 무리이든, 기본 원칙은 똑같다. 여왕벌의 페로몬 중 하나는 공기를 통해 퍼져나가 날아다니는 벌들을 끌어들이고 다른 하나는 내부의 봉군을 안정적으로 유지하며 어디에 머무를지 결정하게 한다. 즉, 성공적인 벌떼 모으기의 열쇠는 준비한 포획 도구에 여왕벌을 담는 것이다.

분봉 무리의 무게

잘 발달한 무리는 기다란 축구공 크기로 무게는 약 3kg이다. 간혹 다른 봉군에서 동시에 나온 두 무리가 결합하여 더 큰 봉군 형성하기도 한다.

필요한 장비

벌들은 양봉가가 도착하기 5분 전에 날아간다는 나쁜 속설이 있을 정도로 포획하기 힘들기 때문에 가능한 한 빨리 벌떼에 접근해야 한다. 그러니 봉군 수집 계절이 시작되면 장비를 바로 사용할 수 있도록 필요한 장비들을 모두 준비해 두자.

수집한 벌을 담을 적당한 용기가 필요한데, 뚜껑이 있는 튼튼한 판자로 만든 핵군 상자나 벌통 상자가 적절하다. 영국의 많은 양봉가는 특히 전통적인 짚스켑을 많이 사용한다(39쪽 참조). 거친 내부 표면이 벌에게 발판이 되어 무리가 위에 모이게 된다.

무리가 덤불이나 다른 초목에 모여 있기도 해서 전지가위(secateur)나 가지치기용 가위(lopper)가 유용하게 쓰인다. 또한 용기를 덮을 큰 천이나 막, 그리고 이를 고정하기 위한 튼튼한 끈이나 벌통 고정용 줄이 필요하다. 무리는 일반적으로 공격성이 적은 편이지만 항상 예외는 있으므로 면포, 훈연기와 연료, 성냥을 챙기도록 한다. 무리가 나무에 정착했을 경우를 대비하여 발판이 있는 사다리도 준비하자.

어떤 양봉가들은 높은 나뭇가지에 매달린 무리를 포획할 때 포봉기를 즐겨 사용한다. 금속 프레임에 쌓인 가방이 긴 막대기에 달려있다. 가방을 무리 근처에 놓고 줄을 당겨 닫아 지상으로 내린다. 포봉기를 사용하면 지면에서 4~5m 높이의 무리까지 포획할 수 있다.

무리 포획하기

무리가 있는 장소에 도착하면 몇 분간 계획을 세운 뒤 행동을 취하도록 한다. 근처에 날아다니는 벌이 있는, 조직이 잘 구성된 무리가 포획하기 가장 쉽다. 되도록 가까운 곳에 준비한 용기를 두도록 한다. 용기를 강하게 움켜쥐고 나뭇가지를 좌우로 흔들거나 쳐서 벌들을 날린다. 일반적인 규모의 무리면 통에 담길 때 꽤 무거울 수도 있다. 되도록 많은 벌을 담아 천으로 덮는다. 사다리에

무리가 떠나기 전에 포획하자.

올라가 작업했다면 내려와서 천을 덮고, 용기를 조심스럽게 뒤집어 무리가 원래 있던 곳과 가장 가까운 장소에 내려놓는다. 이렇게 해야 밖에서 날아다니는 벌들이 용기로 찾아 들어오기가 쉽다. 밖에 있는 벌들이 들어올 구멍이 용기에 없으면, 작은 돌이나 잔가지로 가장자리를 받쳐준다. 용기 바깥의 벌들이 복부 끝에 있는 나소노프샘을 노출하고 날개로 부채질하여 '향기'를 퍼뜨리는 모습(115쪽 참조)을 보게 될 것이다. 입구 쪽에서 향을 공중으로 보내, 비행 중인 벌들에게 무리의 위치를 알리는 것이다. 그러면 기존 서식지에 있던 벌들이 아래로 내려온다. 그러나 비행 중인 벌들이 기존 서식지에 페로몬 신호를 남기기도 하므로 벌들이 돌아오도록 몇 차례 더 나뭇가지를 흔들거나 훈연기를 사용해야 할 때도 있다.

211쪽: 스켑을 사용하여 벌떼를 수집하는 모습. 기본 방식은 예나 지금이나 비슷하다.

무리를 플라스틱 통에 담더라도, 벌들은 내부 표면이 거친 서식지로 바로 옮겨져야 한다. 그래야 용기를 뒤집어도 꿀벌이 내부 표면을 잡고 떼를 형성하여 비행 중인 꿀벌들이 합류하게 된다.

꿀벌들이 포획 용기를 떠나 기존 서식지로 돌아가기 시작하면 여왕벌을 놓친 것이다. 무리 지을 때까지 기다렸다가 다시 시작해야 한다.

날아다니던 모든 꿀벌이 용기 안에 들어왔는지 확인한 후 입구를 닫고 장비를 제거한다. 그 후에 용기 주위에 천을 고정하고 꿀벌들이 빠져나갈 틈이 없는지 확인한 후 천을 통해 숨을 쉬도록 용기를 조심스럽게 뒤집는다.

현장에 2번 갈 여유가 있다면, 용기 안에 꿀벌들을 잘 단속한 다음 집으로 돌아갔다가 꿀벌들이 비행을 멈추는 해질녘에 다시 가서 회수해도 된다. 그 시간대에는 모든 벌이 안으로 들어갈 것이므로 덮개를 잠그고 용기를 빼내기 수월하다.

늘 포획하기 쉬운 장소에 무리가 자리 잡는 것은 아니다. 우거진 초목 한가운데에 있을 때는 먼저 땅 주인에게 일부 초목을 잘라내도 되는지 물어본 후, 용기를 놓도록 한다. 무리가 땅에 모여 퍼져 있을 때는 벌비, 거위 깃털을 사용하거나 기다란 풀과 손으로 용기에 모으면 된다. 문의 기둥 같은 곳에 넓게 퍼져 있을 때는 그 위에 용기를 놓고 균형을 잡을 수 있다면 훈연기를 이용하여 모아도 좋다. 하지만 연기를 너무 많이 사용해선 안 된다. 연기를 과도하게 피우면 무리를 흩어지게 하므로 고생이 모두 수포로 돌아간다. 무리는 적절한 서식처를 찾고 있으며, 양봉가가 그것을 제공해야 한다는 사실을 잊지 말자.

무리 포획은 재미있는 일이지만 매우 피곤하며 좌절감을 맛볼 수 있는 작업이다. 우리가 도착하기 전에 다른 곳으로 날아갈 뿐만 아니라, 더 좋은 서식지를 찾아 포획 용기 밖으로 도망 가버리기도 한다. 기껏 포획 용기에 모아뒀는데 회수할 즈음에는 많은 수가 이탈해 있기도 하다. 그러나 이런 상황은 자주 발생하지 않으며, 대부분 포획에 성공한 무리는 집으로 데려가게 된다.

양봉장에 돌아가서는 벌들을 옮겨야 한다. 늦은 저녁 시간인 경우, 천을 아래에 두고 용기를 뒤집어서 무리가 살게 될 새집 옆에 놓아주면 가장 좋다. 입구가 없는 용기는 끈이나 줄을 풀고 포획할 때처럼 용기의 가장자리를 받쳐서 높여준다(210쪽 참조). 나머지 작업은 다음 날 처리하면 된다.

무리의 벌을 입구 앞 판자에 떨어뜨려 통으로 들어가게 한다. 빠르게 용기를 털어내면 벌들이 새집 앞의 판자로 떨어진다.

포획한 무리를 새집으로 옮기기

무리를 옮기는 방법은 크게 두 가지가 있는데, 첫 번째 방법은 먼저 포획한 벌을 받을 벌통 상자를 준비한다. 키울 자리의 받침대에 덮개와 상판 및 벌집틀을 제거한 상자를 놓고 상자와 바닥 사이에 격왕판을 놓는다. 무리를 담은 용기를 들어 천과 분리한 다음 빠르게 흔들어 준다. 무리의 대부분을 빼내기 위해 몇 차례 반복하여 털어주고 새 벌집 입구가 위쪽을 향하도록 용기를 놓는다. 남아있는 꿀벌들도 곧 새로운 집에 들어간다.

이제 벌집틀을 넣는다. 벌들이 눌려서 죽지 않도록 억지로 끼워 넣지 말고 부드럽게 내려 상자에 넣는다. 꿀벌들이 그 위로 기어 다니기 시작하면 틀이 제자리에 고정된다. 벌들에게 틀을 고정할 시간을 준 다음 위치가 적절한지 확인한다. 상판과 덮개를 덮으면 첫 무리 포획과 새집으로의 이사가 성공적으로 마무리된다.

격왕판을 사용하면 여왕벌과 봉군이 입구를 통해 밖으로 나가는 것을 방지하여, 하루 중 언제든지 벌들을 벌통으로 옮길 수 있게 된다. 그러나 처녀 여왕벌이 있는 봉군인 경우에는 이틀 후 격왕판을 제거해야 짝짓기 비행을 할 수 있다. 짝짓기 없이는 무정란만을 낳아서 '수벌로만 뒤덮인 층(drone layer)'을 형성하게 된다. 격왕판을 사용하지 않았을 때는 이른 저녁에 모든 과정을 작업하도록 한다. 일반적으로 무리는 아침까지 벌통에 머무르려고 한다.

두 번째 방법은 새집 앞 널빤지에 벌

들을 푸는 방법이다. 받침대에 벌집틀로 가득 찬 바닥이 있는 벌통을 놓는다. 벌통 너비만큼 평평한 판을 찾아 입구 앞에 설치한다. 상자의 앞쪽을 12~20mm 정도 살짝 위로 올려 받쳐주면 벌들이 들어갈 공간이 넓어져서 도움이 된다.

훈연기에 불을 붙이고 천으로 덮어둔 무리 상자를 들어서 평편한 판 위에 놓는다. 끈을 풀고 천을 널빤지 위에 고르게 펼친다. 벌이 널빤지 밑으로 기어들어 가지 않도록 천 양쪽을 바닥에 닿게 하면 가장 좋다. 다음으로, 용기를 털어서 천 위에 벌들을 떨어뜨린다. 남아있는 벌들은 다른 방향으로 상자를 흔들거나 벌비로 꺼낸다. 이렇게 하면 벌들이 새집으로 줄지어 들어가는 모습을 보게 될 것이다. 운이 좋으면 여왕벌이 들어가는 모습도 보게 된다. 벌들이 모두 안으로 들어간 것을 확인하고 나면, 사용한 용기 받침대를 제거한다. 판과 천까지 제거하면 봉군의 새로운 집이 완성된 것이다.

간혹 꿀벌은 개체 수 조절이나 다른 벌의 침입을 방지하기 위해 입구를 막는데, 이런 경우, 남은 벌들이 벌통 바깥쪽 윗부분에 모이게 된다. 대부분 이런 무리는 다른 곳으로 떠나가 버리므로 이때는 방관하지 말고 벌통 외부의 벌을 쓸어 모두 안으로 들어가게 한다.

분봉으로 규모 확장하기

인공 분봉에 성공하고 나면 여왕벌이 있는 벌통과 여러 개의 왕대가 자라고 있는 벌통(핵군 상자)이 생기게 된다. 봉군을 확장할 계획이라면, 이 단계에서 왕대를 하나로 줄이지 말고 새로운 무리를 형성하도록 나눈다. 봉군의 규모에 따라 4개 혹은 5개까지 가능하지만, 처음에는 둘로 나누는 편이 가장 좋다. 벌통 안의 모든 벌집틀을 살펴보며 왕대가 몇 개인지 확인한 다음, 몇 개의 무리로 나눌지 결정하면 된다. 무리마다 각각의 핵군 상자(또는 예비 벌통 상자)가 필요하다. 먹이 틀을 각각의 핵군 상자 안에 넣고, 2개의 벌집틀과 함께 벌들을 옮긴다. 분봉군에는 각기 상태 좋은 왕대가 있는 벌집틀이 하나씩 있어야 한다. 그 외의 왕대는 모두 제거하고 벌집틀을 위로 들어 올려 흔들거나, 벌비로 쓸어서 원래의 벌통에 남아있는 육아벌과 내역벌의 절반 정도를 핵군 상자로 들어가게 한다.

다음으로, 여왕벌을 이용하여 분봉할 때처럼 두 벌통을 벌집틀로 채운다(199쪽 참조). 이제 두 봉군은 새 벌들이 태어나며 개체 수가 증가하게 된다. 여왕벌이 있는 자리 근처에 벌집틀을 두고 같은 수만큼 핵군 상자의 틀을 제거한다. 빈 벌집틀을 사용하여 핵군 상자를 채우거나 다른 무리의 먹이 틀과 바꾸어 대신 핵군 상자에 넣는다(저장 식량이 거의 없는 경우).

핵군 상자 대신 여분의 벌통 상자를 사용할 시 상자 중앙에 무리를 넣고 상자를 벌집기초틀로 채우거나 무리와 먹이 벌집틀의 양쪽('수직 배치'일 경우) 또는 뒤쪽('수평 배치'일 경우)에 가름틀을 둔다(163쪽 참조).

벌집틀을 제자리에 배치했으면, 기존 여왕벌이 있는 봉군으로부터 3m 이상

봉군을 나누어 핵군 상자에 넣어서 봉군의 규모를 확장한다. 사진의 봉군은 두 개의 상자로 나누었으며, 각각 5개의 벌집틀을 넣었다.

떨어진 장소에 핵군 상자를 둔다. 그리고 각각의 핵군 상자 속 봉아권을 확인하여 작은 왕대들을 모두 제거한다. 처음 태어나는 여왕벌로 인해 남은 왕대들이 제거되므로 양봉가가 다 제거하지 않아도 된다(봉군 통제법과 같다). 핵군 상자에서 외역벌들을 제거했기 때문에 각 봉군의 처녀 여왕벌들은 무리를 이끌고 떠나지 않는다.

최소 2주간은 핵군 상자를 그대로 둔다. 그 기간은 처녀 여왕벌이 성숙해지고 짝짓기를 하여 알을 낳기 시작하는 시간이다. 이때 상자를 자주 개봉하여 봉군 검사를 진행하면, 짝짓기를 마친 여왕벌이 자신의 봉군이 아닌 다른 곳(기존 여왕벌의 무리)으로 가버리는 문제가 발생하는 경우가 있다. 그러면 기존 여왕벌의 무리가 새 여왕벌을 죽여버린다.

새 여왕벌이 산란을 시작하고 봉군에 새로운 꿀벌이 태어나면 각각의 작은 봉군은 서서히 확장되기 시작한다. 상자의 벌집틀이 다 차기 전까지는 필요할 때마다 가름틀을 꺼내고 벌집기초틀을 넣어준다. 핵군 상자에 벌들이 가득해지면 일반적인 벌통 상자로 옮겨준다.

먹이 주기

216쪽: 유밀기 초반, 저장 식량이 부족할 때 연한 당액을 먹인다.

저장한 먹이의 양이 부족하고 무밀기에 접어드는 가을에는 겨울을 나기에 충분할 만큼의 먹이를 확보하기 위한 응급 처치로 양봉가가 먹이를 줘야 하는 경우가 있다. 유밀기에는 봉군에 4.5kg 이상의 먹이가 항상 저장되어 있어야 하며, 이는 대략 가득 채운 벌집틀 두 개의 무게에 해당한다. 가을에는 겨울을 대비하기 위한 먹이가 약 13~18kg 필요하다, 즉 6~8개의 벌집틀이 먹이로 가득 차 있어야 한다. 이 중 일부는 겨울 생존에 사용되고, 나머지 대부분은 봄철 봉군 확장에 쓰인다.

봉군의 먹이량을 측정할 때는 먹이 벌집틀과 무리 벌집틀을 함께 꺼내어 무게를 달아서 개체 수와 먹이 저장량을 상대적으로 평가해야 한다. 밑판 아래로 손을 넣어 벌집틀 뒤쪽을 잡고 그대로 들어 올린다. 이 작업을 몇 번 반복하면 벌통을 열지 않고도 봉군의 식량 상황을 짐작할 수 있다.

꿀벌에게는 설탕으로 만든 당액이나 사양떡 또는 퐁당 아이싱(fondant icing) 조각을 먹인다. 양봉가가 직접 만들 때는 이질을 일으킬 가능성이 있는 비정제 흑설탕을 사용하지 않도록 조심한다. 묽은 당액은 활동량이 많고 먹이가 빨리 소비되는 시기에 먹인다. 그리고 먹이 저장량을 늘려야 하는 겨울에는 당분 비율이 높은 당액을 먹인다. 꿀벌은 묽은 당액보다 수분 함량이 낮은 당액을 저장 식량으로 더 선호하는 경향이 있는데, 저장용으로 적합하기 때문에 꿀벌이 당액을 변환하는 과정을 줄여 꿀벌의 수고를 덜어준다.

당액은 정확하게 계량하여 만들지 않아도 된다. 설탕을 용기에 붓고 평평하게 한 다음 끓는 물을 부으며 젓는다. 설탕의 높이보다 약 5mm가량 높은 지점까지 부어준다. 설탕이 완전히 녹을 때까지 계속 저어주되, 용기 바닥에 미미한 설탕 결정이 남아도 괜찮다.

처음 서식지에 먹이통을 놓을 때는 꿀

꿀 도둑

꿀이나 당액의 단내는 꿀벌과 말벌은 물론이거니와 다른 곤충들까지도 유혹한다. 녀석들은 양봉가가 주는 먹이를 먹기 위해 온 힘을 다해 접근하여 당액을 훔치기 때문에 반드시 벌통에 도둑 벌과 말벌이 출입하지 못하도록 필요한 조치를 해두어야 한다. 작은 틈으로도 들어가므로(벌의 출입에 필요한 공간은 6~9mm에 불과하다), 녀석들이 들어올 만한 공간을 발견하면 그 즉시 틈을 막아야 한다. 임시방편으로 구멍 위를 망사로 덮거나 접착테이프를 붙여 막을 수 있다. 건축용 점토나 의자 쿠션의 내장재로 쓰이는 플라스틱 폼으로 막아도 된다. 벌을 빼내고 수리할 때는 나무 조각이나 목재 전용 필러를 이용하여 완벽하게 수리한다. 가을처럼 꿀 도둑이 빈번하게 출몰하는 시기에는 벌집 출입구의 크기를 가능한 한 작게 만들어야 한다. 여름철 벌들이 활동하기 편리하게 출입구를 최대한 확장했다면, 블록이나 플라스틱 폼으로 틈을 채운다. 가을철 봉군이 방어하기 좋은 출입구의 크기는 폭 50mm, 높이 6~8mm 정도다.

벌이 날아다니지 않는 저녁 무렵이 좋다. 일벌들이 벌통 내부의 식량 공급처를 발견하고 흥분하거나 도둑질하는 일을 방지할 수 있다. 같은 이유로 가을의 첫 먹이 급여는 양봉장 내 모든 봉군에 동시에 줘야 한다. 먹이통은 이틀에 한 번씩 점검하고 보충해도 되지만, 꿀벌에게 필요한 먹이량을 모두 채우기 전까지는 먹이통이 비지 않도록 한다.

먹이통

먹이통은 종류에 따라 용량이 다르다. 뚜껑에 구멍이 뚫린 단지형은 자주 보충해줘야 한다. 빈 틀이 있는 건강한 봉군의 먹이통은 빠르게 사라지는 편이라서, 특히 겨울 대비용으로 먹이를 주기에는 큰 통을 사용하는 것이 좋다.

벌통 뚜껑을 완전히 덮는 크기의 먹이통에 당액을 붓는다.

접촉용 사양기

접촉 또는 양동이 형태의 먹이통은 단지형 먹이통과 작동 원리가 동일하다. 구입도 가능하며, 뚜껑이 있는 원통형 플라스틱 용기로 직접 만들어도 된다. 직사각형 용기는 사용 중에 엎어져서 서식지에 당액이 쏟아질 가능성이 있으므로 적합하지 않다. 뚜껑 중앙에 직경 1~1.5mm 정도의 작은 구멍을 뚫는다. 구멍이 너무 크거나 많으면, 먹이통을 뒤집을 때 부분적으로 진공 상태가 되어 액체가 굳는다. 먹이통에 당액을 채우고 여분의 양동이와 먹이통보다 크고 비어 있는 꿀 저장실이나 속이 깊은 에크(eke)를 벌통 상자로 가져간다. 에크는 같은 높이의 나무 조각 4개를 직각으로 고정하여 벌집과 같은 치수로 만드는 틀인데 비어 있는 꿀 저장실이 없을 때 대신 사용하면 된다.

벌집 지붕을 열고 상판의 먹이 공급 구멍의 마개를 푼다. 먹이통을 양동이에 거꾸로 세우고 부분적으로 진공 상태가 되지 않도록 떨어지는 당액 방울을 막은 채 먹이 공급 구멍 위에 놓는다. 직접 만든 먹이통에 얕은 테두리가 없으면 3~4개의 작은 나무 조각을 놓아 벌이 구멍에 닿을 수 있는 공간을 만들어 준다. 마지막으로 빈 꿀 저장실이나 에크로 덮고 지붕을 배치하여 도둑 벌과 말벌의 접근을 방지한다.

윗사양기

밀러(Miller)와 애쉬포스(Ashforth) 사양기는 모두 벌통 위에 설치된다. 벌들이 아래로부터 접근하는 원리로, 가림

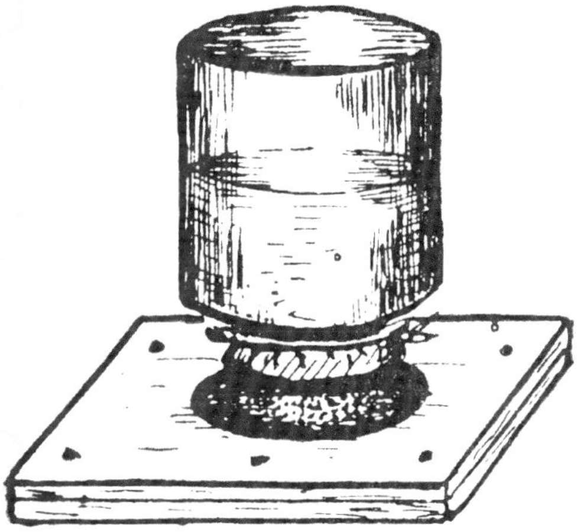

간편한 단지형 사양기.

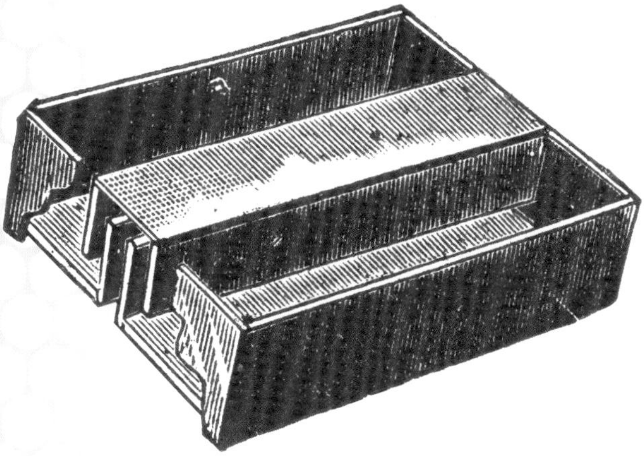

광식 사양기.

밀러식 사양기.

막 위로 올라가 고여 있는 당액을 먹게 된다. 벌이 접근하는 통로와 당액이 고여 있는 곳에는 익사를 방지하는 덮개가 있다. 두 제품 모두 덮개를 제거하면 소량의 당액이 틀에 떨어지면서 벌에게 먹이의 위치를 알려줌으로써 먹이 채집 '준비'를 유도한다. 먹이통이 거의 비었을 때 덮개를 제거하면 벌이 남은 당액에 접근하여 청소하듯 깨끗이 먹어치운다. 하지만, 당액의 양이 매우 적어서 벌이 들어가도 익사하지 않을 때 외에는 이 방법을 쓰면 안 된다. 밀러 사양기는 중앙을 가로질러 접근하고 애쉬포스 사양기는 한쪽에서만 접근하도록 되어 있다. 두 제품 중 한 가지를 사용할 때는 벌통의 상판을 제거하고 사양기를 벌통 위에 둔다. 제품의 아래쪽에는 벌들이 접근할 공간이 마련되어 있다. 벌통 상자가 약간 기울어진 경우에는 당액이 접근 가능한 공간으로 흘러내려 벌이 항상 먹이를 먹을 수 있도록 사양기의 방향을 조정한다. 상판과 지붕을 배치하고 벌통 상자를 잘 단속한다.

꿀 저장실에 딱 맞게 만들어진 플라스틱 사양기도 있으니, 사양기 선택 시 고려해 보자.

광식 사양기

벌통 상자 안에 넣는 광식 사양기로도 벌에게 먹이를 줄 수 있다. 사양기는 일반적인 벌집틀과 크기가 같으며, 양쪽에 방수 장치가 있고 상단 막대에 벌이 접근할 수 있도록 틈이 만들어져 있다. 플라스틱으로 만들어진 제품도 있다. 안쪽은 사양기 단면보다 약간 작은 부유물이 떠다녀서 벌의 익사를 방지한다. 광식 사양기는 도둑 벌에게 노출될 가능성이 낮기 때문에 양봉장의 각 봉군에 따로 급여하기 편리하다. 사양기와 가름판을 함께 사용하면 무리 서식틀에 가깝게 배치할 수 있다.

사양떡

갑자기 저장 먹이가 다 떨어져 가거나, 이미 없는 봉군을 발견했을 때는 사양떡이나 퐁당 아이싱(양봉 용품 공급업체나 제과 제빵 재료 공급업체에서 종종 큰 덩어리로 판매하고 있다)을 사서 먹이로 주면 된다. 큰 덩어리를 자르는 가장 간단한 방법은 칼을 계속 적셔가며 자르는 것이다. 벌통 상자의 상판를 제거하고 사양떡을 무리 서식틀 바로 위에 놓은 후 플라스틱 재질의 쟁반이나 신문지와 같은 단열재로 덮는다. 빈 꿀 저장실 또는 에크를 올린 후 상판과 지붕을 배치한다.

직접 사양떡을 만들려면 큰 냄비에 물 0.5L를 넣고 가열하면서 정제된 백설탕 2.5kg을 조금씩 넣는다. 물이 팔팔 끓기 시작할 때까지 계속 젓다가 3분간 더 끓인 후 불을 끄고 냄비를 찬물에 담근다. 내용물이 식는 동안에도 계속 저어주며 냄비 옆에 있는 차가운 당액을 첨가하여 섞는다. 색이 뿌옇게 변하면 틀에 붓거나 큰 금속 쟁반에 붓는다. 따뜻할 때 큰 덩어리를 작은 조각으로 자르고 각 조각을 비닐봉지에 넣어 다음에 사용할 때까지 촉촉하게 유지되도록 한다. 벌에게 급여하기 전에 비닐에 구멍을 뚫어 사양떡을 드러낸 상태로 벌집틀 위에 올린다.

봄이 되고 꿀벌들의 활동이 재개되어도 여전히 먹이를 줘야 하면 접촉식 사양기로 교체해도 되고, 사용하지 않은 사양떡을 당액으로 희석시켜 급여해도 된다.

사양떡은 큰 덩어리로 살 수 있으며, 벌집틀 위에 놓는다.

위생 관리 및 안전 수칙

양봉장 위생방침은 원인 물질이 벌집 간에 쉽게 전염되는 노세마병, 유럽부저병(EFB). 미국부저병(AFB)과 같은 벌 질병 확산을 방지하기 위해 마련됐다. 질병에 관한 설명은 236~239쪽을 참조하면 된다.

주요 전염 경로는 벌집 도구, 장갑, 보호복 또는 봉군 간의 틀 이동이다. 따라서 가능한 한 모든 장비를 깨끗하게 유지해야 한다. 일부 양봉가들은 다른 양봉장이나 벌통에 사용하기 전에 양봉 도구를 세척한다. 효과적인 소독제는 물과 표백제를 100:1의 비율로 섞는 것인데, 가정용 표백제(sodium hypochlorite, 차아염소산나트륨)나 농업용품점에서 구입 가능한 버콘 에스(Virkon S)를 찬물과 섞으면 광범위한 항균 소독제가 된다. 사용하려는 날에 만들어 바로 사용하는 것이 가장 효과적이다. 보호복은 세탁해도 되나 너무 더러워진 고무장갑은 폐기하는 편이 낫다. 두 봉군 모두에 질병이 없다는 확실한 증거가 있을 때 외에는 틀을 교환해선 안 된다(236~239쪽의 질병 확인에 관한 지침을 참조).

일부 양봉가들은 훈연기를 안에 넣어 벌통 상자를 소독한다.

정기적인 벌틀 교체는 1년에 2~3개씩 하게 되는데, 이렇게 벌틀을 일정하게 교체하면 원인 인자가 틀에서 제거되므로 질병의 위험도 줄어든다. 사용하지 않는 틀은 훈증 소독하거나 벌집을 제거하고 잔여물을 깨끗하게 긁어낸 후

틀 훈증 소독

사용하지 않는 벌집 틀은 훈증 소독으로 병균을 사멸시킨다. 훈증 처리한 틀은 다른 봉군에 재사용해도 된다.

훈증 소독에는 산업용 화학물품 공급업체 또는 양봉 장비 공급업체에서 판매하는 80% 또는 '전용'으로 나온 아세트산을 사용해야 한다. 영국은 공급업체로부터만 아세트산을 구입해야 한다고 법으로 규정해 두었다. 영국 규격 벌통(164쪽 참조)은 아세트산 150mL를 천이나 펠트지에 적셔야 한다. 야외 또는 환기가 잘 되는 곳에서 작업해야 하며, 부식성이 있으므로 앞치마, 고무장갑, 마스크를 착용하고 사용해야 한다. 금속 끝과 금속 러너는 훈증 소독 시 부식되므로 제거해 둔다. 상자를 튼튼한 비닐봉투 안에 넣거나, 상판과 하판 사이에 넣고 틈에 테이프를 붙여 봉인한다. 연기는 공기보다 무거우므로 틀 위에 놓아둔 흡수성 패드에 산이 도포된다. 훈증소독은 7일에서 10일 정도 유지한 뒤, 밀봉을 제거하여 냄새가 다 날아가고 나면, 공기를 공급한 후 벌을 넣고 사용해야 한다. 이음매만 잘 밀봉한다면, 산을 적신 패드를 올리며 여러 개의 벌통을 쌓아도 된다.

아세트산 연기는 노세마와 유럽부저병의 원인 물질을 제거한다. 또한, 초기 생활 단계의 부채명나방도 죽인다(244쪽 참조).

양봉장을 위생적으로 관리하고 질병 전이의 위험을 줄이려면 막대의 프로폴리스나 벌집 조각을 긁어서 제거해야 한다.

벌침은 최대한 빨리 피부에서 빼내야 한다.

끓는 세척용 소다 용액에 넣는다. 수확할 때마다 벌집과 프로폴리스 조각을 긁어내는 것이 이상적이지만, 적어도 매년 겨울에는 불을 지핀 램프를 상자 안에 넣어 나무들이 어두운 갈색으로 변할 때까지 소독해야 한다.

양봉장을 깨끗하게 유지하고 상단 막대 또는 격왕판에 끼인 벌집 조각도 제거해야 한다. 특히 꿀이 있는 상태에서 관리를 제대로 해주지 않으면, 질병 발생률을 매우 높아진다.

또한, 사용 후에는 모든 제품을 제거하고 제조업체의 지침에 따라 폐기해야 한다. 꿀 처리와 관련된 위생 규정은 252쪽에 다루고 있다.

안전

양봉 작업에는 현명한 예방 조치가 필요하다. 사고의 가능성은 늘 열려 있으며 실제로 발생하기도 하지만, 다양한 사전 조치로 사고를 예방할 수 있다.

쏘임

벌통을 열 때 쏘일 위험을 줄이려면, 보호복을 착용해야 한다. 특히 얼굴과 눈을 찔리면 위험하므로 반드시 면포를 쓰도록 한다.

침착하고 부드럽게 움직이는 방법을 배워야 한다. 틀이나 벌통을 두드리면 안 된다. 거칠게 다루면 온순한 꿀벌도 사납게 대응하곤 한다. 또한, 꿀벌은 환경의 영향을 받는데, 이는 벌을 대상으로 실시한 검사들에서 그들의 행동 차이를 확인할 수 있다. 꿀벌은 전자파에 예민하게 반응하므로 천둥이 치는 날에 사나운 모습을 보이기도 한다. 고전압이 흐르는 전신주 아래에 자리 잡은 일부 서식지의 벌도 이런 모습이 보이곤 한다. 유밀기가 끝날 즈음에도 꿀벌의 방어력이 높아지는데, 유채(카놀라)꽃이 질 때도 가끔 사나워진 벌을 보게 된다. 여왕벌이 없을 때 더 방어적으로 행동하는 꿀벌도 있다.

벌침에 심각한 알레르기가 (예를 들어, 호흡 문제 유발) 있음에도 불구하고 위험을 감수한 채 양봉업을 계속하고 싶으면, 의사와 상담하여 아드레날린을

특수 설계된 손수레로 벌통을 옮기면 허리 부상을 피하는 데 도움이 된다. 벌통 상자 부분은 끈으로 고정시킨다.

상비하는 것을 고려해봐야 한다. 쏘였을 때의 따가움과 불쾌감은 지극히 정상적인 반응이며, 일반적으로 쏘인 부위 주변만 붓는다(128~130쪽 참조). 대개는 쏘이는 횟수가 잦을수록 반응이 감소하지만, 때로는 반응이 더 심해지기도 한다. 이때는 항히스타민제를 복용하면 도움이 되니, 벌침에 예민한 사람은 약효가 몸에 퍼지는 시간을 고려하여 양봉장에 출입하기 1시간 전에 한 알을 미리 복용한다.

응급 상황에 대비하여 휴대 전화를 양봉장에 가져가는 것이 좋다. 혼자 갈 때는 항상 다른 사람에게 본인의 위치와 예상 복귀 시간을 알려주도록 한다. 양봉장의 벌집 받침대가 평평하고 안전하며 튼튼한지 확인해야 한다. 음료수 용기로 사용되는 것과 같은 단일 플라스틱 상자는 일반적으로 미끄럽고 벌통보다 조금 작은 편이라서 잠재적인 위험이 있다. 무거운 상자를 옮길 때 예상치 못한 장애물에 걸려 넘어지지 않도록 양봉장을 깔끔하게 정돈해야 하며, 지면이 고르지 않은 곳은 그에 따른 적절한 신발을 착용해야 한다.

허리 질환

많은 양봉가를 괴롭히는 문제 중 하나는 '양봉가의 허리'이다. 꿀벌, 틀, 봉아, 꿀로 가득 찬 벌통도 무겁고, 꿀로 가득 찬 꿀 저장실도 무겁다. 대부분의 벌통은 잡고 들어 올리기에 적절한 실용적인 손잡이가 없다. 손잡이를 측면에 장착하면 들어 올리기는 수월해지지만, 트레일러나 차량으로 벌통을 이동시킬 때 외부 손잡이가 있으면 포장하기가 어렵다. 꿀 저장실을 추가하면 그에 따라 높이도 높아지기 때문에 꿀 저장실을 들어 올리기가 더 어려워진다. 모두 허리 문제를 유발하는 요인으로, 상자를 올바른 방법으로 들어 올리는 것이 중요하다. 땅에 있는 물건을 들 때는 무릎을 구부려야 한다.

꿀 저장실과 같은 장비를 양봉장에서 옮길 때는 바퀴가 달린 운송 수단을 이용하도록 한다. 정원용 손수레에는 벌통이 쉽게 들어가지 않으며, 벌통 2~3개를 단단히 묶기 힘드니, 한 번에 하나의 상자만 옮기도록 한다. 수레가 불안정하게 움직일 정도의 하중을 실은 채 운반하려고 해서도 안 된다. 특수 설계된 양봉

정확한 높이에서 작업하면 허리에 가해지는 부담이 줄어든다.

손수레는 더 안전해서 일반적으로 한 번에 더 많은 상자를 운반해도 되지만, 단단하게 묶는 것이 매우 중요하다.

당신이 틀을 꺼내거나 들어서 올릴 때 허리를 굽히지 않아도 되도록 사용하기 좋은 높이의 벌통 받침대를 설치하여 작업하도록 한다. 평균 신장에 해당하는 사람의 벌통 받침대는 45~60cm 높이가 적당하다. 벌집 옆에 설치하는 작업 플랫폼은 봉군 검사를 포함한 벌집과 관련된 모든 활동을 완전히 똑바로 서 있는 자세로 수행하여 허리의 부담을 줄여주는 높이가 이상적이다. 꿀 저장실은 가슴 높이보다 높지 않은 것이 가장 좋으며, 꿀이 가득 찼을 때마다 수확하여 적정 높이를 유지하도록 하자.

안전하게 꿀벌 운반하기

예를 들어, 특정 작물을 찾기 위해 차량이나 트레일러를 이용해 벌을 이동시킬 때, 양봉가는 자신뿐만 아니라 벌의 안전까지도 확보해야 한다. 벌통 입구를 막아 벌을 안에 가두어야 하지만, 통풍이 잘 되도록 조치해야 한다. 이는 상판을 프레임이 있는 철망 이동식 스크린으로 교체하거나 바로아응애를 확인하기 위해 사용되는 철망 바닥과 같은 환기가 잘 되는 망사 구조의 바닥을 사용하면 해결된다(240쪽 참조). 이동 스크린은 이동 전날 미리 제자리에 설치하고, 벌이 들어있는 곳은 지붕을 다시 씌우거나 상단을 십자형으로 배치하여 날씨로부터 보호한다.

벌통이 있는 부분은 매우 단단히 묶어야 한다. 가장 간단한 방법은 장력 조절이 가능한 벌통 전용 끈(하이브 스트랩)을 사용하는 것이다. 하나의 끈도 벌통 주변을 단단히 고정하는 데는 충분하지만, 상자들이 움직이지 않도록 끈을 하나 더 추가하여 다른 각도로 둘러 한 번 더 고정하도록 한다.

꿀벌은 하루 중 가장 시원한 시간인 이른 아침이나 저녁에 이동시키는 것이 가장 좋다. 아침에 꿀벌이 날기 시작하기 전이나 저녁이 되어 활동을 중단한 후에 플라스틱 폼이나 이와 유사한 제품으로 입구를 막는다. 이동용 스크린을 사용하지 않을 때는 지붕을 제거하고 벌통을 묶는다. 통풍을 위해 바닥을 철망으로 사용하는 경우, 꿀벌이 빠져나가지 않도록 상판의 먹이 입구를 테이프로 봉인한다.

벌통이 꽉 조여 있는지 확인하지 않으면, 탈출하여 차 안에서 날아다니게 될지도 모른다. 이동 중 벌집이 흔들리지 않도록 가능한 한 단단히 포장해야 한다. 이렇게 해둠으로써, 통을 옮길 때 발생하는 벌의 탈출 가능성도 낮추게 된다. 또한, 벌통과 이동식 하이브 스탠드를 사용하는 경우에는 각각의 지붕도 포장해야 한다. 차량에서 목적지까지의 거리가 있을 때는 특수 제작한 손수레나 벌집 운반선을 따라 이동하면 편리하다.

따뜻한 날 벌을 이동시키는 경우에는 벌통 내 봉군의 온도가 지나치게 높아지는 경우도 고려해야 한다. 극단적으로는 벌집이 녹아 무너지게 되고, 벌이 질식사하거나 액화된 꿀에 익사하기도 한다. 이동용 상단 스크린을 사용할 때는 스크린을 통해 꿀벌에게 약간의 물을 뿌려 봉군의 온도를 낮추면 되지만, 하단 환기 스크린을 통해서는 불가능하다. 차량의 문을 연 채 운행하면, 봉군을 시원하게 유지하는 데 더 도움이 된다. 개방된 트레일러로 이동할 시에는 직사광선으로 인한 과열을 조심해야 한다.

훈연기를 안전하게 사용하기

연기가 아무리 자욱하더라도 훈연기의 연료는 매우 가볍다는 사실을 잊으면 안 된다. 특히 건조한 식물들이 주변에 있을 때는 훈연기의 불씨가 완전히 꺼졌는지 확인해야 한다. 훈연기는 불씨가 꺼져도 여전히 뜨거우므로 금속 상자나 여분의 내화 용기에 담아 옮기도록 한다. 이 방법은 통이 넘어져 뜨거운 재가 인화성 물질에 쏟아지는 것도 방지한다.

차량으로 이동할 때 뒤편에 두면 반동으로 인한 충격을 받을 수 있으니 특히 주의해야 한다.

이동을 위해 벌집을 싣는 모습.

양봉의 1년 흐름

일반적으로 북부 온대 지역에서의 유밀기는 4월에서 9월 사이지만, 주변 기후와 지역 양봉의 가용성에 따라 달라진다. 벌이 날기에 적합한 기상조건이 갖춰지고 꿀과 꽃가루가 있어야 채집이 원활하게 이뤄진다. 그 외의 기간은 양봉업자에게 장비를 정비하고 시설을 유지, 보수하고 다음 해를 위한 계획을 세우고 배움을 늘릴 기회의 시간이다.

모든 양봉 달력은 남과 북, 서와 동의 기후 및 환경 차이로 인한 오차가 있지만, 그래도 자신의 지역에 맞는 시기를 찾는 데 참조할 만한 자료이다.

일반적인 유지 및 보수

이는 1년 내내 수행해야 하는 작업이다.

기록하는 습관 들이기

모든 봉군의 서식지를 검사한 후에는 바로 기록으로 남기며 매번 새로운 정보를 기입하는 습관을 가지도록 하자(187쪽 참조).

벌통 청결 유지하기

양봉장의 위치와 관계없이 청결하게 유지해야 한다. 풀을 자르거나 각 벌통 상자 아래에 도로 포장용 슬라브(paving slabs) 또는 이와 유사한 물질을 놓아두면, 스프레이 중독으로 사망한 것으로 추정되는 비정상적인 벌의 죽음을 목격하게 된다(248쪽 참조). 장비를 함께 보관해 두고 잘 정비해 두면 봉군에서 왕대를 발견하거나 벌에게 예상치 못한 일이 발생했을 때 신속하게 대응할 수 있다.

장비 청소 및 질병 관리하기

이 작업은 특정 질병의 확산을 방지하는 데 중요하다(236쪽 참조). 종합적 병

계절에 따라 작업 및 유지 보수가 다르다.

충해 관리(IPM)에서 권장하는 관리 기술을 따라야 하고, 가능한 한 봉군에서 발견되는 모든 질병을 면밀히 관찰하고 치료해야 한다(236~239쪽 참조).

벌집의 내구성과 내후성 확인하기

특히 바람이 많이 부는 지역은 지붕이 바람에 날려가지 않도록 벌집 꼭대기에 무게를 추가해야 한다. 지붕은 방수가 되어야 한다. 단일 벽으로 이루어진 벌통은 월동 전에 비살충 방부제를 도포하는 것이 이상적이다. 벌통은 받침대에 놓고 비가 들어가지 않도록 입구가 경사지게 설치해야 하며, 강한 바람을 피할 수 있는 곳에 배치해야 한다. 가축이 양봉장에 들어가 벌통 상자를 훼손하지 않도록 주의한다.

지역 양봉가 회의 참석하기

지역 양봉 협회는 정기적으로 양봉 관련 강의 또는 회의를 개최해야 한다. 되도록 많이 참석하여 경험이 풍부한 양봉가의 지식을 전수받도록 하자.

늦겨울 작업

평균 기온이 0~7℃인 늦겨울과 이른 봄이 되면 양봉가는 겨울을 이겨내고 살아남은 봉군이 봄에 잘 적응하여 질병 없이 초봄의 꽃으로부터 꽃꿀을 채집하도록 관리하는 것에 초점을 맞춰야 한다.

양봉장 방문하기

겨울에는 몇 주에 한 번씩 양봉장을 방문하여 문제가 없는지 전체적으로 확인해봐야 한다. 날씨가 좋아지기 시작하면 따뜻한 날에는 꿀벌이 날아다니는 모습도 관찰된다. 벌통으로 들어가는 꽃가루는 여왕이 낳는 알의 양이 증가하고 있다는 의미이며, 낮의 길이가 늘어남에 따라 둥지도 넓어지고 봉군에서 발생한 열로 인해 지붕의 서리나 원형의 눈이 녹은 자리도 생기게 된다. 이 모든 표시들이 봉군이 확장되고 있다는 신호이다.

겨울철의 벌들

겨울에 벌집 외부 온도가 14℃로 떨어지면 벌들이 가까이 모여 있게 되고 9℃ 미만이 되면 벌통에서 여러 개의 방을 비우고 먹이 저장소 아래로 봉군을 형성한다. 벌은 살아남기 위해 저장된 먹이를 소비한다. 먹이의 섭취와 소화, 벌의 근육 운동과 많은 털이 겨우내 봉군을 유지하는 열을 발생시킨다. 바깥 기온이 떨어지면서 벌들은 더 촘촘하게 밀집하여 봉군의 크기를 줄이고 열 손실을 방지한다. 벌에게는 중앙이 제일 따뜻하지만(21℃), 먹이를 먹기 위해서는 가장자리로 이동해야 한다. 그리고 가장자리에 있는 벌은 중앙으로 이동하여 체온을 상승시킨다. 봉군 바깥쪽도 벌이 살기에는 충분히 따뜻한 온도가 유지된다. 겨울이 진행될수록 봉군은 위쪽과 접촉하며 천천히 위로 이동한다. 겨울에도 따뜻한 날에는 먹이에 더 쉽게 접근하도록 봉군의 밀집도가 낮아져 활동에 도움이 된다. 일벌은 실내 배변을 하지 않고 체내에 축적하다가 따뜻한 햇볕이 뜨는 날에 벌통 밖으로 나가 배변을 한다.

겨울철에는 여왕의 격왕판을 긁어서 청소한다.

벌통 환기하기

겨울이 지나는 동안 벌집 벽과 꽃가루 저장소 모두에 곰팡이가 피지 않게 하려면 환기가 충분히 되어야 한다. 각 모서리 아래에 성냥개비와 같은 가는 나무 조각을 넣어 내부 커버를 살짝 올리면 공기 순환이 더 잘 된다. 벌의 크기(6~9mm)보다 틈이 크지 않은지 확인해 본다. 벌통 바닥이 망사로 되어 있을 때는 환기가 아주 잘 된다. 눈이 내리고 얼음이 어는 날씨에는 입구를 막는 눈이나 얼음을 제거하여 신선한 공기가 벌집에 계속 유입되도록 조치해야 한다.

저장 식량이 적을 때 먹이 주기

겨울이 시작될 무렵, 벌집의 저장 식량을 점검하고(217쪽 참조) 정기적으로 벌의 체중 감량 정도를 측정해야 한다. 벌은 종류에 따라 한 달에 약 2kg(깊은 저장고 1개)의 저장 식량을 소비하기도 하지만, 기상조건에 따라 달라지기도 한다. 가을에 벌에게 충분히 먹이를 줬다면 걱정하지 않아도 된다. 꿀벌은 가을에 저장한 꽃가루뿐만 아니라 꿀과 설탕을 희석하기 위한 물도 필요하다. 그래서 양지바른 곳에 있어 햇볕으로 빨리 따뜻해지는 수원이 근처에 있는지 확인해 볼 필요가 있다. 차가운 물을 마시면 벌이 벌집으로 돌아가기 힘들 정도로 체온이 떨어져 버리곤 한다.

벌통 입구 가리기

햇빛이 비치며 눈이 내리는 날 눈이 땅을 덮어서 반사되는 밝은 빛은 꿀벌을 밖으로 유혹한다. 체온이 떨어진 벌은 돌아오지 못하고 죽게 된다. 양봉업자는 벌이 이렇게 동사하지 않도록 막아야 한다.

장비 수리 및 다음 해 계획 수립하기

한적한 겨울철에 필수 장비들을 수리하고 내년을 대비해야 한다.

초봄 작업

평균 기온 3~17℃인 초봄에 건조하면서도 외부 온도가 약 15°C가량 되면 많은 벌이 밖으로 나오고 더 많은 식물이 피운 꽃에서 꽃가루와 꿀을 수집하게 된다. 꽃가루는 빠르게 성장하는 육아방 봉아의 주요 단백질 공급원이기 때문에 특히 봄에 이를 모으는 것이 중요하다. 2개 이상의 봉군을 관리하며 비교하면 상대적으로 성장이 느린 봉군을 발견하게 된다. 봄철의 양봉가는 초여름이나 한여름의 대유밀기를 대비하여 서식지가 잘 발달하도록 관리하는 것을 주요 목표로 삼아야 한다.

봉군의 먹이 확인하기

식량을 충분히 확보하지 못한 상태로 겨울을 맞이하게 된 봉군은 굶어 죽게 된다. 겨울을 나는 꿀벌은 항상 밀봉해둔 꿀과 접촉할 수 있어야 한다. 이를 확인하려면 추운 날 저녁(온도가 4℃ 미만일 때)에 벌통을 점검해야 한다. 손전등을 준비하고 지붕과 내부 커버를 부드럽게 제거한 뒤, 손전등으로 프레임 사이를 비추고 아래를 내려다보면 된다. 밀봉해둔 꿀이 꿀벌 근처에 없으면, 무리에게 먹이를 줘야 한다. 새 봉군을 키울 때는 꿀방의 꿀이 더 빨리 소모되므로 벌통을 꺼내어 저장된 꿀의 양이 충분한지 확인해야 한다. 봄은 봉군에 식량 부족 문제가 가장 많이 일어나는 시기로, 겨울을 무사히 보낸 봉군이 개체수를 늘리며 빠르게 저장 식량을 소모하고 죽는 경우가 발생하기도 한다. 꿀방틀의 무게가 4~5kg(영국 수정 규격 틀 2개) 이하로 떨어지지 않도록 주의하자. 식량이 부족하다는 판단이 들면(며칠에 한 번씩 집 밖으로 나올 수 있는 날씨에), 묽은 시럽(물과 설탕을 일대일 비율로 섞어서 만든다)을 벌집 근처에 둔다(234쪽 참조). 정기적인 비행이 어려운 날씨 조건에서는 사양떡이나 퐁당 아이싱을 육아실 상자 바로 위에 올려 먹인다.

1년의 양봉에 초봄 확인 작업은 중요한 부분이다. 꿀벌은 초기 개화 식물에서 꿀과 꽃가루 수집을 시작해야 하고, 먹이를 보충해야 할 수도 있다.

예비 봉군 검사 진행하기

영국에서는 3월말이나 4월초에, 기온이 14℃ 이상 상승할 때까지 벌집을 열지 않고, 벌통에서 어떤 틀도 꺼내지 않는다. 겨울 봉군이 온전할 때 틀을 제거하면 벌이 벌집을 부수고 혼란한 상황에서 여왕벌까지 죽이는 경우가 발생한다. 이 시기에 무리가 잘 성장하고 있다면 가을처럼 튼튼한 모습을 보인다. 크기가 많이 작거나 상단 막대와 상판에 갈색 또는 노란색의 분뇨 줄무늬가 많이 보이면 봉군이 이질 또는 노세마에 노출되었을 가능성이 있다(238~239쪽 참조). 이 시기의 노세마병에 걸린 봉군은 치료하기가 어려워 죽음에 이르는 경우가 종종 발생한다. 이질은 일반적으로 꿀벌이 날아다니며 배변하기 시작하면 직장의 과도한 수분과 함께 배출된다. 전염병으로 인해 벌들이 죽어버린 벌통은 강탈과 전염을 방지하기 위해 입구를 막는다. 사망 원인을 확인한 후 틀에서 벌집을 제거하고 훈증 소독을 마친 다음에 다시 벌이 쓰도록 한다(221쪽 참조). 굶어 죽은 서식지의 벌들은 꿀방 안에서 먹이를 찾다가 그 속에 머리를 넣은 채 죽어있는 모습을 보인다.

날씨가 따뜻해지면 정기적으로 벌통을 점검하여 무리가 겨울을 어떻게 견뎌냈는지 확인한다.

환기 받침대 제거 후 먹이 구멍 닫기

외부 온도가 상승함에 따라 상판 아래의 환기 장비를 제거하고 먹이 구멍을 닫아 벌통 내의 온도를 벌이 활동하기에 적합하도록 유지한다.

18℃ 이상일 때 검사하기

봄이 되면 소매 있는 옷을 입고 밖에서 활동하기 좋은 날씨(약 18℃)에 신속하게 검사를 해야 한다. 봉군은 빠르게 형성되어야 하고, 18℃ 이상으로 날씨가 따뜻해지면 매주 서식지 검사를 시작해도 된다.

서식지가 붐빌 때 주의사항

벌통 상자에 꿀벌이 가득 차면(틀에 새끼나 먹이가 가득 찰 때까지 기다리면 안 된다) 격왕판과 꿀 저장실을 설치한다. 양봉가는 자신이 선택한 관리법에 따라 각 무리에 쓰일 장비가 충분히 있는지 확인해 둬야 한다(199~207쪽 참조).

오래된 틀과 벌집 교체하기

새로운 봉군이 크게 확장되기 전에 질병이 확산될 위험을 줄여야 한다. 여왕벌이 알을 낳기 전에 오래된 틀과 집을 새 벌집기초틀이나 훈증 소독된 틀로 교체한다. 틀을 바꿔주고 나면, 벌이 새 집을 짓기 위해 밀랍을 생산해야 하므로 체력 보충을 위한 먹이 공급이 필요할 때도 있다.

늦봄과 여름 작업

평균 기온 17~22℃인 늦봄과 여름철에 벌이 충분한 꽃꿀을 공급받고 날씨가 따뜻하고 건조해서 매일 날아다닐 수 있으면 많은 양의 꿀을 채집하고, 양봉가도 좋은 꿀을 수확한다. 이 시기의 양봉가는 매우 바쁘다. 양봉장의 무리를 관리하고, 봉군의 발달을 관찰하며, 전체 꿀 저장실에서 잘 익은 꿀을 수확해야 한다.

꿀벌 개체 수 증가에 따른 꿀 저장실 추가하기

서식지가 붐빌 때 추가 공간을 제공하면 분봉을 방지하는 데 도움이 된다. 그러니 기존 공간이 꿀이 아닌 꿀벌로 가득 차면 빈 꿀 저장실을 추가하도록 하자.

정기적으로 봉군 검사하기

선택한 봉군 관리 방법을 따르면 된다(200~207쪽 참조). 초여름이 되면 개체 수가 급증하는 계절이 다가온다. 벌을 성공적으로 관리했거나 분봉하여 도망친 상황을 해결했다면, 분봉열은 다시 발생하지 않을 것이다. 정기적으로 엄격하게 봉아권을 검사할 필요는 줄어들지만 일부 여왕벌은 한 시기에 여러 번 새 무리를 만든다고 알려져 있으니, 봉군을 자주 확인해 보는 편이 훨씬 낫다. 그래서 많은 양봉가가 매주 검사를 시행한다.

개체 수 증가 시기를 이용해 봉군 확장하기

개체 수가 늘어날 때 새로운 봉군을 만들 기회가 생긴다. 분봉하여 새 여왕과 새로운 봉군을 형성할 수 있다(214쪽 참조). 당신이 선호하는 여왕으로부터 새로운 여왕을 만들기 위해서는 그녀의 봉군에 있던 봉아권의 알과 봉아를, 왕대를 생산해낼 여왕벌이 없는 무리의 육아방으로 옮기면 된다.

여왕벌 교체하기

여왕벌의 수명은 4년 이상이지만, 많은 양봉가가 나이 많은 여왕벌을 그해 처음 탄생한 더 젊고 왕성한 번식이 가능한 여왕벌로 대체한다(186쪽의 여왕벌에게 나이를 표시하는 시스템 참조). 이 방법을 쓰지 않는 양봉가들은 여왕벌이 알을 적게 낳거나, 공격성이 심해졌을 때와 같이 봉군이 나쁜 특성을 보이는 경우에만 여왕을 교체한다.

양봉가가 양봉 도구로 꿀방을 덮은 밀개를 일부 제거했다. 안에 보이는 꿀은 수확하기에 충분하다.

꿀 저장실에서 꿀 추출하기

근처의 먹이 여건에 따라, 이른 여름부터 수확해도 되는 벌통의 꿀이나 꿀 저장실을 발견할 수도 있다(꿀 추출은 250~256쪽의 설명 참조). 이때는 꿀벌의 꿀 저장실을 빼내서 추출해야 한다. 빼낸 꿀 저장실은 즉시 빈 꿀 저장실로 교체해줘야 한다. 여름이 절정에 이르면 봉군의 겨울 준비가 시작된다. 여왕의 산란율이 감소하고 봉군의 규모는 축소된다. 일벌들은 빈방에 겨울 식량으로 사용할 꿀을 넣고 밀봉한다. 이런 행동을 발견하면(벌통 기록이 확인하는 데 도움이 된다), 근처에 적당한 양의 꽃꿀을 제공해 줄 작물이 있는 경우를 제외하고는 꿀 저장실을 추가하지 않는다. 이때부터는 남은 꿀 저장실을 제거하고 꿀을 수확해야 한다.

도둑 벌과 말벌로부터 꿀벌 방어하기

벌꿀을 수확하는 동안과 여름이 끝날 무렵, 서식지를 검사할 때 벌통의 꿀이 빗물이나 물방울에 노출되지 않도록 주의하고, 검사 중에 서식지가 필요 이상으로 개방되지 않도록 주의해야 한다. 도둑 벌과 말벌이 특히 문제를 많이 일으키는 시기이다.

유밀기가 끝나갈수록 도둑질은 더 심해진다. 꿀벌이 보호하기 용이한 크기로 입구를 줄여서 집을 지키는 데 도움을 줘야 한다(155쪽 참조). 도둑이 들어가서 저장해 둔 꿀을 마음껏 훔쳐가는 것

도둑 벌이 벌집에 들어가려다 경비벌의 공격을 받는 모습. 입구의 크기를 줄이면 봉군이 집을 지키는 데 도움이 된다.

보다 채집 후 돌아온 일벌들이 줄을 서서 들어가는 편이 낫다.

먹이 저장량에 따라 먹이 제공하기

일부 지역에서는 여름의 중후반이 되면 식량 채집이 가능한 시간이 줄어들게 되는데, 이런 곳에서는 벌의 번식력에 따라 무리에게 먹이를 줘야 할 수도 있다.

바로아응애 대책 세우기

늦여름까지 바로아응애를 경계하며 봉군 치료도 시작해야 한다(240~241쪽 참조).

봉군의 겨울나기 준비하기

양봉가는 늦여름이 되면 남아있는 봉군 중 다음 해까지 키울 봉군을 선별하고 결정해야 한다. 이 부분은 양봉가가 얼마나 많은 먹이를 제대로 먹일 수 있느냐에 따라 좌우되기도 한다. 겨울을 이겨내는 성공적인 열쇠는 의심의 여지도 없이 건강한 봉군이다. 봉군의 수를 줄여야 한다면, 신문지를 이용해 서식지를 통합할 수 있다(235쪽 참조). 먼저 어떤 무리를 유지하고 싶은지 결정한 다음, 공격적인 무리의 여왕벌을 제거하고 남은 꿀벌들을 온순하고 건강한 무리와 합사시키면 된다. 이렇게 함으로써 더욱 강력한 봉군이 형성되고 겨울에 생존하게 될 가능성도 더불어 높아진다. 다시 봉군 수를 늘리려면 다음 해 봄에 여러 무리로 분봉하면 된다. 선택 사육은 벌의 질을 전반적으로 향상시키는 가장 좋은 방법 중 하나이며, 양봉을 더 즐겁게 해줄 것이다.

봉군 내 수벌의 수 확인하기

늦여름에 처녀 여왕벌과의 짝짓기를 위해 키운 수벌이 필요 이상으로 많이 남아있으면 봉군에서 쫓겨나게 된다. 벌은 겨울 동안 활동을 하지 않고 저장해 둔 먹이로 생활하기 때문에 먹이가 고갈될 수밖에 없다. 일벌은 일정 시기가 되면 수벌에게 먹이를 주지 않고 비행을 마치고 돌아오는 수벌의 귀가를 막거나 들어오지 못하도록 방해하여 수벌을 '제거'한다. 수벌은 스스로 먹이를 찾지 못하기 때문에 얼마 가지 못해 곧 죽음을 맞는다. 그러나 여왕벌을 대체해야 할 상황을 대비하여 봉군 내의 수벌 수를 확인해 두어야 한다. 봉군은 일반적으로 분봉하지 않으므로 왕대가 발달하도록 남겨 둬야 한다.

가을 작업

평균 기온 5~19℃인 가을은 겨울을 나야 하는 벌이 잘 먹고 건강하게, 튼튼한 봉군을 형성하고 있는지 확인해 보는 시기이다. 강한 봉군일수록 날씨가 따뜻

233쪽: 여름에는 벌의 수가 빠르게 증가하므로, 양봉가는 벌통 위에 꿀 저장실을 추가해야 한다.

해지는 이른 봄까지 생존할 가능성이 크다. 외부 온도가 떨어지고 번식이 끝나면 벌은 겨울 봉군을 형성하기 시작한다. 이런 행동을 보이기 전에 양봉가가 해야 하는 특별한 작업이 몇 가지 있다.

겨울 저장 식량이 부족한 봉군에게 먹이 주기

각 벌집틀과 벌통 상자에 있는 먹이 저장량을 기록하고 식량 매장량을 평가한다. 영국의 겨울을 견디기 위해서는 평균적인 규모의 벌통 상자 하나당 약 18kg의 꿀과 꽃가루가 저장되어 있어야 하며, 이는 약 8개의 영국 수정 규격 벌집틀(각각 2~2.5kg의 꿀이 들어간다)에 해당하는 양이다. 먹이를 주는 동안의 목표는 마지막 봉아권까지 먹이로 둘러쌓는지와 특히 겨울 봉군 위에 많은 양의 꿀방이 있는지 최종적으로 확인하는 것이다. 아이비(*Hedera helix*) 또는 히말라야 물봉선(Himalayan balsam)과 같은 식물에서는 늦게까지 꿀을 채집할 수 있기도 하지만 이는 확실하지 않으며, 꿀벌이 봄까지 먹을 만큼 식량이 충분한지 확인해야 한다. 꿀벌은 맑은 날에는 날아다니므로 날씨가 약 18℃ 정도로 비교적 따뜻할 때 먹이를 주면 된다. 당액이 수분으로 인해 부패하면 안 되므로 적정 수분 함량을 지키도록 신경을 써야 하는데, 점성이 강한 겨울용 사양 시럽을 사용하면 쉽게 해결된다. 벌집에 충분한 양의 식량이 저장될 때까지(겨울을 나는 벌이 꿀방에 둘러싸일 때까지) 또는 꿀벌이 먹이통의 사양 시럽 섭취를 중단할 때까지 먹이를 주도록 한다.

해충 및 포식자로부터 보호하기

말벌은 여름이 끝날 무렵부터 시작해서 가을까지 문제를 일으킨다. 따뜻한 해에는 말벌 둥지가 겨울까지 살아남기도 한다. 다른 봉군의 기회주의적인 도둑 벌도 꿀을 훔치려고 시도하기 때문에 벌통에 도둑 벌과 말벌의 흔적이 있는지 찾아봐야 한다. 즉, 꿀방 곳곳에 빈틈이 있는지 확인하는 것이다. 입구 블록이나 플라스틱 폼을 사용하여 벌통 입구의 크기를 봉군이 방어하기 편한 작은 크기로 줄여준다(155쪽 참조). 봉군을 광범위하게 검사해서는 안 된다. 반드시 필요한 경우에만 최대한 짧은 시간 벌통을 개방하도록 한다. 노출된 벌통과 틀은 도둑질을 당하게 된다. 첫 번째 서리가 내리고 말벌 둥지가 사라지면, 벌통 상자 깊은 곳에 입구가 있는 경우에는 입구의 블록이나 폼을 제거하고 마우스 가드를 제자리에 고정한다(243쪽 참조). 입구가 얕은 벌집은 깊이도 얕아서 쥐가 접근하지 못하므로 마우스 가드가 필요하지 않다. 양봉장이 위치한 곳의 습도가 높으면 겨울에는 입구를 전면 개방하는 편이 환기가 잘되어 습기가 차지 않는 데 도움이 된다. 쥐가 지붕을 통해 접근하지 못하도록 격왕판은 상판 위에 두도록 하자. 겨울에는 딱따구리로 인해 문제가 발생하기도 하니, 작은 철망이나 플라스틱 망으로 벌집을 둘러싸서 벌집을 보호하자(242쪽 참조).

봉군 통합

사진: 성공적인 겨울나기의 핵심은 봉군을 강하게 만드는 것이다. 필요한 경우 두 개의 봉군을 합쳐서 하나의 강력한 봉군으로 만들어야 한다. 그림: 신문지로 봉군을 합친다.

늦여름에 꿀벌이 겨울나기 준비를 시작하면, 2개의 봉군을 통합하여 추위를 이겨내기에 용이한 더 강한 봉군으로 만들 수 있다. 신문지는 봉군을 통합하는 가장 간단하고 효과적인 방법이다. 먼저 유지하려는 봉군의 상단 막대의 밀랍과 프로폴리스를 청소하고, 합사시키려는 봉군의 하단 막대에서 큰 밀랍 덩어리와 프로폴리스를 채취하여 각 봉군의 벌통 상자가 서로 맞닿도록 살며시 포갠다. 봉군 전체를 다 덮을 정도로 큰 신문지 한 장을 여왕벌(유지하고자 하는 봉군)의 오른쪽 맨 위 막대 위에 놓는다. 신문이 바람에 날려가지 않도록, 가장자리에 튀어나온 부분을 벌통 상자 바깥쪽으로 접어서 핀으로 고정해 둔다. 반드시 해야 하는 작업은 아니지만, 벌들이 종이를 제거하기 편하게 양봉 도구로 종이에 1~2개의 작은 구멍을 뚫어주면 좋다. 이후, 양쪽 봉군의 벌들이 종이를 씹고, 봉군 간에 서로 냄새가 섞이며 하나의 봉군을 형성하게 된다.

흡수시키려는 봉군의 여왕벌을 찾아서 죽이고, 그녀의 벌통 상자를 신문지 위에 올려놓으면 된다. 여왕벌을 제거하지 못해도 봉군은 통합되지만, 큰 행운이 따르지 않는 한 여왕벌이 살아남기란 불가능하다.

종종 어떤 봉군을 흡수시키고, 유지시켜야 하는지에 대한 논쟁이 일곤 했다. 약한 봉군과 강한 봉군을 통합시킬 때는 약한 봉군을 위에 놓는다. 두 봉군의 힘이 대등하면 번식력이 왕성한 여왕벌(queen-right)을 위에 올려놓는다(여왕벌은 1마리만 살아남게 된다). 다른 양봉장의 봉군을 데려와 통합시키는 경우에는 이동된 봉군을 위에 올려야 한다. 약 24시간이 지나면, 합사시킨 벌집 입구에서 신문지 조각이 던져지는 모습을 보게 될 것이다. 벌들이 종이를 씹으며 섞이기 시작했다는 의미로 이해하면 된다. 일주일 동안 모든 작업을 중지하고 그대로 둔다.

봉군이 통합되고 나면 틀을 재정렬해야 한다. 상자를 분리하고 봉군이 들어있는 모든 틀을 하나의 상자로 옮긴다. 늦여름 혹은 가을에는 봉군의 규모가 줄어들기 때문에 이 작업이 가능하다. 두 봉군의 전체 벌집 틀 수는 한 봉군 상자의 전체 틀 수보다 적다. 같은 크기의 패치가 붙어있는 틀을 나란히 배열하도록 해라. 중앙에 큰 패치가 있고 둥지 바깥쪽으로 작은 패치를 놓아 자연스러운 둥지 모양을 연출하면 된다. 이 상자를 다른 상자 위에 놓을 때 대부분의 꿀이 들어있는 꿀방틀이 봉군 둥지 바로 위에 오도록 다른 상자에 있는 먹이 틀과 비슷한 방식으로 배열한다. 종종 두 봉군에는 겨울동안 통합된 봉군이 충분히 먹을 만큼의 식량이 저장되어 있기도 하다.

질병, 해충 및 천적

꿀벌의 질병은 두 가지 유형으로 나뉜다. 봉군 전체에 영향을 미치는 봉군 질병과 다 자란 벌에게만 영향을 미치는 어른벌 질병이다. 꿀벌 봉군에서 다음 네 가지 질병 및 해충이 발견되면 영국의 경우 정부에 신고해야 한다(마지막 2개는 신고 항목이지만 영국에서는 아직까지 발견되지 않았다).

- 미국부저병(AFB)-237쪽 참조.
- 유럽부저병(EFB)-237쪽 참조.
- 작은벌집딱정벌레(SHB)-245쪽 참조.
- 가시응애 진드기 (Tropilaelaps mites)- 245쪽 참조.

이러한 질병 및 해충의 존재가 의심되면 법에 따라 잉글랜드(England)와 웨일스(Wales)의 국립 벌 관리원(NBU)에 통보해야 한다. 스코틀랜드에서는 스코틀랜드 행정환경 및 농촌 관리부(Scottish Executive Environment and Rural Affairs Department)로, 북아일랜드에서는 농업 및 농촌 개발부(Department of Agriculture and Rural Development)로 연락하면 된다. 국립 벌 관리원은 홈페이지(www.nationalbeeunit.com)에 꿀벌의 질병과 관련된 훌륭한 자료를 꾸준히 게시하고 있다.

미국부저병은 미국에서 신고해야 하는 유일한 질병으로, 발병 확인 시 통상적으로 벌들을 죽이고 서식지는 소각한다. 각 주의 농무부는 적절한 꿀벌 관련 법률 사본을 제공해준다. 유럽 대륙에서는 AFB, SHB 및 가시응애를 EU 전역에서 신고하도록 정하고 있으며, 이러한 질병이 의심되면 양봉가는 해당 국가의 양봉 관련 부서에 연락해야 한다. EFB는 모든 EU 가입국에서 의무적으로 신고해야 하는 항목이 아니므로 각 지역에 따라 해당 양봉 관련 부서에 문의하여 확인해야 한다. EU 가입국 내에서 신고해야 하는 꿀벌 질병에 대한 자세한 내용은 세계 동물 보건기구(OIE)의 홈페이지(www.oie.int)의 '동물 질병 기록'에 게시되어 있다.

꿀벌은 새, 생쥐 및 들쥐, 말벌과 같은 포식자들에게 먹히기도 한다.

미국부저병으로 인해 죽은 봉아. 봉아의 유해는 끈적거리는 '실'처럼 분해된다.

봉군 질병

영국에서 발생 빈도가 두드러지는 두 가지 질병은 바로 AFB와 EFB로 모두 봉군 전체에 영향을 끼치는 질병이다. 이 외에 경미한 봉군 질병으로는 꿀벌 백묵병 원균(*Ascosphaera apis*)으로 인해 발생하는 백묵병과 낭충봉아부패병(Sac

백묵병에 감염되어 죽은 봉아가 들어있는 육아방.

Brood virus)이 있다.

미국부저병(AFB)

AFB는 패니바실러스 라비(*paenibacillus larvae*)의 아종 유충에 의해 발생한다. 이 유충은 육아방이 폐쇄된 후 봉아나 전용기(번데기 바로 전 부동영충 단계)에 접어든 유충을 죽인다. 육아방의 밀개가 푹 꺼져있고 색이 어두우며, 구멍이 뚫려 있고, 기름기가 보이기도 한다. 애벌레는 진주알 같은 흰색에서 갈색으로 변한다. 육아방의 내부를 성냥개비로 휘저은 후 빼내면 끈적끈적한 '줄'같은 것이 달려 나오기도 한다. AFB는 생선으로 만든 아교처럼 역한 냄새를 풍길 때도 있다. 유충은 육아방의 벽에 달라붙어 제거하기 매우 어려운 암갈색 비늘을 덮은 채 건조한 상태를 유지한다. 영국에서 승인받은 AFB 치료법은 없으며, 감염된 봉군의 벌, 틀, 집은 소각하여 매장한다. 상자와 금속 부품들에 그을음이 생긴다. 미국에서는 옥시테트라사이클린(oxytetracycline,Terramycin®)과 타일로신(tylosin®)을 일부 주에서 승인하였지만, 후자는 예방용이 아닌 대응용으로만 사용된다.

유럽부저병(EFB)

포자를 형성하지 않는 브루셀라 박테리아(*Melissococcus plutonius*)에 의해 발생하는 EFB는 일반적으로 육아방을 밀봉하기 전에 봉아를 죽인다. 질병 유기체는 먹이를 얻기 위해 봉아와 경쟁하며 효과적으로 봉아를 굶겨 죽인다. 유충은 회백색이며 이상한 각도로 육아방에 누워있다. 유충은 거의 '녹은' 것처럼 보이기도 하나, 특정 단계에 이르면 내장 기관이나 호흡관의 가는 선이 명확히 드러나게 된다.

영국에서는 EFB를 옥시테트라사이클린으로 치료해도 되지만, 벌 검사관의 관리를 받아야 한다. 대체 치료법으로는 봉군을 깨끗한 서식지로 옮기는 '벌떼

잉글랜드와 웨일스에서의 봉군 질병

AFB와 EFB는 법으로 신고하도록 규정되어 있으므로, 본인이 관리하는 봉군이 이에 해당하는 병에 걸렸다면 국립 벌 관리원에 통보해야 한다. AFB의 발병이 확인되면 벌과 틀, 집을 깊은 구멍에 넣고 태운 뒤 그대로 묻는다. 나무 벌통의 부품은 남은 포자를 없애기 위해 토치를 이용한다. EFB는 통상적으로 '벌떼 흔들기'를 이용하여 모든 벌을 깨끗한 벌집틀이나 벌집기초틀으로 옮긴다. 어 작업은 계절별 벌 관리원(SBO)이 수행한다.
백묵병이나 낭충봉아부패병에 대해 알려진 치료법은 없다. 서식지의 여왕벌을 교체하고 깨끗한 틀로 옮기면 증상이 완화되거나 치료된다. 습도가 높고 환기가 되지 않는 서식 환경에서 백묵병이 쉽게 발생한다.

흔들기(shook swarm)'가 현재로서는 유일하다. 미국에서 승인받은 유일한 치료법 또한 옥시테트라사이클린이다.

백묵병

꿀벌 백묵병원균은 육아방이 밀봉되기 전이나 직후에 유충을 죽인다. 유충은 단단한 백회질로 변하고 곰팡이 포자가 번식하며 회색 또는 검은색으로 바뀌곤 한다. 백묵병으로 '미라'화 됐거나 딱딱해진 봉아의 잔해는 육아방에서 제거하기 쉽기에 종종 일벌이 치운다.

낭충봉아부패병

낭충봉아부패 바이러스는 봉아가 번데기로 변하기 위한 전용기에 드는 것을 방해하여 고치가 되기 전에 죽인다. 일반적으로 한 봉군의 일부 봉아만 감염된다. 껍질 속에 말라 죽어있는 봉아는 미국부저병에 걸려 죽었을 때와 비슷한 모습이지만 육아방에서 더 쉽게 제거할 수 있다는 차이가 있다. 죽은 봉아는 끝이 뾰족하게 튀어나와 중국 신발의 앞코 부분을 닮게 된다.

이질

꿀벌의 이질은 꿀방에 있는 발효 중인 꿀을 먹었을 때나 장기간 실외 배변을 하지 못할 때 발생하게 되는 질병이다. 겨울에 추운 날씨(통상적으로 2~3주간 기온이 9℃ 이하일 때)가 계속되면, 벌이 '청소 비행'을 하지 못하게 되고 이질이 발생한다. 노세마가 있는 곳에서는 포자가 벌의 배설물로 배출된다. 내역벌이 배설물을 청소하면서 포자를 섭취하여 감염된다. 심각한 수준의 이질에 노세마까지 발생한 봉군은 떼죽음으로 이어지기도 한다. 상단 막대와 상판에 갈색이나 노란색의 배설물 줄무늬가 이질의 징후이다. 현재까지 치료법은 없으나, 위생 관리를 잘하는 특성을 보이는 봉군을 건강하게 유지하면서 양봉장의 위생 또한 철저하게 관리하면 이질 예방에 도움이 된다.

성충 질병

벌 성충이 걸리는 질병 중에서는 노세마가 가장 흔하다.

노세마병

영국에서는 최근까지 노세마 아피스(*Nosema apis*)에 의해 노세마가 발병하였으나, 노세마 세라네(*Nosema ceranae*)도 영국에서 발견되었다. 원래 동양(동양 또는 아시아)꿀벌(89쪽 참조)인 아피스 세라나에 영향을 미치는 질병이었으나 서양꿀벌로 옮겨지며 그 독성이 더 강력해졌다. 두 유형의 포자는 소화계에서 작용하며 꿀벌이 먹이, 특히 꽃가루를 소화하는 능력을 심각하게 저하시켜 꿀벌의 수명이 단축된다. 또한 노세마는 봉군의 식량 채집을 담당하는 외역벌의 능력을 떨어뜨린다. 이질에 걸렸다고 반드시 노세마에까지 감염되는 것은 아니지만, 노세마에 걸린 봉군은 이질까지 함께 앓는 경우가 많다.

봉군이 봄에 노세마에 걸리면 성장 속도가 더뎌지거나 멈추고, 개체 수가 줄어들기도 하며 심한 경우에는 죽기도 한다. 노세마가 활성화되면 가을 사양 시럽에 항생제인 푸마길린(fumagillin)으로 치료하면 된다. 영국에서는 푸미딜-B(Fumidil B®)로, 미국에서는 푸마길린-B(Fumagilin-B®)로 판매되고 있다. 그러나 벌은 벌집틀 안에서 많은 포자를 섭취하고 이 병은 매년 발병하니 가급적 빠른 시간 내에 깨끗한 틀로 교체하는 방법이 가장 좋다(틀 훈증 소독법은 221쪽 참조). 봄철에 봉군이 활발하게 활동하고 벌이 벌통 상자 밖에서 배설을 시작하면 증상은 완화되며 사라진다.

노세마는 죽은 벌 20마리의 표본을 소량의 물과 함께 으깬 뒤 현미경으로 400배 확대하여 작은 쌀알같은 포자를 검사하여 진단한다. 노세마 아피스는 노세마 세라네보다 조금 더 크기 때문에 육안으로는 구별이 불가능하다.

아메바

아메바는 원생생물인 꿀벌 말피기관 아메바(*Malpighamoeba mellificae*)에 의해 발병하는데, 벌의 신장에 해당하는 세뇨관에 영향을 끼친다. 질병의 전파는 노세마와 유사하다. 감염된 봉군은 깨끗한 틀로 서식지를 옮겨주면 도움이 된다. 진단법도 노세마와 동일하다. 아메바의 포자는 노세마의 포자와 길이가 비슷한 원형이다.

해충

꿀벌은 건강을 유지하고 봉군의 생존을 위해 이를 위협하는 여러 해충과 싸워야 한다.

진드기(기문응애)는 벌의 호흡기관을 감염시킨다.

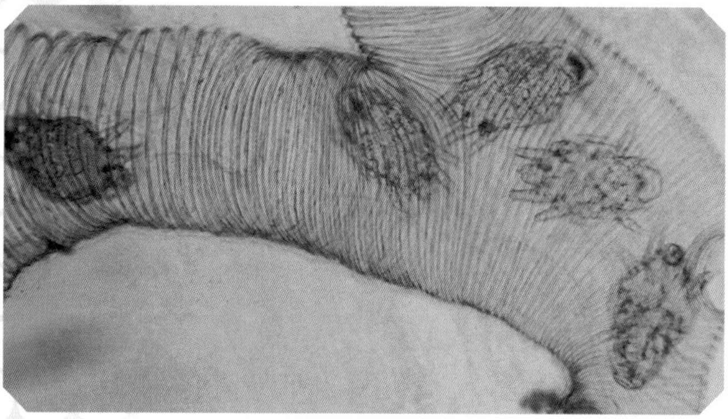

진드기(기문응애, Acarine, tracheal mite)

진드기 감염은 보다 정확하게 정의하자면, 진드기 기문응애(*Acarapis woodi*)에 의해 발생한다. 미국에서는 어린 꿀벌의 첫 번째 기관지(호흡기) 한 쌍을 감염시키기 때문에 기관지 진드기로 알려져 있다. 진드기는 내부에서 번식하므로 결국 호흡관이 막히게 된다. 벌의 수명은 짧아지고 봄에 제대로 봉군을 형성하지 못하게 된다. 심한 감염은 봉군을 죽음에 이르게 한다.

진드기를 확인하기 위해서는 기관을 저출력(10x 또는 20x) 현미경으로 검사한다. 꿀벌의 몸을 코르크에 비스듬히 고정시키면 더 쉽게 검사할 수 있으며 머리를 제거하여 주요 기관지를 드러낸다. 심하게 감염된 기관은 변색되어 있지만, 일반적으로는 옅은 상아색 기관에 진드기가 많이 있다.

영국에서 승인된 치료법은 없으며 미국에서의 유일한 합법적 치료법이 티몰(thymol)을 기반으로 한 박하뇌(menthol,멘톨)와 아피라이프 바(Apilife Var®)이다. 미국에서는 기름 덩어리(pattie)를 먹였을 때 효과를 보였다고 한다. 식용유와 백설탕을 섞어 만든 기름기 있는 설탕 덩어리를 숟가락으로 크게 떠서 기름이 스며들지 않는 종이에 얹고 벌집틀 상단 막대 위에 놓아둔다. 어린 꿀벌이 이를 먹으면 냄새가 나고, 이로써 어린 벌 냄새를 숨기게 된다. 암컷 기문응애는 설탕 덩어리를 먹은 벌을 어린 벌로 인식하지 못하여 계속 새로운 숙주가 될 기름기 없는 어린 벌을 찾게 된다.

바로아

바로아응애는 원래 동양꿀벌인 아피스 세라나의 해충이었고, 이 벌은 진드기 개체 수를 조절하여 두 종이 '행복하게' 공존하는 방법을 찾아냈다. 그러나 서양꿀벌 아피스 멜리페라는 그러한 통제 방법을 찾지 못했고, 치료 없이는 봉군 내의 진드기 수가 계속 증가하게 되었다. 게처럼 생긴 진드기는 전용기, 번데기, 성충의 피부를 뚫기 때문에 질병을 옮기고 특히 바이러스의 매개체 역할을 했다. 꿀벌 봉군에서는 일반적으로 여러 종의 바이러스가 발견되지만, 대체적으로는 활성화되지 않으며, 봉군을 위협하지도 않는다. 하지만 바로아응애는 바이러스를 활성화시키기 때문에 일단 이런 일이 발생하면 결국 봉군은 죽음에 이르게 된다.

벌통은 밑판 위에 설치한다. 밑판과 벌통 사이에 꿀벌은 통과하지 못하고 진드기는 통과할 수 있을 만한 크기로 엮인 질긴 망사 패널을 넣는다. 이 망사를 통해 벌통에서 죽은 진드기가 밑으로 떨어진다 (155쪽 참조). 망사 패널 아래에 이동식 쟁반을 삽입하여 진드기 숫자를 파악하고 감염 수준을 관찰할 수 있다. 진드기는 이 쟁반으로 떨어져 모인다. 진드기가 자연적으로 죽는 비율은 연중 다양하지만, 육아실이 가장 발달하는 시기인 겨울이나 여름에 관찰하는 것이 일벌의 개체가 많아 효과적이다. 국립 벌 관리원 홈페이지(www.nationalbeeunit.com)에 있는 바로아 감염 계산기를 이용하거나 국립 벌 관리원에 문의하여 조언을 구해보자. 이 바로아 감염 계산기를 사용하여 상황을 평가하고 치료가 필요한 시점을 예상할 수 있지만, 이는 영국의 상황을 기초로 한다는 점에 유의해야 한다. 영국이 아닌 다른 곳에서는 바로아가 예상보다 매우 빠르게 진행할 수도 있으므로, 바로아의 수를 정기적으로 확인해야 한다.

바로아 치료

봉군 파괴자 바로아응애를 아피가드(Apiguard®), 아피스탄(Apistan®) 또는 베이바롤(Bayvarol®)을 사용하여 치료하려면 늦여름에 시작해야 한다. 이 글을 쓰는 시점에서 이 3종류가 영국에서 등록된 유일한 치료법이나, 바로아응애가 아피스탄 및 베이바롤의 합성 피레스로이드(pyrethroid)에 대한 내성이 생기고 있다는 사실이 입증되었으며, 티몰을 기반으로 한 아피가드는 효과는 있지만, 앞의 두 제품에 비

A. 현미경으로 관찰한 바로아응애.
B. 어른 벌의 등에 있는 바로아응애.

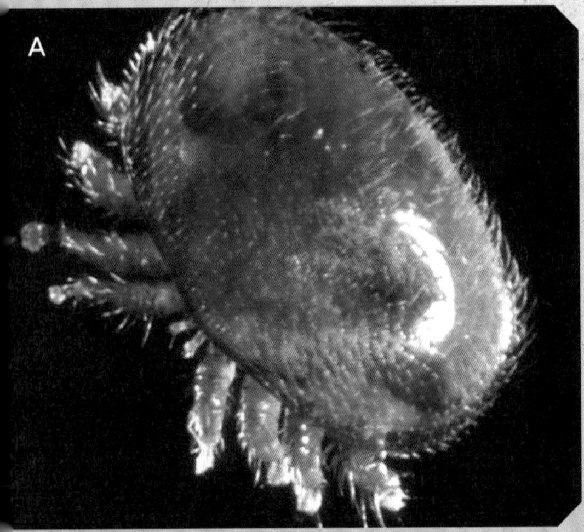

해서는 그 효력이 약하기 때문에 진드기 수를 가능한 한 낮게 유지해야 하는 양봉가들은 종합적 병충해 관리(IPM)에 따라 옥살산 소독을 시행하고 있다.

옥살산 소독은 봉군의 번식률이 낮을 때 시행해야 한다. 이 치료법은 겨울 봉군 꿀벌의 각 연결부(즉, 꿀벌이 뭉쳐진 모습을 볼 수 있는 상단 막대 사이의 틈)를 따라 상업적으로 판매하고 있는 6% 옥살산 용액 3~5mL(약 1 작은술)을 흘리는 방식으로 시행한다. 옥살산은 부식성과 독성이 있으므로 섭취하면 안 되며 취급 시 각별한 주의가 필요하다.

일대일 비율의 설탕 시럽 1L에 옥살산 45g 용액을 직접 만들려면 내산성 장갑, 보안경 및 방독 마스크를 착용해야 한다. 항상 결정을 액체에 첨가하는 방식으로 혼합해야 하며, 반대로 해서는 안 된다.

IPM과 관련된 추가적인 다른 관리 방법으로는 수벌(진드기가 수벌을 선호하는 경향이 있다)을 희생양으로 제거하고, 여왕벌을 포획하여 특정 공간에서만 알을 낳도록 가두어 놓은 다음 바로아응애를 포함한 틀과 인공 분봉 무리, 새 여왕벌, 왕대 등을 폐기한다. 봉아권에 유충이 없으면, 양쪽의 다른 틀의 유충이 도입된다. 진드기는 번식을 위해 육아방에 들어가고 봉인되면 틀을 폐기한다. 영국에서는 바로아 치료 횟수와 틀 삽입 및 제거 시행 횟수를 기록해야 하는 의무가 있다. 다른 국가에서 의무로 규정하고 있지 않더라도 이는 시행해야 하는 올바른 양봉 작업의 하나이다. 제조업체의 지침을 바르게 지키는 것은 중요하다. 치료제를 오래 두면 진드기가 더 죽는 것이 아니라 성분에 대한 내성이 더 생겨서 치료가 무용지물이 될 가능성이 있다.

미국에서는 아프로탄, 포름산, 체크마이트+(CheckMite+®, 쿠마포스), 아피라이프 바, 아피가드가 등록되어 있다. 체크마이트는 미국 환경보호청(EPA) 제 18조에 긴급 사용 가능 품목으로 등록되었으며, 특정 주에서는 사용 시 양봉 관리원의 점검을 받아야 한다.

포름산은 마이트어웨이II(MiteAway II®)로 사전 포장된 삽입형 패드로 미국에서도 사용 가능하다. 적절하게 늘려진 벌통 상자의 상단 지지대에 배치하며, 적정 사용 온도는 10~26℃이다. 포름산은 부식성이 있으므로 도포할 때 보호 장비를 착용해야 한다.

쿠마포스(Coumaphos)는 유기 인산염으로, 벌이 꽃꿀을 채집하지 않을 때 둥지에 넣는 탁한 색의 조각이다. 그러나 최근 진드기가 쿠마포스에 내성이 생겼다는 보고가 있었다.

아피라이프 바와 아피가드 두 제품 모두 티몰을 기반으로 한다. 전자는 증발하는 비누 형태(tablet)로, 후자는 젤 형태로 판매되고 있다. 두 제품 모두 바로아응애를 죽이는 데 효과적이다.

부화 상자 틀 상단에 포름산을 함침시킨 패드를 이용한 미국의 바로아 치료법.

딱따구리에게 공격당한 벌집. 구멍을 프로폴리스로 채웠다.

벌통 입구에 장착 가능한 아연 마우스 가드 중의 한 가지.

양봉장 근처의 빈 상자 안에 있는 쥐.

가을의 말벌은 벌집에서 꿀을 훔치기 시작한다.

조류

제비, 마틴(martin, 제비과), 칼새 및 박새는 모두 꿀벌을 먹지만, 큰 영향을 끼치지 않으며, 일반적으로 봉군은 이 새들로 인해 큰 스트레스를 받지 않는다. 드물게 새들이 여왕벌을 먹어서 문제가 발생하는 경우는 있다. 유라시아 청딱따구리 또는 야플(Yaffle)이라고도 불리는 청딱따구리는 특히 겨울철에 벌통 상자에 구멍을 내어 상자와 틀에 심한 손상을 주기 때문에 주의가 필요한 유해 동물이 되기도 한다. 딱따구리는 점박이 벌통을 공격하는 성향이 있으며, 벌과 알을 잡아먹는다. 또한 여분의 장비들도 파손한다고 알려져 있다.

벌통을 닭장에 쓰이는 작은 망사(25mm)로 싸면 보호할 수 있다. 철망은 벌들은 날아다니되 딱따구리는 벌통 표면에 닿지 않도록, 충분한 높이로 벌통을 감싸고 지붕 위에서 접어 벌통의 바닥까지 다 덮어야 한다. 봉군이 겨울을 잘 보내도록 먹이를 준 후 철망을 설치하고 3~4월경에 제거한다. 다른 방법으로는 플라스틱을 지붕에 고정하는 것이다. 이것은 벌통의 각 면을 완전히 덮거나 더 작은 조각으로 잘라 바람에 펄럭이도록 해 새들을 놀라게 하는 것이다. 출입구 위의 플라스틱은 크기를 줄여 벌들의 비행에 방해되지 않도록 한다.

생쥐

벌통은 따뜻하며 비나 바람도 피하기 용이하기에 쥐나 기타 작은 설치류에게 아주 이상적인 거주지이다. 생쥐(mice)는 장비의 나무 부분을 씹고 저장고의 식량, 특히 꽃가루를 먹으며 틀에 구멍을 낸다. 벌이 활동적일 때는 침을 쏘며 생쥐를 경계하지만, 겨울 봉군이 형성되기 시작하면, 경계가 느슨해지고 생쥐는 침입을 시도한다. 생쥐는 직경 12mm는 통과할 수 없지만 높이 12mm의 구멍이라면 기어 들어간다. 벌통 상자의 입구가 넓으면(6~9mm) 접근을 방지해야 한다. 바닥의 입구가 더 깊으면 가을철에는 출입구 블록을 제거하고 출입구 위에 마우스 가드를 설치해야 한다. 마우스 가드의 한 가지 형태로는 벌집의 폭에 맞춰 설치하는 9.5mm 직경의 구멍이 뚫려 있는 아연 스트립이다. 꿀벌은 쉽게 출입할 수 있지만, 쥐는 그렇지 않다. 격왕판을 상판 위에 보관하면 쥐가 위로 침입하는 것을 막는다.

들쥐

생쥐보다 크기가 큰 들쥐(rat)는 입구 주변도 많이 갉아 먹으며, 피해도 더 크게 입힌다. 그러나 마우스 가드를 설치해 두면 들쥐의 침입이 방지된다. 들쥐가 보관 중인 장비에 접근하는 경우, 이동하면서 흘리는 소변을 통해 바일병(Weil's disease)과 같은 질병이 전염된다. 이런 문제가 생기면 틀을 폐기하고 강력한 소독제로 다른 장비들을 철저하게 소독하는 것이 가장 좋은 방법이다.

말벌

어른 말벌은 유충에게 고기를 먹일 때 달콤한 유충 분비물을 보상으로 받게 된다. 가을에는 말벌 유충의 수가 감소하며 달콤한 보상도 줄어들게 된다. 그래서 체력을 보충하기 위한 당분이 필요해지면 벌집에서 꿀을 훔친다. 벌집은 벌이 가득 차면 탄탄해진다. 지붕이 밀착되어 있는지, 모든 환기 구멍이 미세 망사로 덮여 있는지 확인해 볼 필요가 있다. 규모가 작은 봉군은 방어하기 쉽도록 벌 1마리 크기로 입구를 줄인다(155쪽 참조).

말벌은 틈새로 접근하려고 시도하지만, 벌이 공격하면 도망간다. 말벌이 공격하고 나면 벌은 입구에 경비벌을 둔다. 일반적으로 입구가 작고, 봉군이 강하면 침입자를 물리치지만, 봉군 크기가 작으면 보금자리가 들어있는 틀을 입구 쪽으로 옮겨 경비벌의 공격 지점에 가까워지게 한다. 경비벌은 입구를 지키는 데는 효과적이나, 일단 말벌 한 마리가 벌집 안에 들어가서 봉군 페로몬을 풍기면 꿀을 훔치는 동안 벌들이 눈치채지 못한다. 조용한 도둑은 작은 봉군의 저장 식량을 빠르게 고갈시킨다.

본인이 키우는 벌 중에 너무 소규모라 스스로 방어하기 힘들다고 판단되는 봉군이 있으면, 더 강한 봉군과의 통합을 고려해 봐야 한다. 신문지를 이용해 약한 봉군과 강한 봉군을 통합하기 전에는 덜 생산적이거나 더 공격적인 봉군의 여왕벌을 제거하는 과정을 먼저 거쳐야 한다.

도둑 벌

벌은 기회주의자이기도 해서 다른 집단, 특히 약한 집단으로부터 꿀을 훔치려고 한다. 벌집틀, 막대, 끈적거리는 장비를 개방된 공간에 두지 않고, 돌보는 벌집이 침입을 효과적으로 방어할 수 있도록 출입구가 한 곳뿐인지 점검한다. 약해서 도둑맞고 있는 봉군을 구해주려면, 다른 벌들이 없는 장소로 옮긴다.

봉군 검사 도중 다른 봉군의 벌들이 관심을 가지려고 하면, 즉시 검사를 중단하고 벌통을 닫는다. 가능한 한 도둑벌들이 비행하는 횟수가 적은 시간에 검사를 시행하여 도둑질을 방지하도록 하자.

부채명나방

유충이 밀랍을 씹는 부채명나방에는 두 종류가 있다. 큰부채명나방(*Galleria mellonella*)과 작은부채명나방(*Achroia grisella*)이다. 둘 다 겨울 동안 꿀방 틀에 심각한 문제를 일으킨다. 큰부채명나방 유충은 고치와 파편을 먹기 위해 벌집을 마구 망가뜨린다. 또한 봉아, 꿀, 꽃가루까지 먹어치운다. 작은부채명나방은 밀랍만 먹어도 생존하며, 꿀 저장실에 있는 틀을 훼손한다. 두 나방 모두 손상된 벌집에 비단실을 남기며 심한 감염은 상당히 큰 혼란을 야기한다. 큰부채명나방 유충은 종종 방에서 방으로 이동할 때 터널을 뚫기도 한다.

빈 벌집은 차가운 곳에 보관하여 부채명나방이 제대로 활동하지 못하게 한다. 상단과 하단에 격왕판 같은 단단한 철망을 덧댄 벌집 상자는 외부에 보관해도 괜찮다. 견고한 덮개를 얹어 빗물로부터 벌집 상자를 보호한다. 월동 준비가 끝나면 꿀 저장실을 꿀벌의 임시 거처로 활용할 수 있는데, 상판에 먹이 구멍을 뚫어 꿀 저장실 상자 위에 올린다. 한 번 더 강조하지만, 덮개가 견고한지 반드시 확인해야 한다.

작은벌집딱정벌레(SHB)

작은벌집딱정벌레(*Aethina tumida*)는 벌통에서의 활동을 제어하는 방법을 찾아낸 아프리카 꿀벌의 해충이다. 서양꿀벌은 방어 수단을 찾지 못했고 심각한 피해를 받는 경우가 발생한다. 작은

A. 작은부채명나방과 벌집에 쳐진 비단 실.

B. 벌통 바닥에 있는 큰 부채명나방 유충.

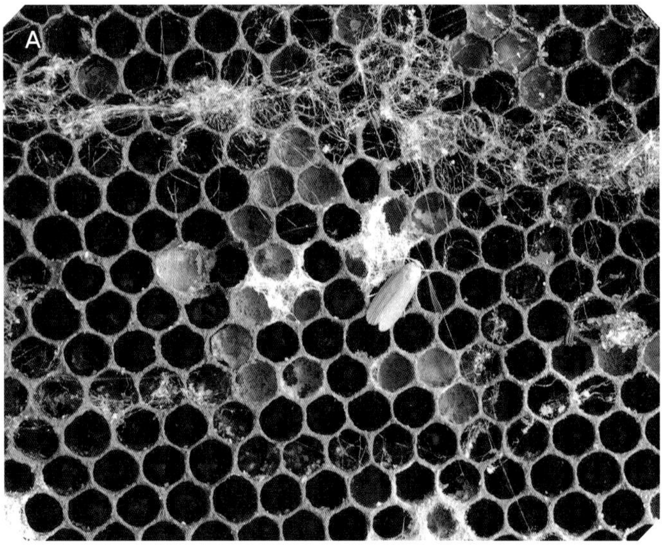

벌집딱정벌레 유충과 성충은 꿀벌의 알과 봉아를 주로 먹지만, 꽃가루와 꿀도 먹는다. 유충은 벌집 내부에 굴을 파고 궁극적으로는 둥지를 파괴한다. 감염이 심할 때는 딱정벌레 유충이 생성하는 열로 인해 집이 무너지고 봉군이 붕괴된다. 성체 딱정벌레와 유충의 배설물로 인해 꿀이 발효되어 집 밖으로 떨어진다. 집은 끈적거리게 되고 썩은 오렌지 냄새를 풍긴다. 작은벌집딱정벌레에 감염된 공간에서는 벌통에서 꿀을 꺼내는 즉시 꿀을 추출해야 한다.

작은벌집딱정벌레는 영국에서 신고 대상이지만 영국이나 유럽 대륙에서는 아직 발견되지 않았다. 벌통의 감염이 의심되면, 법에 따라 국립 벌 관리원(잉글랜드 및 웨일스)에 알려야 한다. 확실한 식별 정보가 있는 경우, 계절별 벌 관리원(SBO)이 필요한 조치를 설명해준다. 유충은 등 아래로 가시가 줄줄이 이어져 있고, 머리 근처에 3쌍의 전각이 있어 부채명나방과 구별된다. 딱정벌레 자체는 타원형으로, 몸길이는 5~7mm, 너비는 3~4.5mm이다. 일벌 크기의 약 1/3 정도로 곤봉 모양의 더듬이가 있다. 자세한 내용은 국립 벌 관리원 홈페이지에 게시된 "유럽 양봉을 위협하는 새로운 존재, 작은벌집딱정벌레(The Small Hive Beetle: A Serious New Threat to European Apiculture)"를 참조하면 된다.

미국에는 작은딱정벌레가 있다. 일반적으로 강한 봉군은 영향을 받지 않지만, 약한 봉군은 심각한 피해를 입기도 한다. 체크마이트+는 딱정벌레 방제를 위해 봉군 내에 사용하는 것을 승인받은 제품이다. 퍼메트린(permethrin)이 함유된 토양 처리제인 가드스타(Gard Star®)는 딱정벌레가 토양에서 번식하고 있을 때 수명을 단축시키기 위한 방안으로, 토양 처리용으로 승인받았다. 딱정벌레는 기름으로 가득 채운 덫을 두면 익사하기 때문에 수를 줄일 수 있다.

가시응애

원래 가시응애 진드기는 거대한 꿀벌인 아피스 도르사타(*Apis dorsata*)에 기생했지만, 다른 종인 아피스 라보리오사(*Apis laboriosa*), 아피스 세라나(*Apis cerana*) 및 아피스 플로레아(*Apis florea*)에서도 발견된다(265쪽 참조). 극동 지방에서 서양꿀벌인 아피스 멜리페라(*Apis mellifera*)로 옮겨갔고, 봉아와 어른 벌 모두에 영향을 끼쳤다. 가시응애의 길이는 약 1mm이고 너비는 0.6mm이다. 적갈색을 띠며 다른 진드기와 유사한 생명주기를 가지고 있다. 봉아의 혈액이나 혈종을 먹지만, 어른 꿀벌의 피부 외막을 뚫지는 못한다. 봉군에 입히는 피해는 바로아응애와 비슷하다.

가시응애는 영국의 신고 대상 중 하나이며, 작은벌집딱정벌레와 더불어 의심가는 정황이 포착되면 신고해야 한다. 더 자세한 정보는 국립 벌 관리원 홈페이지에서 확인하면 된다. 가시응애는 아시아 외의 지역에서 아직까지는 발견되지 않았다.

벌집군집붕괴현상

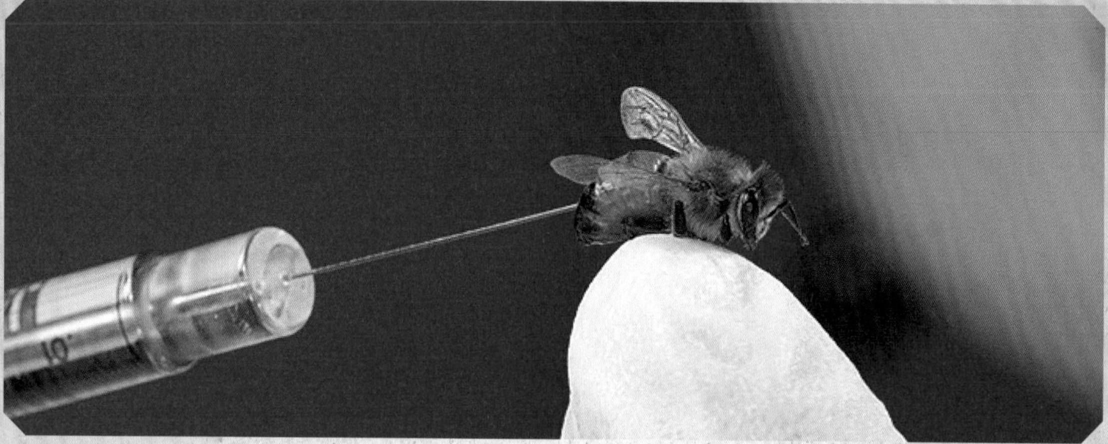

벌집군집붕괴현상을 보이는 군집의 벌에서 추출한 바이러스를 건강한 벌에 주입하여 바이러스에 대한 면역 반응을 검사한다.

2006년 11월, 미국의 양봉가인 데이브 하켄버그(Dave Hackenberg)는 플로리다에 있는 그의 벌통에서 꿀벌이 거의 사라졌다는 사실을 발견했다. 여왕벌은 어린 일벌과 작은 봉군을 이루며 남아있었을지도 모르겠지만, 거의 모든 꿀벌이 이유 없이 사라졌다. 이후 더 많은 양봉가가 같은 현상을 보고하기 시작했다. 봉군의 개체 수가 줄어들면 대개는 다른 벌들이 꿀을 훔쳐 가고 부채명나방이 거주하는 사례가 자주 있다. 그러나 이 현상은 벌집의 감염으로 인해 발생한 것으로 보이지 않았다. 2007년 6월까지 미국 35개 주와 푸에르토리코에서 벌집군집붕괴현상(CCD) 발생이 확인됐다. 미국 전역에 벌 과학자들로 구성된 대책반이 꾸려졌고 CCD의 원인을 규명하기 위한 작업을 시작했다. 7월에 미국 농무부는 미국 꿀벌 봉군의 1/3가량이 CCD로 인해 손실되었음을 확인했으며, 2008년 4월 미국 양봉장 검사관이 실시한 조사에서는 36%로 증가했다. 휴대 전화의 안테나, 유전자 조작 작물 등을 포함한 다양한 가능성이 원인으로 제기되었고, 조사 후 차례로 제외되었다. 미국 정부는 자금 지원을 약속했고, 상업 회사들은 연구를 재정적으로 지원했다. 한 연구 프로젝트는 CCD의 영향을 받은 집단에 이스라엘 급성 마비 바이러스(Israeli Acute Paralysis Virus)가 존재한다는 사실을 알아냈다. 처음에는 이것이 아몬드의 수분 작용을 돕기 위해 호주에서 수입한 봉군에서 비롯되었다고 추측하였으나, 수년간 미국에서 생존했다는 사실이 밝혀졌다. 특히 캘리포니아의 아몬드 과수원으로 수분 계약을 이행하기 위해 수천 마일 운송되며 받는 스트레스도 가능한 원인으로 제기되었지만, 이동양봉을 하지 않은 봉군도 영향을 받았다. 조사 중인 또 다른 가능성 있는 원인으로는 노세마 세라네이다(238쪽 참조). 일부 연구는 침투성 농약, 특히 네오니코티노이드(neonicotinoid)를 중점적으로 조사하고 있다. 상황은 현재 진행형이다. 이 책이 출판되기까지 어떤 원인도 밝혀지지 않았고, 따라서 가능한 치료법도 발견되지 않았다. 확실한 사실 한 가지는 CCD에는 하나의 원인이 존재하는 것이 아니며, 빠른 시일 내에 답을 찾지 못하면, 꿀벌 봉군은 계속 죽고 수분 활동이 심각하게 저하되어 식량난으로 이어지게 될 것이라는 점이다.

유럽을 비롯한 다른 지역에서도 꿀벌의 큰 손실이 보고되었다. 현재 영국에는 CCD가 상륙하지 않았다고 판단되므로 봉군 손실은 바로아 소각과 악천후가 겹치면서 발생했을 가능성이 크다. 유럽 대륙에서의 봉군 손실은 살충제와 노세마 세라네로 인해 비롯되었다.

추출 준비

틀을 벌집 위로 잡고 흔들면 꿀이 익었는지 확인하는 데 도움이 된다. 만약 액체가 많이 흐르면, 틀을 다시 벌통에 넣어야 한다.

추출하기 전에 먼저 꿀이 '익었는지' 확인해야 한다(수분 함량률 약 18%). 밀개로 덮인 틀은 잘 익어서 추출할 준비가 된 꿀이 있다는 의미이다. 밀봉하지 않은 방이 있을 때 대부분의 꿀이 잘 익었는지 확인해 보는 방법 중 한 가지가 벌통 위에서 틀을 수평으로 잡고 좌우로 흔들어 보는 것이다. 액체가 많이 흐르면 꿀이 익지 않았다는 의미이므로 틀을 벌통 상자에 다시 넣어야 한다. 설익은 꿀은 수분 함량이 높아 천연 효모가 있기 때문에 발효된다.

다음 단계는 벌을 꿀 저장실에서 제거하는 작업이다. 당신에게 처리해야 할 꿀 저장실이 몇 개 되지 않고 양봉장이 이웃들과 멀리 떨어져 있으면, 틀에서 벌을 털어내도 된다. 꿀 저장실에서 각 틀을 차례로 가져와서 큰 거위 깃털이나 벌비로 모든 꿀벌을 털어낸다. 비워진 틀을 꿀 저장실에 놓고 벌이 되돌아가지 않도록 덮어둔다. 꿀벌이 더 많은 꿀을 저장할 수 있도록 원래 꿀 저장실의 틀을 빈 틀로 반드시 교체해 줘야 한다.

꿀벌 차단판(clearer board)을 이용하는 방법도 있다. 상판과 비슷하게 생겼으며 상판 대신 사용되기도 한다. 차단판에는 돌출부가 있어 꿀 저장실 상자 위에 올렸을 때 벌 공간이 명확히 드러난다. 포터식 탈봉기는 차단판 중앙에 장착되는데, 벌이 꿀 저장실에서 빠져나갈 수는 있지만 다시 들어오지는 못하게 하여 수확 및 추출 준비가 된 꿀 저장실의 벌을 쉽게 내보낼 수 있다. 포터식 탈봉기에는 중앙에 22mm의 구멍이 있는 덮개가 있다. 덮개는 직사각형의 바닥판의 돌출된 홈에 끼우면 밀어서 결합할 수 있다. 바닥판에는 잘 구부러지는 플라스틱 밴드가 2쌍 있는데, 각 쌍의 끝단은 밑판 가운데 부분에 가장자리 쪽으로 고정되며 다른 쪽 끝단은 고정되지 않고 덮개의 구멍을 벌의 크기보다 작아지도록 조정하는 역할을 한다. 포터식 탈봉기를 차단판 구멍에 장착하여 꿀 저장실의 봉군을 빼내어 비어 있는 새 꿀 저장실 상자로 옮긴다. 그런 다음, 포터식 탈봉기의 구멍이 가장 상단에 위치하도록 차단판을 벌통의 가장 위에 얹는다. 차단판 위에서 가득 찬 꿀 저장실 상자를 교체하고 상판과 덮개를 분리한다. 꿀벌은 자연스럽게 벌통의 아랫부분, 즉 육아실로 돌아가거나 먹이 활동을 하러 날아가려 할 것이다. 꿀벌은 포터식 탈봉기의 구멍을 통과해 플라스틱 밴드 사이로 날아간다. 24시간 정도 지나면 사실상 모든 꿀벌이 꿀 저장실을 떠난다. 이제 가득 찬 꿀 저장실을 내리고 꿀을 추출하면 된다. 그래도 꿀 저장실에 벌이 남아있으면 육아실로 부드럽게 쓸어내리면 된다.

꿀 수확

추출기에서 흘러나오는 꿀을 보고 있자면, 꿀 수확의 즐거움뿐만 아니라 벌의 먹이 채집 시 이뤄지는 수분 활동을 통해 생태 환경에 기여했다는 자부심도 느끼게 된다. 수확한 꿀을 본인이나 가족 또는 친구에게 선물할 때는 어떤 규정에도 구속되지 않는다. 그러나 상업적 판매는 판매용 식품 취급 관련 법률을 준수해야 한다. 영국의 경우 푸드 스탠더드 에이전시(Food Standards Agency)의 홈페이지(www.foodstandards.gov.uk)에서 최신 규정을 확인할 수 있고, 전화로 문의 및 상담을 해도 된다. 위생 관리에 관한 부분은 252쪽을, 꿀 판매와 관련된 규정은 257~258쪽을 참조하면 된다.

기본 장비

꿀은 벌집을 반듯하게 잘라 빵이나 토스트, 밀랍 등에 뿌려도 된다. 꿀방의 꿀이 여전히 액상 형태라면 틀에서 벌집을 잘라 조각으로 쪼개 미세한 구멍이 있는 나일론 망에 넣어 꿀을 용기에 담으면 된다. 이 방식을 이용할 계획이라면, 꿀 저장실의 틀에 선 없는 벌집기초를 사용해야 한다. 그러나 소량 이상의 꿀을 생산하여 항아리에 저장하기 위해서는 채밀기를 이용하여 추출해야 한다. 꿀을 추출하려면 밀봉된 꿀방의 덮개를 떼어내기 위한 밀랍 제거용 칼, 덮개를 모아둘 용기, 채밀기, 다양한 형태의 여과 장치와 밀폐 가능한 침전용 및 보관용 통이 필요하다. 꿀의 저장 용량에 따라 일반적으로 약 13.5kg을 담을 수 있는 플라스틱 용기나 '대량' 저장통도 필요하다. 꿀을 개인적으로 사용하든 상업적으로 판매를 하든 '식품 등급' 장비를 사용하는 편이 좋은데, 이는 스테인리스강 또는 식품 저장 가능 플라스틱 또는 나일론 망, 스테인리스강 필터와 유리병이나 식품용 플라스틱 용기로 만든 채밀기와 보관 통을 의미한다.

채밀기

영국에서는 국가 규정 벌통의 연평균 수확량이 10~14kg이지만, 이보다 훨씬 많을 수도 있다. 지역 양봉 협회에서 채밀 장비를 대여할 수 있으며, 양봉 규모가 충분히 커져서 본인만의 장비가 필요해질 때까지 이 제도를 이용하면 많은 도움이 된다.

꿀 저장실에서 꿀벌을 빼내면, 꿀을 수확하기 위해 집으로 옮길 준비가 된 것이다.

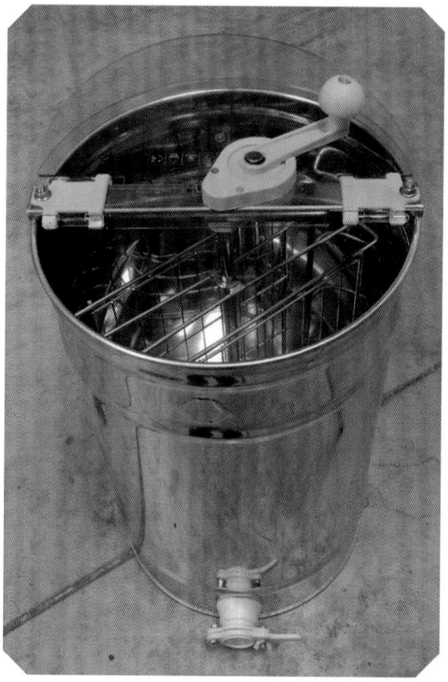

수확량이 적은 양봉가에게 적합한 작은 수동 채밀기.

채밀기는 크게 삼각 혹은 사각 고정형과 방사형으로 나뉜다. 두 형태 모두 스테인리스 혹은 식품용 플라스틱 재질로 만든 회전통이 있다. 이 회전통 안에 밀랍 덮개를 제거한 벌집을 넣는다. 덮개는 보통 반으로 나뉘어 두 부분을 따로 사용할 수 있으며 회전통을 덮고 있다. 회전통의 원심력을 이용해 밀랍 덮개를 제거한 벌집에서 꿀을 추출한다. 꿀은 회전통 벽에 부딪혔다가 아래로 흘러내려서 모인 다음 수도꼭지처럼 생긴 밸브를 통해 채밀통으로 배출된다.

채밀기를 사용할 때는 중심이 잡힌 상태로 기계가 회전하도록 벌집을 넣을 때 균형을 맞춰 넣도록 한다. 특히 회전을 시작할 때 채밀기가 심하게 흔들릴 수 있다. 벌집에서 꿀이 배출되고 중심이 잡히면 부드럽게 작동한다. 채밀기를 바닥에 나사로 고정하면 회전통에 무리가 가기 때문에 나무로 된 T자형 지지대를 적당한 치수로 만들어 고정하는 것이 좋다. T자형 지지대의 팔과 채밀기의 다리를 볼트로 고정한다. 채밀기를 옮기기 쉽도록 T자형 지지대의 각 팔의 끝에는 튼튼한 바퀴를 달아준다. 채밀기가 작동 시 살짝 움직일 수 있어 회전통의 변형률이 감소하는 효과가 있다. 단, 채밀기가 쓰러지거나 튕겨 나가지 않도록 어딘가에 단단히 묶어두는 것이 좋다.

고정식 채밀기

고정식 채밀기에서는 벌집틀을 채밀기 안에 넣을 때 중심 회전축을 기준으로 벌집틀의 면이 직각이 되도록 배치한다. 회전통이 회전하면 벌집틀의 바깥 면에서 꿀이 추출되고, 바깥쪽을 어느 정도 비우고 나면 채밀기를 멈추고 벌집틀의 안쪽 면의 꿀까지 추출할 수 있도록 벌집틀을 180도 회전시킨다. 이 작업은 꿀이 완전히 추출될 때까지 반복한다.

호프만식(Hoffman's) 또는 맨리식(Manley's) 벌집틀처럼 내부에 공간이 있는 벌집틀의 경우(161쪽 참조) 벌집틀에 달린 벌집이 측면 막대에 가로막혀 회전통과 멀리 떨어지게 되므로 벌집틀이 견고하게 회전통에 달려 있지 않기 때문에 회전통을 너무 세게 회전시키면 벌집틀이 부서질 수 있으니 조심해야 한다.

방사형 채밀기

방사형 채밀기에서 원통은 프레임의 상단 막대는 바깥쪽, 하단 막대는 바퀴처럼 중앙 회전대에 고정된다. 채밀기가 회전하면 벌집 양쪽의 꿀이 한꺼번에 추출된다. 벌집이 틀에 단단히 고정돼

방사형 채밀기는 벌집틀을 중앙의 회전축을 기준으로 방사형으로 배치한다.

있고, 틀이 통 안에 정확하게 고정되어 있는 한 파손되는 경우가 거의 없다. 프레임의 방사형 채밀기는 모든 형태의 틀을 안전하게 배치할 수 있다.

위생과 준비과정

소규모 양봉가들은 대부분 가정의 주방에서 꿀을 채취한다. 양봉가가 꿀을 채취하기로 한 곳이 어디든, 깨끗하고 위생적인 장소여야 한다. 영국(England)에서는 꿀을 판매하려면 꿀(잉글랜드) 규정 2003(Honey England Regulations 2003)을 준수해야 하며, 영국(UK)의 대부분 지역 또한 이와 유사한 법률이 시행되고 있다. 이 규정에는 손과 장비를 씻는 수원과 바닥 청소에 사용되는 수원이 구분되어야 한다는 항목도 있다. 실제로 한쪽은 양동이, 한쪽은 싱크대와 연결해 사용하는 경우가 많다.

여러 가지 작업을 하는 날에는 다음 작업을 쉽게 이어 할 수 있도록 장비를 미리 정렬해 두도록 한다. 꿀 저장실 상자는 모두 밀랍 덮개를 벗길 장소 근처에 가져다 두어야 한다. 밀랍 덮개를 제거한 벌집틀을 채밀기에 바로 넣을 수 있도록 채밀기도 근처에 준비해 두어야 한다. 추출이 다 된 벌집틀을 넣을 빈 상자도 근처에 두어야 한다. 물도 쉽게 사용할 수 있어야 한다. 밀랍 덮개를 벗긴 벌집틀과 빈 벌집틀에서 꿀이 흘러내릴 수 있으므로 작업을 진행하는 내내 무언가를 받쳐두도록 한다. 끈적거리면 즉시 닦는 것이 좋은데, 이때 젖은 천으로 꿀을 닦아내면 천을 놔둔 곳이나 다른 장비들도 함께 끈적거릴 수 있으니 조심해야 한다.

밀랍 덮개 제거

꿀을 추출하기 전에 꿀이 가득 찬 꿀방의 밀개를 제거해야 한다. 보통 날카로운 칼이나 톱날 칼을 이용하는데, 길이가 최소 200mm인 얇은 날이 좋으며 칼날이 벌집틀의 깊이보다 길면 밀랍 덮개를 수월하게 제거할 수 있다. 설거지통 같은 직사각형 플라스틱 용기와, 폭이 약 40~50mm 정도 되며 이 용기를 가로지를 수 있을 만큼 기다란 나무 막대가 필요하다. 나무 막대의 한쪽 끝에는 V자 모양으로 홈을 파서 용기의 한쪽 모서리에 걸리도록 한다. 반대쪽 끝은 벌집틀의 귀 끝이 걸리도록 우묵하게 자른다.

용기 가운데를 가로질러 나무 막대를 거치하고, 벌집틀이 위를 향하도록 벌집틀의 귀 끝을 막대 끝에 고정했다면 밀랍 덮개를 잘라낼 수 있다. 밀랍 덮개를 벗기는 방향 쪽으로 벌집틀을 기울이면 벗겨진 밀랍 덮개가 용기 안으로 떨어진다. 칼날을 위아래로 밀어 덮개를 잘라내면 되는데, 이때 칼날이 미끄러지지 않게 주의한다. 칼 대신에 밀랍 제거용 포크를 사용해도 된다. 밀랍 제거용 포크를 사용하면 밀랍 덮개를 쉽게 들어내거나 긁어내어 꿀을 채밀기로 흘러 들어가게 할 수 있다. 꿀과 함께 채밀기로 들어간 밀랍 덮개 찌꺼기는 나중에 채밀기로 거를 수 있다.

아직 밀랍이 완전히 굳지 않은 새 벌집의 밀랍 덮개를 제거할 때는 열풍기를 사용한다. 열풍기로 벌집 위에 뜨거운 바람을 불면 밀랍이 쉽게 녹는다. 단, 한 곳에만 오래 열을 가하면 안 된다. 벌집까지 녹아버리면 낭패다. 밀랍 덮개가 없는 벌집은 그대로 채밀기에 넣어도 된다.

꿀 추출과 후처리

밀랍 덮개를 제거한 후 벌집틀을 채밀기에 넣고 천천히 회전시키다가 점차 회전 속도를 높인다. 채밀기를 너무 빨리 회전시키면 벌집이 부서질 수 있다. 특히, 삼각 혹은 사각 고정형 채밀기를 사용한다면 주의해야 한다. 마지막 한 방울의 꿀까지 빼내려고 애쓰는 것은 비효율적이다. 채밀기가 회전하는 동안에는 채밀기 뚜껑을 열면 안 된다. 특히 전동 채밀기가 작동할 때는 상당한 힘으로 공기를 아래로 끌어당기는 원심력이 발생하는데, 뚜껑을 열다가 뚜껑의 모서리가 채밀기 안으로 빨려 들어가 채밀기가 망가져 버릴 위험이 있다. 게다가 뚜껑을 닫아두면 채밀의 효율성도 높아진다.

A. 위쪽으로 밀랍을 걷어내고 있다.

B. 밀랍 덩어리를 아래에 있는 용기로 떨어뜨린다.

회전하는 채밀기를 천천히 멈추는데, 완전히 정지할 때까지 벌집틀을 제거하면 안 된다. 벌집틀을 들어 올려 빈 꿀 저장실 상자에 넣어 둔다. 질병이 전염되는 것을 막기 위해 벌집틀을 원래의 벌통에만 사용하려면 상자와 벌집틀 둘 다 표시해 둬야 한다.

채밀기 아래 저장실에 모인 꿀은 수도꼭지를 통해 배출된다. 저장실의 깊이에 따라 꿀이 차오르면 회전하는 벌집틀의 아래쪽 귀 부분에 손상을 줄 수 있기에, 꿀이 어느 정도 차면 저장실을 비워야 한다. 이때 여과기를 통해 꿀을 걸러내면, 이제 병에 담을 준비가 된 것이다.

여과 및 압축 과정

채밀기로 추출된 꿀에는 밀랍 조각과 찌꺼기가 포함되어 있다. 그러므로 꿀을 병에 담거나 용기에 저장하기 전에 여과를 통해 찌꺼기를 제거해야 한다. 여과기나 압축기의 종류는 다양하다. 얇은 나일론 망사로 된 천이나 망, 반원형의

255쪽: 자동 밀랍 제거기 등 필요한 장비를 모두 갖춘 꿀 생산 작업실.

빈 꿀 저장실 상자 재사용하기

채밀이 끝난 벌집을 다시 꿀 저장실에 넣어 두면 꿀벌이 핥아서 벌집을 청소한다. 상판에서 탈봉기를 떼어낸 다음, 벌통 덮개에 벌집틀이 달라붙는 것을 막기 위해 상판이나 플라스틱 시트에 커버를 씌우고 그 위에 벌꿀이 남아서 축축한 꿀 저장실을 올린다. 그러면 꿀벌이 꿀 저장실로 올라와서 남아있는 꿀을 제거할 것이다. 며칠 후 포터식 탈봉기를 다시 설치하면 꿀벌이 꿀 저장실에서 육아실로 다시 내려온다. 이제 이 꿀 저장실을 계절 상황에 맞게 재사용하거나 창고에 넣어두면 된다. 만약 모든 봉군에 질병이 없어 꿀 저장실을 교차해서 사용해도 괜찮고 꿀을 계속 수확하는 중이라면, 더 많은 공간이 필요한 봉군의 벌통에 이 축축한 꿀 저장실을 얹으면 된다.

A. 채밀기가 회전하면 원심력으로 추출된 꿀이 원통 벽에 부딪혔다가 흘러내려 아래쪽에 모인다.

B. 모인 꿀을 여과기로 걸러 밀랍과 이물질을 제거한다.

꿀 녹이기

꿀을 데워 녹일 때는 꿀에 함유된 효소를 파괴하거나, 꿀마다 독특한 성질을 갖게 하는 휘발성 방향 성분을 증발시키지 않도록 매우 조심해야 한다. 열을 가하고 병에 넣을 때는 항상 최대 온도가 35℃를 넘지 않도록 해야 하며, 작업 후 최대한 빨리 식혀야 한다.

처리해야 할 꿀이 많다면 전자레인지를 사용하지 말고 온도 조절식 온장고를 사용하는 것이 좋다. 적은 양을 녹인다면 결정화된 꿀을 작은 용기에 담은 다음 물이 담긴 냄비에 넣어 약한 불로 중탕한다. 이때 꿀이 든 용기가 불에 직접 닿지 않도록 해야 한다.

스테인리스 채나 원뿔형 여과기, 이중 여과기 등이 주로 사용된다. 이중 여과기는 아주 가는 반원형 스테인리스 망으로 되어 있는데, 좀 더 굵은 철사를 엮은 납작한 원형 망사판이 수평으로 위에 덧대어진 형태다. 이 굵은 망사판으로 큰 불순물을 거르고, 아래에 있는 촘촘하고 미세한 망으로 작은 불순물을 거른다. 여과기가 막히면 꿀 붓기를 잠시 중단하고 여과기를 씻은 다음 다시 시작해야 한다. 이중 여과기는 위쪽의 굵은 망사판이 자주 막혀서 망사판만 여러 번 따로 씻어야 하는 경우가 많다.

촘촘한 거름망으로 대량의 꿀에 섞인 불순물을 거르는 작업을 하고 있다.

대량 저장과 꿀 담기

꿀을 바로 병에 담지 않을 생각이라면 밀폐 용기에 넣어 결정화 혹은 과립화시킬 수 있다(꿀 보관에 대한 정보는 306쪽 참조). 보관 용기나 항아리는 사용하기 전에 반드시 깨끗이 씻어야 한다. 양봉 도구 판매자에게 항아리를 구매하면 대개 뚜껑이 달려있으므로 도착하면 바로 사용할 수 있다. 재활용 항아리를 쓸 때는 세제를 사용해 매우 뜨거운 물로 깨끗이 씻어야 한다. 그런 다음 뜨거운 오븐에 넣어 말리고 깨끗한 뚜껑을 닫아 사용 전까지 보관한다. 뚜껑을 씻을 때는 식기 세척기를 이용하면 좋다. 문질러 닦으면 코팅이 쉽게 벗겨져서 산성인 꿀에 닿으면 금속이 부식된다. 부식된 금속 뚜껑은 재사용하면 안 된다. 플라스틱 뚜껑이라면 깨끗이 씻어서 완전히 말린다.

저장한 꿀을 병에 담으려면 꿀이 흐르도록 녹여서 담아야 한다. 용기가 작아서 용기째로 넣을 수 있다면 순간적으

A. 침강탱크로 꿀을 녹여 병에 담고 있다.

B. 여러 종류의 꿀을 서로 다른 침강탱크에 넣어서 녹이고 있다.

로 전자파를 발생시켜 열을 가하는 전자레인지로 녹여도 좋다. 이때 병을 흔들어 주면 더 좋다. 중요한 것은 꿀이 과열되거나 끓어 버려서 상하지 않게 하는 것이다. 꿀을 완전히 묽은 액체로(혹은 부드럽게 흐르는 상태로) 만들려면 침강탱크(settling tank)라는 장비를 이용하면 된다.

병에 담기

침강탱크에 벌꿀을 넣었다면 그대로 가만히 두어야 한다. 그러면 거품과 작은 불순물 입자들은 표면으로 떠오르고 무거운 꿀은 바닥으로 가라앉는다. 꿀의 온도에 따라 꿀이 가라앉는 데 몇 시간이 걸릴 수도, 며칠이 걸릴 수도 있다.

깨끗하고 거품이 없는 꿀만 병에 담으려면, 침강탱크에서 꿀을 조금 빼낸 다음 병에 담는 것이 좋으며, 꼭지에서 거품이 나오기 시작하면 병에 담는 것을 멈추어야 한다. 이 처음 빼낸 꿀과 마지막으로 빼내는 꿀은 따로 모아서 양봉가가 직접 사용하면 된다. 병에 채워 넣을 때 공기가 들어가지 않도록 해야 한다. 꿀을 판매할 예정이라면 규정된 무게에 맞게 채워야 한다. 보통은 뚜껑 바로 아래까지 가득 채워서 빈 곳이 안 보이도록 담으면 되지만, 정확하게 측정하려면 눈금이 그려진 병을 사용하는 것이 좋다.

정리

채밀과 포장이 완료되었으면 장비를 모두 깨끗이 씻어야 한다. 꿀이 묻어있는 용기는 찬물로 씻는 것이 가장 좋다. 더운물로 씻으면 남은 꿀 입자가 녹아 용기에 얼룩이 남을 수 있다. 채밀기는 플라스틱 덮개로 덮어 먼지가 쌓이는 것을 방지한다. 다시 사용할 때는 천으로 잘 닦아서 쓰고, 실오라기나 먼지가 남지 않도록 한다. 채밀기 바닥과 외부는 마른 천으로 닦아야 한다.

꿀 판매 규정

꿀을 판매하려면 영국의 경우 꿀(잉글랜드) 규정 2003(SI 2243)과 스코틀랜드, 웨일스, 북아일랜드 꿀 규정을 지역에 맞게 준수해야 하며, 식품 라벨 규정 1996(SI 1499), 식품 로트번호 표시 규정 1996(SI 1502), 무게와 무게 측정

라벨을 붙여 판매 준비를 마친 꿀.

요건을 준수해야 한다. 영국 양봉 협회 홈페이지(www.britishbee.org.uk)에서 'Publications' 탭을 클릭하고 'Info Leaflets'을 클릭하면 도움이 되는 정보를 얻을 수 있다. 필요한 정보를 보내달라고 요청할 수도 있다. 법률 정보는 공공부문정보국(Office of Public Sector Information)의 홈페이지(www.opsi.gov.uk)나 인터넷에서 '꿀 규정'을 검색해 보면 필요한 정보를 얻을 수 있을 것이다.

미국의 경우 미국식품의약국(FDA)의 규제를 받는다. 꿀은 공중 보건, 보안 및 생화학 테러 대비 및 대응에 관한 법률(Public Health, Security and Bio-terrorism Preparedness and Response Act of 2002)에 따라 식품으로 인정된다. 자세한 내용은 FDA 또는 식품안전응용영양센터(CFSAN) 홈페이지(www.cfsan.fda.gov)에서 확인할 수 있다. 미국 농무부(USDA)는 1985년 5월 23일에 발효된 미국 꿀 등급 기준(United States Standards for Grades of Extracted Honey)을 발표했다. 자세한 내용은 1985년 4월 23일자 연방 관보를 참조 바란다.

영국의 경우 합법적으로 라벨을 부착하는 가장 쉬운 방법은 장비 공급업체로부터 라벨을 구매하는 것이다. 각 라벨을 식별하기 쉽도록 양봉가의 이름과 주소, 브랜드명, 로트번호를 미리 새겨서 공급하는 업체도 있다.

꿀을 판매하는 방법은 양봉가의 재량에 따라 무궁무진하다. 집 밖에 노점을 차리거나 농산물 직판장에 팔 수도 있고, 지역의 시장이나 상점에 납품하거나 인터넷을 통해 주문을 받아 판매할 수도 있다. 상점과 계약하고 싶다면, 꿀만 파는 상점이 아니라 음식과 관련된 물건을 취급하는 상점을 찾는 것이 좋다. 정육점에서 파는 꿀과 식료품점에서 파는 꿀 중 어느 쪽이 눈에 띄겠는가?

선물용 꿀

꿀을 판매하든 나눠주든, 꿀의 품질이 좋아 보여야 한다. 표면에 거품이 생기지 않도록 청결하게 관리해야 한다. 꿀은 자연적으로 굳어 표면에 과립이 생성된다. 어떤 종류는 다른 꿀보다 훨씬 빨리 과립화가 진행되기도 한다. 과립화가 진행되면 밝고 맑으며 반짝여야 할 꿀의 외관을 망칠 수 있다. 살짝 데우거나 저으면 일시적으로 과립이 사라지기도 한다.

꿀을 살짝 얼려서 보관하는 것도 좋다. 그러면 병의 어깨 부분과 옆면에 얇은 줄무늬로 서리가 생긴다. 이는 따뜻한 물에 중탕하여 살짝 데우고 저어주면 녹아 없어진다.

꿀벌을 1년 내내 한 장소에서만 길렀다면 꿀은 그 지역의 꽃에서 나는 꿀일 것이다. 그러나 꿀벌이 어떤 꽃에서 꽃꿀을 채취했는지에 따라 색과 점성, 맛이 매우 다양하게 나타난다. 수분 함량이 높은 꿀이라면 점도가 높은 꿀과 혼합하여 중간 점도의 꿀을 생산할 수 있다. 이렇게 혼합한 꿀이 양봉가와 고객의 기호에 더 맞을지도 모른다.

밀랍 채취

밀랍은 꿀을 추출하면서 얻을 수 있는 부산물이다. 주로 밀랍 덮개를 제거할 때 채취할 수 있으며 추출한 꿀을 여과하는 과정에서 걸러져 나오기도 한다. 봉군 검사 중에 밀랍 다리를 제거하면서 얻을 수도 있다.

꿀 저장실에서 꿀을 추출할 때 밀랍을 청소하는 가장 간단한 방법은 밀랍 덮개 뭉치를 철망으로 된 선반이나 상판 위의 철망에 올려두고 꿀벌이 먹이 구멍을 통해 밀랍 뭉치에 접근할 수 있게 하는 것이다. 밀랍 뭉치 주변을 사각 틀이나 빈 꿀 저장실 상자로 감싸고 위에 덮개를 올려 꿀을 훔쳐 먹는 곤충들이 접근하지 못하게 한다. 꿀벌은 밀랍에 남은 꿀을 깨끗하게 핥아 먹을 것이다. 그러고 나면 밀랍을 물로 부드럽게 씻으면 된다. 여러 개를 모아서 한꺼번에 씻어도 된다.

밀랍 추출

일광 채랍기를 사용하여 오래된 벌집과 밀랍 다리에서 밀랍을 채취할 수 있다. 일광 채랍기는 이중 유리와 아크릴 수지로 된 커버가 상부에 비스듬히 덮여 있는 단열 상자로 구성된다. 내부에는 밀랍을 담아 녹이는 커다란 쟁반이 있다. 쟁반 하단 가장자리에는 틈이 있어, 녹은 밀랍이 채집판으로 흘러내린다. 채집판 안쪽 면에는 세척액 같은 박리제가 도포되어 있어 밀랍 잔여물을 쉽게 떼어낼 수 있다.

A. 밀랍을 이중 보일러에 넣어 녹이고 있다. 녹은 밀랍을 용기에 담아 굳힌다.

B. 녹은 밀랍을 주형에 채운다.

C. 식은 밀랍은 딱딱하게 굳어 밀랍 덩어리가 된다.

일광 채랍기를 직접 제작하려면 이중 유리를 상단에 붙이고, 유리 크기에 맞게 나무상자를 제작해 아래에 달고 단단히 밀폐될 수 있도록 외풍 차단용 테이프를 붙이면 된다. 한쪽 끝에는 길이가 약 16~20cm이고 높이가 약 6~8cm인 지지대를 달아 채랍기를 수평과 40도 정도로 설치한다. 그런 다음 밀랍을 녹이는 쟁반으로 사용할 큰 금속 쟁반을 찾는다. 상자 바닥에 여유롭게 들어가며 상자 길이의 대략 3/4에서 7/8 정도의 길이면 알맞다. 쟁반의 짧은 면 쪽을 잘라 밀랍이 녹아 내려갈 구멍을 만들고, 가능하면 양옆을 구부려 밀랍이 잘 내려가도록 한다. 쟁반 아래와 주변으로 절연재를 넣으면 채랍기의 효율이 높아진다. 마지막으로 상자 아래쪽 끝, 즉 용해용 쟁반 구멍 아래에 채집판을 수평으로 배치한다. 녹은 밀랍이 상자 안으로 쏟아지지 않게 하려면 용해용 쟁반의 구멍과 채집판 사이의 간격을 좁히면 된다.

한낮에 채랍기를 해가 있는 쪽을 향해 설치하여 햇빛을 최대한 받을 수 있도록 한다. 주변의 나무나 풀 때문에 그늘이 지지 않도록 해야 한다. 해가 움직인다고 채랍기를 이동하는 것은 그리 실용적이지 않은 방법이다.

이제 밀랍을 용해용 쟁반 위에 올려놓는다. 부스러진 밀랍 찌꺼기들은 그물망이나 망사(못 쓰는 스타킹이나 타이츠도 가능)에 넣어 고정하면 된다. 이렇게 하면 찌꺼기들은 망사에 걸리고, 밀랍만 빠져나가게 된다. 이 망사는 폐기하거나, 나중에 훈연기에 불을 붙일 때 사용할 수 있다.

채랍기는 맑고 햇볕이 잘 드는 더운 날에 가장 효율적이며, 이런 날에는 채집판이 빠르게 밀랍으로 가득 찰 것이다. 흐리거나 덥지 않은 날에도 밀랍은

일광 채랍기.

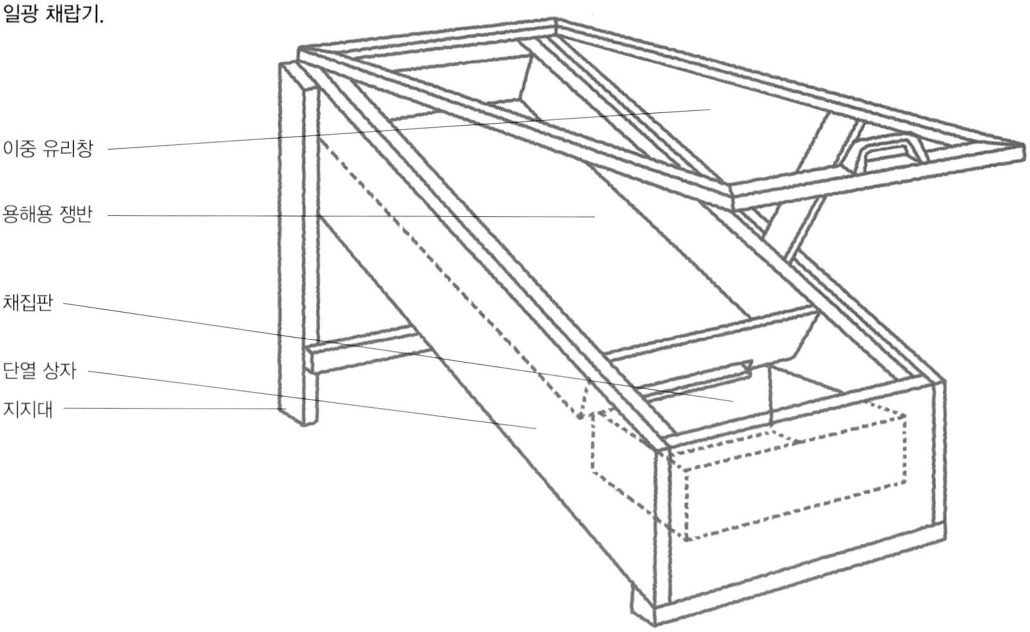

공업용 밀랍 가공법은 밀랍을 커다란 통에 담아 정제한 후 거푸집에 붓는 과정을 거친다. 그런 다음 커다란 판에 부어 밀랍을 빼낸다.

녹기 때문에 채집판을 계속 확인해야 한다. 채랍기를 멈추려면 상단 유리창을 열고 밀랍 덩어리가 식어서 굳을 때까지 기다린 후 꺼낸다. 완전히 굳기 전에 꺼내려 하면 밀랍이 바닥에 쏟아져 못 쓰게 될 수도 있다.

밀랍 가공

추출한 밀랍이 눈에는 깨끗해 보일지 몰라도 녹이면 불순물이 아주 많다. 밀랍을 가공하는 이유는 꿀벌이 밀랍을 막 분비한 상태처럼 깨끗한 밀랍 덩어리를 만들기 위해서다. 꿀벌이 어떤 꽃을 찾았는지에 따라 옅은 노란색에서 짙은 황금빛으로 밀랍의 색이 달라진다. 가공할 밀랍이 적은 양이라면, 적당량이 모일 때까지 저장해 두었다가 한 번에 가공하는 것이 가장 좋다.

스테인리스나 유리 용기에 소량의 물(빗물)과 밀랍을 넣고 이중 보일러나 수조에 담가 약한 열을 가해 녹인다. 전자레인지를 이용해 녹일 수 있다. 이 경우에도 소량의 물을 함께 넣어야 한다. 밀랍을 과열하면 색을 어둡게 하고 특유의 향기가 사라지므로 조심해야 한다.

밀랍이 소량이라면 수술용 거즈(위쪽의 부드러운 면)를 이용해 여과하거나, 용기 위를 직조한 천으로 덮어 여과할 수 있다. 심지어 방수 기저귀로도 여과할 수 있다. 스웨터 같은 소재도 푹신한 면이 가장 위에 있어 효과적으로 여과할 수 있다. 이 소재로 여과하면 밀랍 일부가 걸러져 손실되기도 하지만, 통기성이 좋아 완전히 막히기 전까지 여러 번 재사용할 수 있다.

깨끗하게 걸러진 밀랍이 어느 정도 식으면 마가린통 같은 작은 플라스틱 용기에 부어 완전히 굳힌다. 여과 성능에 따라 찌꺼기가 남아있을 수도 있다. 찌꺼기는 주로 밀랍 덩어리의 바닥에 모이지만, 위로 떠오르기도 한다.

이 찌꺼기들을 긁어내 추가 공정을 거치면 벌집기초(286~287쪽 참조)를 만들거나 다양한 밀랍 제품(389~395쪽 참조)을 만드는 데 사용할 수 있다.

상업 목적의 양봉장 구성하기

상업적으로 양봉업을 하는 양봉가 중 많은 이가 소규모 작업장으로 시작했다. 양봉업의 매력에 빠져 상업 목적으로 양봉을 하기로 했다면, 사업자로 등록하고 계좌를 개설하며 양봉 기록을 유지하는 기본적인 것 외에도 고려해야 할 몇 가지 사항이 있다.

첫째, 자신의 건강 상태를 객관적으로 판단해 본다. 상업 목적의 양봉은 소규모 양봉과 차원이 다르다. 무거운 물건을 들어 올려야 하는 일이 많은데, 결국 이러한 작업 대부분을 직접 하게 될 것이다. 리프팅 장비를 구매하는 것은 300개 이상의 벌통을 기를 때만 비용을 감당할 수 있다.

보유하려는 벌통의 수에 맞는 적절한 장비가 필요하며, 대형 채밀기와 포장기, 그리고 이러한 장비들을 사용하지 않을 때 보관해 둘 장소도 있어야 한다.

보유 벌통이 수백 개에 달하면 양봉장이 더 필요하다. 각 양봉장에 가까운 먹이터를 파악해 양봉장에 얼마나 많은 봉군을 기를 것인지 결정해야 한다. 먹이가 부족하면 꿀 수확량이 적어지기 때문에 꿀벌에게 따로 먹이를 주어야 할 것이다. 이는 양봉가가 해야 할 일과 비용을 늘리는 것이다. 양봉장 사이의 거리도 고려해야 하는데, 특히 연료비를 무시할 수 없다. 다수의 벌통을 한 번에 운반하려면 그에 걸맞은 적절한 차량이 필요할 것이다.

소득의 상당 부분은 꿀벌의 수분 작용에서 나온다. 농부들은 농작물의 수분을 위해 벌통을 농지에 두는 대신 비용을 낸다. 그러나 작업의 특성상 시간과 장소가 계속 바뀌므로 짧은 시간 안에 벌

벌통 수가 많으면 신중하게 계획을 세워 양봉장 부지를 선택해야 한다.

꿀 판매는 양봉가의 수입원 중 하나다.

통을 옮길 수 있어야 한다. 장비를 사용해 작업한다면 한 팔레트에 벌통 4개의 입구를 서로 다른 방향을 향하도록 올려 둔 채로 지게차를 이용해 한 번에 옮길 수 있다.

소득을 높이기 위해서는 또 다른 수입원인 꿀과 기타 관련 제품의 취급량을 늘려야 한다. 킬로그램 단위가 아니라 톤 단위로 해야 한다는 뜻이다. 제품을 판매하는 방식도 고려해야 한다. 도매상과 대량 계약을 맺을 수도 있지만, 직접 꿀을 포장해 유통업체에 판매하면 부가가치가 더 높아진다. 도매든 소매든 제품의 가격을 책정하고 효과적으로 마케팅하는 방법을 익혀야 한다.

소매 시장에서 판매하려면 브랜드 이름과 라벨 또는 용기의 디자인을 각자의 스타일로 확립해야 한다. 밀랍을 처리하는 것도 고민해 봐야 할 문제다. 직접 양초나 화장품 등의 밀랍 제품을 만들 것인지, 아니면 대량으로 처분할 것인지 결정해야 한다.

상업 양봉가를 돕는 제도

영국에서는 양봉가들을 위한 양봉업 협회가 설립되어 영리 목적과 반 영리 목적으로 운영되고 있다. 협회는 회원들이 수분 공급 계약을 맺을 수 있도록 돕고 있으며, 이벤트와 방문을 통해 다양하게 지원하고 있다. 자세한 내용은 홈페이지(www.beefarmers.co.uk)에서 찾을 수 있다. 미국에서는 미국 양봉 협회(www.abfnet.org), 미국 꿀 생산자 협회(www.ahpanet.com), 전미 꿀 협회(www.honey.com) 등 양봉업자에게 유용한 정보를 제공하는 여러 양봉 협회가 설립되어 있다. 미국 양봉 협회와 미국 꿀 생산자 협회는 누구나 회원이 될 수 있다.

양봉의 미래

오늘날의 양봉은 많은 측면에서 20세기 초의 양봉과 거의 비슷하다. 벌통과 장비들의 기본 디자인은 변하지 않았고, 기본적인 양봉법도 같다. 하지만 중요한 변화가 몇 가지 있다. 플라스틱의 등장으로 양봉가들은 큰 변화를 맞이했다. 이제 양봉가들은 플라스틱으로 만든 채밀기와 침강탱크, 저장 용기를 사용할 수 있다. 심지어 플라스틱 벌집틀과 벌집기초도 구매할 수 있다. 채밀기의 기본 메커니즘은 같지만, 오늘날에는 양철판이나 아연 도금판 대신 스테인리스를 더 많이 사용하는 추세다.

양봉가의 바람을 반영한 새로운 벌통 디자인도 속속 나오고 있다. 무거운 상자를 좀 덜 들도록 높게 쌓는 형태가 아니라 옆으로 길게 늘어놓는 형태의 벌통이 나오는가 하면, 벌집틀 대신 상단 막대만을 사용하는 벌통도 등장했다. 여전히 여왕벌의 발달 단계에 따라 봉군을 짓는 시기가 결정된다는 기본 원칙을 거스를 수는 없지만, 분봉 봉군을 효과적으로 관리하는 새로운 방법들이 등장하고 있다.

질병 관리의 측면에서 보자면, 바로아 소멸자 응애는 현재 영국에 널리 퍼져 있다. 몇몇 외딴 지역만 이 질병으로부터 자유로울 뿐이다. 영국 대부분 지역에 퍼진 바로아응애는 화학요법에 이미 내성이 생겼으므로 양봉가들은 새로운 종합적 병충해 관리(IPM) 프로그램을 도입해 바로아응애를 퇴치하기 위해 더 많은 노력을 기울여야 한다. 영국에서는 아직 발견되지 않았지만, 미국에는 이미 벌집꼬마밀빠진벌레(*Aethina tumida*)가 퍼져 있는 것이 확인되었다.

A. 정기적으로 새로운 벌통 디자인이 나오고 있다. 이 벌통은 모리스 쇼디에르(Maurice Chaudière)의 디자인이다.

B. 도시 양봉가를 위한 옴렛 비하우스(Omlet's Beehaus) 양봉 세트.

가시응애 진드기(*Tropilaelaps*)는 영국과 미국 양쪽 국가에서 아직 발견되지 않았다. 새로운 해충과의 대결에서 승리하려면 양봉가들은 더 큰 노력을 기울이는 것은 물론, 이전과 다른 관리법을 개발해야 할 것이다.

양봉가로서 경험이 쌓이면 기존 관리법의 대안, 실험적 벌통 모델 등 '새롭고 즐거운' 발견을 경험하게 될 것이다. 기본을 익히고 나면 어느 것이 효과적인지, 꿀벌에 더 좋은 방법이 무엇인지, 어떻게 꿀 수확량을 두 배로 늘릴 수 있는지 알게 될 것이다. 꿀벌은 인간의 발명과 실험을 잘 따라주는 고마운 존재다. 그래서 양봉이 재미있는 것이다.

양봉이 미래를 향해 나아가고 우리가 꿀벌의 중요성을 이해하기 시작하면서 양봉과 벌통 기술은 계속 발전해 나가고 있다.

플라스틱 닭장을 개발하면서 도시 양계의 붐을 이끌었던 영국의 한 회사는 양봉에서도 같은 바람이 불어주기를 기대하며 플라스틱 벌통을 만들었다. 옴렛이 만든 수평 플라스틱 벌통, 즉 비하우스(Beehaus, 264쪽 참조)는 양봉에 입문하기를 원하는 도시 양봉가들을 위해 설계되었다. 이 양봉 세트에는 양봉용 보호복도 포함되어 있지만, 꿀벌은 따로 구매해야 한다.

훨씬 실험적이고 기발한 대안 벌통 모델도 속속 등장하고 있다. 태양 벌통(solar hive)은 말 그대로 태양열을 이용하여 천연 벌집에서 꿀과 밀랍을 추출한다.

이 '태양 벌통'은 태양열을 이용해 자연 상태의 벌집에서 꿀과 밀랍을 추출한다. 모리스 쇼디에르(Maurice Chaudière)의 디자인.

HONEY

PART 4

꿀과 꿀벌 관련 제품

꿀, 신의 음료

꽃꿀은 물, 설탕, 식물성 색소 그리고 다른 물질들로 구성된 묽은 액체이다. 식물은 꿀벌, 말벌, 나방, 박쥐처럼 꽃가루를 옮기는 개체들을 유인하기 위해 꽃꿀을 만들어낸다. 식물의 종류에 따라 각기 다른 당 함유량과 향기를 가진 꽃꿀이 만들어지며, 이 다양한 꽃꿀은 꽃의 형태와 생김새, 색상과 함께 벌이 꽃의 종류를 구별하여 같은 종이더라도 다른 꽃이라는 것을 인식하는 데 도움이 되는 요소다.

벌은 주로 꽃의 꿀샘에서 분비한 당 성분인 꽃꿀로 꿀을 만들지만, 가끔 감로를 이용하기도 한다. 감로(honeydew)는 진딧물을 비롯한 곤충들이 식물 수액을 먹고 분비하는 단맛이 강한 끈적한 물질로, 종종 식물의 잎이나 줄기에 침전되기도 한다. 벌은 아침 일찍 식물에 맺힌 이슬을 모아 감로를 희석한다. 이렇게 만들어진 감로 꿀은 일반적으로 색이 진하고 맛이 강하다.

꿀은 오래전부터 감미료로 인정받았다. 성경(잠언 24:13)에는 솔로몬이 '내 아들아, 꿀을 먹어라, 이것은 네게 좋으리라, 송이 꿀을 먹으라, 이것은 좋은 벌집에서 나온 좋은 꿀이니 네 입에 다니라'라는 구절이 있다.

꿀은 천연 감미료일 뿐만 아니라 당분이 혈액에 빠르게 흡수되어 체력을 보충하기에도 좋다. 오늘날, 꿀은 매우 영양가 높은 식품으로 평가받고 있으며, 자연 상태로 먹거나 요리에 광범위하게 사용되고 있다.

성분과 품질

꿀의 성분은 벌이 어떤 꽃으로부터 주로 꿀을 채취하였는가에 좌우된다. 꿀에는 주요 단당류인 포도당과 과당이 소량의 자당(우리가 흔히 '식탁 위에 두는' 설탕)과 함께 일정 비율로 함유되어 있다. 꿀의 주된 물리적 특성과 성질은 당분과 가장 관계가 깊지만, 산과 단백질(효소 포함), 색소, 미네랄과 같

꿀벌은 꽃꿀(감로)에 효소를 첨가하고 수분을 증발시켜 꿀을 만들어낸다.

은 다른 성분들도 꿀의 종류를 구분하는 데 도움이 된다. 감로 꿀처럼 색이 진한 꿀은 색이 옅은 꿀보다 미네랄 함량이 높다. 꿀에는 자연적으로 발생하는 효모가 있어서 수분 함량이 높으면 발효되는데, 이를 방지하기 위해 벌은 꿀의 수분 함량을 약 19%로 줄인 후 벌집 구멍(꿀방)에 넣고 밀랍으로 밀봉한다 (123쪽 참조). 점성이 강한 꿀이 수분량이 많은 묽은 꿀보다 품질이 더 우수하다고 평가받는다.

꿀은 훌륭한 에너지원이다.

꿀과 열

꿀의 품질을 책정하는 계측 기준 중 하나는 과당의 분해 과정에서 생성되는 하이드록시메틸푸르푸랄(hydroxymethylfurfural, HMF)의 함량이다. 열은 이 과정을 가속하므로 높은 HMF 수치는 꿀이 과열되었음을 나타낸다. 그러나 HMF는 시간이 지나면서 꾸준히 발생하기 때문에, HMF가 높은 꿀은 그만큼 오래되었다는 의미이기도 하다. 또한, 열은 디아스타아제(diastase) 효소를 파괴하기 때문에 디아스타아제 함량이 높은 꿀은 그만큼 과열되지 않은 양질의 꿀임을 알 수 있다.
열은 꿀의 효소와 다른 성분을 파괴하기 때문에 향과 맛을 떨어뜨리고 본래의 색을 어둡게 변색시킨다. 꿀을 끓이면 토피(toffee) 사탕 같은 딱딱하고 부서지기 쉬운 결정으로 바뀐다.

꿀로 변하는 과정에 첨가된 성분에 따라 꽃꿀에 함유된 자당, 포도당, 과당의 양이 달라진다. 일벌의 왕유 분비샘(벌의 머리에 위치)에서는 두 종류의 효소가 생성되는데, 자당을 포도당과 과당으로 분해하는 인버테이스(invertase)와, 포도당을 꿀의 주산인 글루콘산(gluconic acid)과 과산화수소로 분해하는 글루코스산화효소(glucose oxidase, 글루코스 옥시데이스)이다. 글루콘산 같은 산성 효소는 꿀의 산도(PH)를 낮춰 박테리아와 곰팡이의 번식을 억제한다. 특히 과산화수소는 박테리아를 파괴하기 때문에 특히 중요하다. 꿀은 이러한 특성과 낮은 수분 함량 덕에 냉장 보관하지 않아도 몇 년 동안은 변질하지 않는 매우 안정적인 식품이 되었다.

색채, 풍미와 향기

꿀의 색과 풍미, 향기는 모두 꽃꿀에 함유된 식물 색소와 그 밖의 다른 물질에서 유래하므로, 꽃의 독특한 특징에 따라 각기 다른 꿀이 만들어진다. 물처럼 맑은 색채를 띠는 것부터 검은색에 가까운 것까지 다양하다. 녹색이나 붉은색을 띠는 꿀도 있다. 꿀의 풍미와 향기는 여러 종의 식물에서 얻은 미세한 양의 물질에 의해 특정되기 때문에 서로 연관성이 있다.

모든 꿀은 당도가 높아 기본적으로 단맛이 난다. 아카시아꿀과 같은 일부 종류는 포도당과 과당의 비율이 다른 꿀보다 높아 단맛이 더 강하다. 하지만 당도를 결정하는 요소는 과당만이 아니다. 자당을 희석한 용액도 10% 농도까지는 같은 농도의 단당류보다 단맛을 더 강하게 느끼게 한다. 그러나 특이하게도 고농도에서는 반대 현상이 발생한다. 같은

꿀을 먹으면 안 되는 경우

일부 양봉가들은 꿀을 판매할 때 12개월 미만의 유아에게 먹이지 말라는 경고가 적힌 라벨을 부착하고 있지만, 유아가 꿀을 섭취하고 보툴리누스 중독(botulism) 증상을 보일 위험은 매우 낮다. 현재 영국의 제품 설명서와 관련한 법률에서는 꿀 라벨에 복용 설명서를 포함하도록 강제하지 않고 있으며, 꿀을 섭취한 후 보툴리누스에 중독된 유아 환자의 사례가 보고된 적은 아직 없다. 그래서 이러한 경고문을 부착하는 것은 판매자의 개인적인 선택이다. 각 생산국에 따라 라벨링에 관한 규정이 다르므로, 지역의 규정을 확인해 보는 것이 좋다. 예를 들어, 뉴질랜드 식품안전청은 꿀에는 간단한 정보만을 표기해도 되지만, 로열젤리에 관해서는 화분과 프로폴리스와 관련된 경고를 포함한 자세한 정보를 표시하도록 규정하고 있다.

당뇨병 환자는 꿀을 먹지 않는 것이 좋지만, 탄수화물 섭취량을 조절하면 소량은 섭취해도 된다. 당뇨병 환자의 혈당 수치가 너무 낮을 때는 꿀을 '응급처치'용으로 1~2 작은술을 복용하면 도움이 된다.

꿀의 색깔은 꿀이 가진 눈에 띄는 다양한 특징 중 하나로, 벌에 의해서가 아니라 꽃꿀의 성분으로부터 결정된다.

비율로 희석한 과당, 포도당 용액을 자당 용액보다 더 달게 느끼도록 되는 것이다. 대부분의 꽃꿀은 40~45%의 당도를 함유하고 있지만, 그 외에도 3%부터 87%까지 함유량의 범위는 넓다. 꿀벌은 당연히 더 당도 높은 꽃꿀을 선호한다. 결과적으로 꿀은 종류별로 맛이 천차만별이다.

꿀의 종류

다음 표에 정리한 꿀의 색과 향미에 관한 내용은 정답이 아니다. 꿀은 채취하거나 만들어지는 과정에서 주변 환경과 기상 상태에 영향을 받기 때문에 단정할 수 없다. 아카시아, 클로버, 오렌지꽃 같은 종류의 꿀이나 야생화 혼합 꿀은 슈퍼마켓이나 식료품점에서 쉽게 구매할 수 있으나, 호랑가시나무(holly)나 푸크시아(fuchsia)같은 종류의 꿀은 일부 전문 식품 공급업자나 양봉업자(지역 판매점 또는 온라인)에게서만 얻을 수 있다.

올빼미와 새끼 고양이

올빼미와 새끼 고양이는,
아름다운 초록색 배를 타고 바다로 갔다.
그들은 꿀과 돈을 잔뜩 싣고,
5파운드짜리 지폐를 덮었다...

– 에드워드 리어(Edward Lear)
『올빼미와 새끼 고양이(1871)』 중에서

꿀의 종류

밝은색 꿀

이름	주요 생산지	색상, 향기 및 특이 사항
아카시아꿀	미국: 애리조나주, 캘리포니아주 유럽: 불가리아, 헝가리, 루마니아 캐나다, 중국	매우 맑으며 밝은 황금빛을 띤다. 달콤하고 우아한 맛이 난다. 바닐라와 꽃 향을 풍긴다. 액체 상태를 오래 유지한다.
자주개자리꿀	미국: 캘리포니아주 캐나다: 브리티시컬럼비아주	기본적으로 색이 옅다. 연한 흰색 또는 황색으로 밀랍에서 상쾌한 박하 향기가 은은하게 난다. 과립화 속도가 빠르다.
사과꿀	전 세계의 과수원에서 생산되나 특히 미국의 북부와 중부, 유럽에서 성행	연한 황색으로 향이 좋으며 꿀에서 사과 향이 나기도 한다. 과립화 속도가 빠르다.
블루베리(빌베리, 훠틀베리)꿀, 크랜베리꿀	미국: 뉴잉글랜드주, 미시간주 캐나다: 동부 서유럽, 북유럽	연한 황색으로 약간의 과일 향(크랜베리 꿀은 과일 향이 강하다), 풍성하고 달콤한 향이 난다. 끝 맛은 약간의 버터 향이 입에 맴돈다.
보리지(스타플라워)꿀	영국, 캐나다, 뉴질랜드	연한 황색 또는 투명한 흰색을 띠며 맛은 담백하다.
클로버꿀	미국, 캐나다, 유럽, 이집트, 호주, 뉴질랜드	색은 연한 황색 또는 노란색이나 흰색이며 은은한 꽃향기를 풍긴다. 혼합 꿀에도 사용된다(278쪽 참조).
목화꿀	미국: 남부 이집트	연한 황색으로 맛이 담백하다.
아까시나무꿀	북아메리카, 유럽	점성과 향이 좋은 연한 꿀이다.
분홍바늘꽃(로즈베이, 바늘꽃속)꿀	전 세계적으로 생산하나, 특히 미국의 북부와 서부, 캐나다, 유럽에서 성행	연한 황색이나 유리처럼 투명한 흰색을 가지고 있으며 부드럽고 달콤하다. 은은한 향이 차와 잘 어울린다.
푸크시아꿀	미국: 북부, 남부 유럽: 특히 영국, 아일랜드 뉴질랜드	색이 밝으며 부드럽고 담백한 맛이 난다.
미역취꿀	북아메리카, 유럽	노란색이며 바깥쪽으로는 황금빛을 띤다. 맛이 약간 강하여 맵게 느껴지기도 한다. 과립화 속도가 빠르다.

이름	주요 생산지	색상, 향기 및 특이 사항
호랑가시나무꿀	미국 남부, 서유럽, 남유럽	색이 연하고 부드러운 맛이 난다.
담쟁이꿀	유럽, 아시아, 북아메리카	회색빛이 도는 흰색 또는 노란색이며 약간의 악취와 쓴맛이 있다. 부드럽게 흘러내리며 과립화 속도가 빠르다.
수레국화꿀	아일랜드	연한 황색으로 점도가 낮다. 은은하고 톡 쏘는 맛이 난다.
가죽나무꿀	태즈메이니아주	금빛이 도는 연한 노란색으로 맛이 매우 강하고 알싸하다. 익숙해지면 좋은 맛이다. 혼합꿀에 사용하기도 한다.
단풍나무꿀	캐나다: 동부 미국: 북동부 영국	연한 노란색으로 가끔 녹색 빛이 도는 것도 있다. 맛이 부드럽다.
전동싸리(스위트클로버)꿀	전 세계적으로 생산하나 특히 북아메리카와 유럽에서 성행	연한 녹색 빛이 도는 노란색으로 계피 맛이 살짝 느껴진다.
메스키트꿀	멕시코: 북부 미국: 남부	대체로 밝은 색을 띠지만, 흰색에서 짙은 갈색까지 다양하다. 당밀이나 흑설탕 냄새가 나며 점성이 약간 강한 편이다.
유채꽃(카놀라)꿀	북아메리카, 유럽, 중국, 그리고 말레이시아, 태국, 베트남 등의 동남아시아와 중앙아시아 국가들	흰색부터 연한 황색을 띠며, 과립화 속도가 빠른 맑은 꿀이다. 맛이 부드러워 제과 제빵 및 산업용으로도 많이 쓰인다. 혼합꿀에 쓰기도 한다.
라타꿀	뉴질랜드	아무런 가공도 거치지 않은 상태에서는 투명한 흰색을 띤다. 점성과 맛이 강하다.
샌포인꿀	북아메리카, 유럽	레몬과 같은 노란색을 띠며 향기롭고 맛있다.
해바라기꿀	북아메리카, 중부 및 남부 유럽, 러시아, 중국	노란색을 띠며 은은하고 가벼운 풍미로, 가정에서 흔히 볼 수 있으며 제빵업에도 많이 사용된다.

중간 정도 진하기의 꿀

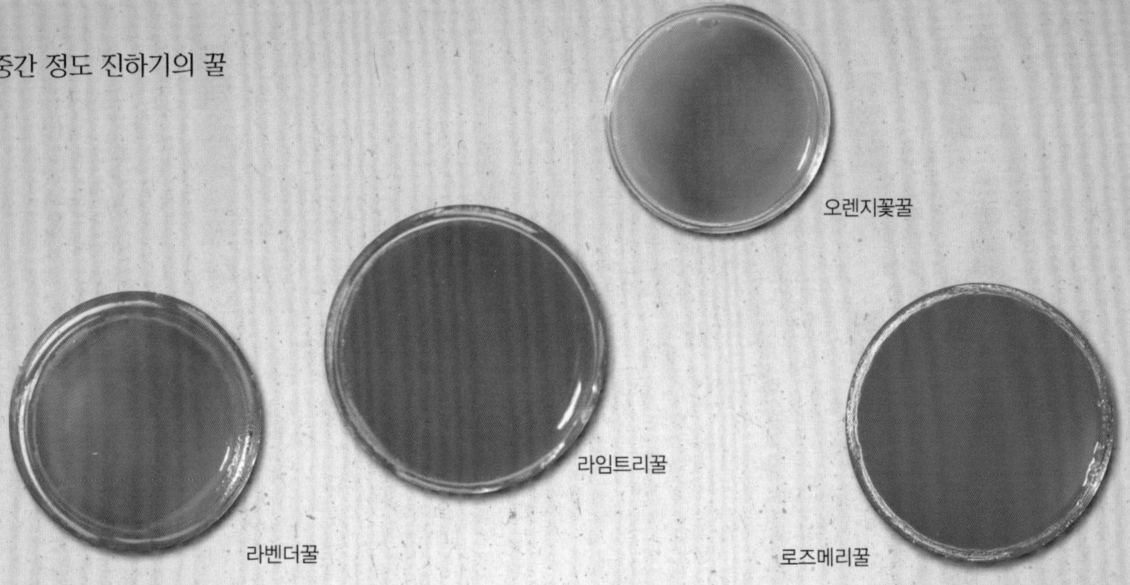

이름	주요 생산지	색상, 향기 및 특이 사항
블랙베리(브램블)꿀	미국, 캐나다	투명한 밝은 밤색으로 점성이 있고 다소 조잡스러운 맛이 난다.
코코스야자꿀	미국: 하와이주, 플로리다주 인도 서부	진한 갈색 꿀이다.
민들레꿀	전 세계적으로 생산하나, 특히 미국에서 성행	황금빛이 도는 노란색으로 맛이 강하며 꽃향기가 난다. 입자가 굵다.
라벤더꿀	유럽의 일부 지역, 특히 프랑스와 스페인	입자가 곱고 질감이 버터와 비슷한 황금색 꿀로, 꽃향기가 난다.
라임 트리(린덴, 베이스우드)꿀	유럽, 캐나다, 미국 중북부 지역	황색 또는 녹색이 가미된 연한 노란색으로 맛이 강하여 톡 쏘는 느낌이다. 약간의 바닐라 맛도 느껴진다.
야생화꿀/혼합꿀 (민들레, 화이트클로버, 핑크클로버, 레드클로버, 야생 살갈퀴, 타임, 전동싸리, 마쿨라툼제라늄, 자주개자리, 세이지 등)	전 세계적으로 생산하나, 특히 유럽에서 성행	황금빛의 노란색(점점 어두운 갈색으로 변한다)을 띠고 풍미가 훌륭하다.
오렌지꽃(감귤류의 과일나무꽃 포함)꿀	미국: 플로리다주, 텍사스주, 캘리포니아주, 애리조나주 뉴질랜드, 아시아	중간 정도의 황색에서 묽은 흰색으로 독특한 과일 맛과 꽃향기가 오래간다.
로즈메리꿀	유럽, 특히 지중해 인근	흰색에서 붉은색과 황금색까지, 색이 매우 다양하다. 적당한 무게감이 느껴지는 두꺼운 질감의 꿀이다.
타임꿀	지중해 인근의 유럽국가, 북아메리카, 뉴질랜드	밝은 갈색의 진한 꿀이다. 향긋한 맛이 난다.
니사나무(투펠로)꿀	미국 남동부	중간 정도의 황색부터 밝은 황색을 띠며 녹색 빛이 돈다. 달콤하고 부드러우면서도 독특한 맛이 있다. 과립화 속도가 느리다.

짙은 색 꿀

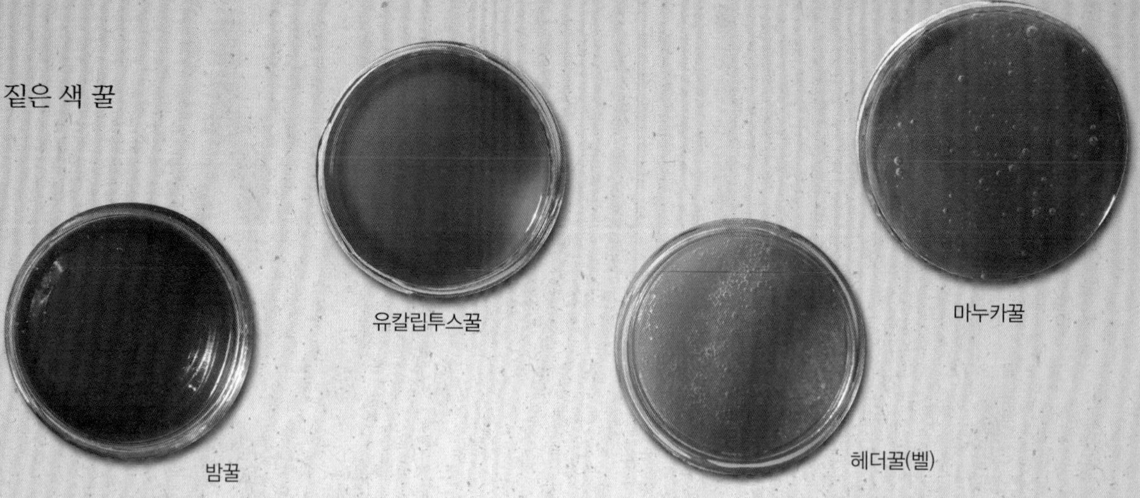

이름	주요 생산지	색상, 향기 및 특이 사항
아보카도꿀	미국: 캘리포니아주 멕시코, 호주	진한 호박색의 강한 캐러멜 맛과 향이 나는 꿀이다.
메밀꿀	미국: 미네소타주, 뉴욕주, 오하이오주, 펜실베이니아주, 위스콘신주 캐나다, 중국, 러시아	짙은 색이며 보랏빛이 돌기도 한다. 당밀과 맥아를 떠올리게 하는 강한 향이 난다. 기름진 구운 음식과 바비큐 소스에 잘 어울린다.
밤(단밤)꿀	유럽 북부	꿀은 진한 갈색이며 맛이 강하고 시큼하지만, 먹을수록 당기는 맛이다. 미네랄 함량이 높다.
검나무꿀	미국: 캘리포니아 호주, 뉴질랜드, 이탈리아	짙은 갈색이며 독특한 캐러멜 향이 난다. 옐로우 박스 검나무(*E. melliodora*)의 꿀은 색이 옅고 묽다. 레드 박스 검나무(*E. polyanthemos*)의 꿀은 점성이 높다.
산사나무꿀	북유럽, 서유럽, 북아메리카, 뉴질랜드	짙은 호박색이며 견과류 맛이 난다.
헤더꿀(링) *Calluna vulgaris*	유럽, 특히 스칸디나비아, 스코틀랜드, 영국의 무어와 저지대 습지에서 성행	어두운 황금빛을 띠는 갈색 꿀이다. 약간 신 듯한 단맛이 나며 헤더꽃의 향을 풍긴다. 젤리 형태로 굳어 있어 힘을 가해서 추출하거나(278쪽 참조), 벌집을 그대로 잘라서 판매한다(275쪽 참조).
헤더꿀(벨) *Erica* 종	영국 일부 지역, 스코틀랜드, 아일랜드	적갈색(포트 와인과 비슷한 색)의 강한 맛과 향을 지닌 점도가 높은 꿀이다.
감로꿀(소나무, 숲꿀, 전나무꿀)	경작지로 개발하지 않은 유럽 지역, 특히 그리스, 튀르키예, 독일, 뉴질랜드의 삼림지대에서 성행	짙은 황색으로 진하고 풍부한 맛을 가지고 있으며 미네랄 함유량이 높다. 꿀벌이 수액을 먹고 사는 진딧물의 달콤한 분비물을 모아서 만든다.
마누카꿀	뉴질랜드 해안가	색이 어둡고, 약초의 감칠맛과 단맛이 진하게 느껴진다. 항균 특성이 높다고 알려져 있다.
르와레와꿀	뉴질랜드	진한 황색으로 맥아의 풍미가 강하게 느껴진다.
백합꿀(백합 나무, 옐로우 포플러)	미국: 플로리다주, 조지아주	매우 진한 황색 꿀로 풍미가 강하다.

꿀의 종류와 정보

꿀은 다양한 방법으로 상품화할 수 있다. '벌집 꿀'은 가공하지 않고 벌집을 그대로 사용한다. 원심력이나 압착으로 벌집에서 추출된 꿀은 일반적으로 병이나 알맞은 용기에 담겨 판매되며 '액상(liquid)'이나 '자연 과립(naturally granuated)' 또는 '고형(soft set)' 등으로 표시한다. 그리고 꿀벌이 한 종류의 꽃에서 꿀을 채취한 경우에는 보통 해당하는 꽃에 관한 설명을 첨부한다(271~274쪽 표의 내용).

벌이 다양한 꽃으로부터 채집하여 만든 꿀은 생산 지역이나 국가로 확인하면 된다. 뉴질랜드 클로버꿀처럼 식별하기 어려운 꿀을 특정하기 위해 여러 정보를 복합적으로 설명할 때도 있다.

벌집 조각과 벌집 꿀틀

벌집 꿀은 벌집을 바로 잘라서 만든다. 벌집 꿀을 생산하기 위해서는 꿀 저장실의 벌집틀에 철사를 넣지 않은 벌집기초를 붙여 둔다. 그런 다음 벌집을 떼어낼 때 밀랍 덮개가 잘 덮여있는 부분을 잘라 알맞은 크기의 플라스틱 용기에 넣어 투명한 뚜껑을 덮는다. 자투리 벌집은 양봉가가 개인적으로 사용하거나 모아서 액상 꿀을 추출할 수 있다.

벌집 꿀은 가장 자연 상태에 가까운 꿀이다.

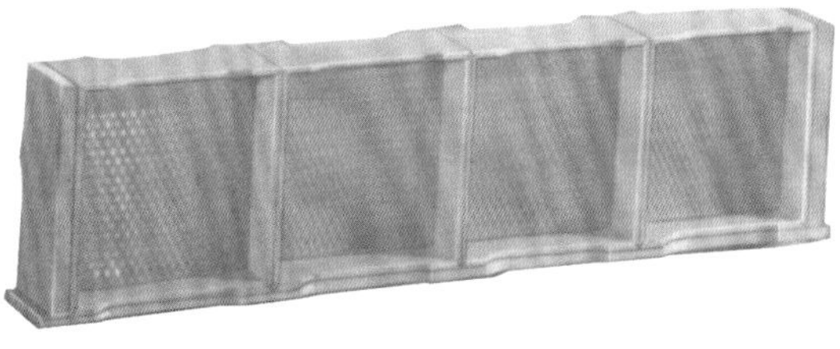

참나무로 만든 상자를 여러 개 붙인 전통적인 형태의 목각함.

다른 방법으로는 꿀벌에게 꿀을 채울 '꿀틀'을 제공하는 방법이 있다. 너비가 약 38mm인 참나무 뼈대로 만든 정사각형 틀을 꿀틀이라고 하는데, 철사가 없는 얇은 벌집기초가 장착되어 있다. 서너 개의 꿀틀이 연결된 '꿀틀 상자'는 보통 꿀 저장실 벌집틀 2개 정도의 크기다. 꿀틀 사이에 얇은 금속이나 플라스틱 칸막이를 설치해서 벌이 벌집을 연결하지 않도록 한다. 나무로 만든 꿀틀도 여전히 사용하지만, 최근에는 둥근 플라스틱 꿀틀을 많이 사용한다. 벌이 원형을 더 선호해서 생산량이 증가한다고 여기기 때문이다. 꿀틀이 모두 채워지면, 꿀틀에서 벌집 꿀을 통째로 분리해내어 라벨을 부착하여 판매한다. 오늘날에는 벌집을 잘라서 조각 꿀 형태로 판매하는 것을 양봉가들이 더 선호하게 되면서 꿀틀을 이용한 생산 방식의 인기가 사그라들고 있다.

액상 꿀

액상 꿀은 결정화가 시작되지 않은 맑고 밝은 상태의 꿀이다(276쪽 참조). 벌집에서 추출한 꿀은 여과 과정을 거쳐 작은 밀랍 조각과 찌꺼기를 제거한다. 용기에 담기 쉽도록 약간 열을 가하는 것 말고는 벌집에 있는 꿀과 상태가 같다.

자연 과립 꿀

꿀은 대부분 시간이 지나면 자연적으로 결정이 생기거나 과립화한다. 종류에 따라 며칠이 걸리기도 하고 몇 년이 걸리기도 한다. 액체 상태의 꿀에 결정이 생기며 이루어지는 고체화 과정이며, 결정화가 되었더라도 꿀의 품질은 떨어지지 않는다.

꿀은 일종의 포도당 과포화 용액인데, 일반적으로 용액이 함유할 수 있는 양보다 더 많은 포도당이 꿀에 용해되어 있다는 뜻이다. 과립화 과정이 진행되면서 꿀에 생기는 결정의 정체는 당분이다. 이 결정은 꿀 전체로 번져나가며 생성되고, 포도당의 결정이 흰색이기 때문에 색도 더 밝아지게 된다. 색이 연한 꿀은 결정이 생기면 거의 하얗게 되고, 색이 어두운 꿀은 연한 갈색이 된다.

꿀이 다양한 만큼 생성되는 결정의 입자 크기도 제각각이다. 미세한 입자가 있는가 하면, 굵고 거친 입자도 있다. 입자가 고우면 식감이 부드러워서 더 맛있게 느껴지기도 한다.

결정 꿀: 고체인가 액체인가?

결정 꿀은 얼핏 고체 상태로 보이지만, 실제로 고체인 결정의 비율은 꿀의 약 15% 정도로, 결정으로 이루어진 그물이 액상 꿀을 가두고 있는 듯한 형태이기에 그렇게 보이는 것이다.

고형 꿀을 '크림 꿀'로 표현하기도 하는데, 자연적 과립화가 진행된 꿀보다 질감이 부드럽다.

프로스팅

'프로스팅(frosting)'은 자연적으로 과립화가 진행된 꿀의 병에서 발생하곤 한다. 특히 꿀의 표면을 헝겊 조각처럼 하얗게 덮거나 병의 어깨 부분에 흰 줄무늬 형태로 나타난다. 프로스팅은 액체 상태의 포도당이 결정으로 응축되면서 꿀 안에 공간이 생기며 나타나는 현상이다. 결정화 과정에서 생긴 공간은 공기로 채워진다. 프로스팅 현상이 생긴 꿀은 보기에 좋지 않아 구매를 꺼리는 이도 있지만, 꿀의 품질에는 아무런 문제가 없다.

고형 꿀

고형(soft-set) 꿀을 '크림'이나 '거품'에 빗대어 설명하기도 하지만, 이 같은 용어는 꿀의 처리 과정에서 공기가 유입된 것을 암시하는 표현이기에 고형 꿀을 설명하기에 적합하지 않다. 고형 꿀을 만들기 위해서는 알갱이 형태의 결정이 액체 꿀에 유입되어 고르게 분포해야 한다. 이 알갱이는 적당한 크기로 꿀에 녹아있어야 하는데, 알갱이가 너무 크면 꿀의 품질이 크게 떨어지기 때문이다.

꿀의 대부분 성분은 66℃ 이하로 가열하면 완전히 액화된다. 그리고 상온에서는 신속하게 굳기 시작한

결정화의 통제

1920년대 캐나다의 양봉업자 엘튼 J. 다이스(Elton J. Dyce, 279쪽 참조)는 연구를 통해 꿀의 과립화를 조절할 수 있다는 사실을 밝혀냈다. 그는 높은 꽃가루 함량이나 꿀의 거품 등 다양한 요인에 의해서 결정화가 촉발된다는 사실을 증명했다. 이 '이물질'들은 결정 주위에서 결정을 키우는 핵으로 작용한다. 단지 몇 개의 핵만으로도 과잉 포도당은 큰 결정으로 발달한다. 핵의 수가 많으면, 과잉 포도당은 더 빠른 속도로 미세한 질감을 가진 작은 결정이 된다. 자연적 과립화의 속도를 늦추기 위해서는 꿀을 병으로 옮기기 전에 침강 탱크에 며칠 보관해두면 추출 과정에서 꿀에 생성된 거품의 양이 최소화된다.

헤더 초원, 영국 단일밀원꿀의 주요 공급원이다.

다. 꿀의 10~15%를 구성하는 알갱이가 액상 꿀에 부을 수 있을 정도로 가열되면 액상 꿀과 함께 담은 뒤 공기가 최대한 적게 들어가도록 잘 저어서 미세한 알갱이의 결정들이 액상 꿀에 고르게 섞이게 한다. 알갱이가 굳어 덩어리가 되고 들어간 공기가 커다란 거품으로 꿀 표면에 떠오르도록 몇 시간 동안 그대로 둔다. 그 후 고형 꿀을 병에 담거나 큰 용기에 담아 보관한다. 알갱이가 있는 꿀은 나중에 병에 옮겨 담기 전에 약 35℃까지 다시 데울 수 있다. 이 과정을 거치면 부드러운 상태가 유지되는 제품이 생산된다.

단일밀원꿀과 잡화꿀

단일밀원꿀은 주로 한 종의 꽃에서만 꿀을 채취하는데, 보통 한 종의 비율이 50%가 넘어야 한다. 일반적으로 한 종의 꽃이 광범위하게 분포하는 지역에 사는 벌이나, 다른 먹이를 구하기 힘든 지역의 토착 벌에 의해 만들어진다. 예를 들어, 영국의 대표적인 단일밀원꿀은 링 헤더(*Calluna vulgaris*)에서 추출한 꿀이다. 꿀벌 무리는 8월 한 달 동안 헤더 초원(heather moors)으로 옮겨져 생활하게 된다. 이 기간에는 헤더 꽃 외의 다른 꽃은 없기에 이때 생산된 꿀을 '헤더꿀'로 분류하는 것이다.

오일시드(미국에서는 '카놀라'라고 부른다)와 보리지도 보편적인 단일밀원꿀 작물이다. 오일시드꿀은 매우 순하여 주로 맛이 강한 꿀과 섞어서 판매한다. 보리지꿀은 향이 연하여 많은 사람이 좋아하는 꿀인데, 별꽃꿀(starflower honey)이라 부르기도 한다.

꿀은 '꽃꿀', '잡화꿀', '혼합꿀'이 대부분이다. 꿀벌이 다양한 꽃의 꽃꿀을 채취해 혼합해 만드는 꿀이다.

추출된 해와 계절에 따라 꿀의 종류가 달라진다. 어떤 양봉가들은 꿀 대회에 참가하기 위해 몇 개의 벌통을 준비하여 계절에 따라 꿀을 구별하여 추출하고 함께 저장한다. 하지만, 대부분의 양봉가는 시기에 따라 각기 다른 꽃꿀에서 수확한 꿀이 서로 자연스럽게 섞이도록 연중 한두 번만 꿀을 추출한다.

냉압착꿀

링 헤더 꽃은 젤라틴처럼 두꺼운 꿀을 생산하는데, 벌집으로부터 추출할 때 원심력을 이용하기에는 무리가 있다. 그래서 일반적으로 압착하여 추출한다. 먼저 벌집틀에서 벌집을 도려낸 뒤 두꺼운 부직포로 감싼다. 양쪽에서 두 금속판을 압착하면 벌집이 뒤틀려 바닥으로 꿀이 떨어진다.
헤더 꿀은 점성 때문에 거품이 많이 나는데, 꿀 대회에 출품할 예정이라면 거품이 작고 고르게 분포하도록 관리해야 한다. 헤더 꿀은 절대 과열해서는 안 된다. 과열되면 색이 진흙처럼 변하고 맛도 떨어지기 때문이다.

꿀 라벨은 식품 표기 규정을 준수해야 한다.

혼합 꿀

벌은 다양한 꽃으로부터 꽃꿀을 채취한다. 그래서 영국에서 생산되는 꿀 대부분이 항상 자연적으로 혼합된 꿀이다. 양봉가가 직접 혼합하기도 하는데, 연중 일관적인 품질의 제품을 생산할 수 있기 때문이다. 또한, 아주 강한 맛의 꿀과 상대적으로 연한 꿀을 섞어서 소비자들의 입맛을 더욱 만족시킬 수도 있다.

지역 꿀

전 세계의 많은 꿀이 원산지에 따라 분류된다. 그 중 일부는 국가는 물론 생산한 양봉장의 위치도 명시하고 있으며, 벌이 서식하는 곳을 함께 표기하기도 한다.

독꿀

꿀 중에는 인간에게 해롭거나 독성이 있는 성분을 함유한 것이 있다. 그라야노톡신(grayanotoxin)

유기농과 공정무역

꿀을 '유기농'으로 분류해도 되는지에 관한 논쟁은 계속되고 있다. 적어도 영국에서는 벌이 유기적으로 재배된 농작물에서만 과즙을 채취하도록 통제하기란 사실상 불가능하다는 의견이 지배적이다.
미국과 유럽에서 수입하는 꿀은 대부분 아시아와 라틴 아메리카에서 생산된 제품이다. 이 지역의 양봉가들은 대부분 가난하며 그들의 꿀을 사려면 지역의 중개상을 거쳐야 했다. 그래서 칠레에서는 이러한 환경을 개선하기 위해 35명의 양봉가가 단합하여 마침내 공정 거래 인증을 받아냈다. 양봉가들은 꿀로 더 많은 돈을 벌게 되었고, 더 나은 환경의 꿀 제조 공장을 설립해 삶의 질이 개선되었다.

을 함유한 진달래과(*Rhododendron ponticum*) 식물의 꿀이 바로 그렇다. 섭취할 경우 과도한 침과 땀이 분비되며, 구토와 현기증을 동반한다. 많은 양을 섭취할 경우 협응력 상실, 서맥(심박수가 비정상적으로 느려지는 증상), 심각한 근육 약화를 초래할 수 있다. 그러나 치명적인 독은 아니며 일반적으로 하루 내에 증상이 사라진다. 독성 꿀에 관한 정보는 137~138쪽을 참조하면 된다.

꿀 보관법

꿀은 밀폐 용기에 담아 직사광선을 피할 수 있는 서늘한 곳에 보관하여야 한다. 그렇지 않으면 수분이 스며들어 발효되기도 한다. 시간이 지나며 풍미나 향기는 사라지지만 높은 당도 덕분에 유통기한이 사실상 무기한에 가깝다.

1932년, 엘튼 J. 다이스는 꿀 대부분이 평균 14℃의 온도에서 가장 빠르게 결정화한다고 밝혔다(수분 함량이 낮은 제품은 조금 더 높은 온도에서 더 빠르게 결정화가 일어나고, 수분 함량이 높은 제품은 조금 더 낮은 온도에서 더 빠르게 결정화가 일어난다). 16℃ 이상에서 진행된 결정은 입자가 대개 거칠고 굵다(게다가 식감도 나쁘다). 결정화 속도는 10℃ 미만의 온도에서 현저하게 느려지고 4.5℃까지 도달하기 전에 사실상 멈춘다. 포도당 입자는 꿀의 분자 운동 없이는 생성되지 않기 때문이다.

온도가 낮으면 꿀의 점도가 높아져 결정 생성 속도가 감소하지만, 포도당의 과포화 또한 증가시킨다(276쪽 참조). 이 두 요인이 균형을 이루는 임계 온도에서 결정화가 가장 빠르게 진행된다. 이 사실에 비추어볼 때, 한 병의 꿀을 액체 상태로 유지하는 데 가장 좋은 장소는 냉장고가 아니라 냉동고가 되는 것이다.

액상 꿀에 결정이 생긴다면, 해동 속도를 늦춘다. 물이 담긴 냄비 위에 천이나 나무토막을 올리고 그 위에 용기를 올려 열원과 직접 닿지 않도록 한다. 천천히 해동시키는 동안 꿀을 저어서 열을 분산시키면 액체 상태로 돌아간다. 이 과정에서 꿀을 너무 가열하지 않도록 주의해야 한다. 과열된 꿀은 색이 어두워지고 향과 맛이 퇴색한다.

미드와 기타 꿀 음료

꿀이 가미된 알코올음료는 다양한 형태로 존재한다.

- 미드(mead)는 기본적으로 꿀과 물에 효모균, 효모 영양소, 타닌, 구연산을 첨가한 것이다.
- 파이먼트(pyment)는 꿀을 넣어 당도를 강하게 한 순수 포도즙으로 여기에 향신료를 첨가하면 히포크라스(hippocras)가 된다.
- 사과 주스와 꿀로 사이서(cyser)를 만든다.
- 다른 과일을 사용하면 멜로멜(melomel)이 된다.
- 엘더 플라워같은 꽃들을 미드에 넣으면 메세글린(metheglin)이 되고, 향신료를 첨가하면 스파이스 미드(spiced mead)가 된다.

그 외 다른 미드에 대한 설명은 46쪽에 있다.

미드는 아마도 인간이 알게 된 최초의 발효 음료일 것이다. 그리스 신화에서도 많이 언급되며, 일찍이 앵글로 색슨족 공동체에서는 삶의 중요한 부분이기도 했다. 그러나 11세기 노르만족이 영국에 와인을 도입한 이후 그 수요가 꾸준히 감소했다.

미드 제조법은 매우 다양한데, 그중 한 가지는 꿀,

미드는 다양한 맛이 나며, 알코올 함량이 마일드 에일처럼 아주 낮은 것부터 강화 포도주만큼 강한 것까지 다양하다.

효모 영양소, 산, 타닌, 물을 65.5℃ 이하로 가열한 다음 혼합물을 21℃로 식힌 후 효모를 첨가하는 방법이다. 혼합물은 밀폐 장치가 달린 데미존(demijohn, 물과 포도주 등을 담아 다닐 수 있는 주둥이가 작은 커다란 병 - 옮긴이)에 넣어 4~5일간 따뜻한 장소(최소 21℃)에 둔다. 나머지 발효 기간에는 온도를 18℃로 낮추는 것이 이상적이다. 그렇게 만들어진 미드는 깨끗한 항아리로 옮겨 담아 코르크 마개로 입구를 막고 서늘한 곳에 보관하면 된다.

미드를 간단하게 만들 수 있는 레시피는 360쪽에서 찾을 수 있다.

사용하는 꿀의 종류에 따라 다른 맛이 나기 때문에 개인적인 취향에 맞게 미드를 만들 수 있다. 그렇더라도 대다수는 연한 꿀로 만드는 미드를 최고로 여긴다.

미용 효과

꿀은 인간이 가장 오래전부터 사용한 천연 화장품 중의 하나로, 수 세기 동안 꿀을 그대로 쓰거나, 밀랍 같은 다른 성분들과 조합하여 피부와 머리카락의 윤기를 위한 크림과 세안제, 화장수를 만들어 사용했다. 고대 이집트의 마지막 파라오였던 클레오파트라(Cleopatra)는 '당나귀 젖과 꿀'로 목욕을 했다고 전해지고, 로마 황제 네로(Nero)의 아내 포페아(Poppea)가 젊음과 미모를 유지한 비결이 우유와 꿀 로션이라고 한다.

좀 더 근래의 인물로는 낭만주의 소설가 데임 바바라 카트랜드(Dame Barbara Cartland)가 꿀이 주는 건강상 효능을 강하게 믿었으며, 유명한 영화배우 캐서린 제타 존스(Catherine Zeta-Jones)는 꿀로 만드는 마스크 팩과 헤어트리트먼트 제품을 매우 즐겨 사용한다.

꿀은 수분을 끌어들이는 성질이 있어서 공기 중의 수분을 흡수하여 머금고 있어 피부에 윤기를 더해준다. 따뜻한 꿀을 피부에 부드럽게 펴 바르면 모공의 먼지가 제거되고, 천연 방부 효과까지 더해져 더할 나위 없는 세정 효과가 있다. 꿀을 이용한 미용품 제조법은 369~378쪽을 참조하면 된다.

클레오파트라는 당나귀 젖과 꿀로 목욕한 덕분에 피부가 더욱 매끈하고 부드러워졌다고 한다.

꿀 및 기타 양봉 관련 제품의 박람회

A. 대회용 꿀단지.
B. 1934년 크리스털 팰리스(Crystal Palace)에서 열린 전국적인 규모의 꿀 박람회

양봉가들은 꿀 박람회를 통해 오랫동안 서로 경쟁해왔다. 영국에서는 1923년 런던의 크리스털 팰리스에서 첫 번째 꿀 박람회가 개최된 이후 지금까지 매년 국립 꿀 박람회가 열리고 있다. 밝은색, 중간색, 어두운 색의 액상 꿀과 자연 과립 및 고형 꿀, 벌집 꿀, 밀랍 덩어리, 양초와 벌집틀, 미드(달콤한 것과 드라이한 것), 벌꿀주와 멜로멜, 꿀 케이크와 비스킷, 벌이나 양봉을 표현한 다양한 공예품 등을 선보인다.

심사위원들은 깨끗하고 품질 좋은 제품을 찾는다. 꿀에는 먼지를 비롯한 기타 이물질이 없어야 하고 표면이 매끈해야 한다. 액상 꿀은 좋은 향과 풍미, 그리고 점성이 있되, 결정화의 흔적이 없어야 한다. 고형 꿀은 부드럽고 좋은 향과 풍미를 갖추어야 한다.

양초는 불이 깜빡이는 불안정한 현상과 그을음이 없이 잘 타야 한다. 밀랍 덩어리는 좋은 향과 더불어 깨끗하고 부드러워야 한다.

발효가 끝난 상태의 미드, 벌꿀주, 멜로멜은 침전물이 없이 향과 맛이 좋아야 한다.

꿀 요리는 음식이 잘 익어야 하고, 꿀의 맛이 느껴져야 한다(꿀을 이용한 조리법은 306~368쪽 참조).

꿀 박람회에 참여할 때는 규칙을 잘 숙지하고 따라야 한다. 양봉가가 정성껏 키운 꿀벌이 만드는 좋은 제품을 소개하는 데 큰 도움이 되기 때문이다. 관련한 조언은 국제 양봉 대회 홈페이지(www.honey-show.co.uk)에 기재되어 있다.

꿀의 의학적 효능

pH 3.2~4.5의 산성 꿀은 동물성 병원균의 성장을 억제한다. 꿀은 물을 끌어들이는 성질이 있어 항균효과도 있다. 꿀에 포함된 당분이 물과 결합하면 미생물이 생존에 꼭 필요한 물을 이용할 수 없게 된다. 또한, 꿀에 함유된 식물 유래 성분 중 일부가 항균작용을 하는 것으로 알려져 있으며, 포도당의 산화효소인 옥시다아제(oxidase)가 꿀의 과산화수소를 '천천히 방출'시켜 항균효과를 일으킨다.

이러한 항균 특성 덕분에 꿀은 모든 상처를 효과적으로 치료한다. 드레싱에 바른 꿀은 감염된 상처의 고름이나 죽은 조직을 빠르게 청소하고 박테리아를 파괴하며, 염증을 억제하고 새로운 조직의 성장을 촉진한다. 이는 2차 감염을 막는 장벽이 되어주며 흉터를 줄여준다고 한다. 최근 영국 벨파스트의 벨파스트 시티 병원(Belfast City Hospital)과 퀸스 대학(Queen's University), 그리고 북아일랜드의 얼스터 대학(University of Ulster)의 연구 결과에 따르면, 꿀이 메티실린에 내성이 있는 황색포도상구균(CA-MRSA)에 의한 피부 감염의 치료에 효과가 있다는 사실이 밝혀졌지만 임상에 적용할 수 있을지를 확인하기 위해서는 추가 연구가 필요한 상황이다.

뉴질랜드에서 자라는 마누카 덤불(*Leptospermum scoparium*)에서 채집한 마누카꿀은 항균효과가 뛰어나다고 알려졌다. 마누카의 항균성은 마누카 고유 인자(UMF)를 측정함으로써 알 수 있는데, 이는 허가받은 등록 업체만 사용할 수 있다. 호주의 자라(jarrah)꿀 등에서도 이와 비슷한 특성을 찾을 수 있다. 이 꿀들의 효과는 임상 시험을 통해서 입증될 것이다.

치유의 손길

아피테라피(Apitherapy)는 꿀벌과 관련된 제품을 치료 및 약리 목적으로 이용하는 대체 의학을 일컫는 말이다. 이것은 꿀, 화분, 프로폴리스, 로열젤리, 심지어 벌침 독도 사용한다. 아시아와 동유럽에서 인기를 끌고 있는 이 풍습은 '자연적인' 제품에 관한 관심이 증가하고 있는 서구에서도 점점 인기가 높아지고 있다. 아피테라피는 사람들이 체감한 많은 사례로 그 효과가 입증되고 있으며, IBRA는 벌 관련 제품의 치료적 효과를 다루는 새로운 저널을 발간했다(www.ibra.org.uk/categories/jaas).

기침과 감기

꿀은 일반적으로 레몬, 사과 식초 또는 위스키와 함께 마시는 기침과 감기 치료제로 잘 알려져 있다. 2007년 미국 펜 주립 의과대학(Penn State Medical College)에서 실시한 연구 결과, 꿀은 덱스트로메토르판(dextromethorphan)을 함유한 진해거담제보다 더 효과적이라고 한다. 꿀 한 숟가락은 인후통을 가라앉히는 데도 효과가 있다. 기침과 관련된 꿀 레시피는 383쪽을 참조하면 된다.

숙취

숙취는 섭취한 알코올이 몸에서 아세트알데하이드(에타날)를 생성시켜 발생한다. 꿀에 있는 나트륨, 칼륨, 과당이 인체에 흡수되며 숙취 해소에 도움을 준다. 또한, 체력을 빠르게 보충해주고, 과당이 간의 알코올 산화를 가속해 알코올을 '분해'한다. 게다가 꿀은 비타민 B6가 풍부하여 숙취의 증상을 완화해 준다(숙취 해소를 위한 방법은 382쪽 참조).

궤양

소화불량과 소화기 궤양을 일으키는 원인은 헬리코박터파이로리균(*Helicobacter pylori*)인데, 꿀의 항균 특성이 이러한 질환 치료에 도움이 될 수 있다. 뉴질랜드에서 진행된 한 연구는 마누카꿀이 박테리아를 죽이는 데 효과적이라는 사실을 보여주었다(복용법은 388쪽 참조).

꿀을 넣은 뜨거운 토디(코코스야자의 수액으로 양조하는 술 – 옮긴이)는 기침과 감기 증상 완화에 도움이 된다.

밀랍, 천연 밀봉재

밀랍은 꿀벌이 분비하는 물질로, 알을 낳고 꽃가루와 꿀을 저장하기 위한 집을 짓는 데 사용된다. 육아방에는 다른 영양분이 섞인 밀랍이 많은 반면, 꿀 저장 공간은 순수한 밀랍으로 짓는다. 어린 일벌은 복부 아래쪽에 있는 분비선에서 밀랍을 생산한다. 온도 35~36℃에서 밀랍을 생성할 수 있기에 일벌들은 무리를 지어 작업한다. 밀랍 분비물은 벌의 하체로 이동되고 육각형 벌집을 만드는 데 쓰인다.

밀랍은 약 70%의 에스테르, 15%의 세로틴산, 12%의 탄화수소와 물, 높은 도수의 알코올, 미네랄, 색소로 구성되어 있다. 원산지에 따라 색과 향에는 차이가 있지만 구성 성분의 비율은 대체로 동일하다. 이렇게 밀랍은 혼합물이라 녹는점이 62~64℃로 부정확하다. 32~35℃에서 변형이 쉬워져 작업하기에 편리하고, 40.5℃에서 점도가 낮아지기 때문에, 벌집을 운송하는 과정에서 벌이 갇혀있는 동안 지나치게 뜨거워지면 벌집이 붕괴될 수도 있다. 이는 벌에게 치명적인 결과로 이어지게 된다.

밀랍은 목재 광택제, 화장품, 양초를 만드는 등 매우 다양한 용도로 쓰이는 유용한 물질이지만, 이제는 플라스틱이나 현대의 합성 밀랍으로 대체되기도 했다. 양봉에서는 주로 벌집 틀에 설치하는 벌집기초를 만드는 데 쓰인다. 틀에서 밀랍을 회수하여 가공하고 청소하는 방법은 253~258쪽에서 확인하면 된다.

밀랍은 꿀벌이 벌집을 만드는 데 사용한다. 이 사진에서는 벌집 틀의 상단 막대에 보인다.

벌집기초

육각형의 세포 문양이 양각된 벌집기초는 틀에 고정하고 벌통에 넣는다. 벌은 가지 끝에 매달린 둥지 구멍의 꼭대기에서도 충분히 집을 지을 수 있기 때문에 시트와 틀이 필요하지 않지만, 양봉가가 벌집을 점검하거나 꿀을 수확할 때 쉽게 벌집을 분리할 수 있다는 측면에서 벌을 틀 안의 시트에 집을 짓도록 유도하는 것이 훨씬 편리하다. 더 단단하게 고정되도록 철사를 설치해 둔 시트도 있다. 양봉 규모가 크면 양봉업자가 직접 시트를 만들어도 되지만, 판매업체로부터 구매하는 편이 훨씬 간단하고 편리하다.

상업용 벌집기초 제조공정

두껍고 길게 이어진 밀랍은 회전하는 수냉식 롤러 위에 액체 밀랍이 지나가며 만들어진다. 그 후에 밀랍의 길이가 따뜻한 롤러를 지나며 두께가 얇아지고 양쪽에 육각형 세포 모양으로 양각된다. 얇은 롤러에서 벌집의 종류와 틀의 크기, 육아방 등 쓰임새에 따라 적절한 크기로 잘라진다. 무선 시트는 유선 시트보다 더 얇은 두께로 제작된다. 벌집 조각용 시트는 롤러로 더욱 강하게 눌러져 '매우 얇은' 시트로 만들어진다.

영국에서 판매되는 대부분의 벌집기초는 스테인리스강 0.44mm 프레임 철사를 각 시트마다 깔아서 생산한다. 길게 남아 말려진 시트는 틀의 상단 모서리 아래에 넣고, 하단 부분의 여유분은 틀에 시트를 고정하기 위해 막대 사이에 끼워진다. 시트는 틀의 긴 가장자리 양쪽의 고정대에 맞춰 밀랍에 가깝게 설치한다. 철사는 한쪽 모서리에서 고정되고, 'V'자를 그리며 고정대 사이로 설치된다. 다른 쪽 모서리에서는 철사를 조이고 고정해야 한다. 그런 다음 저전압 전류를 철사에 흘려 가열한 후 밀랍을 밀착시킨다.

미국에서는 크림프 전선(crimped wire)을 수직으로 설치해두고 벌집기초를 부착한다. 천천히 움직이는 컨베이어 위에 시트를 일정한 간격으로 놓아두고는, 상단에서 연속으로 공급되는 크림프 전선에 열선이 내장된 롤러로 벌집기초를 눌러 끼운다. 크림프는 전선이 제자리에 잘 고정되고 벌집기초가 빠지지 않도록 도와준다. 시트 사이의 간격에는 피복이 없는 철사가 있다. 시트 한쪽에는 피복이 벗겨진 짧은 길이의 철사가 돌출되어 있고, 다른 쪽 가장자리에는 더 긴 철사가 돌출되어 있다. 쐐기로 틀에 시트를 고정할 때는 철사를 직각으로 구부린다.

시트 압착기 사용

양봉가들은 시트 압착기를 이용하여 수확한 밀랍으로 자신만의 벌집기초를 만들 수 있다. 이 방법을 이용하면 원하는 크기보다 크지만 잘라서 쓸 수 있는 시트가 만들어진다. 전통적으로 금속 틀을 사용해 왔지만 오늘날에는 실리콘 고무 세포 문양의 틀을 사용하고, 한 틀의 패턴은 다른 패턴과 상쇄되어 자연스러운 벌집 문양을 흉내 낸다. 밀랍은 여과기를 사용하면 대부분의 흙과 이물질이 제거된다. 화장품, 광택제, 양초를 만드는 데 사용되는 밀랍만큼 깨끗할 필요는 없다.

우선 큰 싱크대에 찬물과 소량의 세정액을 채운다. 압착기는 여분의 밀랍이 담길, 물을 약간 부은 얕은 쟁반 위에 놓는다. 밀랍 덩어리를 비닐봉지에

밀랍 교환

영국의 일부 장비 공급업체는 깨끗한 밀랍을 일정량의 즉시 사용 가능한 벌집기초로 교환해주고 있다. 훨씬 더 편리하게 밀랍 제품을 얻는 방법이다.

넣거나 천에 싸서 망치로 부수면 쉽게 작은 조각이 되는데, 이렇게 하면 밀랍이 더 빨리 녹는다. 밀랍 조각들은 스테인리스강 용기에 중탕하거나 중탕 냄비(밀랍은 절대 직접 열을 가해 녹이면 안 된다)에 넣어 약한 열로 녹인 후 압착기를 가득 채울 정도로 붓는다. 압착기가 작동되면 대량의 밀랍이 아래쪽에 모이게 된다. 그런 다음 싱크대 물에 20~30초간 담근다. 물속에서 압착기를 열어 벌집기초를 빼내고, 압착기는 건져서 물기를 제거한다. 세정액을 희석한 물은 물방울이 맺히는 것을 방지하는데, 물방울이 있으면 다음 시트에 작은 구멍을 낼 수 있다. 이 과정을 필요에 따라 반복하면 된다. 평평한 표면에 벌집기초를 쌓고, 나무판자와 적당한 무게의 물체를 올려 시트가 잘 펴지도록 한다. 초반에 시트가 제대로 나오지 않으면, 용기에 넣고 다시 녹이면 된다.

시트를 제대로 자르기 위한 틀은 합판의 한 쪽에 손잡이로 사용할 작은 나무토막을 못으로 박으면 간단하게 완성된다. 평평한 곳에 벌집기초를 놓고 틀을 올린 후 날카로운 칼로 주변을 잘라낸다. 남은 밀랍은 녹일 때 사용한 용기에 다시 넣으면 된다.

벌집기초에 무늬 새기기

무늬를 새기는 또 다른 방법은 나무 형틀에 얇은 밀랍 시트를 놓고 벌집 패턴 무늬를 양각하는 방법이다. 그런 다음 두 가지 방법 중 하나를 선택해 양각할 수 있다. 벌집기초를 많이 생산할 때는 수동 또는 전동 롤러를 사용하면 되는데, 이 롤러는 시트의 두께를 줄이기 위한 플레인 롤러와 시트의 양면에 벌집무늬를 양각해 넣을 수 있는 롤러가 있다.

적은 양의 벌집기초를 만들 때는 플라스틱 형틀을 사용해 같은 방식으로 만들 수 있다. 플라스틱 형틀은 한쪽 끝에 벌집무늬가 있는 플라스틱 시트 한

시트 압착기를 사용하는 모습.

쌍인데, 따뜻한 상태의 밀랍 시트를 그사이에 넣고 무거운 롤러로 밀어 벌집무늬를 양각하는 방식이다.

철선을 넣은 벌집기초

집에서 만드는 벌집기초는 보통 시중에서 판매되는 벌집기초보다 두껍지만 벌은 집에서 만든 벌집기초를 선호하는 듯하다. 집에서 만든 벌집기초가 아무래도 정밀하게 다듬어지지 않았기 때문일 것이다. 잘린 벌집에는 사용할 수 없어 보통 철선을 넣는다. 286쪽에서 설명한 것처럼 철선을 넣은 판을 이용하거나 벌집틀에 철선을 넣고 전기로 열을 발생시켜 밀랍을 녹인 후 벌집기초를 벌집틀에 붙인다.

열을 줄 때는 철선이 과열되지 않도록 주의해야 한다. 그렇지 않으면 밀랍이 철선에 닿는 즉시 녹아버린다. 그러나 만약 녹더라도 재사용할 수 있다.

철선을 삽입한 벌집틀. 벌집기초를 붙이면 된다.

벌집기초를 붙이기 위해 전기로 철선에 열을 가한다.

양초

중세 이전부터 밀랍의 주된 용도는 종교와 실생활에 쓰일 양초를 만드는 것이었다. 순수한 밀랍 양초는 지금도 가치가 높다. 오늘날 판매되고 있는 일반적인 파라핀 밀랍 양초에 비해 더 따뜻하고 밝게 타오르며, 고체 밀랍 양초는 같은 크기의 다른 밀랍 양초보다 최대 2배까지 오래 탄다. 양초를 태우면서 불꽃이 튀는 일을 방지하려면, 깨끗한 밀랍으로 만든 양초에 알맞은 크기의 심지를 사용하고 밀랍을 깨끗이 관리하는 것이 중요하다. 밀랍 양초는 같은 지름의 파라핀이나 스테아린으로 만든 양초보다 훨씬 두꺼운 심지를 써야 한다.

촛불을 켜면 불꽃이 밀랍을 녹이고 마치 모세혈관처럼 공기와 만나는 곳을 향해 불꽃이 피어오르며 심지가 공기에 닿아 녹으면서 연소한다. 양초의 지름에 비해 너무 가는 심지를 쓰면, 녹은 밀랍이 모두 심지에 흡수되지 못하고 옆으로 넘쳐 양초 옆구리를 따라 흘러내린다. 그리고 양초의 꼭대기에 형성된 액체 밀랍이 너무 많이 쌓여 불꽃을 꺼뜨리기도 한다. 반대로 심지가 너무 두꺼우면 밀랍이 부족해서 잘 타지 않고 촛불이 아주 매캐한 냄새를 풍기며 빠르게 타버리고 만다. 기존의 양초 제조법은 붓기, 담그기, 틀 이용하기, 말아서 만들기이다. 수제 양초 제조법과 돌돌 말린 양초 제조법은 390쪽을 참조하면 된다.

붓기

원래 양초는 이 방법으로 만들기 시작하였으며, 여전히 수공업으로 긴 양초를 만드는 유일한 방법이기도 하다. 국자로 녹는점에 도달한 밀랍을 통에 담고 심지를 부드럽게 넣는다. 심지를 돌리며 넣어서 밀랍이 균일하게 코팅되도록 한다. 밀랍이 너무 뜨거우면 심지에 묻은 왁스까지 녹아버리고 너무 차가우면 고르게 묻지 않는다. 심지의 밀랍이 식은 후 원하는 크기의 양초가 될 때까지 위 과정을 반복한다. 그 후에 밀랍이 미끄러지지 않도록 심지의 바닥에 매듭을 묶는다. 두세 번 부을 때마다 합판 위에 굴려 표면을 평평하게 만든 후 아래쪽에 맺힌 밀랍 '덩어리'나 '고드름'을 따뜻한 칼로 잘라낸다. 초는 직사광선을 피해 서늘한 곳에서 식히도록 한다.

담그기

담그기는 붓기와 방식이 비슷하다. 만들고자 하는 양초보다 큰 용기에 액상 밀랍을 담고 거기에 심지를 담근 후 몇 초간 있다가 부드럽게 꺼내며 밀랍 층을 쌓는다. 밀랍을 우선 77℃로 온도를 맞춘 수조에 넣어두고 심지를 넣은 후 약간 식히고 다시 심지를

밀랍을 부어서 양초를 만드는 모습을 묘사한 19세기 목판.

담근다. 밀랍 층이 형성되기 시작하면 수조의 온도를 약 68~71℃로 낮춰 밀랍 층을 더 두텁게 만든다. 원하는 두께가 되면 담그기를 중단하고, 붓기와 같은 방식으로 마무리한다. 마지막으로 양초에 뜨거운 밀랍을 바르면 매끄러워진다. 가정에서 담그기 방식으로 수제 밀랍 양초를 만드는 방법은 390쪽을 참조하면 된다.

틀 이용하기

양초는 틀을 이용하여 만들 수 있으며, 틀과 심지를 판매하는 업체들은 훌륭한 디자인의 틀을 많이 개발했다. 유리, 폴리카보네이트(poly carbonate), 얇은 라텍스 등의 틀은 박리제가 필요하고 정확한 결과물이 나오지 않는 때도 있다.

그래서 오늘날에는 박리제를 사용하지 않아도 되고, 결과물을 예측하기 쉬운 실리콘 고무 틀을 사용한다. 틀은 내용물을 쉽게 빼내도록 한쪽이 분리되는 원통형이며, 틀에 알맞은 심지 크기도 쉽게 알 수 있다. 양초가 완성되면 심지를 양초보다 조금 더 길게 자른다. 심지는 틀 하단의 구멍으로 나사식으로 끼운 다음(양초가 뒤집힌 형태로 만들어진다) 다른 쪽 끝에 있는 두 개의 얇은 막대 사이의 끝에 고정하고 팽팽하게 당긴다.

고무 밴드는 주형을 단단히 고정하는 데 사용되며, 두 분할 면이 섬세하게 일치하여 완제품의 '솔기'를 최소화한다. 틀은 약 75℃의 밀랍으로 천천히 채워야 한다. 공기가 유입되면 완성품의 외관을 해치기 때문에 공기 방울이 생기지 않도록 주의한다.

틀을 이용한 밀랍은 담그기로 만든 초보다 식는 데 오래 걸린다. 또한, 밀랍이 응고되면서 수축하기

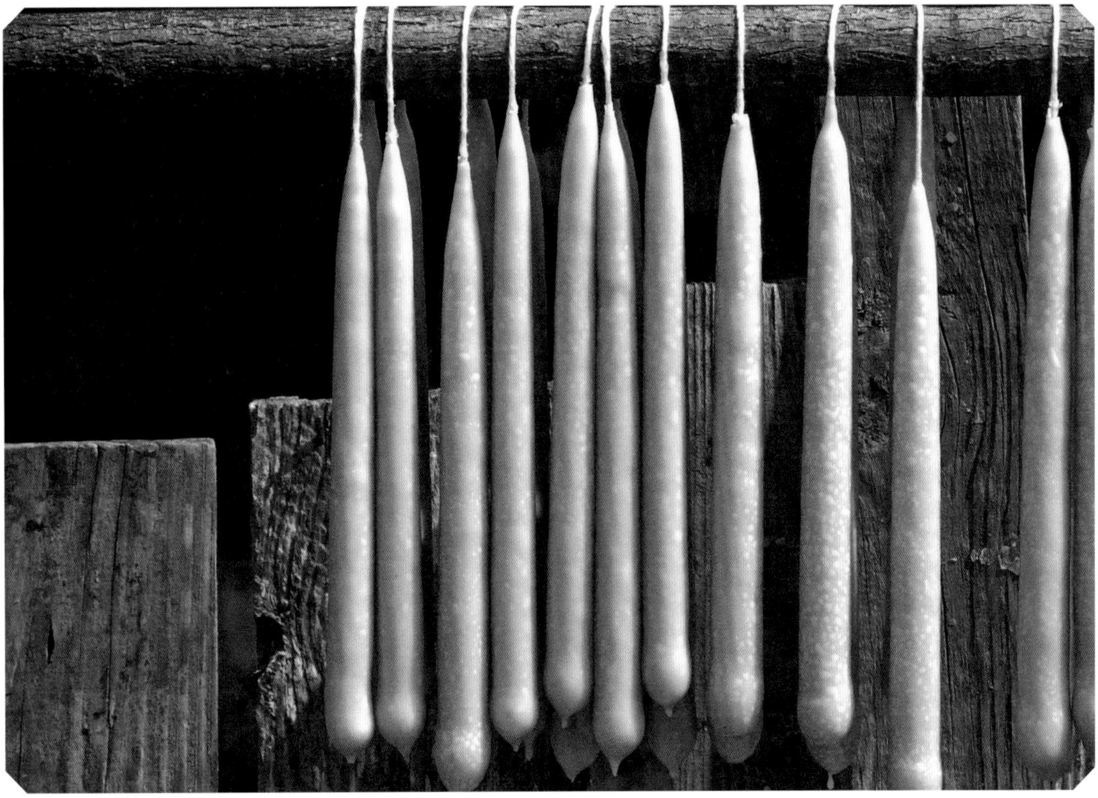

수제 양초를 선반 위에서 식히고 있다.
290쪽: 밀랍 양초는 따뜻하고 밝은 빛을 낸다.

도 하므로 틀을 더 채워야 하는 경우도 있다. 필요하다면 밀랍을 추가하기 쉽게 양초 밑면에 구멍을 만들어도 된다. 양초가 차가워지면 고무 밴드와 심지 지지대를 제거하고 조심스럽게 틀을 연다.

말아서 만들기

다양한 형태의 훌륭한 양초를 만드는 방법 중 손쉬운 한 가지 방법은 철선이 없는 벌집기초나 대형 벌집기초를 이용하는 것이다. 양쪽으로 굴릴 수 있으며, 가늘고 긴 양초와 굵고 짧은 양초 모두 가능하다. 먼저, 심지를 적당한 길이로 잘라 벌집기초의 제일 안쪽 가장자리에 놓고 벌집기초를 조심스럽게 말아준다. 굴곡이 생기면 풀었다가 다시 말면 펴진다.

테이퍼(taper)형으로 만들 때는 양초의 상단을 형성하는 시트 옆면의 각도를 가파르게 하여 경사를 만든다. 각도가 가파를수록 경사도 커진다.

두 개의 서로 다른 컬러 시트(염색된 상태)를 함께 굴리는 등 다양한 디자인으로 연출할 수 있다.

두꺼운 양초를 만들 때는 첫 번째 시트의 가장자리에 버터를 바르고 두 번째 시트를 얹은 다음, 두 개를 함께 만다. 크기가 클수록 더 두꺼운 심지를 사용해야 한다(밀랍을 굴려 만드는 양초에 대한 설명은 390쪽 참조).

밀랍 녹이기

모든 양초는 만들기 전에 먼저 깨끗한 밀랍을 중탕이나 스테인리스강 용기에 담아 물을 담은 수조에서 녹여야 한다. 밀랍이 물이나 열원에 직접 닿지 않도록 주의한다. 제조 방식에 따라 적정한 온도가 다르므로 밀랍 온도를 설탕 온도계로 확인하면 최상의 결과물을 얻을 수 있다. 밀랍의 녹는점은 62~64℃이다.

시트를 말아서 만드는 양초는 단단한 밀랍 양초보다 더 빨리 녹는다.

밀랍의 다른 용도

의약품과 화장품

밀랍은 오래전부터 화장품과 의약품의 기초 재료로 쓰였다. 아유르베다(Ayurvedic) 의학이 수 세기 동안 이어져 온 인도와 그 주변 지역에서 밀랍은 약초, 미네랄을 비롯한 약효가 있는 다른 물질들을 전달하는 용도로 사용되었다. 밀랍은 피부에 고르게 발리며 건조를 방지한다.

또한, 알약 코팅과 약품 생산에도 사용되었다. 페니실린은 밀랍과 땅콩 오일을 첨가하면 유통기한이 연장되며, 덜 자극적이어서 의사들이 투여 간격을 줄일 수 있게 되었다.

밀랍은 치아 교정에 사용되는 치과용 밀봉재의 주요 구성 요소 중 하나이기도 하며, 손, 얼굴, 발에 바르는 크림과 입술 보호제에도 들어간다(일부 제품의 제조 방법은 369~377쪽 참조).

밀봉재와 윤활유로의 쓰임새

중세 시대에 쓰인 문서 봉합 밀랍은 일반적으로 유럽산 초목나무(*Larix decidua*)의 수지 추출물인 '베니스 테레빈(Venice turpentine)'과 섞어서 만들어졌다(본래의 색이 사라지고 이후 붉은 얼룩이 생기게 된다). 16세기에 이르러 셸락(shellac), 테레빈유(turpentine), 수지(resin), 백악(chalk), 색소 등으로 대체되었고 이로써 더 단단하게 밀봉할 수 있게 되었다(밀봉 인장을 만드는 방법은 393쪽 참조).

밀폐 용기가 등장하기 전에는 항아리에 든 내용물을 얇은 밀랍으로 밀봉 보관하였다. 뚜껑 가장자리에 밀랍을 입히는 것도 이와 같은 목적이었다.

뻑뻑해진 서랍과 지퍼에 밀랍을 얇게 펴 바르면 부드럽게 움직인다. 스키 밑면에도 밀랍을 발라 마찰을 줄인다. 레이스 제조업체는 바늘의 윤활제로 사용하고, 봉제사는 실을 밀랍으로 코팅하여 방수력과 유연성을 높여 편리를 도모한다. 못을 사용하기 전에 밀랍에 찌른 후 사용하면 나무에 박기도 쉬우며 나무가 갈라지는 것을 방지해주기도 한다.

빨갛게 물들인 밀랍 인장.

광택제로의 쓰임새

오늘날의 광택제는 합성 파라핀 밀랍으로 만들어지지만, 기존에는 벌 밀랍이 유일한 재료였다. 그래서 지금도 벌어진 틈이나 색이 바랜 목제 가구에 자주 쓰이고 있다. 밀랍 광택제에는 단단한 것과 반죽 형태, 두 가지 종류가 있고, 반죽 형태에는 물과 비누, 붕소가 첨가되어 있다. 각각의 제품에는 밀랍을 효과적으로 전달하고 표면에 고르고 얇게 발리도록 하는 성분들이 들어있다. 두 제품의 유일한 차이점은 단단한 광택제가 바를 때 팔이 더 많이 아프다는 것뿐이다(단단한 밀랍 가구 광택제의 제조 방식은 391쪽 참조)!

밀랍 모형

밀랍 모형은 쉽게 부서지고 불에 타기 때문에 이집트에서는 제사 의식에서 사용했다. 가장 유명한 밀랍 모형은 마담 투소의 밀랍인형일 것이다(48쪽 참조). 그녀가 만든 첫 밀랍인형의 모델은 1777년 프랑스 계몽주의 작가이자 철학자인 볼테르(Voltaire, 1694~1778)였다.

모델링과 조각

밀랍은 매우 정밀하고 섬세하게 세부적인 요소까지 새길 수 있기 때문에 모델링과 조각에 매우 적합한 소재이다. 밀랍은 단독으로 사용하거나 다른 밀랍과 섞어서 사용해도 된다. 재료에 밀랍을 첨가하면 부드러워져서 작업의 효율이 높아지게 된다.

액상 밀랍은 틀의 세밀한 부분까지도 표현해낸다. 굳고 나면 일반적인 기후 조건에서는 훼손되지 않으며, 색을 입히기도 편리하다. 이러한 이유로 밀랍은 수 세기 동안 로스트-왁스 주조법에 이용되었다(46쪽 참조). 이 기술을 통해 밀랍에 새겨진 세밀한 표현이 완성된 모형에 반영된다. 밀랍 꽃을 비롯한 모형은 일반 벌집기초나 염색된 벌집기초를 잘라서 모양을 만들고 인두로 '용접'하여 이어 붙여도 된다.

바틱

바틱(batik)은 아시아, 특히 인도네시아의 자바섬에서 시작되었다고 짐작하지만, 일부에서는 이집트로부터 유래되었다고 주장하기도 한다. '바틱'이라는 단어는 자바어 'titik'에서 파생되었으며, '얼룩(dot)'을 의미한다. 직물에서 염색하지 않을 곳에 밀랍을 덮어 염료가 닿지 않도록 사용했다. 밀랍만을 사용하던 과거와는 달리 지금은 다마르(dammar) 수지를 약 30%가량 혼합하여 사용한다.

바틱은 염색이 잘 되는 천연 원단에서 가장 효과적으로 작용한다. 색상은 과정을 반복할수록 더 진

바틱을 사용하여 직물에 무늬를 넣는다.

해지며, 밀랍 혼합물은 염료 사이에 도포되어 염료의 확장을 방지한다. 밀랍은 천을 관통할 만큼 뜨거워야 양면에 같은 문양이 도포된다.

그 후에 천을 첫 번째 염료에 담근다. 천이 마르면 염료의 색을 보호할 영역이 늘기 때문에 밀랍의 양도 더 필요하게 된다(즉, 두 번째 염료의 색을 입히지 않을 영역). 그 후에 두 번째 색을 입히고 원하는 디자인이 완성될 때까지 이 과정을 반복한다. 색상이 서로 영향을 미치기 때문에 염료를 신중하게 선택해야 한다. 예를 들어 첫 번째 염료가 노란색이고 두 번째 염료가 파란색이면, 밀랍 처리하지 않은 영역은 녹색이 된다. 염색이 끝나면, 일반적으로는 끓는 물로 밀랍을 제거한다.

납화 염색

납화 염색은 색이 있는 밀랍을 뜨겁게 가열하여 스며들게 하는 방식이다. 고대 그리스, 로마, 이집트에서는 석탄을 담은 팬 위에 놓인 금속판에 다마르 수지와 섞은 다양한 색상의 밀랍을 넣어 액체 상태로 보관하다가 붓이나 팔레트 나이프와 같은 도구를 사용하여 표면에 도포했다. 작품이 완성되면, 낮은 열(이집트 화가들의 경우에는 햇빛)에 노출하여 표면 전체를 녹였다. 작품의 형태는 손상하지 않되, 질감을 매끄럽게 만드는 마무리 과정이었다. 석관 뚜껑의 밀랍 초상화 또한 이 방식으로 만들어졌다.

오늘날에는 각양각색의 납화 밀랍 막대를 여행용 다리미와 비슷한 전기다리미를 이용하여 색을 입힌다. 밀랍을 다리미의 가열 판에 녹인 다음, 고품질의 비 흡수 처리가 된 특수 카드로 옮긴다. 4개의 기본 스트로크가 각기 다른 효과를 내고 완성된 그림은 부드러운 티슈 패드로 광택을 낸다. 열선이 내장된 펜, 붓 및 기타 도구들을 사용하여 섬세한 표현을 내도 된다. 열은 그림의 표면을 '태우기' 위해 사용된다.

밀랍의 무궁무진한 쓰임새

밀랍은 치즈를 코팅하는 데에도 쓰이며, 껌과 젤리와 같은 과자의 윤기를 낼 때도 쓰인다. 이 외에도 다양한 곳에 특별하게 쓰이고 있다.

납화 기법은 2세기 이집트에서 나무로 만든 관에 장례식용 초상화를 그리는 데 사용되다가 이후 미라에 부착되었다.

밀랍과 다른 성분들을 섞어 라스타파리안 드레드락(Rastafarian dreadlock, 레게머리)으로 연출하며, 콧수염용 왁스에도 쓰인다. 순수한 밀랍 덩어리는 군화에 광택을 낼 때 매우 효과적이며, 중세 이후로 지금까지 가죽을 방수 처리하고 부드럽고 윤기 나게 하는 가죽 보호제(더빈)로 사용되었다.

또한, 정원사들은 식물을 접목할 때 밀랍을 이용했고, 프린터 잉크, 궁수의 활줄에도 밀랍을 사용한다. 종이를 제작할 때 쓰이는 금속판으로 패턴이 옮겨지기 전에 밀랍에 세밀한 워터마크가 새겨진다.

음악과 관련된 밀랍의 쓰임새도 있다. 밀랍 마우스피스는 사용 중에 더 부드럽고 단단하게 밀봉되기에 디저리두(didgeridoo)용 마우스피스로 쓰이고, 또 아코디언 제작자는 밀랍과 소나무 송진을 혼합하여 악기 내 리드 플레이트를 고정하기 위한 접착제를 만든다.

동유럽에서는 특히 부활절 달걀 장식에 밀랍을 많이 사용한다.

치즈 코팅

밀랍은 여전히 일부 치즈에 천연 코팅제로 사용되며 산화작용을 억제한다. 많은 전통적인 치즈 제조업체가 플라스틱에서 발생하는 불쾌한 냄새에 치즈가 오염되는 것을 방지하기 위해 현대의 플라스틱 코팅제보다 밀랍을 선호한다.

밀랍 코팅제로 밀봉된 네덜란드산 고다 치즈.

프로폴리스, 자연이 주는 기적의 치료제

프로폴리스는 일벌이 침엽수를 비롯한 여러 나무에서 채취하는 끈적끈적한 수지 물질이다. 벌들은 프로폴리스로 벌집 안쪽 벽을 얇게 코팅하고, 집을 더 튼튼하게 만드는 데 이용한다. 균열을 방지하고 벌집 입구의 크기를 줄이는 프로폴리스 '커튼'을 만드는 데는 더 많은 프로폴리스가 사용된다.

쥐와 같은 몸집이 작은 동물이 벌집에 들어와 죽어버렸을 때 벌은 사체를 제거하지 못하기 때문에 미생물과 곰팡이가 번식하지 않도록 프로폴리스로 방부처리를 한다. 프로폴리스는 여러 가지 성분으로 구성된 복잡한 혼합물이며, 원소와 성분 비율에 차이가 있다. 일반적으로 갈색을 띠는 것이 많으나, 벌집 지역의 특정 수지에 따라 빨간색에서 노란색까지 다양한 색상이 있다.

항균 및 살균 특성

프로폴리스의 항균성과 살균성은 오래전부터 알려져 있다. 이집트의 사제들은 수천 년 전에 이미 이 성질을 활용했으며, 그리스의 의사인 히포크라테스(Hippocrates, 기원전 460~360년경)는 체내외 모든

양봉에서 프로폴리스의 쓰임새

케냐의 키쿠유(Kikuyu) 양봉가들은 전통적으로 막대기 끝에 프로폴리스 덩어리를 붙이고 이것을 빈 벌집 안쪽에 문질러 벌이 집을 짓도록 유도했다.

벌집틀 옆면에 붙은 프로폴리스(적갈색 퇴적물).

주의 사항: 알레르기

프로폴리스는 알레르기를 일으키기 쉬워 특히 피부가 예민하고 연약한 사람들에게 불쾌감을 동반한 발진을 발생시킬 수 있다. 알레르기가 있는 사람은 항상 장갑을 착용하고 벌집을 만져야 한다.

소염과 궤양 치료에 적용했다. 또한, 로마의 의학 작가인 셀서스(Celsus)는 기원후 1세기에 습포제로 설명했다. 6세기에서 8세기의 코란 필사본에는 프로폴리스가 혈액 정화, 피부 질환 및 기관지염을 치료한다고 기재되어 있다. 12세기와 15세기에는 치통 치료에 효과적이라는 주장이 등장했고 프로폴리스를 신생아의 배꼽 위에 올리기도 했는데, 이는 방부제 효과 때문일 것이다.

12~15세기 현재의 페루와 칠레, 에콰도르와 그 인근 지역을 장악한 남아메리카의 잉카인들이 염증 치료에 프로폴리스를 사용했다고 추정하고 있으며, 수렵과 채집을 했던 무리는 프로폴리스를 접착제로 사용했다고 밝혀졌다.

오늘날 프로폴리스는 주로 북아메리카와 유럽, 그 중에서 동유럽에서 천연 보조식품 또는 한약재로 이용되고 있다. 화분, 로열젤리 또는 다른 성분들과 혼합하여 알약의 형태로 만들며, 약 70%의 알코올에 녹여 자상과 피부 발진 치료용 진균제로 판매한다. 프로폴리스는 그 외에도 피부를 위한 로션, 크림, 립스틱, 치약, 비누, 샴푸와 같은 화장품과 구강 세척제, 껌과 같은 식품의 첨가제로 활용된다.

영국의 프로폴리스 연구의 권위자인 제임스 피어널리(James Fearnley)는 1992년에 옥스퍼드 대학(University of Oxford)과 맨체스터 치과 대학

프로폴리스는 벌집에서 채취한다.

(Manchester University Dental School)에 다양한 연구를 의뢰하여 약리학적 성질과 임상적 특성에 관한 연구를 진행했다. 그리고 2002년, 프로폴리스와 화분을 첨가한 건강 보조제를 소비자에게 제공하기 위해 비바이탈(BeeVital)이라는 회사를 설립했으며, 프로폴리스의 항생, 항염, 항바이러스성을 조사하여 영국 정부의 연구 개발상을 받았다. 전 세계의 프로폴리스를 표본화해 화학적 구성을 분석하였고, 특정 지역의 프로폴리스가 유독 그 수치가 높다는 사실을 확인하게 되었다. 이 프로젝트에는 구강, 위, 위궤양, 피부병, 상처 치료 및 면역 결핍성 질환의 치료와 관련한 임상 시험도 포함되어 있다.

화분, 자연의 완전식품

화분은 꽃이 피는 식물의 특정 부분에서 생성된다(수술의 최상단은 120쪽 참조). 이 고운 가루 물질은 미세한 알갱이로 이루어져 있으며, 각각 암술이나 씨앗을 수정시킬 수 있는 수배우자를 포함하고 있다. 화분은 벌이 같은 종의 꽃을 오갈 때 암술의 배주로 옮겨지지만, 바람, 다른 곤충이나 동물에 의해서도 옮겨진다.

화분은 꿀과 더불어 벌 유충 먹이의 큰 비중을 차지하며 어른 벌의 먹이가 되기도 한다. 꽃의 종류와 계절에 따른 차이가 있기에 정확한 수치 분석은 어려우나, 주성분은 단백질(약 24%)이며, 27%의 탄화수소, 5%의 지방으로 구성되어 있다. 그러나 탄화수소 대부분은 과당과 포도당인데, 이는 벌이 화분을 채집하여 집으로 돌아오는 에너지로 쓰인다. 그 외에도 화분에는 많은 양의 칼륨, 칼슘, 마그네슘, 아연, 철, 망간, 구리가 함유되어 있다고 밝혀졌다.

건강 보조 식품으로써의 화분

인간은 주로 영양소를 보충하기 위해 화분을 섭취한다. 원래는 꿀에 포함되었지만, 이제 상업적으로 생산되는 꿀을 여과하는 과정에서 화분 대부분은 결정이 제거되기 때문에, 보통 알약, 과립 또는 사탕과 같은 형태로 만드는 건강 보조 식품에 대한 수요가 증가하게 되었다. 실제로 체력을 증강했다는 과학적 증거는 없지만, 성분을 고려해보면 소량만으로도 효과가 있을 것으로 짐작된다.

벌 무리는 보통 같은 시기에 꽃을 피우는 다양한 종의 식물 화분을 모아서 생존에 필요한 단백질과 비타민을 충족한다. 결과적으로 저장된 화분의 색이 다양하다는 것은 그만큼 다양한 식물에서 화분을 채취했다는 의미가 된다. 그래서 색이 균일하지 않은 화분이 한 가지 색으로만 이뤄진 꽃가루보다 인간의 몸에 더 좋을 것이라고 예상된다.

화분의 의학적 효능

화분을 의학적으로 사용한 것은 중세 초기의 이슬람 스페인의 아랍인과 유대인의 기록이 가장 오래된 것이기는 하나, 그것이 벌에 의해 수집된 화분

화분은 꿀벌에게 필수적인 주요 단백질 공급원이며, 인간에게는 영양 보충제로 사용된다.

주의사항: 복통

화분을 섭취한 사람 중에 부작용(일반적으로 위 또는 소화 장애)을 겪었다는 사례가 보고되었다. 따라서 처음 섭취하는 경우에는 소량으로 시작해야 한다.

이 아닐 가능성도 있다. 이집트 술탄의 유대인 의사인 마이모니데스(Maimonides, 1135~1204)는 지혈제로 아스트린젠트(Astrinent)의 사용을 권고했다. 살라딘(Saladin)의 주치의가 된 스페인의 약제사이자 식물학자, 작가였던 이브넬 베이사르(Ibn el Beithar)는 1200년대 초에 최음제로 이용하였다. 또한, 위, 장, 심장에 좋다고 주장하기도 했다.

좀 더 근래의 사례로는, 에이브러햄 링컨(Abraham Lincoln, 1809~1865)의 일화가 있다. 그는 미국 인디애나주에서 어린 시절을 보냈는데, 당시 이웃의 집을 방문하면 빵과 꿀을 나눠주기를 요청했다고 한다. 그리고 화분이 많이 든 꿀을 받았을 때 매우 기뻐했다고 기록되어 있다.

화분은 만성 전립선염(전립샘 염증) 치료에 도움이 된다는 사실이 밝혀졌는데, 환자들의 염증과 불편함, 증상 등을 완화했다. 이는 높은 아연 수치와 관련이 깊을 것으로 추측된다. 또한 X선 촬영 중 방사선의 해로운 영향으로부터도 인체를 보호한다고 한다.

거주 지역의 꿀, 특히 벌집이나 벌집 조각 꿀과 같이 가공되지 않은 꿀에서 나오는 밀랍 성분을 함께 섭취했을 때, 건초염 증상이 최대 25%까지 완화되었다고 알려졌다. 이에 대한 과학적인 증거는 거의 없지만, 일부 연구가 유익한 효과가 있음을 시사하고 있다.

화분을 채집하는 일벌.

301쪽: 다양한 일반 식물에서 얻은 꽃가루 결정을 500배 확대한 모습.

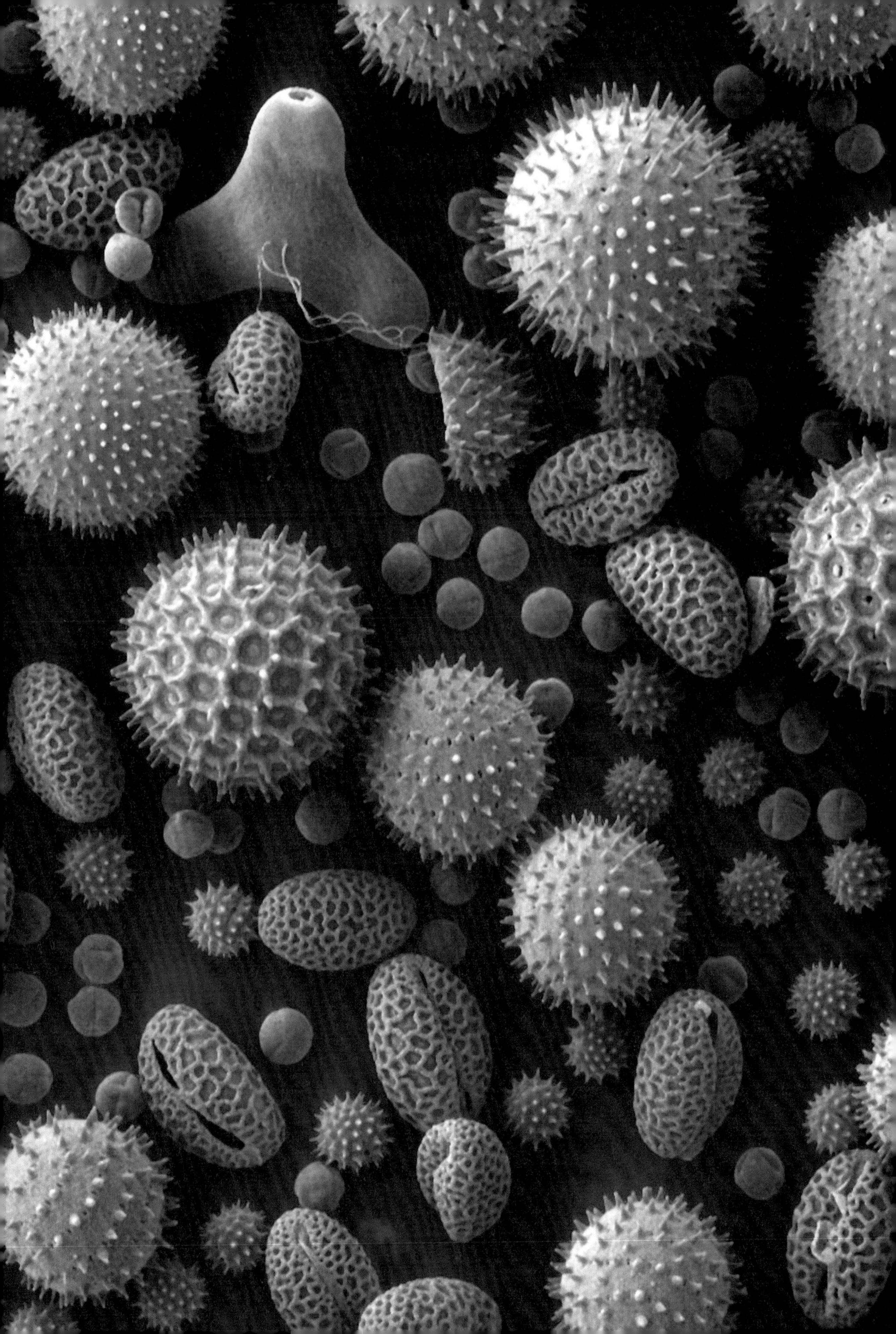

벌 독, 천연 진통제

이 독은 벌침과 관련된 두 개의 분비샘에서 생성되며, 무리를 보호하는 데 사용한다(128~130쪽 참조). 독을 구성하는 주요 성분은 88%의 수분과 포도당, 과당, 인지질(지방)이지만, 약리학적으로 활용 가능한 효소, 펩타이드, 아민도 포함되어 있다.

봉독 요법

벌침은 오랜 세월 동안 관절염 치료에 이용됐다. 히포크라테스와 『자연사』의 저자 플리니우스, 갈레노스(Galen, 148년경) 또한 이를 언급했다. 현대의 봉독 요법은 직접 벌에 쏘이게 하거나 독 추출물을 주입하는데, 교육을 받은 치료사만 시행해야 한다. 부작용이 발생할 경우 소송의 대상의 되기도 하니 양봉가들은 이런 식의 치료를 거부해야 한다.

벌침은 다발성 경화증, 건염(근육의 염증), 섬유근육통(근육과 관절의 압통)의 증상을 완화한다고 추측하고 있다. 봉독의 펩타이드 멜리틴(peptide melittin)은 항염증제인 코르티솔(cortisol)의 생성을 촉진한다. 봉독 요법은 여러 임상 시험을 통해 유익한 효능이 있다는 사실이 밝혀졌지만, 부작용 또한 존재하기 때문에 더 많은 연구가 이루어져야 한다.

주의사항: 알레르기 반응

환자는 어떤 형태의 봉독 치료를 하든, 시작하기 전에 알레르기 반응을 검사해야 한다. 벌침으로 인한 알레르기 반응은 가벼운 자극이나 붓기부터, 아나필락시스성 쇼크(anaphylactic shock, 초 과민반응 발작)까지 다양하여, 응급 처치가 이뤄지지 않으면 사망에 이르게 된다.

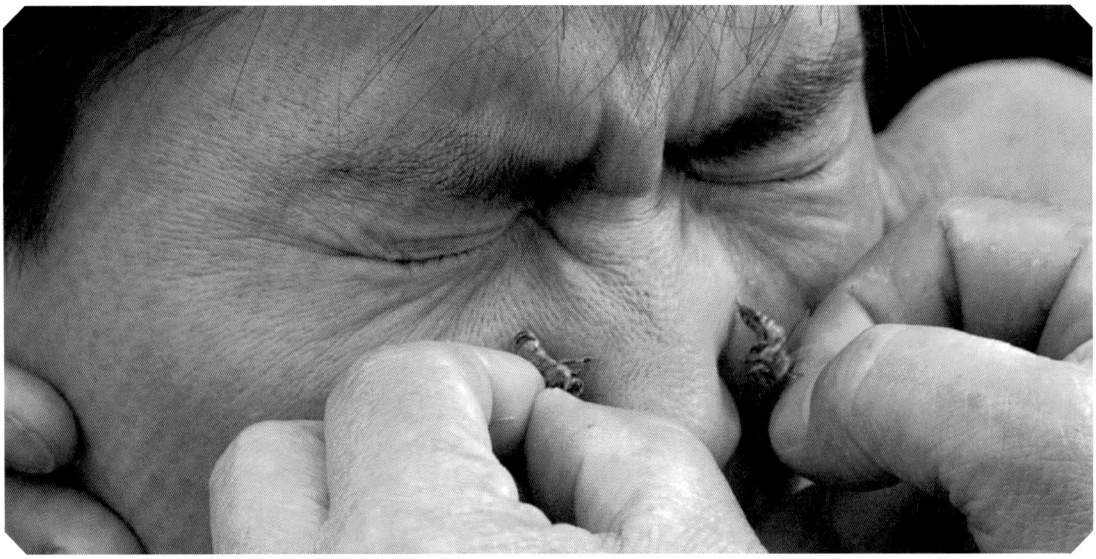

비염(부비강염)으로 봉독 치료를 받는 중국 남성.

로열젤리, 진귀한 혼합물

로열젤리는 생후 5~15일 된 보모 꿀벌의 왕유 분비선과 하인두선에서 분비된다. 부화 후 처음 3일 동안 모든 유충에게 로열젤리를 주다가, 여왕벌로 성장할 예정인 애벌레는 번식 전까지 계속 먹이지만 일벌이 될 애벌레는 생후 3일 이후에는 일반 무리와 동일한 먹이를 섭취하게 된다(102~103쪽 참조).

로열젤리는 1770년대에 과학자들이 로열젤리가 애벌레들의 일반적인 먹이와 구성 성분이 다르다는 사실을 밝히며, 세상에 처음 알려졌다. 성분의 화학적 분석은 1853년 로렌조 랑스트로스 목사가 의뢰하여 실시된 것이 최초이나, 기술이 크게 개선된 1940년에 이를 때까지 상세한 분석은 불가능하였다. 수분 67%, 단백질 12.5%, 설탕 11%, 지방산 5%, 회분 1%를 함유하고 있으며, 3.5%는 미량의 비타민과 효소로 구성되어 있다.

중국은 세계 최대의 로열젤리 생산국이자 소비국인데, 그 중심에는 중의학이 있었다. 오늘날에는 불안, 동맥 경화, 천식, 우울증, 피로, 탈모, 발기 부전, 불면증, 위궤양, 고혈압 및 저혈압, 다양한 피부 질환 외에도 광범위한 질병 치료에 이용되고 있다.

로열젤리는 보습제와 피부 크림의 원료로, 또 건강 보조 식품으로도 널리 사용되고 있다. 아시아에서는 음료에도 첨가한다.

로열젤리에 의학적 효능이 있다는 주장과는 반대로 통제하에 실시된 의학 연구에서는 입증된 바가 없다. 1940년에는 로열젤리의 테스토스테론 수치가 정상적인 남성의 혈중 수치와 거의 동일한 극소량이어서 인간에게 끼치는 영향은 무시해도 될 수준이라는 사실이 밝혀지며 로열젤리에 성기능을 향상시키는 효능은 없다고 알려졌다. 그러나 상처 치료와 피부 관리에는 여전히 도움이 된다는 보고가 이어지고 있다. 이는 대부분 로열젤리의 항균 특성과 연관이 깊을 가능성이 크지만, 더 자세한 연구가 이뤄져야 확실하게 알 수 있다.

사람이 사용하는 로열젤리는 생후 4일 정도 되는 여왕벌 유충의 세포에서 추출된 것이다.

PART 5

요리법과 공예품

음식과 음료

미용 용품 제조법

건강 보조 식품 제조법

수공예품 제조법

음식과 음료

꿀은 달콤한 요리에도, 짭짤한 요리에도 모두 어울리는 다재다능한 식자재로, 자연적이고 영양가 많은 건강한 음식으로 인정받아 전 세계적으로 다양하게 활용되고 있다. 전통적인 요리일수록 그 지역에서 생산된 최고의 꿀을 사용한다.

꿀의 종류

꿀의 종류는 놀라울 정도로 다양하여 요리에 적용할 때 미리 종류에 따른 특성을 이해하면 도움이 많이 된다.

출품용 또는 단일 꽃 또는 단일 밀원 꿀(벌이 한 종의 꽃이나 식물로부터만 채집하여 만든 꿀)은 색이 가볍고 향이 더 섬세한 편이며, 대표적으로는 아카시아, 오렌지 꽃, 스코틀랜드 헤더 꿀이 많이 알려졌다. 가열하지 않은 상태로 요리에 사용하거나 요리의 마지막 단계 즈음에 첨가하는 것이 가장 좋은데, 과열되면 꿀의 독특한 풍미가 사라진다.

밤나무와 유칼립투스와 같은 일부 단일 밀원 꿀은 색이 더 어둡고 향도 더 강하여 가열했을 때 색이 밝은 꿀보다 풍미가 더 남아있으므로 고기를 절이거나 색이 짙은 과일 케이크에 적합하다.

잡화 꿀이나 혼합 꿀은 벌이 여러 종의 식물로부터 꿀을 채집한 혼합물로, 섬세한 꽃향기가 느껴지는 순수한 야생화 꿀과 고산 지대에 서식하는 꽃의 꿀이 인기가 많다.

대부분의 레시피에서 표준 블렌딩 꿀(서로 다른 꿀을 섞어 특정한 맛을 일관성 있게 생산)을 사용해도 충분하다. 재료의 맛이나 향을 훼손하지 않으며 단맛과 풍미를 더해준다. 요리에는 투명한 액상 꿀을 자주 사용한다. 고형 꿀은 요리보다 토스트나 스콘에 뿌렸을 때 더 맛있다.

벌집 꿀은 가공이나 열처리를 거치지 않아서 꿀의 영양을 가장 잘 흡수할 수 있는 방법이기에 그대로 먹는 것이 가장 좋다.

꿀로 요리하기

꿀을 고온으로 가열하면 타버리게 되고 풍미를 쉽게 잃어버린다. 그래서 꿀을 첨가한 요리는 되도록 중간 불로 조리하는 것이 가장 좋다. 정제 설탕을 대체하기 위해 꿀을 사용할 때는 꿀이 제과, 제빵용 설탕이나 과립 설탕보다 달콤하다는 점을 감안하여 설탕의 4분의 1을 꿀로 대체하면 된다. 또한, 꿀은 케이크와 비스킷을 촉촉하게 유지하므로 조리 시간이 더 길어지지만, 완성된 요리의 촉촉함 또한 그만큼 길게 유지된다.

꿀의 계량과 보관

꿀을 계량하는 가장 쉬운 방법은 먼저 계량 순가락을 끓는 물에 넣어 꿀이 순가락에 달라붙지 않고 쉽게 떨어지도록 하는 것이다. 많은 양의 꿀을 계량할 때는 계량 용기나 컵을 저울 위에 올려서 꿀의 무게를 잰다.

꿀은 밀폐 용기에 담아 시원하고 어두운 곳에 두면 최소 2년간 보관할 수 있다.

수프와 애피타이저

벌꿀 카레 고구마 수프

고구마를 진한 꿀과 함께 볶은 후, 먹기 직전에 맛과 향이 가벼운 단일 꽃꿀을 뿌려주면 고구마 본연의 단맛과 자연스럽게 어울리며 달콤한 향기까지 더해진다. 고구마는 고기 요리나 생선구이에 곁들이거나 겨울 샐러드와 함께 내기도 한다.

분량: 4인분
조리시간: 40분
채식주의 조리법

재료 준비와 손질하기

고구마 1kg을 준비해 껍질을 벗긴 후 2cm 두께로 썬다
해바라기 오일 4큰술
탄두리 카레 가루 1큰술
진한 꿀 2큰술
마늘 한 쪽을 다진다
생강을 2cm 두께로 썰고 껍질을 벗겨서 다진다
빨간 칠리고추 1개의 씨를 빼고 곱게 다진다
채소 육수 1L
코코넛 밀크 75mL
천일염과 갓 갈아낸 검은 후추

곁들이기

그릭 요구르트 4큰술
칠리파우더 1작은술
갓 갈아낸 검은 후추
밝은 색의 꿀 2작은술(아카시아꿀이나 오렌지꽃꿀과 비슷한 종류)

1 베이킹 팬(트레이)을 오븐의 중앙에 놓고 190℃로 예열한다.

2 큰 그릇에 썰어둔 고구마와 해바라기 오일 2큰술, 카레 가루, 진한 꿀을 넣고 고구마에 골고루 묻힌다.

3 마늘, 생강, 빨간 칠리고추를 넣고 섞는다.

4 향신료와 향미유가 골고루 묻은 고구마를 데워진 베이킹 팬에 넣고 15분간 굽는다.

5 고구마를 한 번 뒤집어 주고 완전히 익을 때까지 10~15분 정도 더 구운 후 식힌다.

6 남은 해바라기 오일 2큰술을 프라이팬(스킬렛)에 두르고 양파가 투명하고 부드러워질 때까지 약 20분간 약한 불에서 볶는다.

7 익힌 양파와 고구마를 믹서기에 넣고 채소 육수 500mL를 붓는다. 이때 베이킹 팬에 남아있는 끈적한 소스도 함께 넣어준다. 내용물들이 잘 섞이도록 곱게 간다.

8 남은 육수와 코코넛 밀크도 믹서기에 넣고 부드러워질 때까지 간 후, 소스 팬에 수프를 넣고 간을 맞추며 데운다.

9 따뜻한 그릇에 수프를 담고 만들어둔 그릭 요구르트를 1큰술 올린다. 칠리파우더와 후추도 조금 뿌린다. 마지막으로 밝은 색의 꿀을 한 방울 떨어뜨린다.

엔다이브[1]와 판세타를 곁들인 꿀을 얹어 구운 무화과 샐러드

무화과와 꿀을 함께 쓰는 고전적인 조합은 특히 그리스에서 선호하는 방식이다. 이 요리에는 두 가지의 다른 꿀을 사용한다. 드레싱에는 꽃의 향기를 느낄 수 있도록 오렌지꽃꿀을 사용하고 무화과에는 굽기 전에 중간 정도의 묽기의 혼합 꿀을 듬뿍 바른다. 채식주의자는 판세타를 페타치즈로 대체할 수 있다.

분량: 4인분
조리시간: 10분

재료 준비와 손질하기

오렌지 반개 분량의 주스
오렌지꽃꿀 2작은술
엑스트라 버진 올리브 오일 3큰술
치커리 250g
라디키오 1개를 잘게 찢는다
땅콩 오일 1작은술
얇게 저민 판세타 베이컨 16개를 조그만 조각으로 자른다
잘 익은 검은색의 무화과 8개를 반으로 자른다
중간 정도의 묽기로 혼합 꿀(밝은 황갈색) 4큰술
천일염과 갓 갈아낸 검은 후추

1 작은 그릇에 오렌지 주스와 오렌지꽃꿀, 올리브 오일을 넣고 잘 섞어서 드레싱을 만든 뒤 숙성시킨다.

2 치커리의 잎과 심지를 분리하고 심지는 4등분으로 썬다. 잘게 찢은 라디키오와 함께 큰 그릇에 담는다.

3 코팅된 프라이팬(스킬렛)에 땅콩 오일을 넣고 중불로 가열한 뒤 판세타 조각을 넣고 바삭한 갈색이 되도록 4~5분간 튀긴다. 튀긴 판세타는 종이 호일에 올려둔다.

4 그릴(broiler)을 높은 온도로 예열한다. 무화과의 단면을 위로 향하게 하여 그릴팬의 중앙에 놓고 꿀 2작은술을 뿌린다. 1~2분간 가열하다가 무화과의 캐러멜화가 시작되면 꺼낸다.

5 만들어 둔 드레싱을 한 번 더 저은 후에 샐러드 위에 붓는다. 부드럽게 섞어서 그릇 4개에 나누어 담는다.

6 각각의 접시에 판세타를 뿌리고, 반으로 자른 무화과를 위에 얹는다. 남은 꿀을 무화과 위에 뿌린 후 먹는다.

1) 벨지움 엔다이브(Belgium Endive): 치커리과의 채소 – 옮긴이

꿀을 발라 구운 가리비

가리비는 단순하게 조리할 때 가장 맛있지만 로즈메리나 꿀을 뿌려서 구우면 더욱 훌륭한 맛을 낸다. 조리 시 가해지는 열로 인해 꿀의 영양소가 파괴되기도 하니, 음식을 내기 전 가리비 위에 생 꿀을 조금 더 뿌려서 먹으면 건강도 챙길 수 있다. 조리시간을 줄이려면 리크[2]대신 파를 얇게 썰어 익힌 가리비 위에 올리면 된다.

분량: 4인분
조리시간: 10분

재료 준비와 손질하기

무염버터 1큰술

올리브 오일 1큰술

리크 1개를 가늘고 길게 썬다

가리비 8개의 내장을 제거한다

땅콩 오일 1큰술

꿀(로즈메리 꿀과 비슷한 종류) 4큰술

천일염과 갓 갈아낸 검은 후추

곁들이기

생 처빌 잎 2큰술

레몬 1개를 4등분으로 자른다

1 코팅된 프라이팬(스킬렛)에 버터를 넣고 중간 세기의 불로 녹인다. 리크를 넣고 5분간 살살 볶다가 부드러워지면 양념을 뿌려서 그릇으로 옮겨 놓는다.

2 손질한 가리비를 가로로 잘라 반으로 나눈다.

3 깨끗하게 씻어 준비해 둔 가리비 껍데기나 그라탕 접시의 내부를 땅콩 오일로 코팅하듯 닦는다. 조개껍데기를 사용할 경우, 가장자리를 알루미늄 호일로 감싸서 손상을 방지하고 음식을 내기 전에 제거한다.

4 그릴팬에 조개껍데기(또는 접시)를 넣는다. 각 껍데기 위에 리크와 함께 반으로 잘라둔 가리비를 4개씩 올리고 꿀을 뿌린다.

5 그릴을 높은 온도로 예열한다. 2~3분 동안 가열하다가 가리비의 캐러멜화가 시작되면 꺼낸다.

6 조개껍데기(또는 접시)에 레몬 조각을 올리고 그 위에 처빌(허브)을 뿌린다.

2) 리크(leek): 대파를 닮은 부추과 채소 – 옮긴이

꿀과 향신료를 넣은 후무스

일반적으로 꿀은 후무스에 잘 들어가지 않는 재료지만, 꿀을 넣은 후무스는 맛이 깊으며 은은한 단맛 덕분에 향신료의 풍미도 짙어진다. 중동과 북아프리카 지역에서는 요리에 꿀을 광범위하게 사용한다. 쿠민, 고수, 칠리와 같은 향신료와 잘 어울리기 때문에 후무스에 넣어 따뜻한 피타 빵에 발라서 팔라펠[3], 샐러드 등과 함께 먹거나 양고기 케밥에 넣어 먹기도 한다. 완성된 후무스에 병아리콩을 몇 개 더 넣고 질 좋은 올리브 오일을 몇 방울 떨어뜨려 주면 맛이 훨씬 풍부해진다.

분량: 4인분
조리 시간: 2시간 15분(콩을 불리기 위해 12시간이 더 추가된다)
채식주의 조리법

재료 준비와 손질하기

마른 병아리콩 150g
타히니[4] 100g
쿠민 가루 0.5작은술
고수 가루 0.5작은술
칠리 가루 0.5작은술
레몬 주스 3큰술
엑스트라 버진 올리브 오일 1큰술
마늘 한 쪽을 다진다
맑은 꿀 1큰술
천일염과 갓 갈아낸 검은 후추

곁들이기

맑은 꿀 1큰술
피타 빵이나 크뤼디테[5]

1 병아리콩을 체에 받쳐 찬물로 깨끗이 씻은 후 물기를 빼고 큰 그릇에 담는다. 병아리콩이 잠길 정도로 찬물을 붓고 12시간 이상 불린다.

2 불린 병아리콩을 찬물로 헹구고 물기를 털어 큰 냄비로 옮겨 담는다. 푹 잠길 정도로 찬물을 붓고 올라오는 거품을 걷으며 2시간 동안 중불에서 천천히 끓인다.

3 병아리콩이 부드럽게 익으면, 삶은 물의 일부를 그릇에 담아 놓고 나머지는 따라낸다. 콩을 찬물로 한 번 헹군 후 물기를 잘 빼고 믹서기로 조금만 간다.

4 믹서기에 타히니, 향신료, 레몬즙, 오일, 마늘, 꿀을 넣고 곱게 간다. 남겨둔 콩 삶은 물을 넣으면 잘 갈리며 부드러운 후무스가 된다.

5 간을 맞추고 그릇에 담는다. 꿀을 몇 방울 더 떨어뜨리고 따뜻한 피타 빵이나 크뤼디테와 함께 낸다.

3) 팔라펠(felafel): 병아리콩이나 잠두를 다진 마늘이나 양파, 파슬리, 커민, 고수씨, 고수잎과 함께 갈아 만든 반죽을 둥근 모양으로 튀긴 음식 – 옮긴이

4) 타히니(tahini): 곱게 간 참깨와 올리브유를 섞은 식재료 – 옮긴이

5) 크뤼디테(crudité): 생채소 또는 생과일을 스틱 모양으로 잘라 차가운 소스를 곁들인 전채 요리 – 옮긴이

메인 요리

벌꿀 햄 구이

칠면조와 함께 크리스마스와 추수감사절의 메인 요리로 등장하는 벌꿀 햄 구이는 차가운 음식과 잘 어울리기 때문에 콜드 뷔페에서 자주 제공하는 메뉴 중 하나이며, 샌드위치에 넣어도 피클과 어우러져서 맛있게 먹을 수 있다. 좋은 지방층이 뼈를 중심으로 돌돌 말리며 말발굽 모양을 띠는 돼지 뒷다리 햄이 가장 맛있다. 햄은 비교적 센 불에서 조리하기 때문에 밤꿀과 같은 진한 꿀을 사용하며, 익히는 동안 계속 지켜보며 수시로 베이스팅[6]해야 한다.

분량: 6~8인분
조리시간: 1시간 40분

재료 준비와 손질하기

훈제하지 않은 돼지 뒷다리 햄 1.5kg

탄산수나 사과 주스 100mL

밤꿀처럼 진한 꿀 4큰술

흑설탕 25g

잉글리쉬 머스타드[7] 파우더 0.5작은술

계피 가루 0.5작은술

곁들이기

생 월계수 잎

1 오븐을 180℃로 예열한다.

2 햄을 넣고도 여유 공간이 남을 만큼 큰 로스팅 팬에 햄을 다 쌀 수 있는 정도의 알루미늄 호일을 깐다. 키친타월 등으로 햄을 닦고 껍질이 위를 향하게 해서 로스팅 팬에 놓는다.

3 탄산수나 사과 주스를 고기 주위에 붓고 호일에 틈을 확인하며 느슨하게 햄을 감싼다. 오븐의 중간에 팬을 두고 200℃로 온도를 맞춘다. 1시간 15분 동안 구운 뒤 꺼낸다.

4 호일의 윗부분을 열어 햄을 꺼내고 도마에 올린다. 팬에 남아있는 즙은 비워낸다.

5 지방이 제거되지 않도록 주의하며 잘 드는 칼로 껍질을 벗겨낸다. 칼로 지방에 격자무늬를 새기고 로스팅 팬에 다시 넣는다. 호일은 햄의 지방을 덮지 않게 위쪽을 열고 옆면만 감싼다.

6 작은 그릇에 꿀, 설탕, 머스타드 파우더, 계피를 넣고 골고루 섞어 소스를 만든다. 스패출러를 이용하여 소스를 지방 위에 고르게 펴 바른다.

7 오븐에 햄을 넣어 15~20분 동안 굽다가 잠시 꺼내어 소스를 뿌려준다. 노릇노릇하게 구워지도록 10~15분을 더 가열한다.

8 팬을 꺼내서 식힌 후 뼈를 제거하고 먹기 좋은 크기로 자른다. 신선한 월계수 잎으로 장식한다.

6) 베이스팅(Basting): 지방이 많은 식재료를 요리할 때 조리 과정 중 수시로 고기나 음식물에 육즙이나 소스를 끼얹어 음식물이 건조해지는 것을 방지하는 작업 – 옮긴이

7) 잉글리쉬 머스타드(English mustard): 서양의 머스타드 중 가장 매운 종류 – 옮긴이

오렌지 꿀과 발사믹 식초를 넣어 볶은 돼지고기

아시아 요리에 꿀을 가미하면 단맛이 강해지며 요리의 맛이 전반적으로 깊어지기 때문에 설탕 대신에 꿀을 자주 쓴다. 꿀을 소스로 사용해서 끈적한 식감이 일품이다. 닭고기나 왕새우 요리의 소스에도 꿀을 쓸 수 있다. 이 요리는 지방 함량이 낮고 국수 대신 찹쌀밥과 함께 내면 더할 나위 없는 훌륭한 저녁 식사가 된다.

분량: 4인분
조리시간: 15분

재료 준비와 손질하기

돼지 등심 450g의 지방을 제거하고 길쭉하게 썬다
라임 1개 분량의 제스트와 즙
레몬 반 개 분량의 제스트와 즙
맑은 꿀 3큰술
발사믹 식초 1큰술
땅콩 오일 2큰술
에그누들 250g
스노피[8] 150g
파 4개를 손질하여 얇게 썬다
청경채 500g을 도톰하게 썬다
신선한 숙주나물 125g

곁들이기

다진 생 고수잎 2큰술

1 돼지고기는 큰 비금속 그릇에 담아둔다. 작은 그릇에 라임즙과 레몬즙, 제스트를 넣어 섞다가 꿀과 발사믹 식초, 땅콩 오일 1큰술을 첨가하여 소스를 만든다.

2 소스를 돼지고기에 붓고 코팅하듯이 골고루 묻힌다. 뚜껑을 덮고 15분간 숙성시킨다.

3 큰 냄비에 물을 끓여 에그누들을 3분간 익힌 후 물기를 빼고 따뜻하게 유지한다.

4 센 불로 웍을 데운다. 웍에 배어있는 기름에서 연기가 나기 시작하면 남은 땅콩 오일 1큰술과 양념한 돼지고기를 넣고 센 불에서 2~3분간 볶는다.

5 스노피와 파를 넣어 2~3분간 더 볶아서 돼지고기를 익힌다. 이때 파는 준비한 양의 절반 정도만 사용한다.

6 청경채와 숙주나물을 넣어 섞어주며 1분간 볶는다.

7 중간 크기의 면식기 4개에 국수를 나누어 담는다. 순가락으로 돼지고기와 야채를 올리고 그 위에 고수와 남은 대파를 올린다.

8) 스노피(snow pea): 깍지 째 먹는 완두콩의 한 종류 – 옮긴이

끈적한 꿀 갈비

놀라울 정도로 향기롭고 끈적끈적하며 달콤하면서도 매콤한 이 요리에는 톡 쏘는 맛이 있는 진한 꿀을 사용하는 것이 가장 좋다. 이 갈비 요리는 최대 24시간까지 양념한 채로 둘 수 있기 때문에 바비큐에 제격이다. 바비큐 그릴을 쓸 때는 조리법대로 오븐에서 초벌구이를 한 뒤 그릴로 옮겨 갈비의 색이 갈색이 되고 끈적해질 때까지 높은 온도로 20분간 돌려가며 익히면 된다. 구운 감자와 코울슬로를 곁들여 낸다.

분량: 4~6인분
조리시간: 1시간 5분

재료 준비와 손질하기

돼지갈비 1.5kg

천일염 0.5작은술

진한 꿀 5큰술

잉글리쉬 머스타드 1작은술

빨간 칠리고추 1개의 씨를 빼고 곱게 다진다

백포도주 식초 1큰술

비정제 흑설탕 50g

토마토 퓨레(페이스트) 1큰술

생강가루 0.5작은술

1 오븐을 190℃로 예열한다. 큰 로스팅 팬에 알루미늄 호일을 2겹으로 깔고 갈비를 놓는다.

2 남은 재료들을 작은 그릇에 넣고 잘 섞어서 고기 위에 붓는다. 소스가 갈비 전체에 골고루 묻도록 손으로 꼼꼼히 바른다.

3 팬을 호일로 덮고 오븐의 중앙에서 30분간 구운 뒤 윗부분의 호일을 제거하고 갈비를 뒤집는다. 다시 호일로 덮고 오븐에 넣는다. 가끔 팬에 고인 육즙과 소스를 갈비에 발라주며 30분간 더 굽는다.

4 오븐의 온도를 220℃로 올리고 호일을 벗긴다. 갈비의 색이 짙은 갈색을 띠고 끈적거릴 때까지 5~10분간 더 굽고, 타지 않도록 잘 지켜봐야 한다. 뜨거울 때 낸다.

꿀과 오렌지를 바른 오리 통구이

이 조리법에서는 꿀과 오렌지를 오리의 겉면에 바르는데 짙은 갈색의 윤이 흐르는 모양새는 흡사 베이징덕(중국식 오리 통구이)을 떠올리게 한다. 꿀을 고온에 가열하면 타버릴 수 있기 때문에, 비교적 낮은 온도에 주기적으로 베이스팅하며 굽는다. 간단한 샐러드와 볶은 감자를 함께 내거나 오렌지 조각을 넣은 물냉이 샐러드와 곁들여 낸다.

분량: 4인분
조리시간: 2시간 15분

재료 준비와 손질하기

손질한 오리 1마리 2kg

천일염 1큰술

맑은 꿀 3큰술

올스파이스 가루 0.5작은술

오렌지 1개 분량의 곱게 간 제스트와 즙 1큰술

1 오븐을 170℃로 예열한다.

2 포크로 오리를 구석구석 찌르고 키친타월 등으로 깨끗하게 닦는다. 소금을 비비듯이 문지르며 오리고기에 바르고 로스팅 팬에 놓는다.

3 1시간 구운 후 꺼내서 로스팅 팬에 고인 기름을 따라낸다.

4 작은 그릇에 꿀 2큰술, 올스파이스, 오렌지 즙과 제스트를 넣어 섞은 뒤 고기의 겉면에 골고루 펴 바른다. 15분에 한 번씩 베이스팅하며 1시간 더 굽는다.

5 남은 꿀을 숟가락으로 뿌리고 마지막으로 15분간 더 굽는다. 오븐에서 꺼낸 오리는 자르기 전에 5~10분간 레스팅[9] 시킨다.

9) 레스팅(resting): 불에 가열하여 수축된 고기의 긴장을 풀고 뭉쳐있는 육즙을 골고루 퍼지도록 두는 것 – 옮긴이

꿀과 레몬을 바른 닭가슴살

가금류 요리에 꿀과 레몬을 쓰면 맛있게 코팅되어 따뜻한 요리로 만들든 차가운 요리로 만들든, 항상 훌륭한 맛을 낸다. 차가운 요리로 만들 때는 얇게 썰어서 레몬 마요네즈, 콩, 올리브, 간단한 샐러드를 함께 플랫브레드[10]에 넣고 싸서 내면 된다. 따뜻하게 조리할 때는, 생 레몬이나 절인 레몬 두어 조각을 넣어 가열한 뒤 구운 밥과 강낭콩을 곁들이거나 잘게 썬 감자 구이와 상큼한 샐러드와 함께 내면 된다.

분량: 4인분
조리시간: 40분

재료 준비와 손질하기

레몬 2개 분량의 곱게 간 제스트와 즙
맑은 꿀 1큰술
마늘 한 쪽을 다진다
다진 생 타라곤 1큰술
부드러운 비정제 흑설탕 1큰술
껍질을 제거하지 않은 닭가슴살 150g 4개
드라이한 셰리와인[11] 또는 화이트 와인 150mL
천일염과 갓 갈아낸 검은 후추
올리브 오일 1큰술

곁들이기

잘게 다진 생 타라곤 1큰술

1 오븐을 190℃로 예열한다.

2 작은 그릇에 레몬 즙과 제스트, 꿀, 마늘을 넣고 섞은 다음, 설탕과 타라곤 1큰술을 넣고 다시 잘 섞는다.

3 닭가슴살에 소스를 붓고 골고루 코팅되었는지 확인한다. 뚜껑을 덮고 30분간 재워둔다.

4 셰리와인이나 화이트 와인을 넣고 닭고기를 뒤집어 소스가 골고루 배이게 한다.

5 기름솔로 로스팅 팬에 올리브 오일을 바르고 껍질이 위를 향하도록 놓는다. 그릇에 남은 소스를 부어주고 35~40분간 굽는다.

6 음식을 내기 전에 잘 익었는지 확인하고 남은 타라곤을 뿌린다.

10) 플랫브레드(flatbread): 밀가루, 소금, 물을 이용해 만든 반죽을 굽거나 튀겨 납작한 모양으로 만든 빵. 문화에 따라 조리법과 명칭(난, 또띠야, 피자 등)에 조금씩 차이가 있다. – 옮긴이
11) 셰리와인(sherry wine): 발효가 끝난 일반 와인에 브랜디를 첨가하여 알코올 도수를 높인 스페인 와인 – 옮긴이

꿀과 자두를 넣은 모로코식 치킨 타진

모로코에서는 요리에 꿀을 다양하게 활용하여 달콤하면서도 짭짤한 맛깔스러운 요리를 만드는데, 그중에서도 꿀과 자두는 오래전부터 함께 사용된 고전적인 조합이다. 북아프리카에서는 고기뿐 아니라 야채 요리를 할 때도 대부분 타진 냄비(유약을 바른 도기 냄비)를 사용하지만, 전통적인 캐서롤 용기를 사용해도 된다. 이 타진 요리는 미리 만들어 놓고 20~30분 정도 약한 불에 데워서 먹어도 된다.

분량: 4인분
조리시간: 1시간 15분(양념에 재우는 1시간이 추가된다)

재료 준비와 손질하기

다진 이탈리안 파슬리 25g

계피 스틱 2개를 반으로 자른다

중간 크기의 양파 1개의 껍질을 벗기고 잘게 썬다

절인 레몬 1개를 잘게 다진다

맑은 꿀 2큰술

올리브 오일 100mL

천일염과 갓 갈아낸 검은 후추

껍질을 제거하지 않은 닭고기 300g짜리 4개

반건조 자두 300g

걸쭉한 액체형 치킨 스톡(닭고기 육수) 250mL

쿠스쿠스 225g

곁들이기

구운 잣 25g

1 큰 믹싱볼에 파슬리 절반 정도와 계피 스틱, 양파, 레몬, 꿀, 올리브 오일 50mL를 넣고 섞은 다음 소금과 후추로 간을 맞춘다. 닭고기를 넣고 양념이 골고루 묻을 수 있게 잘 섞는다.

2 믹싱볼에 덮개를 씌우고 1시간 동안 고기를 양념에 재워 숙성시킨다.

3 코팅된 프라이팬(스킬렛)에 올리브 오일을 넣고 중간 세기의 불에서 데운다. 숙성시킨 닭고기에 묻은 레몬과 양파를 털어내며 꺼낸다.

4 팬에 닭고기를 넣고 노릇노릇해질 때까지 굽는다. 가장 좋은 방식은 한 번에 두 조각씩 익혀서 밀봉해 뒀다가 종이 호일 등에 올려 수분을 제거하고 따뜻하게 보관하는 것이다.

5 계피 스틱을 건져내고 남은 소스를 프라이팬에 넣고 불을 켠다. 양파가 부드러워지며 반투명한 색으로 변할 때까지 5~8분 정도 부드럽게 저으며 조리한다.

6 큰 캐서롤 그릇이나 타진 냄비에 닭고기와 소스, 자두, 치킨 스톡을 넣고 간을 맞춘다. 뚜껑을 덮고 닭이 부드러워질 때까지 1시간 동안 중간 세기의 불로 뭉근하게 졸인다.

7 큰 내열성 그릇에 남은 기름과 쿠스쿠스를 넣고 소금 한 꼬집을 뿌린다. 그릇에 끓는 물 250mL를 붓고 찬 수건으로 덮어 8~10분 정도 두었다가 포크로 뒤섞으며 불린다.

8 닭고기와 쿠스쿠스를 담고 남은 파슬리와 잣을 흩뿌려 낸다.

꿀과 라임으로 양념한 가리비 팬프라이

태국 음식에서 영감을 얻은 이 맛있는 가리비 요리에서는 꿀이 으레 사용해 왔던 야자당(palm sugar)의 역할을 대신한다. 흰색의 단단하고 달콤한 향이 나는 가리비를 고르도록 한다.

분량: 4인분
조리시간: 10분

재료 준비와 손질하기

꿀(밤꿀과 비슷한 종류) 3큰술
라임 2개 분량의 곱게 간 제스트와 즙
땅콩 오일 3작은술
빨간 칠리고추 1개의 씨를 빼고 곱게 다진다
가리비 12개의 내장을 제거하고 깨끗하게 씻는다. 너무 크면 반으로 나누어 두께를 줄인다
쌀국수 250g
국간장(light soy sauce) 1작은술

곁들이기

생 고수잎 2큰술

1 라임 제스트와 즙, 꿀, 땅콩 오일 1작은술을 섞은 다음 칠리고추를 넣고 한 번 더 섞어 소스를 만든다.

2 속이 얕은 접시에 가리비를 놓고 소스를 뿌린다. 덮개를 씌우고 15분간 그대로 둔다.

3 큰 냄비에 물을 끓인다. 끓는 물에 쌀국수를 넣고 불을 끈 채 5분간 둔다. 물기를 빼고 따뜻하게 보관한다.

4 남은 오일을 코팅된 프라이팬(스킬렛)에 넣고 중불로 가열한다. 뜨거워지면 가리비를 넣는다. 1분 정도 익히다가 꿀의 캐러멜화가 시작되면 가리비를 뒤집어 1~2분 정도 더 익힌다.

5 소스가 보글거리며 끓으면 간을 맞추고 졸인다. 간장을 넣고 잘 섞는다.

6 면기 네 개에 따뜻한 면을 담고 그 위에 가리비와 소스를 얹는다. 고수를 흩뿌려서 낸다.

꿀과 발사믹으로 양념한 연어 스테이크

연어와 같은 기름진 생선과 꿀은 함께 요리했을 때 맛도 좋아지지만, 영양학적으로도 더 훌륭해지는 건강한 조합이다. 생선 기름의 오메가3 지방산이 꿀이 가지고 있는 비타민, 미네랄과 결합하여 심장 건강에 도움을 주기 때문에 건강하고 맛있는 메인 요리가 된다.

분량: 4인분
조리시간: 8분

재료 준비와 손질하기

껍질이 있는 연어 필렛 200g 4개
맑은 꿀 3큰술
숙성시킨 발사믹 식초 2큰술
비정제 가루 설탕(슈가 파우더) 1큰술
땅콩 오일 1큰술

곁들이기

파 4개를 손질하여 얇게 썬다

1 키친 타월로 연어를 닦아 껍질이 아래쪽을 향하도록 하여 얕은 접시에 놓는다.

2 발사믹 식초와 설탕, 꿀을 섞어서 숟가락으로 생선 위에 얹는다.

3 코팅된 커다란 프라이팬(스킬렛)에 땅콩 오일을 넣고 센 불로 가열한다. 기름이 뜨거워지면 생선을 넣고 4~5분 정도 가열하여 껍질이 바삭해질 때까지 익힌다.

4 그릴을 높은 온도로 예열한다. 연어 위에 남아있는 소스를 숟가락으로 떠서 그릴 팬 바닥에 깔고 2분간 익힌다.

5 연어 위에 파를 뿌려서 낸다.

꿀을 넣은 해산물 데리야키

데리야키 소스를 이용한 조리 방식은 전통적인 일본의 요리법으로 다양한 생선과 고기 요리를 양념하거나 찍어 먹는 데 쓰인다. 쌀로 만드는 전통주 사케(sake)를 넣어 톡 쏘는 단맛과 짠맛이 동시에 나는 이 소스에 꿀을 넣으면 부드러운 점성이 생긴다. 데리야키 소스는 고기나 생선, 야채의 바비큐 소스로 사용할 수 있으며, 야채 튀김이나 새우 튀김을 찍어 먹어도 맛있다.

분량: 4인분
조리시간: 7분

재료 준비와 손질하기

간장 3큰술
미림(또는 당도 높은 셰리와인) 5큰술
맑은 꿀 3큰술
사케 2큰술
타이(Thai) 피시 소스(fish sauce) 1큰술
생강을 2cm 두께로 썰고 껍질을 벗긴 뒤 간다
마늘 한 쪽을 다진다
생 참치 200g을 깍둑썰기 한다
생 대하 16마리의 껍질을 벗긴다
아귀 꼬리(또는 연어) 250g을 깍둑썰기 한다

곁들이기

생 고수 2큰술을 큼직하게 다진다
라임 2개를 반으로 자른다

1 간장, 미림, 꿀, 사케, 피시 소스를 한데 넣고 섞은 다음, 생강과 마늘을 넣고 젓는다.

2 해산물을 큰 그릇에 담고 소스를 붓는다. 덮개를 씌우고 30분간 그대로 둔다.

3 나무 꼬치 8개를 30분간 찬물에 담그고 그 사이 그릴을 예열하거나 바비큐기를 준비한다.

4 양념장의 해산물을 건져내어 물기를 제거한 꼬치에 아귀 또는 연어를 왕새우, 참치와 번갈아 가며 꽂는다. 소스를 작은 냄비에 넣고 끓을 때까지 약한 불로 가열한다.

5 3~4분 정도 굽다가 꼬치를 뒤집어서 2~3분 정도 더 굽는다.

6 뜨거운 데리야키 소스를 붓고 해산물 위에 다진 고수를 뿌린 다음 라임을 반개씩 놓는다. 1인당 2개의 꼬치를 대접한다.

꿀과 타임으로 양념한 양갈비

향이 강한 짙은 꿀로 양념하는 부드러운 어린 양고기에는 타임뿐만 아니라 로즈메리도 잘 어울린다. 양갈비가 잘 손질된 상태인지, '프랑스식 손질'[12]이 되어 있는지 확인해 보고 뼈에 지방이 과하게 남아있다면 추가로 다듬어 주도록 한다. 그리고 익은 고기를 자르기 전에 반드시 레스팅 시간을 둬야 한다.

분량: 4인분
조리시간: 35분

재료 준비와 손질하기

올리브 오일 1큰술
적양파 3개의 껍질을 벗기고 얇게 썬다
천일염과 갓 갈아낸 검은 후추
양갈비 500g 2대
생 타임 잎(또는 로즈메리) 1큰술
진한 꿀 4큰술
천일염 1작은술
마르살라[13] 와인이나 채소 육수 75mL

1 오븐을 200℃로 예열한다.

2 코팅된 프라이팬(스킬렛)에 올리브 오일을 넣고 지글거릴 때까지 중간 세기의 불로 가열한다. 양파를 넣고 부드럽게 익히되, 갈색으로 변하지 않도록 주의하며 10분간 살살 볶은 후 양념한다.

3 숟가락으로 양파를 떠서 로스팅 팬에 넣는다. 양고기에 지방이 많으면 날카로운 칼로 제거한 후 양파 위에 고기를 올린다.

4 작은 냄비에 타임과 꿀 3큰술을 넣고 1~2분간 살짝 데운 다음 양고기에 바르고 소금을 뿌린다.

5 오븐에 고기를 넣고 20분간 구운 다음 마르살라 와인이나 채소 육수를 넣고 10~15분간 더 굽는다.

6 고기를 도마로 옮기고 알루미늄 호일을 씌운 후 5분간 레스팅시킨다.

7 로스팅 팬 바닥에 남아있는 소스와 양파를 작은 소스 팬에 붓는다. 오븐 상단의 가스레인지에 팬을 올리고 잘 섞이도록 저으며 약한 불에서 조리하다가 약간의 마르살라 와인이나 육수 1큰술과 꿀 1큰술을 넣어 소스를 완성하면 된다.

8 양고기를 자르고 그 위에 숟가락으로 소스를 떠서 얹는다.

12) 프랑스식 양갈비 손질: 갈비뼈가 드러나도록 지방과 고기를 제거하는 손질법 – 옮긴이
13) 마르살라(Marsala): 이탈리아의 주정 강화 와인 중 가장 유명한 디저트 와인 – 옮긴이

중국식 꿀 참깨 소고기 볶음

꿀은 중국 요리의 필수 재료로 시고 달콤한 맛이 나는 요리에 많이 쓰인다. 양념한 스테이크는 부드러워지고 꿀을 첨가한 소스는 은은한 풍미를 풍긴다. 이 음식은 차갑게 요리할 수도 있다. 쌀을 빼고 약간의 콩과 참기름을 뿌린 차가운 메밀국수를 함께 곁들이면 여름철의 점심 식사로 좋다.

분량: 4인분
조리시간: 15분

재료 준비와 손질하기

소고기 스테이크 600g을 길게 자른다
진간장 2큰술
맑은 꿀 3큰술
땅콩 오일 2큰술
텐더스템 브로콜리[14] 250g
쌀 250g
노란 파프리카 1개를 씨를 제거하고 긴 방향으로 얇게 썬다
빨간 파프리카 1개를 씨를 제거하고 긴 방향으로 얇게 썬다
파 3개를 얇게 썬다
구운 참깨 2큰술
참기름 1큰술

1 얕은 그릇에 소고기를 놓고, 간장, 꿀, 땅콩 오일 1큰술을 섞어서 그 위에 붓는다. 그릇을 살짝 흔들어 준 뒤 덮개를 씌우고 잠시 그대로 둔다.

2 약 4분간 끓는 물에서 브로콜리를 삶는다. 브로콜리가 부드러워지면 건져내 물기가 빠지도록 둔다.

3 큰 소스 팬에 물을 끓인 후 쌀을 넣어 10~12분간 가열하여 부드럽게 익으면 물을 따라내고 밥의 온도를 따뜻하게 유지시킨다.

4 웍이나 무거운 코팅 프라이팬을 센 불로 예열한다. 뜨거워지면 남은 오일을 넣는다. 노란 피망, 빨간 피망, 양파를 넣고 2~3분간 볶는다.

5 양념에 재워둔 소고기를 건져내 웍에 넣고 3분간 볶는다. 남은 양념을 버리지 않는다.

6 깨와 브로콜리를 넣고 1~2분 정도 더 볶는다.

7 따뜻하게 데운 그릇에 밥을 나누어 담고 그 위에 소고기와 채소를 숟가락으로 얹는다. 참기름을 몇 방울 떨어뜨린다.

8 남은 양념을 웍에 옮기고 2분 정도 끓여서 내기 직전에 완성된 요리 위에 붓는다.

14) 텐더스템(tenderstem) 브로콜리: 1993년 일본에서 중국산 케일과 브로콜리를 접목하여 만든 개량종으로 줄기가 길고 잎이 많다. – 옮긴이

꿀 소스 마늘 양고기 구이

천천히 익히는 이 양고기 구이에 색이 진한 꿀을 사용하면 가장 좋은데, 진한 꿀 덕분에 감자는 먹음직스러운 황금색으로 익으며, 전체적으로 끈적이면서도 풍부한 맛을 내는 훌륭한 요리가 되기 때문이다. 이 요리에 영감을 준 그리스에서는 어린 양고기를 꿀, 마늘, 산나물과 함께 요리하는 경우가 많다. 잘라서 펼쳐 놓은 양다리에 꿀과 올리브 오일, 다진 마늘을 섞어서 펴 바르고 그릴이나 오븐으로 익힌다. 겉은 약간 그을음이 생기고 속은 분홍빛을 띠도록 조리한다.

분량: 4~6인분
조리시간: 1시간 35분

재료 준비와 손질하기

양고기 500g
마늘 세 쪽의 껍질을 벗겨서 다진다
색이 진한 꿀 4큰술
올리브 오일 3큰술
천일염과 갓 갈아낸 검은 후추
감자 1kg의 껍질을 벗기고 두껍게 썬다
생 오레가노 가지 2개
껍질을 벗기지 않은 통마늘 다섯 쪽
채소 육수 200mL

1 오븐을 180℃로 예열한다.

2 잘 드는 칼로 양고기의 지방에 격자무늬를 낸다.

3 다진 마늘 3쪽과 꿀, 올리브 오일 1큰술, 소금 0.5작은술을 섞어 양고기에 바르고 후추를 뿌린다.

4 오레가노와 감자를 남은 오일과 섞은 후 간을 맞춘다. 큰 로스팅 팬에 감자를 깔고 통마늘 5쪽을 넣는다.

5 감자 위에 양고기를 올리고 1시간 동안 굽는다.

6 뜨거운 채소 육수를 로스팅 팬에 붓고 30~40분 정도 더 굽는다.

7 오븐을 끄고 양고기를 꺼내되, 팬과 구운 감자는 오븐에 다시 넣어서 따뜻하게 유지한다. 양고기를 알루미늄 호일로 덮고 15분간 레스팅 시킨다.

8 양고기를 썰고 감자와 마늘을 곁들이면 완성이다.

염소치즈와 꿀로 채운 필로[15]

이탈리아에서는 페코리노 같은 치즈에 향이 은은하고 색이 밝은 꿀을 몇 방울 떨어뜨려 로즈메리나 라벤더와 함께 낸다. 바삭바삭한 페이스트리 안에 녹은 염소 치즈가 들어간 이 요리에는 아카시아 꿀이나 클로버 꿀과 같은 단일 꽃꿀을 넣어도 맛있다. 전채 요리로도 아주 훌륭하고 소풍 도시락에도 적합하다. 양파 마멀레이드 대신 한 숟갈 정도의 바질 페스토나 올리브 타프나드[16]를 사용해도 된다.

분량: 4인분
조리시간: 15분
채식주의 조리법

재료 준비와 손질하기

땅콩 오일 1큰술
굽지 않은 필로 페이스트리(pastry) 8장
녹인 무염 버터 75g(6큰술)
꽃꿀 3큰술
양파 마멀레이드 4큰술(또는 바질 페스토나 올리브 타프나드 1큰술)
50g짜리 염소 치즈 4덩이
마조람 잎 1큰술
루콜라(아루굴라, 로켓) 150g
엑스트라 버진 올리브 오일 1작은술

1 오븐을 190℃로 예열하고 기름솔로 베이킹 팬에 땅콩 오일을 바른다.

2 페이스트리 4장에 녹인 버터를 바르고 나머지 4장을 각각 그 위에 올린다.

3 작은 그릇에 꿀 1큰술과 양파 마멀레이드를 넣고 섞은 다음, 숟가락으로 1큰술씩 떠서 페이스트리 중앙에 올린다.

4 꿀과 마멀레이드 위에 염소 치즈를 얹고 마조람을 뿌린다.

5 필로 페이스트리의 모서리를 한데 모으고 가장자리를 눌러서 고정시킨다. 이 과정을 반복하여 총 4개를 만든다.

6 준비된 베이킹 팬으로 필로 페이스트리 4개를 옮기고 남은 버터를 바른다. 오븐의 한가운데에 팬을 넣고 노릇노릇해질 때까지 10~15분간 굽는다.

7 구워진 페이스트리를 접시에 올리고 남은 꿀을 뿌려준다. 루콜라와 올리브 오일을 각 접시에 나누어 올린다.

15) 필로(filo): 중동과 발칸 반도의 요리에 이용되는 하얀 종잇장 같이 얇은 반죽 – 옮긴이
16) 타프나드(tapenade): 프랑스 프로방스 지역의 대표 요리로 블랙 올리브, 케이퍼, 앤초비 또는 참치에 올리브 오일을 넣고 갈아 만든 페이스트(paste) – 옮긴이

와일드 라이스와 꿀을 넣어 구운 땅콩호박

채소가 푸짐하게 들어간 이 요리는 초록 잎 샐러드와 함께 먹으면 든든한 점심이나 저녁이 된다. 호박에 속을 채우는 대신 꿀과 올리브 오일을 바른 후 타임이나 로즈메리를 약간 얹어 조리해도 된다. 좀 더 간단하게 속을 만들려면 버섯을 잘게 썰어 버터와 섞고, 간을 해서 숟가락으로 속을 채우고 그 위에 파르메산 치즈를 갈아 뿌리고 노릇노릇해질 때까지 10분간 구우면 된다. 꿀이 좀 남았을 때는 구운 호박 위에 뿌리면 된다.

분량: 4인분
조리시간: 1시간 30분

재료 준비와 손질하기

700g짜리 땅콩호박 2개를 세로로 두고 반으로 자른다
올리브 오일 5큰술
맑은 꿀 3큰술
와일드 라이스100g
적양파 1개의 껍질을 벗기고 곱게 다진다
셀러리 줄기 1개를 잘게 다진다
붉은 피망 1개의 씨를 제거하고 잘게 다진다
마늘 2쪽의 껍질을 벗기고 다진다
빨간 칠리고추 1개의 씨를 제거하고 잘게 다진다
건 크랜베리 50g
마스카르포네 치즈 150g
다진 파슬리 1큰술
타임 잎 1작은술
갓 갈아낸 호밀빵 가루 4큰술
무염 버터 2큰술
천일염과 갓 갈아낸 검은 후추

1 오븐을 200℃로 예열한다.

2 디저트 숟가락으로 호박의 씨를 파서 버린다. 반으로 자른 4쪽의 호박을 무거운 베이킹 트레이에 올린다.

3 올리브 오일 3큰술과 꿀을 섞어 호박의 단면에 바르고 남은 내용물을 씨를 뺀 곳에 넣는다.

4 오븐 중앙에 호박을 넣고 부드러워질 때까지 30~35분간 익힌다.

5 그동안 큰 냄비에 물을 끓여 밥을 짓는다. 35~40분 정도 쌀을 익힌 다음 물기를 제거한다.

6 코팅이 잘 된 큰 프라이팬(스킬렛)에 남은 기름을 넣고 중간 세기의 불로 가열한다. 기름이 끓기 시작하면 약한 불로 낮추고 양파, 셀러리, 칠리고추, 마늘, 피망을 넣는다. 채소들이 부드러워질 때까지 10~20분간 저으며 볶아준다.

7 불을 끄고 크랜베리, 쌀, 마스카르포네와 허브를 넣고 간을 맞춘다. 골고루 섞이도록 잘 저어준다.

8 잘 섞인 속을 숟가락으로 뜨고 그 위에 빵가루를 뿌린다. 버터를 한 점씩 올리고 다시 오븐에 넣어 노릇노릇해질 때까지 15분간 더 굽는다.

꿀 캐러멜 샬롯[17] 타르트

꿀이 캐러멜화되어 내는 달콤한 향기와 천천히 익힌 샬롯의 달짝지근한 맛에 그뤼예르 치즈가 내는 고소하고 부드러운 크림이 어우러지며 풍미 가득한 타르트가 된다. 일반 양파나 적양파를 썰어서 만들어도 되고 바나나 샬롯으로 만들기도 한다. 온도에 상관없이 따뜻해도, 차가워도 맛있게 먹을 수 있다.

분량: 지름 20cm 타르트
조리시간: 1시간 20분

재료 준비와 손질하기

페이스트리 반죽용

중력분 밀가루 175g, 여분용 약간

소금 한 꼬집

무염 버터 조각 75g(6큰술)

달걀 1개를 그릇에 풀어 둔다

속 재료

무염 버터 75g(6큰술), 코팅용 여분 약간

맑은 꿀 2큰술

샬롯 12개의 껍질을 벗긴다

달걀 3개를 그릇에 풀어 둔다

생크림 150mL

세이지 잎 2장을 잘게 찢는다

그뤼예르 치즈 100g

천일염과 갓 갈아낸 검은 후추

1 오븐을 190℃로 예열한다.

2 페이스트리를 만들기 위해 밀가루를 체에 걸러서 큰 그릇에 담고 소금과 버터를 넣어 섞는다(반죽기를 이용해도 된다). 빵가루처럼 보일 때까지 섞는다.

3 풀어 놓은 달걀과 남은 페이스트리용 재료를 반죽에 넣는다. 잘 뭉쳐지지 않으면 얼음물을 조금 넣고, 단시간에 가볍게 반죽해서 뭉쳐서 랩으로 싸서 30분간 휴지시킨다.

4 오븐용 프라이팬(스킬렛)에 버터와 꿀을 넣고 약한 불에서 녹인 후 샬롯을 넣는다. 버터와 꿀을 코팅하듯 꼼꼼히 샬롯에 바른 후 접시를 오븐으로 옮겨 부드러워질 때까지 30분 동안 구우면 캐러멜화가 진행된다.

5 오븐에서 샬롯을 꺼내어 잠시 식힌다. 오븐을 180℃로 온도를 낮춘다.

6 도마에 밀가루를 조금 바르고 페이스트리(반죽)를 밀대로 밀어 얇게 펼친다. 여분의 버터를 바닥이 분리되는 20cm짜리 크기의 타르트 팬에 바른다. 팬에 페이스트리를 놓고 포크로 몇 번 찌른 다음 20분간 휴지시킨다.

7 페이스트리 반죽을 베이킹 황산지(baking parchment)로 덮은 후, 베이킹 빈(baking beans)으로 그 위를 채워서 오븐에서 15분간 굽는다. 베이킹 빈과 황산지를 조심스럽게 제거하고 페이스트리를 다시 오븐에 넣어 10분간 더 굽는다.

17) 샬롯(Shallot): 크기가 일반 양파의 4분의 1 크기의 미니양파 – 옮긴이

8 오븐의 온도를 190℃로 올린다.

9 샬롯을 페이스트리에 고르게 놓는다.

10 달걀과 생크림을 넣고 소금과 후추로 간을 한 후에 잘게 썬 세이지 잎을 넣고 잘 섞어 준다.

11 10을 샬롯 위에 붓고 그뤼예르 치즈를 뿌린다.

12 타르트 팬을 다시 오븐에 넣고 25분간 굽는다. 따뜻하게 내도 되고 식혀서 차갑게 먹어도 된다.

디저트류, 비스킷과 달콤한 후식

꿀과 계피를 발라 구운 사과와 꿀 요구르트

구운 사과는 매우 간단하게 조리할 수도 있지만, 꿀과 브랜디를 첨가함으로써 특별한 사과 요리가 된다. 설태너[18]는 사과에 넣기 전에 24시간 정도 액체에 담그어 두면 된다. 놀라운 맛의 꿀벌 화분은 건강식품 판매자들이 판매하고 있다. 꿀을 넣은 요구르트 위에 살짝 흩뿌리면 꿀을 좋아하는 사람들의 입맛을 사로잡는다.

분량: 4인분
조리시간: 35분

재료 준비와 손질하기

말린 설태너(golden sultanas) 100g
브랜디 또는 칼바도스 1큰술(선택 사항)
계피 가루 0.5작은술
오렌지 1개를 곱게 갈아 제스트와 주스로 만든다
아몬드 플레이크 2큰술
꿀, 헤더 꽃꿀과 비슷한 종류로 6큰술
브램리(bramley)같은 요리용 큰 사과 4개, 총 1kg
무염 버터 2큰술을 녹여 둔다
그릭 요구르트 150g
벌 화분 2큰술(선택 사항)

1 오븐을 190℃로 예열한다.

2 설태너, 계피 가루, 오렌지 제스트, 아몬드 플레이크, 브랜디나 칼바도스를 한 그릇에 담고 꿀을 1큰술 넣어 섞는다.

3 사과의 속을 파서 얕은 오븐용 베이킹 팬에 담는다. 섞어둔 설태너로 사과의 속을 채우고 바닥에 오렌지 주스를 붓는다.

4 사과 위에 녹인 버터와 꿀 3큰술을 붓고 부드러워질 때까지 30~35분 동안 굽는다.

5 사과를 굽는 동안 요구르트에 꿀 2작은술을 넣고 잘 섞어준다.

6 따뜻할 때 사과에 남은 꿀을 떨어뜨려 요구르트와 함께 낸다. 벌 화분을 준비했을 때는 위에 흩뿌리면 된다.

18) 설태너(sultana): 씨 없는 청포도 – 옮긴이

크라나칸

주로 번즈 나이트(Burns' Night)에 먹는 스코틀랜드의 전통적인 디저트인 크라나칸은 '클라우디 크림'이라고 불리기도 한다. 오트밀과 스코틀랜드산 헤더꽃꿀을 사용하여 먹음직스러운 호박색을 띠며 달콤한 캐러멜 향이 난다. 일반적으로는 라즈베리나 로건베리(loganberry)를 사용하지만, 여느 부드러운 과일을 사용해도 무방하다. 위스키 한 잔과 쇼트 브레드 몇 조각을 곁들어 내는 것이 전통적인 방식이다.

분량: 4인분
조리시간: 4분

재료 준비와 손질하기

자른 귀리(Pinhead oatmeal) 50g
휘핑크림 500mL
몰트 위스키나 드람부이(Drambuie) 3큰술
스코틀랜드산 헤더꽃꿀 4큰술
신선한 생 라즈베리 100g

1 코팅된 프라이팬(스킬렛)을 중간 불로 예열한 후 오트밀을 넣는다. 3~4분 동안 계속 저으며 노릇노릇하게 구운 다음 접시로 옮겨서 식힌다.

2 크림에 꿀 2큰술과 위스키나 드람부이를 넣고 봉우리들이 솟을 때까지 저어준다.

3 섞은 크림은 4개의 디저트용 컵에 숟가락으로 떠서 넣고 뚜껑을 덮어 3시간 정도 식힌다.

4 음식을 내기 직전에, 구운 오트밀을 뿌리고 그 위에 남은 꿀을 뿌린 후 라즈베리를 얹는다.

꿀과 레몬을 넣은 마스카르포네 타르트

레몬과 꿀, 그리고 전통적인 크림으로 채워진 이 타르트는 부드러운 맛이 일품인 세련된 디저트이다. 차갑게 식혀서 라벤더 꿀을 뿌려주면 향긋한 꽃내음을 더한다. 라벤더 꿀은 직접 만들 수 있는데, 신선한 라벤더꽃(무농약) 몇 송이와 꿀을 약한 불에서 데운 후 6시간 후에 라벤더를 빼내면 된다. 라벤더꿀은 케이크와 비스킷(쿠키)에 몇 방울 정도 떨어뜨리거나 바닐라 판나코타[19]에 부어도 된다.

분량: 지름 20cm 타르트
조리시간: 1시간

재료 준비와 손질하기

페이스트리 반죽용

중력분 밀가루 175g, 여분용
소금 한 꼬집
75g(6큰술)짜리 냉장 무염 버터 한 덩어리와 윤활제로 쓸 여분 약간
달걀 1개를 그릇에 풀어둔다
레몬 오일 0.25작은술 (선택 사항)

속 재료

달걀 5개
비정제 가루 설탕(슈가 파우더) 200g
레몬 타임 꿀과 비슷한 종류의 꿀 4큰술
레몬 4개를 곱게 갈아 제스트와 주스로 만든다
마스카르포네 치즈 250g
라벤더꿀 2큰술

1 페이스트리용 밀가루를 체에 쳐서 큰 그릇에 담고 소금을 조금 넣는다. 버터를 넣고 빵가루처럼 보일 때까지 섞는다.

2 풀어 둔 달걀과 레몬 오일을 넣고 페이스트리 반죽을 잘 뭉친다. 이 때 부스러기가 많이 생기면 얼음물을 조금 넣는다. 짧은 시간 내에 공 모양으로 만들어 랩으로 싸고 30분간 휴지시킨다.

3 오븐을 180℃로 예열한다. 바닥이 분리되는 20cm 타르트 팬에 버터를 1작은술만큼 바른다. 반죽에 밀가루를 뿌려 밀대로 얇게 민 다음 팬에 놓고 튀어나오는 가장자리는 정리한다. 포크로 바닥을 몇 군데 찌르고 20분간 휴지시킨다.

4 페이스트리 반죽 위에 베이킹용 황산지를 놓고 베이킹빈으로 채운다. 팬을 오븐의 중앙에 놓고 15분간 구워 건조시킨 다음 황산지와 콩을 조심스럽게 제거한다. 페이스트리는 다시 오븐에 넣어 밑면이 바삭하게 구워질 때까지 10분간 더 구운 후에 꺼내서 식힌다.

5 오븐의 온도를 170℃로 낮춘다.

6 큰 그릇에 달걀, 설탕, 꿀, 레몬즙을 함께 넣고 젓다가 부드러워지면 레몬 제스트와 마스카르포네 치즈를 넣고 다시 잘 섞일 때까지 젓는다.

7 혼합물을 타르트 팬의 페이스트리 위에 붓고 속까지 완전히 익도록 30~40분간 굽는다. 팬에 넣은 채로 완전히 식힌다.

8 타르트를 꺼내어 디저트 접시에 담고 라벤더꿀을 위에 뿌린다.

19) 판나코타(Panna cotta): 바닐라로 향을 낸 생크림과 설탕으로 만드는 이탈리아식 푸딩 – 옮긴이

바클라바

오스만 술탄 시대부터 만들어지기 시작한 바클라바는 중동에서는 과자 또는 '설탕 간식'이라고 불리는데, 그리스와 튀르키예를 비롯한 지중해 동부 전역에서 인기가 많다. 그리스 꽃꿀로 만들면 맛있지만, 사실 향기 좋은 꽃꿀이라면 어떤 것을 사용해도 상관없다. 바클라바는 밀폐된 용기에 넣어 실온에 보관하면 된다.

분량: 24개
조리시간: 1시간 20분

재료 준비와 손질하기

시럽용 재료

생수 또는 정수 250mL
비정제 가루 설탕(슈가 파우더) 300g
레몬 1개를 곱게 갈아 제스트와 주스로 만든다
계피 스틱 1개
그리스 꽃꿀 150g
장미수(Rose water) 1큰술 (선택 사항)

바클라바용 재료

녹인 무염 버터 150g
굽기만 하면 되는 필로 페이스트리 18장
소금 뿌린 피스타치오 225g의 껍질을 제거하고 잘게 다진다
호두 225g의 껍질을 제거하고 잘게 다진다
비정제 가루 설탕(슈가 파우더) 2큰술
그리스 꽃꿀 1큰술
카더멈 가루 0.5작은술
정향 가루 0.5작은술

곁들이기

소금 뿌린 피스타치오 50g의 껍질을 제거하고 잘게 다진다

1 시럽용 물, 가루 설탕, 레몬 주스, 계피 스틱을 소스 팬에 넣는다. 설탕이 녹을 때까지 중간 세기의 불로 가열한다.

2 불의 세기를 조금 더 강하게 하고 끈적한 시럽이 될 때까지 부드럽게 저어주며 15분 정도 끓인다.

3 약한 불로 바꾸고 꿀을 넣은 다음 2분간 더 조리한다.

4 장미수를 준비했다면, 계피 스틱을 꺼내 식힌 다음 장미수에 넣고 몇 차례 저어준 뒤 담근다. 덮개를 씌우고 식힌다.

5 오븐을 180℃로 예열한다.

6 17 × 28cm 크기의 베이킹 팬에 녹인 버터를 조금 바른다. 팬에 필로 페이스트리 한 장을 깔고 녹인 버터로 닦듯이 발라준다. 다른 페이스트리를 버터 위에 얹는다. 이와 같은 방식으로 10장의 페이스트리를 쌓는다.

7 작은 그릇에 피스타치오와 호두, 가루 설탕, 꿀, 카더멈, 정향 가루를 넣고 골고루 섞는다. 견과류를 숟가락으로 떠서 반죽 위에 골고루 펼친다. 견과류 위에 다른 페이스트리를 올리고 버터를 바른다. 나머지 페이스트리도 이와 같은 방법으로 모두 겹겹이 쌓는다.

8 남은 버터를 윗부분에 바르고, 작고 날카로운 칼로 격자 모양을 중간 정도의 깊이로 새긴다.

9 오븐에서 20분간 구운 다음 온도를 150℃로 낮추고 노릇노릇해질 때까지 30~40분간 더 굽는다.

10 오븐에서 꺼내어 날카로운 칼로 팬의 바닥까지 자른다. 바클라바가 뜨거울 때 식혀둔 시럽을 붓고 차게 식힌다. 먹기 전에 잘게 다진 피스타치오 몇 개를 위에 뿌린다.

꿀 넣은 호두 쿠키

꿀은 수분을 머금는 성질이 있어서 케이크와 비스킷이 촉촉함을 오랫동안 유지하도록 돕는다. 이 쿠키는 호두 대신 헤이즐넛, 마카다미아, 피칸을 사용해도 되며 초콜릿 칩으로 견과류를 대체해도 된다. 두 개의 쿠키 사이에 설탕에 조린 생강이나 바닐라 아이스크림을 넣어 샌드위치처럼 만들면 더 특별한 간식이 된다.

분량: 쿠키 24개
조리시간: 30분

재료 준비와 손질하기

땅콩 오일 1작은술
무염 버터 125g
데메라라(Demerara) 설탕(조당)
맑은 꿀 4큰술
셀프 라이징 밀가루[20] 125g
혼합 향신료 가루 1작은술
베이킹소다 0.25작은술
소금 한 꼬집
오트밀 100g
호두 200g의 껍질을 제거하고 잘게 다진다

1 오븐을 170℃로 예열하고 큰 베이킹 팬 2개에 땅콩 오일을 얇게 바른다.

2 꿀 2작은술과 버터, 설탕을 작은 소스 팬에 넣고 약한 불에서 녹이면서 잘 섞이도록 저어준다.

3 밀가루, 베이킹 소다, 향신료 가루를 체로 쳐서 큰 그릇에 담고 여기에 소금, 오트밀, 다진 호두를 넣어 섞는다.

4 버터와 꿀 혼합물을 밀가루에 붓고 나무 숟가락으로 섞어서 반죽을 만든다. 반죽을 1작은술만큼 떼어내 호두만한 크기로 동그랗게 빚은 후에 6cm 원반으로 살짝 눌러 납작하게 만든다. 이와 같은 방법으로 12개를 만들어 베이킹 팬 위에 적당한 간격을 두고 놓는다.

5 팬을 오븐 중앙에 놓고 15분간 굽는다.

6 쿠키를 굽는 동안 동일한 방식으로 12개를 더 만든다.

7 오븐에서 먼저 만든 쿠키를 꺼내고 두 번째로 만든 쿠키를 넣어 15분간 굽는다.

8 쿠키가 따뜻할 때 남은 꿀을 기름솔로 발라준다. 베이킹 팬에서 충분히 식힌 다음에 철망으로 옮긴다.

20) 셀프 라이징 밀가루(Self-raising flour): 중력분에 베이킹파우더, 소금 등이 첨가된 밀가루 – 옮긴이

꿀 시럽 멜로마카로나

그리스에서는 크리스마스에 꿀에 듬뿍 묻힌 멜로마카로나라는 쿠키를 먹는 전통이 있다. 페니키아라고 불리기도 하며 축하 선물로 주고받을 때도 있다. 꿀 시럽에 한번 담그고 나서 잘게 다진 견과류 위에 굴려도 된다. 본래의 맛을 제대로 재현하기 위해서는 그리스 꿀을 사용해야 한다.

분량: 쿠키 38개
조리시간: 1시간

재료 준비와 손질하기

쿠키 재료

해바라기 오일 250mL
비정제 가루 설탕125g
신선한 오렌지 주스 75mL
레몬 반 개 분량의 주스
달걀 노른자 1개
그리스 전통술 우조 또는 셰리와인 1작은술
셀프 라이징 밀가루 450g
계피 가루 0.5작은술

시럽 재료

비정제 가루 설탕 250g
생수 또는 정수 125mL
계피 스틱 1개
레몬 반개 분량의 주스
그리스 꿀 125mL

1 오븐을 180℃로 예열하고 큰 베이킹 팬 두 개를 준비하여 각각 베이킹용 황산지를 깔아둔다.

2 큰 그릇에 오렌지 주스와 레몬 주스, 해바라기 오일, 설탕을 넣고 핸드믹서기로 10분간 섞는다. 달걀 노른자와 우조(또는 셰리와인)를 넣고 3분간 더 섞어준다.

3 밀가루와 계피 가루를 체에 걸러 나무 숟가락으로 가볍게 반죽한다.

4 반죽을 찻숟가락으로 호두 크기 정도로 떠서 타원형으로 빚는다. 준비된 베이킹 팬 위에 적당한 간격을 두고 반죽을 놓은 다음 포크로 반죽의 윗부분을 눌러 포크 무늬를 낸다. 모든 반죽에 이와 같은 방식을 반복한다.

5 첫 번째 트레이 팬을 오븐의 중앙에 넣고 반죽이 부풀며 노릇노릇해질 때까지 25분간 굽는다. 두 번째 트레이 팬으로 바꾸어 넣고 25분간 구우며 그동안 첫 번째 트레이 팬을 식힌다.

6 시럽용 재료를 모두 무거운 냄비에 넣고 설탕이 녹을 때까지 저으며 4~5분간 중간 세기의 불로 가열한다.

7 시럽용 재료가 모두 녹아 끓고 나면 걸쭉해질 때까지 다시 3~4분간 더 가열한다. 계피 스틱을 빼낸다.

8 시럽이 뜨거운 상태일 때 슬롯 스푼으로 한 번에 서너 개의 식힌 멜라마카로나를 시럽에 넣고 10~15초 정도 담근 후 조심스럽게 스푼을 돌리며 꺼낸다. 베이킹 황산지가 깔린 베이킹 팬에 적당한 간격을 두고 올린 후 식힌다.

꿀과 생강을 넣은 루바브풀

영국의 대표적인 여름용 디저트인 루바브풀에 생강과 꿀을 첨가하면 더 우아한 디저트가 된다. 당신이 원한다면 생강을 오렌지 꽃물과 오렌지꽃꿀로 대체해도 된다. 이는 빅토리아 스펀지 케이크의 속을 채울 때도 좋은 방식이다. 혹은 크림을 섞을 때 약간의 생강 와인을 첨가하여 루바브로 트리플을 만들어도 좋다.

분량: 4인분
조리시간: 15분

재료 준비와 손질하기

루바브 450g을 다듬어서 잘게 다진다
물 1작은술
시럽에 절인 생강 50g을 잘게 다진다
비정제 연한 흑설탕 50g
아카시아꿀과 비슷한 꿀 3큰술
생크림 300mL
생강 시럽 1큰술

곁들이기

아카시아꿀과 비슷한 꿀 2큰술
얇은 생강 비스킷(쿠키) 4개

1 루바브, 물, 시럽에 절인 생강 조각, 설탕, 꿀 3큰술을 소스 팬에 넣고 루바브가 부드러워질 때까지 15분간 약한 불로 끓이다 한번 저어준 다음 식힌다.

2 크림과 생강 시럽, 그리고 섞어둔 루바브를 넣어 잘 저어준다. 컵으로 옮겨 담고 2시간 동안 식힌다.

3 음식을 내기 직전에 꿀 몇 방울을 더 떨어뜨린다. 얇은 생강 비스킷(쿠키)과 곁들여 낸다.

케이크와 빵

꿀 바나나 케이크

꿀은 정제 설탕보다 단맛이 강하기 때문에 케이크를 만들 때 정제 설탕만 쓰기보다는 꿀을 함께 사용하는 것이 좋다. 이 독특한 케이크의 윗부분을 장식하는 부드러운 말린 바나나 조각이나 바나나칩에 라벤더와 같은 향기로운 꽃꿀을 사용해보자. 크림치즈를 올리는 대신 마스카르포네 치즈를 사용해도 된다. 그 위에 약간의 가루 설탕을 뿌리고 바닐라빈의 속을 펴 바른다.

분량: 900g 케이크
조리시간: 1시간

재료 준비와 손질하기

케이크용 재료

해바라기 오일 100mL과 코팅용 약간
부드러운 무염 버터 150g
비정제 연한 흑설탕 125g
유칼립투스 꿀과 비슷한 종류의 진한 꿀 50g
잘 익은 바나나 2개(400g)의 껍질을 벗기고 으깬다
중력분 밀가루 300g
베이킹파우더 2작은술
베이킹 소다 0.5작은술
계피 가루 0.5작은술
달걀 2개를 깨뜨려서 풀어둔다

장식용 재료

부드러운 무염 버터 50g(4큰술)
크림치즈 125g
비정제 가루 설탕(슈가 파우더) 100g
바닐라빈 1개의 속만 긁어서 사용한다
라벤더꿀과 비슷한 종류의 꽃꿀 3작은술

1 오븐을 180℃로 예열한다. 코팅된 900g짜리 식빵용 틀에 베이킹 황산지를 깔고 찻숟가락으로 해바라기 오일을 황산지에 바른다.

2 큰 믹싱볼에 크림과 버터, 설탕을 함께 넣고 섞다가 봉우리가 생기면 진한 꿀을 넣어 섞는다. 으깬 바나나를 넣고 다시 잘 섞어준다.

3 베이킹파우더, 베이킹 소다, 계피 가루, 밀가루를 체에 거른다. 걸러낸 혼합물을 달걀과 함께 바나나 혼합물에 넣으며 잘 섞어준다. 해바라기 오일을 넣고 한 번 더 골고루 저어서 완전히 섞이도록 한다.

4 반죽을 틀에 붓고 오븐의 중앙에서 30분간 구워 노릇노릇하게 익으면, 베이킹 황산지로 반죽을 덮고 다시 30~35분간 더 굽는다. 쇠젓가락 등으로 가운데를 찔렀을 때 아무것도 묻어 나오지 않으면 케이크가 완성된 것이나 반죽이 묻어 나오면 오븐으로 5분간 더 구워준다. 팬에서 1차로 식힌 다음 철제 식힘 망으로 옮겨 식힌다.

5 토핑을 만들 때는 나무 숟가락을 이용한다. 버터, 크림치즈, 가루 설탕을 큰 믹싱볼에 넣고 부드러워질 때까지 섞어준다.

6 5에 긁어둔 바닐라빈과 꽃꿀 1큰술을 넣고 잘 섞이도록 충분히 젓는다.

7 식힌 케이크에 아이싱 나이프로 토핑을 펼쳐 바른다. 마지막으로 남은 꿀 2큰술을 위에 흩뿌린다.

꿀과 살구 향신료 케이크

생강빵이나 초콜릿이 주재료가 아닌 제과, 제빵에는 항상 중간 정도의 묽기로 혼합시킨(너무 진하지 않은 호박색을 띠는) 꿀을 사용하면 된다. 이 케이크는 설탕 크림과 잘게 다진 살구를 올려 맛과 향이 풍부하여 다과용으로 훌륭하다. 흰 크림의 케이크를 만들고 싶으면 정제된 흰색 가루 설탕을 사용하면 된다.

분량: 지름 20cm 케이크
조리시간: 40분

재료 준비와 손질하기

케이크용 재료

부드러운 무염 버터 125g과 코팅용 여분 약간
비정제 슈가파우더(미세 분말) 75g
오렌지 꽃꿀과 비슷한 종류의 꿀 2큰술
중력분 밀가루(다목적용) 225g
계피 가루 1작은술
혼합 향신료 1작은술
정향 가루 0.5작은술
베이킹 소다 1작은술
베이킹파우더 1작은술
오렌지 꽃물 0.5작은술
달걀 2개를 풀어둔다
말린 살구 150g을 잘게 다진다

아이싱(프로스팅)용 재료

비정제 가루 설탕(제과,제빵용) 225g
물 2큰술
반 건조 살구 50g을 잘게 다진다

1 오븐을 170℃로 예열한다. 지름이 20cm인 원형 케이크 팬에 버터를 코팅하듯 바른다.

2 큰 믹싱볼에 버터와 설탕을 넣고 하얀 크림이 될 때까지 섞다가 꿀을 넣고 한 번 더 잘 섞어준다.

3 베이킹 소다, 베이킹파우더, 밀가루, 계피 가루, 혼합 향신료, 정향 가루를 체로 거른 후에 2에 한 순가락 넣는다.

4 작은 그릇에 오렌지 꽃물을 담고 반은 풀어놓은 달걀에 넣고 반은 체에 거른 밀가루 혼합물에 넣어 잘 섞어준다. 달걀을 밀가루에 붓고 반죽한다.

5 4에 다진 살구를 넣고 완전히 섞이도록 충분히 젓는다. 케이크 팬에 순가락으로 반죽을 떠서 밑면에 공기가 들어가지 않도록 평평하게 넣고 오븐의 중앙에서 35~40분간 굽는다. 쇠젓가락 등으로 찔렀을 때 반죽이 묻어 나오면 오븐에서 5분간 더 굽는다.

6 팬에서 먼저 15분가량 식힌 다음 철제 식힘 망에 올려서 완전히 식힌다.

7 비정제 가루 설탕을 체로 쳐서 그릇에 담고 물 2~3큰술을 넣어 순가락의 뒷면에 단단하고 매끄러운 아이싱이 묻어날 때까지 섞는다. 식힌 케이크에 아이싱을 펴 바르고 옆으로 흘러내리게 둔다. 장식용으로 준비한 다진 살구를 위에 얹는다.

꿀 폴렌타 케이크

포슬포슬한 식감이 매력적인 이탈리아의 케이크로 생크림이나 마스카르포네 치즈와 함께 내면 훌륭한 디저트가 된다. 이탈리아산 아몬드 리큐어 한 잔을 함께 낸다. 식감이 재밌는 폴렌타 케이크는 얇게 썬 딸기나 키르슈에 절인 블랙베리를 곁들여도 되며 절인 가을 자두와 함께 먹어도 맛있다. 이 케이크는 쉽게 상하지 않아 호일로 싸서 밀폐 용기에 넣으면 최대 5일까지 보관할 수 있다.

분량: 20cm 원형 케이크
조리시간: 50분

재료 준비와 손질하기

부드러운 무염 버터 225g, 코팅용 여분 약간
비정제 가루 설탕 150g
타임꿀과 비슷한 종류의 꿀 3큰술
고운 폴렌타 가루 175g
아몬드 가루 250g
베이킹파우더 1작은술
달걀 3개를 풀어둔다
꽃꿀 3큰술
생 로즈메리 잔가지 1개

곁들이기

생크림
생 로즈메리 잔가지

1 오븐을 180℃로 예열한다.

2 버터 1작은술을 지름이 20cm인 둥근 케이크 팬과 베이킹 황산지의 바닥 면에 골고루 바른다.

3 큰 그릇에 버터와 설탕을 넣고 가볍고 폭신한 크림이 될 때까지 휘젓다가 꿀을 넣고 하얗게 될 때까지 다시 젓는다.

4 폴렌타와 아몬드 가루, 베이킹파우더를 섞는다. 1큰술을 떠서 3에 넣고 잘 저어준다.

5 4에 풀어둔 달걀의 3분의 1만 넣고 휘젓는다. 이 과정을 반죽이 두툼해질 때까지 섞은 폴렌타 가루와 달걀을 번갈아 넣으며 반복한다. 준비해둔 케이크 팬에 반죽을 숟가락으로 떠서 넣고 윗부분을 부드럽게 다듬는다.

6 오븐의 온도를 170℃로 바꾸고 케이크를 20분간 노릇노릇하게 굽는데, 시간이 끝나기 전에 반죽의 색이 먹음직스러운 갈색이 됐다면 베이킹 황산지를 덮고 마저 구우면 된다. 쇠젓가락 등으로 반죽을 찔러봤을 때 반죽이 묻어 나오면 오븐에서 5분간 더 구워준 후 꺼낸다.

7 꽃꿀을 로즈메리 잔가지와 함께 작은 소스 팬에 넣고 묽어질 때까지 약한 불로 부드럽게 끓인다.

8 따뜻한 케이크를 철제 식힘 망에 올리고 쇠젓가락 등으로 윗부분에 구멍을 낸다. 녹인 꿀이 따뜻할 때 숟가락으로 떠서 구멍에 넣고 케이크와 꿀이 식을 때까지 기다린다. 로즈메리 잔가지로 장식하고 생크림을 곁들여 낸다.

계피 향신료와 꿀을 넣은 달콤한 대추 머핀

이 머핀은 아침 식사나 브런치에 안성맞춤이며 만든 날 바로 먹어야 가장 맛있다. 대추 대신 잘게 썰어 말린 살구나 반 건조 바나나를 사용해도 된다. 향이 좋은 야생화 꿀을 다진 견과류와 섞어 따뜻한 머핀 위에 올려도 되고 해바라기씨나 호박씨를 구워서 꿀과 섞어도 된다.

분량: 머핀 12개
조리시간: 20분

재료 준비와 손질하기

통밀 중력분 225g

베이킹파우더 1.5큰술

베이킹 소다 0.5작은술

비정제 흑설탕 50g

계피 가루 1작은술

혼합 향신료 1작은술

우유(지방을 제거하지 않은 것) 150mL

밤꿀과 비슷한 종류의 꿀 50g

무염 버터 50g(4큰술)을 실온 해동해 둔다

달걀 1개

대추 야자 200g의 껍질을 벗기고 잘게 썬다

설태너 50g

깐 호두나 피칸 75g을 다진다

보리지 같은 연한 야생화 꿀 6큰술

1 오븐을 200℃로 예열하고 12구짜리 머핀 팬에 머핀 종이 12장을 넣는다.

2 큰 믹싱볼에 밀가루, 베이킹파우더, 베이킹 소다, 흑설탕, 계피 가루, 혼합 향신료를 넣고 섞는다.

3 2에 잘게 썬 대추와 설태너를 넣고 섞는다.

4 다른 그릇에 우유, 꿀, 버터, 달걀을 넣고 완전히 섞일 때까지 휘저어 준다.

5 가루 혼합물의 가운데를 움푹 파서 우유 혼합물을 붓고 재료가 한데 섞이도록 젓는다. 한 덩어리로 뭉쳐지면 충분하다. 매끄럽게 반죽하지 않아도 된다.

6 반죽을 숟가락으로 떠서 머핀 종이에 넣는다. 팬을 오븐 중앙에 놓고 20분간 구우며 충분히 부풀어 오르게 조리한다.

7 머핀을 굽는 동안 잘게 썬 견과류를 야생화 꿀과 섞어 뒀다가 머핀이 따뜻할 때 찻숟가락으로 머핀 위에 올리고 식힘 망으로 옮긴다.

꿀 스콘

이 스콘의 조리법은 매우 간단하며 정제 설탕의 일부를 꿀로 대신하여 가볍고 촉촉한 맛을 낸다. 아이들과 함께 하기에도 좋은 요리법이다. 또한 굽기 전에 반죽을 약간의 우유로 코팅하고 꿀벌 화분과 참깨를 섞어 위에 뿌리는 방법을 시도해보는 것도 괜찮다. 여분의 버터와 꿀을 준비해 놓고 스콘이 따뜻할 때 곁들어 먹으면 된다.

분량: 스콘 12개
조리시간: 15분

재료 준비와 손질하기

셀프 라이징 밀가루 225g, 여분 약간
소금 한꼬집
실온 해동한 무염 버터 50g(4큰술), 코팅용 여분 약간
달걀 1개를 풀어둔다
비정제 슈가파우더 25g(2큰술)
밤꿀과 비슷한 종류의 꿀 2작은술
우유(지방을 제거하지 않은 것) 75mL

곁들이기

버터 1작은술
꿀

1 오븐을 200℃로 예열한다.

2 밀가루와 소금을 체로 쳐서 큰 믹싱볼에 담은 다음 버터를 넣고 질감이 빵가루와 비슷해질 때까지 가볍게 섞어준다.

3 2에 달걀과 설탕, 꿀을 넣고 우유를 조금씩 넣으며 반죽이 뻑뻑해질 때까지 포크로 섞는다.

4 찻숟가락으로 여분의 버터와 밀가루를 떠서 버터로 팬을 코팅하고 밀가루는 바닥에 흩뿌려준다.

5 반죽의 표면에 밀가루를 뿌리고 2cm 두께로 민다. 지름 6cm의 커터에 밀가루를 묻히고 반죽을 찍어낸다. 남은 부분의 반죽은 다시 밀대로 밀어 모양을 찍어내면 된다.

6 베이킹 팬에 반죽을 올리고 오븐 중앙에 놓은 다음 12~15분간 구우면 스콘이 부풀며 먹음직스럽게 익는다. 오븐에서 꺼낸 스콘은 바로 철제 식힘 망으로 옮기고 면보로 덮는다.

7 각각의 스콘을 반으로 잘라 버터와 개인의 취향에 맞는 꿀을 함께 펴 바른다.

꿀을 넣은 전통적인 다과용 빵

이 조리법에는 은은한 캐러멜 향을 풍기는 유칼립투스 꿀이 아주 잘 어울린다. 먹기 전에 빵을 얇게 잘라 버터와 약간의 꿀을 뿌린다. 이 빵은 밀폐 용기에 넣어 최대 5일까지 보관할 수 있기 때문에 소풍용 도시락으로도 적합하다.

분량: 900g 빵 한 덩이
조리시간: 1시간 15분

재료 준비와 손질하기

건포도 200g
설탕에 절인 과일 껍질 50g을 잘게 다진다
잉글리시 브렉퍼스트 티백 3개
생수 또는 정수 300mL
유칼립투스 꿀과 비슷한 종류의 꿀 100g
무염 버터 1큰술, 코팅용
달걀 2개를 깨서 풀어둔다
밀가루 중력분(다목적) 275g
베이킹파우더 1.5작은술
육두구 가루 0.5작은술

1 오븐을 180℃로 예열하고 900g짜리 베이킹 팬에 버터를 코팅하듯 발라준다. 건포도와 설탕에 절인 과일 껍질은 큰 그릇에 담는다.

2 내열 주전자에 물을 끓여 티백을 넣고 3분간 우려낸다. 티백을 빼내고 차에 꿀을 넣어 충분히 저어준다. 꿀이 완전히 풀어져 차와 섞인 상태가 되면 건포도와 과일 껍질 위에 붓는다.

3 차와 과일을 잘 섞이게 저은 후에 그릇에 뚜껑을 덮고 3~4시간 정도 재운다.

4 풀어 놓은 달걀을 3에 넣고 섞는다. 밀가루, 베이킹파우더, 육두구 가루를 추가하고 한 번 더 잘 섞어준다.

5 준비해둔 베이킹 팬에 4를 숟가락으로 떠서 옮긴다. 팬을 오븐 중앙에 놓고 1시간 15분간 굽는다. 쇠젓가락 등으로 찔러서 속까지 충분히 익었는지 확인한다. 반죽이 묻어 나오면 다시 오븐에 넣고 5분간 더 익힌다.

6 빵이 익을 때까지 철제 식힘 망에 올려둔다.

드레싱과 처트니[21]

따뜻한 꿀과 통곡물 머스터드 드레싱

꿀과 통곡물 머스터드는 인기 있는 조합으로 따뜻한 드레싱은 감자 샐러드와 잘 어울린다. 숟가락으로 떠서 샐러드의 잎 위에 올려 먹거나 구운 대구나 해덕대구의 소스로도 좋다. 코울슬로우와 같은 뻑뻑한 겨울식 샐러드의 드레싱으로 사용하고 크림이 풍부한 마요네즈나 생크림 드레싱보다 간단하여 대신 사용하기 좋다.

분량: 4인분
조리시간: 2분

재료 준비와 손질하기

라임플라워 꿀과 비슷한 종류의 꿀 1큰술
통곡물 머스터드 1작은술
땅콩 오일 4큰술
화이트 와인 식초 1큰술
천일염과 갓 갈아낸 검은 후추

1 작은 소스 팬에 꿀과 겨자를 넣고 섞은 후에 2분간 약한 불로 가열한다.

2 땅콩 오일을 조금씩 넣는다. 불을 끄고 식초를 넣은 다음 잘 젓는다.

3 용도에 따라 양을 조절해서 사용하면 된다. 밀폐 용기에 넣어 냉장고에 두면 3일간 보관할 수 있다.

꿀 비네그레트[22] 드레싱

이 드레싱은 밀폐 용기에 넣어 냉장고에 넣어 두면 여러 가지 요리에 유용하게 쓸 수 있다. 내용물이 분리되기도 하니 사용 전에 냉장고에서 꺼내어 실온에 뒀다가 흔들어서 다시 섞어줘야 한다. 얇게 썬 아보카도와 잘게 다진 호두를 넣은 아삭한 샐러드에 뿌리거나 파르메산 치즈를 뿌린 루콜라 샐러드의 드레싱에 사용하면 된다.

분량: 4인분

재료 준비와 손질하기

레드 와인 식초 1큰술
엑스트라 버진 올리브 오일 4큰술
야생 타임 꿀과 비슷한 종류의 꿀 2큰술
디종 머스타드 0.5작은술
천일염과 갓 갈아낸 검은 후추
생 로즈메리 잔가지 1개

1 로즈메리 가지를 제외한 모든 재료를 소독한 유리 밀폐 용기에 넣고 흔들어 섞는다.

2 병에 로즈메리를 넣고 뚜껑을 닫아 냉장고에 밤새 둔다. 사용하기 전에 흔들어 다시 섞어준다. 밀폐 용기에 넣어 냉장고에 넣은 비네그레트는 일주일 동안 먹을 수 있다.

21) 처트니(chutney): 인도에서 조미료나 소스로 사용한다. 과일, 채소, 식초, 향신료 등을 넣고 버무려 만들며 달콤하고 새콤한 맛이 난다. – 옮긴이

22) 비네그레트(vinaigrette): 프랑스의 대표적인 소스 중 하나로 프렌치 드레싱이라고도 불린다. 산성 재료와 지방성 재료가 기본이 되며, 소금과 후추로 간을 맞춘다. 기호에 따라 다양한 재료를 첨가한다. – 옮긴이

사과와 꿀을 넣은 매운 처트니

신선한 허브를 넣은 매콤한 인도의 전통 소스인 차트니(Chatni)는 영국의 지배를 받던 시절, 식민지 요리사들은 밋밋한 영국 음식에 풍미를 더하고 과일과 야채를 더 오래 보관할 수 있도록 요리법을 개선했는데, 그것이 오늘날의 처트니(Chutney)이다. 사과 처트니는 오래전부터 내려온 요리법으로, 달콤한 맛이 일품인 뜨거운 처트니를 통풍이 잘되는 어둡고 서늘한 곳에 두면 3개월까지도 먹을 수 있다. 차가운 고기나 치즈와 함께 먹으면 더욱 맛있다.

분량: 500mL 크기 용기 2개
조리시간: 2시간

재료 준비와 손질하기

요리용 사과 1kg의 껍질과 씨를 제거하고 잘게 썬다
비정제 흑설탕 650g
투명한 혼합 꿀 6큰술
건포도 또는 설태너 500g
양파 3개의 껍질을 벗기고 잘게 다진다
씨겨자 2작은술
생강 가루 2작은술
천일염 1작은술
빨간 칠리고추 2개의 씨를 빼고 잘게 다진다
사과 식초 700mL

1 큰 스테인리스 소스 팬이나 솥에 모든 재료를 넣고 나무주걱으로 섞어준다.

2 팬을 중불로 가열하며 천천히 끓인다. 수시로 저으며 수분이 날아가 끈적해질 때까지 1시간에서 2시간가량 조리한다. 주걱으로 팬의 바닥을 긁었을 때 자국이 바로 사라지지 않고 남기 시작하면 처트니가 완성돼 간다는 의미로, 이후 30분간은 더 자주 저어주며 팬에 눌어붙지 않도록 주의해야 한다.

3 식기 세척기에 넣어 멸균하거나, 또는 깨끗이 세척한 500g짜리 병 2개를 온도를 130℃로 맞춘 오븐에 넣고 건조시킨다.

4 불을 끄고 냄비의 뜨거운 처트니를 살균 처리한 따뜻한 병에 떠서 넣는다. 밀봉하고 제조일을 적어 붙여둔다.

5 최소 2주 정도는 숙성시킨 후에 개봉한다.

음료

전통 미드

인류가 가장 오래전부터 마셨다고 알려진 미드는 간단한 방법으로 제조할 수 있는데, 꿀에 다양한 향신료와 재료를 넣고 발효시키기만 하면 된다. 향신료를 첨가한 미드를 비롯하여 여러 가지 재료를 가미한 미드가 있으며 제조법 또한 다양하다. 과일 미드(멜로멜)도 있고 오디(모라트)나 홉(색)을 넣은 미드도 있는데, 가정에서 만들 수 있는 기본적인 제조법이다. 먼저 여러분이 기본적인 기술을 익히게 되면 자신만의 맛을 내기 위한 시도를 해볼 수도 있다. 단, 미드는 각자가 사용하는 꿀의 향이 그대로 반영된다는 점을 기억해야 한다.

주의 사항: 반드시 양조장에서 파는 효모나 베이킹 이스트(효모)가 아닌 건강식품 판매처에서 판매하는 와인(또는 샴페인) 효모를 사용한다.

분량: 3L
조리시간: 1시간(장시간의 발효 및 숙성 기간 제외)

재료 준비와 손질하기

생수 또는 정수 4.5L

오렌지 꽃꿀과 비슷한 종류의 부드러운 꿀 900g

레몬 1개 분량의 주스와 껍질

정향 2개

계피 스틱 1개

와인 또는 샴페인 전용 효모 1팩 전부

1 큰 스테인리스 프라이팬에 물을 넣고 끓으면 꿀을 넣는다. 떠오르는 찌꺼기나 거품은 걷어내며 끓인다.

2 더 이상 불순물이 떠오르지 않으면(최대 45분가량 소요된다), 불을 줄이고 레몬 주스와 껍질, 계피 스틱을 넣고 5분간 더 끓이다가 뚜껑을 덮고 식힌다.

3 2가 식으면 정향, 레몬 껍질, 계피 스틱을 빼내고 남아있는 찌꺼기도 전부 제거한다.

4 효모를 넣고 섞은 다음 멸균 처리한 4.5L짜리 발효 용기로 옮기고 밀폐시킨다.

5 48~60시간 정도 발효시켜 더 이상 거품이 올라오지 않으면 조심스럽게 살균한 용기로 옮긴다. 발효 용기의 바닥에 깔려있는 효모층을 건드리지 않도록 주의한다.

6 5~7일간 밀봉하여 냉장 보관한 후 개봉하고, 2주 이내에 다 마시도록 한다.

꿀 에그노그

크리스마스에 마시는 전통 음료인 에그 노그는 가열할 필요가 없기 때문에 각자 개인이 가장 선호하는 단일 꽃꿀을 사용하면 된다. 무알콜 에그노그를 만들려는 경우, 럼주를 빼고 꿀을 조금 더 넣거나 바닐라 액기스를 0.5작은술 첨가하면 된다. 달걀을 넣기 전에 각 잔의 바닥에 블랙 스톤 체리를 몇 알 놓고 육두구를 뿌리는 조리법도 있는데 이때는 육두구 대신 코코아 가루를 쓰면 더 좋다.

주의 사항: 날달걀을 사용한 조리법으로 만든 에그노그는 어린이와 노약자, 임산부 및 건강 취약 계층이 섭취하지 않도록 주의한다.

분량: 4잔

재료 준비와 손질하기

달걀 2개의 흰자와 노른자를 분리해둔다
비정제 가루설탕(분당, 슈가파우더)
오렌지 꽃꿀과 비슷한 종류의 꿀 3큰술
우유(지방 비정제) 200mL
다크 럼 또는 마데이라[23] 100mL
휘핑 크림 175mL
곱게 갈은 신선한 육두구 가루 작은술

곁들이기

스펀지 핑거[24] 8~12개

1 큰 그릇에 달걀 노른자와 설탕을 넣고 완전히 풀어져 부드러워질 때까지 거품기로 젓다가 꿀을 추가하고 푹신한 거품이 생길 때까지 또 젓는다.

2 우유에 마데이라나 럼을 넣고 섞어 1에 천천히 부으며 계속 저어준다.

3 다른 그릇에 흰자를 넣고 빠르게 휘저어서 빽빽해지면 2와 섞는다.

4 큰 그릇에 휘핑 크림을 넣고 부드러운 거품 봉우리가 생길 때까지 저은 후 3에 넣는다.

5 잔 4개에 에그노그를 담고 신선한 육두구 가루를 그 위에 뿌린 후 내기 직전에 스펀지 핑거를 살짝 담근다.

23) 마데이라(Madeira): 45℃ 이상의 온도에서 숙성된 와인이다. – 옮긴이
24) 스펀지 핑거(Sponge finger): 손가락 모양의 스펀지 비스킷으로 레이디핑거(Lady finger)라고도 불린다. – 옮긴이

꿀 민트 줄렙

미국 남부에서 시작된 청량감이 특징인 칵테일 민트 줄렙은 전통적으로 설탕 시럽과 잘게 부순 얼음을 넣는데, 꿀 시럽은 모두를 만족시킬 수 있는 훌륭한 대안이다. 이 레시피의 꿀 시럽 분량은 두 잔보다 많은데 다른 칵테일에도 사용하기 좋다. 밀폐 용기에 넣어 냉장고에 두면 일주일간 사용할 수 있다.

분량: 2잔
조리시간: 2분

재료 준비와 손질하기

해바라기나 클로버 꿀과 비슷한 종류의 꿀 75g

생수 또는 정수 30mL(2큰술)

생 민트 잎사귀 6개와 잘게 부순 얼음

버번 위스키 50mL

탄산수 약간

1 주전자에 물과 꿀을 넣고 시럽이 될 때까지 저으며 끓인다.

2 민트 잎사귀 4개를 떼어내 잘게 부숴 시럽에 넣는다. 차가워질 때까지 충분히 식힌다.

3 큰 용기로 옮긴다.

4 줄렙을 담을 잔에 각각 으깬 얼음을 채우고 버번 위스키 25mL(2큰술)와 꿀 민트 시럽을 2큰술씩 넣는다.

5 탄산수로 채우고 각 잔을 민트 잎사귀로 장식한다.

꿀 넣은 레드 베리 스무디

아이들이 좋아하지 않는 식재료를 잔뜩 넣을 수 있는 스무디를 영양가 많은 베리와 꿀을 넣어 만들면 더운 여름날 아이들이 맛있게 마실 수 있는 아침 식사 음료가 된다. 또는 아몬드 우유에 바나나와 꿀, 아몬드 액기스 한 방울, 잘게 다진 생 아몬드를 넣어 아몬드 바나나 밀크 쉐이크를 만들어도 된다.

주의 사항: 18개월 미만의 영유아가 꿀을 섭취하지 않도록 주의한다.

분량: 2잔

재료 준비와 손질하기

아카시아 꿀과 비슷한 종류의 꿀 4큰술
반탈지 우유[25] 300mL
플레인 요구르트 200mL
신선한 라즈베리 125g
블루베리 125g
딸기 200g의 꼭지를 제거하고 큼직하게 다진다
바나나 반 개의 껍질을 벗기고 얇게 썬다
정육면체 얼음 6개

1 얼음을 제외한 모든 재료를 믹서기(푸드 프로세서)에 넣고 부드러워질 때까지 20~30초 정도 간다.

2 얼음 두 개를 넣고 잘게 간다. 취향에 따라 우유를 더 넣어도 된다.

3 각 컵에 얼음 2개를 놓고 그 위에 스무디를 부은 다음 바로 마시도록 한다.

25) 반탈지 우유(semi skimmed milk): 우유에 들어 있는 지방의 일부를 없앤 우유로 지방 함량이 약 1.7%정도이며 저지방 우유 제품을 만드는 데 쓴다. – 옮긴이

따뜻한 꿀 사과주

본파이어 나이트[26]나 할로윈에 어울리는 따뜻한 음료로 아이들을 위해서 사과주스(사과주 대신)를 사용해도 되며, 좀 더 자극적인 맛을 원하는 어른들을 위해서 칼바도스를 첨가해서 만들기도 한다. 차갑게 마실 때는 사과 조각 대신 차가운 사과주 위에 얼음을 묵직하게 올리고 신선한 오렌지 조각을 몇 개 넣는다.

분량: 1L
조리시간: 5분

재료 준비와 손질하기

탄산이 가미되지 않은 사과주 1L
오렌지 1개
정향 10개
밤꿀과 비슷한 종류의 꿀 2큰술
팔각 1개
계피 스틱 2개

1 사과주를 중간 크기의 소스 팬에 담고, 오렌지와 정향, 꿀, 팔각, 계피를 넣어 젓는다. 5분간 약한 불에서 한두 번 저어주며 천천히 데운다.

2 가로로 얇게 썬 사과 조각 2개를 내열유리잔이나 머그잔 바닥에 깐다.

3 소스 팬에서 오렌지를 꺼내 반으로 잘라 즙을 짜 넣는다.

4 사과 조각 위에 데운 사과주를 담는다.

26) 본파이어 나이트(Bonfire Night): 가이 포크스의 밤이라고도 불리는 본파이어 나이트는 1605년 11월 5일에 시도했던 화약 테러의 실패를 기념하기 위해 매년 11월 5일 저녁에 모닥불과 불꽃놀이를 즐기는 영국의 연례행사다. – 옮긴이

꿀 얼그레이 아이스티

아이스티는 알코올을 원하지 않을 때 핌스[27]를 대신하여 마실 수 있는 우아한 여름 파티에 어울리는 음료다. 라벤더 꿀과 같이 은은한 향기의 꿀을 사용하면 얼그레이가 가지는 베르가모트[28]의 향이 더 살아난다. 아삼이나 과일차를 써도 맛있는데, 차 종류에 얇게 썬 핵과류, 멜론, 다크 베리 등을 넣으면 아주 훌륭한 맛이 난다. 냉장고에서 24시간 동안 차게 식힌 후 마신다.

분량: 4잔
조리시간: 2분

재료 준비와 손질하기

얼그레이 티백 6개

생수 또는 정수 1.5L

라벤더 꿀과 비슷한 종류의 꿀 3큰술

생 민트 잎사귀 6개

복숭아 2개, 씨앗을 제거하고 얇게 썬다

복숭아 또는 자몽 주스 250mL

곁들이기

정육면체 얼음

1 큰 주전자에 물을 끓이고 티백을 넣는다. 꿀을 넣고 완전히 녹을 때까지 젓다가 준비한 민트를 절반만 넣는다. 10분간 물에 담가 두어 차게 식힌다.

2 음료를 내기 전에, 큰 주전자에 얼음과 복숭아 조각을 넣는다. 차게 식힌 차와 과일 주스를 주전자에 붓는다. 잘 섞은 후에 남은 민트를 마저 넣는다.

27) 핌스(Pimm's): 제임스 핌(James Pimm)이 최초로 제조한 리큐어로 진에 과일을 첨가했다. – 옮긴이

28) 베르가모트(bergamot): 운향과에 속하는 과일로 레몬, 귤 등이 이에 속한다. – 옮긴이

꿀 향신료 커피

이 커피는 헤이즐넛이나 모카 커피로 만들어 마셨을 때 특히 더 맛있다. 칼루아 커피 리큐어를 넣은 뜨거운 커피에 꿀을 첨가하면 당신의 심장을 강하게 자극할 것이다. 더욱 고급스러운 맛을 내려면 초콜릿 스틱으로 커피를 저어주면 된다.

분량: 2잔
조리시간: 2분

재료 준비와 손질하기

정향꿀과 비슷한 종류의 꿀 2큰술
계피 가루 1작은술
카다멈 가루 0.5작은술
바닐라 추출액 0.5작은술
진한 에스프레소 2샷
우유(지방을 제거하지 않은 것) 300mL
계피 스틱 2개

1 두 개의 커피잔 바닥에 각각 꿀을 1큰술씩 넣고 저어서 바닥에 깔아준다.

2 뜨거운 우유에 계피, 카다멈 가루, 바닐라 추출액을 넣고 젓는다.

3 에스프레소를 컵에 먼저 담고 거품 낸 뜨거운 우유를 가득 채운다. 계피 스틱으로 저은 후 마신다.

미용 용품 제조법

꿀은 인류의 가장 오래된 천연 화장품 중 하나로, 순수한 꿀이 피부를 진정시키고 수분을 유지한다는 사실은 유명하다. 꿀을 주재료로 만든 화장품을 피부에 바르면 얇은 코팅막이 형성되는데, 꿀은 가습제 마냥 대기 중의 수분을 흡수하기 때문에 피부를 촉촉하게 유지하는 데 도움을 준다. 항균 성질(379쪽 내용 참조)이 있어 민감한 피부가 사용하기에 가장 적합한 세정제이기도 하다.

밀랍은 다양한 형태로 천연 화장품에 쓰이고 있다. 어떤 날씨에도 피부를 보호하는 효과적인 차단 크림이다. 벌을 키우지 않아 직접 밀랍을 만들 수 없는 경우에도 건강 식품점에서는 과립이나 알갱이 형태로, 양봉가나 수공예품 제작소에서는 덩어리째로 구입할 수 있다. 큰 밀랍 덩어리보다 과립 형태가 녹이는 데 더 용이하기 때문에 믹서기를 이용하여 잘게 만들거나 칼로 얇게 썰어 사용하면 된다. 밀랍을 녹이는 가장 좋은 방법은 중탕 냄비를 사용하거나, 작은 소스 팬에는 왁스 용기를 넣고 큰 팬에는 물을 담은 후 작은 팬 속 내용물이 물에 닿지 않게 큰 팬에 넣는 것이다.

주의 사항: 밀랍은 국소 과열로 인해 쉽게 손상되기도 하며 고온으로 가열할 경우 불이 붙기도 하기 때문에 밀랍이 든 팬을 불로 직접 가열하지 않도록 주의한다.

우유와 꿀 목욕

이 호화로운 목욕은 클레오파트라의 우유 목욕을 변형한 것이다. 규칙적으로 우유로 목욕을 함으로써 죽은 피부 세포의 단백질을 녹여내고, 꿀의 천연 보습제 역할 덕분에 피부의 노화 방지에 도움을 준다. 꿀과 우유 혼합제는 냉장 보관 시 최대 5일까지 사용할 수 있다.

분량: 목욕 2~3회분

재료 준비와 손질하기

우유(지방을 제거하지 않은 것) 500mL

맑은 꿀 3큰술

1 우유와 꿀을 믹싱볼에 넣고 꿀이 다 녹을 때까지 휘젓다가, 500mL 밀폐 용기에 넣고 뚜껑을 닫는다.

2 사용하기 전에 병을 충분히 흔든다. 욕조에 물을 받고 내용물의 절반 또는 3분의 1을 넣은 후 크게 저어서 섞는다.

3 최대 10분간 몸을 담근다. 잔여물이 남아 몸이 끈적거리지 않도록 깨끗이 씻어낸다.

크림 헤어 컨디셔너

손상된 모발에 꿀을 사용하면 매끄럽고 촉촉하게 바꿔주기 때문에 뛰어난 컨디셔너라고 할 수 있다. 이 제조법은 1700년대 초 긴 머리가 유행하던 낭만주의 시절에 영국 여왕 앤이 즐겨 사용하던 방식을 토대로 만들어졌다. 제조한 컨디셔너는 그 즉시 다 사용하도록 한다.

참조사항: 굵은 모발은 올리브 오일을 사용한 묵직한 질감의 컨디셔너가 효과적이지만, 가는 모발은 참깨나 아몬드 오일을 써서 가벼운 질감의 컨디셔너가 더 효과적이다.

분량: 1회 사용분

재료 준비와 손질하기

뽀얗고 걸쭉한 크림색 꿀

올리브, 참깨, 아몬드 오일 중 하나 선택, 1큰술

1 꿀과 기름이 분리되지 않도록 사용하기 직전에 컨디셔너를 만들도록 한다. 평상시처럼 머리를 감고 수건으로 물기를 닦아낸다.

2 그릇에 꿀과 오일을 넣고 숟가락으로 섞은 후, 젖은 머리카락을 부드럽게 마사지하며 모발 끝까지 골고루 펴 바른다.

3 머리를 위로 말아 올리고 따뜻한 수건으로 감싸거나 샤워 캡을 쓴다. 20분 정도 기다렸을 때 꿀의 컨디셔닝 효과가 가장 높게 나타난다. 머리카락에 오일이 너무 많이 남아 있지 않도록 순한 샴푸를 소량만 사용하여 씻어낸 다음 충분히 헹군다.

꿀물 클렌저

꿀물은 수세기에 거쳐 얼굴에 생기를 주는 화장수로 사용되어 왔다. 꿀은 항균성질이 있기 때문에 피부 건강을 지키기에 매우 적합하다. 얼굴과 목을 꿀물로 씻으면 피부가 맑아지고 활력을 되찾을 수 있다. 만든 즉시 사용해야 한다.

분량: 1회 사용분

재료 준비와 손질하기

맑은 꿀 2큰술
따뜻한 물 1L

1 믹싱볼에 따뜻한 물을 담는다. 꿀을 넣고 부드럽게 저으며 녹인다.

2 5~10분 동안 꿀물을 얼굴과 목에 바른 뒤 물로 헹구고 가볍게 두드리며 말린다.

콜드 크림

콜드 크림은 2세기 그리스 의사 갈렌(Galen)이 만들어서 프랑스에서는 여전히 갈렌 밀랍(cérat de Galien)으로 불린다. 이 제조법은 천연 붕사를 넣어 간단하게 방부처리를 하기 때문에, 냉장 보관 시 한 달까지 사용할 수 있다. 콜드 크림은 화장과 이물질을 제거해 주며, 건조함을 완화시켜 피부를 부드럽게 유지해 준다. 이 크림은 쿨링 및 진정 효과 또한 뛰어나기 때문에 햇볕에 심하게 탔을 때 치료제로 사용해도 된다.

분량: 120mL 크기 용기 1~2개

재료 준비와 손질하기

밀랍 50g
스위트 아몬드 오일 125g
붕사 가루 0.5작은술
물 4큰술
첨가하고 싶은 에센셜(추출물) 오일 2~3방울(선택 사항)

1 깨끗한 유리병이나 뚜껑이 있는 도자기 냄비를 준비한다.

2 밀랍과 스위트 아몬드 오일을 약한 불에서 중탕하며 잘 섞일 때까지 젓는다.

3 다른 팬에 증류수의 붕사를 약한 불로 녹인다(끓지 않도록 한다).

4 중탕한 밀랍과 스위트 아몬드 오일을 계속 저으며 녹인 붕사 용액을 천천히 넣는다. 충분히 섞이면 식을 때까지 세게 젓는다.

5 에센셜 오일을 준비했다면 첨가하고, 크림이 가볍고 폭신한 질감이 될 때까지 계속 젓는다.

6 숟가락으로 크림을 떠서 병이나 항아리에 넣고 냉장고에 보관한다.

클렌징으로 사용하는 방법: 소량을 덜어 피부를 마사지하듯 문지른 다음 미용 티슈로 닦아내거나 따뜻한 물로 씻어낸다.

꿀 레몬 팩
지성 피부용

고대 이집트인들은 피부를 가꾸는 데 레몬을 사용했다. 그리고 오늘날 우리는 레몬이 가지고 있는 과일 산이 피부의 노화를 자연적으로 방지한다는 사실을 알게 됐다. 이 제조법은 효과적인 세정제이자 모공 진정제인 계란 흰자에 레몬과 꿀을 가미하여 피부에 탄력을 되살리고 매끄럽게 해준다. 팩이 신선할 때 얼굴에 바로 바른다.

분량: 팩 1회분

재료 준비와 손질하기

레몬 주스 1큰술
꿀 1작은술
달걀 흰자 2개
물 1작은술
병아리콩 가루 1작은술

1 레몬 주스, 꿀, 달걀 흰자, 물을 함께 넣고 충분히 섞어준 다음 병아리콩 가루를 넣는다.

2 1을 얼굴에 골고루 펴 바른다. 15분에서 20분간 팩을 하며 피부를 진정시키고 부드럽게 한다.

3 따뜻한 물로 헹군다. 깨끗한 수건으로 가볍게 두드려 물기를 제거하여 촉촉함을 유지시킨다.

꿀 캐모마일 팩
건성 피부용

이 제조법은 캐모마일의 진정 효과와 꿀의 수분 공급 및 피부 연화 작용, 칙칙해진 안색을 되살리는 데 도움을 주는 곡물 껍질과 오트밀의 각질 제거 효과를 조합하였다. 팩이 따뜻하고 향기로울 때 사용해야 한다.

재료 준비와 손질하기

말린 캐모마일 꽃 1작은술
물 150mL
맑은 꿀 1작은술
곱게 간 오트밀 가루 1큰술
곡물 껍질(겨) 1큰술

1 내열 그릇에 캐모마일 꽃을 담고 그 위에 끓는 물을 붓는다. 물이 미지근해지면 꽃을 건져낸다.

2 꿀, 오트밀, 곡물 껍질을 섞는다. 1을 조금씩 넣으며 끈적끈적한 반죽이 될 때까지 숟가락으로 섞는다.

3 얼굴에 골고루 펴 바르고 30분 후 미온수로 헹군다. 따뜻한 수건으로 가볍게 두드려 물기를 제거하고 보습제나 콜드 크림을 바른다.

꿀, 오이 아이크림

오이의 신선한 과육과 즙은 진정효과가 있어 눈 주변의 피부를 시원하고 상쾌하게 해줌으로써 부기와 다크써클 완화에 도움을 준다. 크림은 시원하고 건조한 장소에 보관해야 한다. 가급적 냉장 보관하고 1주일 이내에 전부 사용하도록 한다.

주의 사항: 눈 주변은 민감한 부위이기 때문에 새로운 크림을 바르기 전에는 항상 먼저 소량으로 반응을 확인한 후에 양을 늘린다.

분량: 15mL

재료 준비와 손질하기

말린 캐모마일 꽃 0.5작은술

물 150mL

알로에 베라 젤 1작은술

꿀 1작은술

껍질을 벗기고 씨를 제거하여 잘게 썬 오이 1작은술

1 유리나 도자기 재질의 깨끗한 냄비를 준비한다.

2 캐모마일 꽃을 내열 그릇에 담고 끓는 물을 그 위에 붓는다. 30분간 식힌 후에 캐모마일 꽃을 건져낸다.

3 알로에베라, 꿀, 오이를 부드러워질 때까지 잘 섞는다.

4 식힌 캐모마일 물을 1작은술 넣고 완전히 섞일 때까지 저어준다. 부드럽게 발리되 흘러내리지 않을 정도의 점도로 맞춘다. 냄비에서 꺼내어 식힌 후 눈가에 부드럽게 바른다.

라벤더와 밀랍으로 만드는 핸드크림

진정 효과가 뛰어난 이 밀랍 보습제는 열심히 일하는 정원사가 쓰기에 아주 좋다. 라벤더는 트고 갈라진 피부를 소독할 뿐만 아니라 기분 좋은 향기까지 더해주는 효과적인 치료제다. 시원하고 건조한 곳에 보관해야 하며 몇 달간 두고두고 쓸 수 있는 크림이다.

분량: 120mL 크기 용기 1~2개

재료 준비와 손질하기

스위트 아몬드 오일 4큰술

코코넛 오일 4큰술

백납(표백한 밀랍) 과립 3큰술

글리세린 6큰술

라벤더 에센셜 오일 5~6방울

1 유리나 도자기 재질의 뚜껑이 있는 냄비를 준비한다.

2 스위트 아몬드 오일, 코코넛 오일, 밀랍을 약한 불에서 중탕으로 녹인다. 잘 섞이도록 젓는다. 계속 저으며 글리세린을 조금씩 첨가한다.

3 재료들이 완벽하게 섞이면, 불을 끄고 크림 제형의 묽기가 될 때까지 계속 젓는다.

4 라벤더 오일을 넣고 잘 섞은 후 바로 숟가락으로 떠서 냄비로 옮긴다.

페퍼민트와 밀랍으로 만드는 발 영양 크림

부드러운 고체 제형의 이 보습제는 지친 발 피부를 진정시키는 데 효과적이다. 페퍼민트 오일이 갈라진 피부를 회복하는 데 도움을 주고 주요 성분인 멘톨이 기분 좋은 상쾌함을 선사한다. 시원하고 건조한 장소에 보관해야 하며, 몇 달 동안 사용해도 된다.

분량: 120mL 크기 용기 1~2개

재료 준비와 손질하기

스위트 아몬드 오일 4큰술
코코넛 오일 4큰술
백납 과립 3큰술
글리세린 6큰술
페퍼민트 에센셜 오일 5~6방울

이 레시피는 밀랍 핸드크림(374쪽)과 제조 방식이 비슷하다. 오일, 밀랍, 글리세린을 같은 방법으로 섞고 크림 제형이 될 때까지 젓는다. 페퍼민트 오일을 첨가하고 잘 섞은 후에 바로 숟가락으로 떠서 준비한 용기에 담는다.

고체 향수

자신이 원하는 향유를 첨가함으로써 간단하고 저렴하게 향수를 만드는 제조법으로, 이 고체 향수는 시원하고 건조한 곳에 두고 몇 달간 사용해도 된다.

분량: 60mL 크기 용기 1~2개

재료 준비와 손질하기

잘게 간 벌 밀랍 1큰술
셰어(shea) 버터 1큰술
스위트 아몬드 오일 2큰술
향유 8~10방울 (취향에 따라 선택)

1 뚜껑이 있는 유리나 도자기 재질의 깨끗한 용기를 준비한다(얼음 틀을 사용해도 된다).

2 밀랍, 셰어 버터, 스위트 아몬드 오일을 중탕으로 부드럽게 녹이며 완전히 섞일 때까지 젓는다.

3 불을 끄고 내용물이 식어서 걸쭉해지면 향유를 첨가하며 젓는다. 만든 즉시 용기로 옮겨 담는다.

4 30분간 식혀서 향수가 단단하게 굳으면 사용해도 된다.

꿀 비누

아랍인들은 7세기 무렵부터 콜드 프레스 방식으로 비누를 만들기 시작했으며 오늘날까지도 기본적인 과정은 당시와 동일하게 진행한다. 비누에 들어있는 꿀이 피부 건조를 방지하고 달콤한 향기까지 더한다. 이 제조법은 자극적이지 않아 민감한 피부에 적합하다. 제조 과정은 한 시간 정도 걸리지만, 지방이 비누로 완전히 굳는 시간을 감안하면 전체 과정이 최대 6주까지도 걸릴 수 있다. 시작하기 전에 다음 장의 안전 지침을 숙지해야 한다.

분량: 5~6개

재료 준비와 손질하기

물 140g
수산화나트륨 과립 63g
코코넛 오일 140g
올리브 오일 170g
햄프시드(hempseed, 대마씨) 오일 140g
맑은 꿀 15mL(1큰술)

1 케이크나 젤리를 만들 때 쓰는 내열성 플라스틱이나 금속 재질의 틀 중 비누 제조에 적합한 것을 고른다.

2 환기가 잘 되는 곳에서 작업해야 하며 안전 고글과 장갑을 착용하고 소매가 긴 옷을 입도록 한다. 알루미늄이 아닌 내열성 그릇에 미지근한 물을 넣고 수산화나트륨을 첨가하고 발생하는 연기를 마시지 않도록 주의해야 한다. (항상 물을 먼저 담은 다음에 수산화나트륨을 첨가하고, 다른 방식으로 섞지 않는다.)

3 쇠로 만들어진 믹싱 숟가락을 이용하여 잘 젓는다. 수산화나트륨은 물에 용해될 때 열이 발생하므로 한 구석으로 치워 놓고 약 38~50℃가 될 때까지 식힌다.

4 모든 오일을 한데 넣고 중탕으로 녹이며 섞는다. 오일 혼합물의 온도가 수산화나트륨 용액의 온도(약 38~50℃)와 같아질 때까지 식힌다.

5 수산화나트륨 용액을 녹인 오일 위에 조심스럽게 붓고 '흔적'이 남을 때까지 튀지 않게 주의하며 세게 젓는다. 내용물에 점성이 생기고 색이 변해서 가끔 커스터드 크림이 걸쭉해지며 보이는 모습에 비유될 때가 많다. 숟가락에서 떨어질 때 뒷면에 흔적을 남긴다. 이 작업은 몇 분에서 한 시간 이상 걸릴 수 있다.

6 꿀을 넣고 저은 후 바로 준비해 둔 틀에 혼합물을 붓는다. 실온에서 3~5일간 뚜껑을 덮지 않고 두면 화학 반응이 완전히 끝난다.

7 내용물이 굳으면, 틀에서 비누를 꺼내어 사용하기 좋은 모양으로 자른다. 면으로 짜여져 통기성이 좋은 깨끗한 직물 위에 비누를 올린다. 4주에서 6주 정도 비누를 굳힌다.

- 물을 포함한 모든 재료의 무게를 정확하게 측정해야 하므로 좋은 계량기 세트는 필수이다. 적게는 7g의 오차로도 비누의 산성도가 높아지므로 부작용이 발생할 수 있다.
- 스테인리스강 재질의 온도계를 준비하여 지방의 온도를 측정한다.
- 각 오일의 비누화 값(오일과 알칼리가 섞여 비누가 되는 지점)이 다르므로 임의로 오일을 대체해서는 안 된다.
- 수산화나트륨으로 알려진 비누 제조에 사용되는 알칼리의 양은 매우 중요하며, 위험하기 때문에 아주 조심히 다뤄야 한다. 안전 지침에 따라 손에 잘 맞는 보호 장갑을 끼고 안전 고글과 소매가 긴 옷을 착용한 후 통풍이 잘 되는 장소에서 작업한다.
- 시중에 유통되고 있는 알갱이 형태나 작은 조각 또는 과립 형태의 수산화나트륨은 반드시 밀폐 용기에 보관해야 한다.
- 항상 액체(물)를 먼저 담고 수산화나트륨을 넣어야 한다. 반대로 했을 시, 격렬한 반응이 발생할 수도 있다.

립 밤

밀랍이 형성하는 코팅막은 아무리 나쁜 환경에서도 피부를 보호해주며, 이 제조법에 쓰이는 올리브 오일과 코코아 버터는 건조해진 입술을 부드럽고 매끄럽게 가꾸는 데 도움을 준다. 스위트 아몬드 오일을 사용함으로써 달콤한 견과류 향을 더하게 된다. 시원하고 건조한 곳에 보관해 두고 몇 달 간 쓸 수 있다.

분량: 15mL 크기 용기 5~6개

재료 준비와 손질하기

밀랍 20g
라놀린(Lanolin) 10g
코코아 버터 10g
올리브 오일 10g
스위트 아몬드 오일 40g
꿀 2작은술(맛있는 꿀이라면 품종에 관계없이 사용해도 되지만, 보리지나 오렌지 꽃꿀을 추천한다)

1 밀랍을 약한 불에서 중탕으로 녹인다.

2 다른 팬에 라놀린과 코코아 버터를 넣고 내용물이 완전히 녹아 액체 상태가 될 때까지 약한 불로 가열하며 부드럽게 젓는다.

3 올리브 오일과 스위트 아몬드 오일을 넣고 약한 불로 가열하며 젓다가 완전히 섞이면 녹인 밀랍을 넣고 젓는다.

4 불을 끄고 내용물을 식히다가 굳기 시작하면 꿀을 넣고 완전히 섞이도록 잘 젓는다.

5 냄비의 내용물을 주걱으로 떠서 용기로 옮겨 담고 실온에 둔다.

립스틱

'밀랍의 여왕'으로 알려진 브라질 밀랍 야자 나뭇잎에서 추출한 카르나우바 밀랍(Carnauba wax)은 벌 밀랍과 잘 어울리며 립스틱의 베이스로 사용하기에 적합하고 발림성 또한 좋아진다. 온라인이나 공예품 제작소에서 구입할 수 있다. 립 세이프 마이카(lip safe mica) 색소는 공예품 제작업체에서 구입해도 되지만 생각보다 쉽게 그늘진 곳에서 찾을 수 있다. 피마자(Castor) 오일은 진정 효과가 있고 자몽씨 오일은 천연 방부 효과가 있다. 이 립스틱은 서늘하고 건조한 곳에 보관하며 몇 달간 사용해도 된다.

분량:30mL 크기 용기 6~8개

재료 준비와 손질하기

베이스 재료

벌 밀랍 15g

카르나우바 밀랍 28g

피마자 오일 115g

호호바(jojoba) 오일 115g

위트점(wheatgerm) 오일 10g

색소 재료

립 세이프 마이카 6작은술 (취향에 따라 색상 선택)

피마자 오일(유광) 또는 위트점 오일(무광) 28g

마무리 재료

자몽 씨앗 추출물 1~2방울

1 립스틱 모양의 깨끗한 유리 용기나 립스틱 튜브 틀을 준비한다.

2 벌 밀랍과 카르나우바 밀랍을 약한 불에서 중탕으로 녹이며 잘 섞이도록 젓는다.

3 피마자 오일, 호호바 오일, 위트점 오일을 넣고 다 섞일 때까지 불을 끄지 않고 계속 끓이며 젓는다.

4 착색제를 만들기 위한 별도의 그릇을 준비하여 피마자 오일이나 위트점 오일과 마이카를 넣고 잘 섞는다.

5 중탕 그릇의 밀랍 혼합물에 4를 넣고 약한 불로 가열하며 젓는다(과열하지 말 것).

6 완전히 섞이면 불을 끄고 자몽 씨앗 추출물을 넣고 저은 다음 걸쭉해질 때까지 식힌다. 준비한 용기나 튜브 틀에 붓는다. 냉장고에 몇 시간 넣어두면 단단해진다.

건강 보조 식품 제조법

꿀은 수천 년 동안 우수한 치유력을 인정받아 왔으며 고대 그리스인과 마야인 모두 이러한 특성을 활용했다. 최근 몇 년 사이, 꿀에 함유된 효소들이 살균, 항균 작용을 한다는 사실이 과학적 연구에 의해 밝혀지며, 치유력에 근거가 되었다. 세균의 성장을 억제하고 질병 면역력에 도움이 되는 산화방지제도 함유하고 있다. 어떠한 가공이나 조리 과정을 거치지 않은 생꿀은 고온 처리된 가공 꿀보다 유익한 효소의 함유량이 월등히 높다. 마누카(manuka)와 같은 색이 짙은 꿀에는 색이 밝은 꿀에 비해 무기질과 철분 함량이 높아 더 큰 효과를 기대할 수 있다.

꿀은 인후통부터 피부 문제까지 병을 치료하는 자연 성분으로 광범위하게 응용되고 있다. 소화를 돕고, 활력을 불어넣기도 한다. 건강이 전반적으로 좋아지게 된다. 일부 전체론적인 의사들은 신체 자체의 회복력을 증가시키는 꿀의 독특한 특성 덕분에 벌 화분이 알레르기와 관련된 고초열이나 호흡곤란 예방에 도움이 된다고 생각한다.

주의 사항: 다음 치료법을 의사나 영양사의 전문적 의료 조언으로 취급해서는 안 된다. 반드시 전문 의료진과 상의 후 치료법을 진행한다.

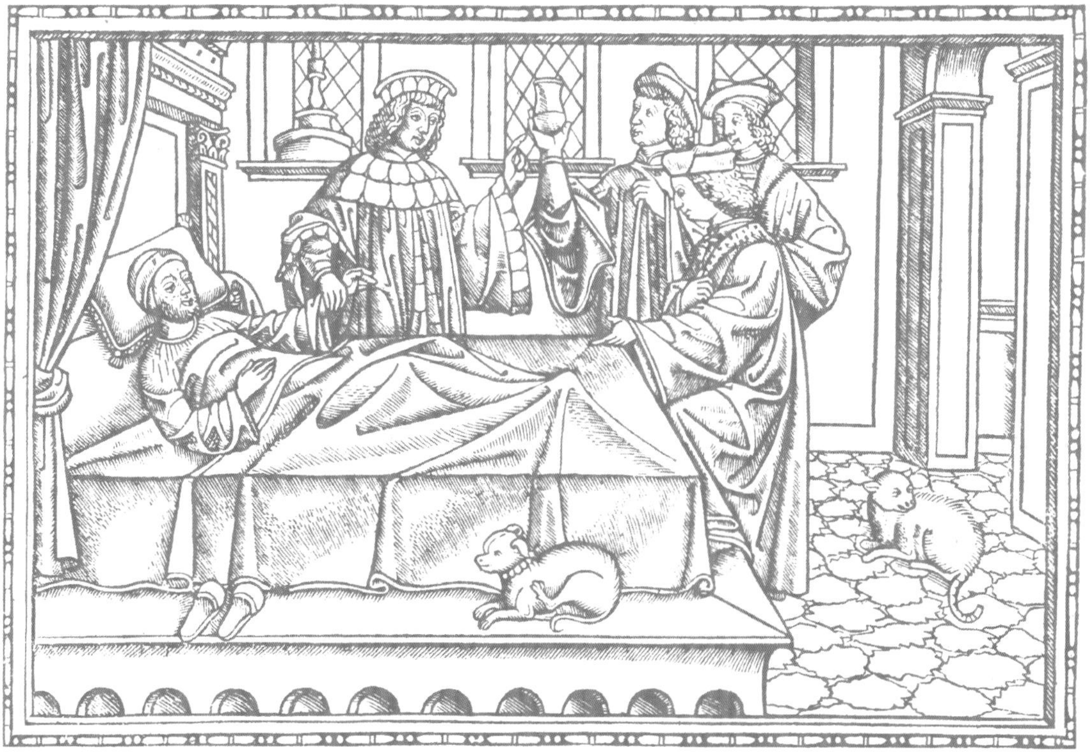

일반적인 건강식

꿀은 많은 질병을 치료하는 데 쓰이지만, 신체의 자연 면역력을 증가시키는 데 탁월하다. 천연 비타민과 미네랄, 질병 대항력을 키워주는 항산화제의 조합으로 모든 건강식에 어울리는 귀중한 첨가물이다.

꿀과 사과 식초 차

분량: 머그잔 1잔

재료 준비와 손질하기

디저트용 사과 1개의 껍질을 벗기고 반으로 잘라 씨를 제거한다.
사과 식초 1큰술
꿀 2작은술(유칼립투스와 비슷한 종류)
허브 티백 1개(에키네이샤와 비슷한 종류)
물

1 사과를 얇게 썰어 머그잔에 깐다. 식초, 꿀, 티백을 넣고 끓는 물을 가득 채운다.

2 1분 후 티백을 빼고 마신다.

방광염

꿀의 항균 특성은 가벼운 방광염 치료에 매우 효과적인 편이다. 모든 꿀은 과산화수소를 함유하고 있지만, 방광염 치료에는 특히 마누카 꿀이 가장 효과적이라고 알려져 있다.

따뜻한 꿀, 계피 음료

분량: 1회 섭취분

재료 준비와 손질하기

마누카 꿀 1큰술
갓 끓인 물 200mL
계피 가루 1작은술

물에 꿀을 넣고 저으면서 녹인다. 계피를 넣고 한 번 더 젓는다.

섭취방법: 6시간마다 이 과정을 반복한다.

콜레스테롤

다행스럽게도, 전통적으로 콜레스테롤을 낮추는 데 사용되어 온 꿀과 계피를 토스트에 넣으면 콜레스테롤 수치도 조절하는 동시에 맛도 훌륭해진다. 특히 밤이나 유칼립투스 꿀과 같이 색이 짙은 꿀에 함유된 항산화 물질은 간혹 동맥을 막아서 심각한 장기 손상을 일으켜 '나쁜' 콜레스테롤이라고 알려진 저밀도 지방 단백질(LDL)로부터 우리의 몸을 보호하는 데 도움을 준다.

꿀, 계피 토스트

1 토스트 조각에 꿀 1큰술과 계피 1작은술을 바른다.

2 통곡물 토스트에 꿀과 계피를 바르면 영양분이 풍부하고 건강한 아침 식사나 간식이 된다.

감기

생 꿀을 매일 먹으면 몸의 면역 체계를 강화시켜 건강이 전반적으로 향상되어 좋지만, 감기에 걸려 고생할 때도 꿀은 자연 치료제로서 훌륭한 역할을 해낸다. 따뜻한 꿀과 레몬을 넣은 차는 증상을 완화시키고 수면에 도움을 준다. 유칼립투스 꿀을 사용하면 코 막힘 등을 개선시키는 데 더 도움이 된다.

꿀, 레몬 허브차

분량: 머그잔 1잔

재료 준비와 손질하기

생 세이지 잎 2장
작은 로즈메리 잔가지
레몬 2조각, 추가로 곁들이기용 1조각
물 300mL
점도가 높은(robust) 유칼립투스 같은 꿀 1~2작은술

1 머그잔에 세이지, 로즈메리, 레몬 조각을 넣고 살짝 으깬 후 물을 붓는다. 꿀을 넣고 2분간 기다린다.

2 허브 조각 등을 건져내 맑게 만든 후 신선한 레몬 한 조각을 넣어 마신다.

변비

가벼운 변비약이기도 한 꿀은 로마 시대부터 소화 장애의 치료에 활용되었다. 대추와 아마씨 오일을 첨가하면 자연스럽게 변비를 완화시키는 효과적인 치료제가 된다.

꿀, 대추, 아마씨 스무디

분량: 1잔

재료 준비와 손질하기

반탈지 우유 500mL
대추 2알의 씨를 빼고 굵게 다진다
아마씨 오일 0.5 작은술
꿀 1~2큰술(사과 꽃꿀과 비슷한 종류)
아마씨 또는 호박씨를 구운 후 잘게 다진다

1 믹서기나 푸드 프로세서에 우유, 대추, 아마씨 오일, 꿀을 넣고 충분히 간다.

2 잔에 옮겨 담고 아마씨나 호박씨를 올린다.

숙취 해소

꿀은 탄수화물과 천연 포도당 함량이 높아서 에너지를 빠르게 전달할 수 있다. 내부 장기에 부드럽고 쉽게 흡수되며, 꿀의 과당이 간의 알코올 분해 작용을 돕는다. 이 숙취 해소법은 수분 보충을 위해 오렌지 주스를 사용하지만, 물을 많이 마시는 것도 도움이 된다. 하루 중 편한 시간에 꿀 한 숟가락을 물에 녹여 마신 후 술을 마신다거나 꿀 한 숟가락을 먹은 후 술을 마시면 숙취를 예방할 수 있다.

꿀, 오렌지, 달걀 숙취제

분량: 1잔

재료 준비와 손질하기

날달걀 2개
오렌지 주스 300mL
꿀 1큰술(오렌지 꽃꿀과 비슷한 종류)

모든 재료를 믹서기에 넣고 간다. 컵에 담아서 즉시 마신다.

기침

기침을 완화시키고 인후통을 가라앉히는 데 가장 효과적인 종류는 뉴질랜드의 마누카 꿀이지만, 밤이나 유칼립투스 꿀처럼 색이 진한 꿀이라면 어떤 것을 사용해도 괜찮다. 꿀 1작은술은 목감기의 자연 치유에 도움을 주며 특히 잔기침에 효과가 좋다. 감초 뿌리는 주변의 건강식품 판매점에서 쉽게 살 수 있다.

꿀, 타임, 감초 기침 시럽

분량: 300mL

재료 준비와 손질하기

감초 뿌리 2큰술, 껍질을 벗기고 잘게 자른다
물 500mL
말린 타임 2큰술
마누카 꿀 200g

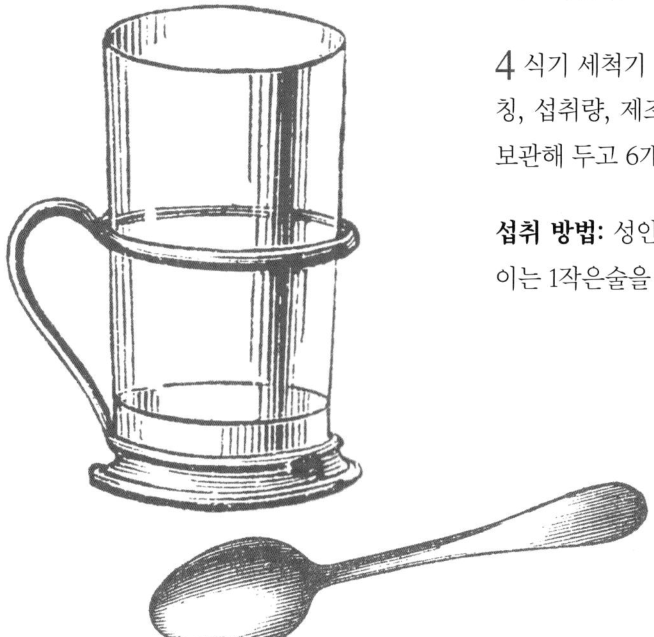

1 중간 크기의 소스 팬에 감초 뿌리를 넣고 물을 붓는다. 중간 세기의 불에서 천천히 끓이며 젓는다. 물이 끓으면 뚜껑을 덮고 20분간 더 끓인다.

2 불을 끄고 타임을 넣고 젓는다. 뚜껑을 열고 20분간 우려낸다.

3 2를 깨끗한 팬에 넣고 다시 가열한다. 따뜻해지면 꿀을 넣고 나무 숟가락으로 저으며 꿀을 녹인다. 시럽이 될 때까지 계속 저으며 몇 분간 더 끓인다. 내용물에 거품이 조금씩 올라오면 과열되지 않도록 주의하며 조리하다가 불을 끄고 식힌다.

4 식기 세척기 등으로 멸균 처리한 병에 시럽을 붓는다. 명칭, 섭취량, 제조일을 표시해 둔다. 서늘하고 어두운 곳에 보관해 두고 6개월 이내에 사용한다.

섭취 방법: 성인은 2~3작은술을 1일 3~6회 섭취하고, 어린이는 1작은술을 1일 3~4회 섭취한다.

고초열(꽃가루 알레르기)

일각에서 벌 화분과 벌집 같은 꿀이나 꿀을 사용하여 제조한 제품들에 항알레르기 성질이 있다는 주장이 제기되었다. 특히 사는 곳에서 생산된 것을 이용했을 때 그 효과가 더 크다고 한다. 이 이론은 사는 지역의 화분이 가미된 꿀을 섭취하면 몸이 꽃가루에 익숙해질 거라는 기대에 기초하고 있다. (300쪽 참조) 아래 방법 중 하나를 시도해 보자.

현지 꿀과 화분

- 꽃가루가 많이 날리기 전, 매 식사 후에 현지(거주지를 기준으로 약 30km 이내가 가장 이상적)에서 생산된 꿀을 1큰술씩 먹는다. 꽃가루가 많이 날리는 계절이 지나갈 때까지 지속한다.
- 벌 화분(건강식품 매장 또는 현지 판매처)은 생으로 섭취해야 하므로 조리된 요리에 뿌려 먹거나 시리얼과 섞어서 먹는다. 스무디와 쉐이크를 만들 때 화분을 넣어도 되고 바삭바삭한 샐러드 위에 뿌려서 먹어도 된다.
- 사는 곳 근처에서 벌집을 발견하게 되면, 잘라서 천연 그릭 요구르트와 섞어 먹거나 토스트에 녹여서 먹으면 된다. 작은 벌집 조각을 씹는 것도 고초열 증상 완화에 도움이 된다.

아침 영양제

항산화 효과로 유명한 녹차에 꿀과 계피까지 첨가한 이 차는 활기차게 아침을 시작하는 데 더할 나위 없이 훌륭하다. 건강을 지키는 방법 중 하나인 녹차는 향이 은은하여 각자 가장 좋아하는 꿀을 넣으면 되는데, 녹차의 향이 옅기 때문에 꿀의 향을 제대로 느낄 수 있다. 꿀이 가지고 있는 천연 포도당은 빠르게 몸에 흡수되어 즉각 에너지로 변환된다.

꿀, 계피 녹차

분량: 머그잔 1잔

재료 준비와 손질하기

녹차 티백 1개
물
꿀 1~2작은술
계피 스틱

1 녹차 한 잔을 끓이고 뜨거울 때 꿀을 넣는다.

2 계피 스틱으로 저으며 꿀을 녹이고 2분간 계피 향이 우러나도록 담가둔다.

류마티즘과 요통

꿀과 밀랍은 오랫동안 관절염을 비롯한 다른 통증의 증상과 고통을 완화시키기 위한 마사지 치료에 사용되어 왔다. 많은 문화권에서 아픈 관절을 치료하기 위해 꿀을 먹고 밀랍으로 찜질을 하거나 연고처럼 발랐다.

그린 마운틴(green mountain) 연고

분량: 225g 크기 용기 1통

재료 준비와 손질하기

발삼전나무 에센셜 오일 175mL
로즈메리 에센셜 오일 30mL(2큰술)
월계수 잎 에센셜 오일 30mL(2큰술)
밀랍 125g

1 중간 크기의 소스팬에 에센셜 오일과 밀랍을 넣고 약한 불에서 저으며 약 5분간 부드럽게 녹인다.

2 1을 깨끗한 병이나 도자기 용기에 조심스럽게 붓고 식힌다.

주의 사항: 민감한 피부에는 에센셜 오일과 함께 사용한다. 골절, 염증이 있는 부위와 눈 주변에는 사용하면 안 된다. 임산부의 경우 전문가와 먼저 상의하고, 유아에게 사용하지 않는다.

숙면 유도제

따뜻하고 달콤한 꿀과 알코올의 조합은 긴장을 풀어주고 숙면을 유도한다고 여겨졌기에 전통적으로 편안한 수면을 위해 핫 토디[29]를 애용해 왔다. 스코틀랜드산 헤더 꿀은 오래전부터 위스키와 함께 쓰였다. 어린이도 마실 수 있는 토디를 만들려면 위스키 대신 설탕이 적게 들어간 레몬 스쿼시를 1작은술 넣으면 된다.

꿀과 위스키 토디

분량: 토디 1잔

재료 준비와 손질하기

꿀 2작은술
물 150mL
위스키 2큰술
계피 스틱 1개
두껍게 썬 레몬 조각 1개
갓 갈아낸 육두구

1 꿀을 물에 넣고 다 녹을 때까지 젓는다.

2 위스키와 계피 스틱을 넣는다.

3 2~3분 후 계피 스틱을 빼내고 두꺼운 레몬 조각을 넣는다. 갓 갈아낸 육두구를 위에 흩뿌려준다.

인후염

꿀과 레몬의 조합이 인후통 완화법 중 가장 유명한 이유는 꿀의 항균성이 감염 문제를 일으키는 박테리아 퇴치에 도움을 주기 때문이다. 토디를 만들기 곤란한 상황에서는 마누카 꿀 1큰술을 떠 혀에서 녹인 후에 삼키면 즉각적인 완화 효과를 볼 수 있다.

꿀과 레몬 토디

분량: 토디 1잔

재료 준비와 손질하기

사과 식초 1큰술
레몬 주스 1작은술
꿀 1~2큰술(레몬타임과 비슷한 종류)
뜨거운 물 150mL

1 사과 식초와 레몬 주스, 꿀을 뜨거운 물과 섞는다.

2 꿀이 완전히 녹을 때까지 잘 저어준다.

3 한 모금 마셔도 되고 입 안을 헹궈내기만 해도 된다.

29) 핫 토디(hot toddy): 꿀, 허브, 향신료와 뜨거운 물을 넣은 위스키 - 옮긴이

궤양

뉴질랜드의 마오리족은 여러 세대에 걸쳐 마누카꿀을 자연 치료제로 사용해왔다. 강한 항균 특성이 있어 장내의 특정 박테리아를 박멸하는 데 즉, 궤양을 포함한 다양한 위장 장애를 치료하는 데 효과적이라는 의미이다.

마누카 꿀

공복에 꿀을 먹었을 때 더 효과적이니 하루 세 번, 식사 한 시간 전에 생 마누카 꿀 1큰술을 먹으면 된다. 증상이 완화될 때까지 지속한다.

상처

꿀은 수분을 흡수하는 성질이 있어 피부의 상처 주변에 박테리아를 비롯한 해로운 미생물의 성장을 방해하는 방부제 역할도 하기에 오래전부터 상처와 가벼운 화상의 감염을 방지하고 치료하는 데 쓰였다.

꿀에는 방부 효과도 있기 때문에 오랫동안 상처와 가벼운 화상의 감염을 방지하고 치료하는 데 쓰였다. 수분을 흡수하는 성질이 있어 피부 상처 주변의 박테리아를 비롯한 해로운 미생물 번식을 예방한다. 또한 상처를 덮어둔 드레싱의 건조를 방지하여 피부의 빠른 회복을 돕고 흉터가 덜 생기도록 한다.

열상 및 찰과상: 찰과상을 입은 부위를 철저하게 소독한 후 건조시킨다. 가공을 일체 하지 않은 생 꿀을 상처에 바르고 완전히 나을 때까지 하루에 두 번 소독하고 건조시킨 뒤 꿀을 바르는 과정을 반복한다. 가벼운 열상의 경우, 피부가 절개된 부분을 깨끗하게 소독한 후 방수 드레싱에 꿀을 발라 상처를 감싼다. 상처의 상태에 따라 하루에 2~3회 드레싱을 갈아준다.

경미한 화상 또는 데인 부위: 경미한 화상이나 데인 곳에 꿀을 바르면 물집 형성을 방지하고 자연 치유에도 도움이 된다.

주의 사항: 이러한 치료법은 경미한 상처와 화상에 해당하는 것으로, 항상 전문 의료인의 적절한 도움을 받는다.

수공예품 제조법

순수한 밀랍은 일상생활에서 매우 다양하게 활용되고 있다. 빡빡하게 열리는 서랍문의 레일에 밀랍을 문질러서 부드럽게 만들기도 하고 톱의 날에 발라 녹을 예방하고 갓 벌목한 나무를 썰다가 날이 끼이는 것을 방지하기도 한다(밀랍의 윤활유가 갓 잘라 수분량이 많은 나무를 부드럽게 자를 수 있도록 날을 보호한다). 이러한 쓰임새 중의 일부는 고대에서부터 이어져 왔다.

예를 들면, 누빔을 더 단단하고 부드럽게 만들기 위해 실을 밀랍으로 코팅했고, 바느질이 힘든 단단한 재료를 쉽게 통과하기 위해 재봉사들은 작은 밀랍 덩어리 위를 실로 긋기도 했다.

밀랍의 가장 보편적인 쓰임새 중 하나는 양초로 만드는 것이다.

주의 사항: 밀랍은 중탕으로 녹인다. 밀랍은 국소 과열로 인해 쉽게 손상되기도 하며 고온으로 가열할 경우 불이 붙기도 한다. 밀랍이 든 팬이 열원과 직접 닿지 않도록 주의한다.

둥근 양초

밀랍을 말아서 만드는 양초는 밀랍을 녹일 필요가 없기에 가장 쉽고 안전하게 만들 수 있다.

분량: 양초 1개

재료 준비와 손질하기

기본 밀랍 시트, 통상적으로 20 × 40cm
밀랍 시트 짧은 면의 길이와 같은 양초 심지 4cm

1 밀랍 시트를 깨끗하고 평평한 곳에 펼친다. 심지를 시트 짧은 면의 가장자리 바로 안쪽에 놓아서 반대쪽이 길게 남도록 한다.

2 밀랍 시트의 가장자리(밀랍의 약 10mm)를 심지 위로 접고 단단히 누른다. 양초를 천천히 굴리되, 밀랍의 벌집무늬가 눌리지 않도록 부드럽게 누르며 굴려야 한다. 시트의 가장자리가 울퉁불퉁해지지 않도록 주의하며 끝까지 계속 굴린다.

3 엄지손가락이나 손톱으로 마지막 가장자리를 지그시 누른다. 제일 상단을 골라 심지를 약 1.5cm로 다듬고 아래쪽도 자른다.

수제 밀랍 양초

밀랍 양초는 가장 자연적인 양초이다. 파라핀 왁스로 만든 상업용보다 더 길고 깨끗하게 타며 꿀 향기도 난다.

분량: 양초 2개(약 9cm)

재료 준비와 손질하기

백납 또는 천연 황색 밀랍 500g
심지, 양초 두 개 길이와 여분 약간
완성된 양초 길이보다 긴 알루미늄 캔 또는 내열 용기(이 길이의 양초는 일반적인 식품 용기의 내용물을 비우고 사용해도 된다)
스테인리스강 온도계
자 또는 나무 막대 약 가로 4cm × 높이 30cm

1 밀랍을 약한 불에서 중탕으로 녹인다. 캔을 열원으로부터 먼 곳에 두고 녹인 밀랍을 조심스럽게 붓는다.

2 캔을 중탕 그릇에 넣어 밀랍의 온도를 약 70~77℃로 유지시킨다. 온도가 지나치게 높아지지 않도록 신경 쓴다.

3 심지는 캔의 약 2배 높이에서 5cm를 남기고 자른다. 나무 막대에 심지를 걸쳐둔다.

4 양초 두 개를 한 번에 만들려면, 심지의 양쪽 끝을 녹인 밀랍에 약 3초간 담가서 심지 전체가 골고루 코팅되게 한다. 심지를 밀랍에 대고 1분간 식히다가 다시 밀랍에 담근다.

5 처음 밀랍에 담근 후 약간 식어 있고 부드러울 때 심지를 부드럽게 당겨 펴준다. 두 번째나 세 번째 담그고 나서 양초가 곧지 않으면 깨끗하고 평평한 곳에 놓고 조심스럽게 굴려서 곧게 펴준 후 담근다. 각 양초가 원하는 굵기가 될 때까지 이 과정을 반복한다.

6 양초가 완전히 식을 때까지 레일에 걸어 놓는다. 양초의 바닥을 평평하게 다듬고 상단의 심지를 1cm 남기고 잘라낸다.

밀랍 가구 광택제

알려진 유서 깊은 나무 광택제 중 하나로, 여전히 많은 가구 관리자와 박물관은 원목 가구를 관리하는 데 밀랍 사용을 권장하고 있다. 광택제는 오일로 마감하지 않은 대부분의 원목 가구와 나무 바닥에 사용할 수 있다. 깨끗한 헝겊에 광택제를 묻혀 원을 그리며 문지른 후 나뭇결을 따라 그리며 마무리한다. 30분간 말리며 테레빈유를 증발시킨다. 깨끗하고 부드러운 새 헝겊으로 다시 나뭇결을 따라 닦으며 광택을 낸다.

분량: 400mL 2병

재료 준비와 손질하기

밀랍 250g
뚜껑이 있는 대형 유리병(약 900mL)
순수 테레빈유(pure turpentine) 500mL

1 약한 불에서 밀랍을 중탕으로 녹인다.

2 유리병에 녹인 밀랍과 테레빈유를 넣고 나무 숟가락으로 잘 저어 섞는다.

3 냄비나 통으로 옮겨 부은 후 뚜껑을 덮는다. 한두 시간 정도 식힌 후 사용하면 된다.

밀랍 가구 필러

밀랍 필러는 몰딩에 생긴 중소형 크기의 구멍과 가구 이음새나 조각품의 갈라진 균열을 수리하는 데 쓰이며 사포질을 하지 않아도 된다.

분량: 길이 200mm × 폭 2mm × 깊이 12mm의 균열을 채울 수 있을 정도

재료 준비와 손질하기

스틱형 천연 밀랍 20g

1 가구와 색이 비슷한 밀랍을 고르면 튀지 않고 더 자연스럽다. 수리하고자 하는 틈을 메우는 데 필요한 대략적인 양을 약한 불에서 중탕으로 녹인다.

2 밀랍이 흘러내리 않을 정도로 식힌 후 틈을 메운다.

밀랍 바니시(varnish)

시중의 여느 니스와 마찬가지로 가구나 목공품에 사용되는 밀랍 바니시는 마르면서 탄탄하고 질긴 필름 막을 형성함으로써 습기로부터 제품을 보호하고 광택을 유지시킨다.

분량: 약 500mL

재료 준비와 손질하기

일반 밀랍 28g(2큰술)

아마씨 오일 500mL

밀랍과 아마씨 오일을 약한 불로 '끈'이 형성될 때까지 부드럽게 중탕한다. 맑은 부분을 따로 담아 니스로 사용하면 된다.

밀랍 인장(실링 왁스, sealing wax)

문서의 보안을 유지하기 위해 사용한 밀랍 인장의 역사는 문서의 작성과 궤를 같이 할 만큼 오래전부터 이어져 온 관행이다. 오늘날 인장은 편지와 초대장을 보낼 때 신원을 밝히는 용도로 쓰이고 있다. 밀랍 막대를 불꽃 위에 비스듬히 놓고 봉투 덮개에 소량 떨어뜨리면 된다. 밀랍이 완전히 식어서 굳기 전에 발신자를 확인할 수 있는 인장을 찍으면 된다.

분량: 150mm × 12mm × 12mm 크기 틀 6개

재료 준비와 손질하기

일반 벌 밀랍 14g(1큰술)
라드(lard) 14g
수지(송진과 비슷한 종류) 210g, 철물점이나 공예용품 판매처에서 구입가능
빨간색이나 검정색 또는 녹색의 전문가용 색소 14g
틀과 알루미늄 호일을 코팅할 식용 오일 0.5작은술

1 호일을 폭 12mm, 깊이 12mm, 길이 150mm짜리 크기의 틀을 여러 개 만들고 내부를 식용유로 코팅한다.

2 밀랍과 라드를 약한 불로 중탕하여 녹이고 잘 섞어준다.

3 불을 끈 후 굳으려는 조짐이 보이기 시작할 때 틀에 붓는다.

접목용 밀랍

이 유용한 밀랍은 원예에서 식물의 조직을 다른 식물의 조직과 융합시켜 식물을 번식키는 데 쓰이는 방법인 접목에 필수적인 용품이다. 절단면을 밀랍으로 밀봉하면 수분이 새지 않고 건조도 방지된다. 한 번 사용하면, 몇 개월에서 길게는 몇 년까지도 유지된다.

분량: 약 370g

재료 준비와 손질하기

송진과 비슷한 종류의 수지 또는 송진(rosin) 250g, 철물점이나 공예품 판매처에서 구입 가능
탤로(동물성 지방, 식품 공급 업체로부터 구입 가능) 60g
벌 밀랍 60g

1 모든 재료를 약한 불로 중탕하여 부드럽게 녹인다.

2 잘 섞은 후에 약 400mL를 담을 수 있는 큰 내열 용기에 붓는다.

3 한 번 식힌 후 부드러워질 때까지 잘 섞은 다음 사용한다.

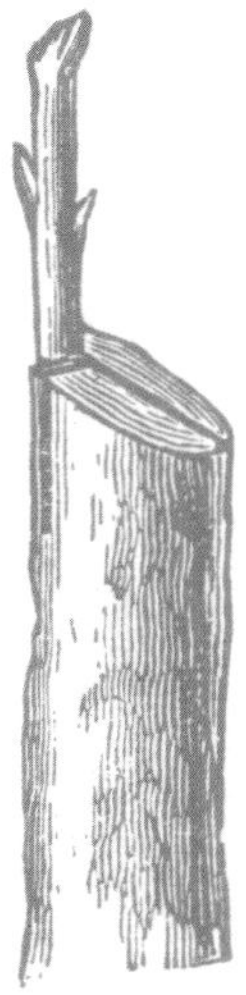

밀랍 크레용

이 파스텔 크레파스는 무독성 식용 색소로 색을 내기 때문에, 어린이들의 미술도구로 안성맞춤이다. 식용 색소는 케이크 장식품을 제작하는 업체에서 쉽게 구입 가능하다.

분량: 1~2개의 작은 크레용

재료 준비와 손질하기

주방용 알루미늄 호일
일반 벌 밀랍 28g(2큰술)
일반 비누 28g(2큰술)
식용 색소 0.5~1작은술, 원하는 색상 선택
식용 요일 0.5작은술, 틀 코팅용

1 알루미늄 호일로 작은 직사각형 모양의 틀을 1~2개 만든 후 식용유로 코팅한다.

2 밀랍을 약한 불로 중탕하여 녹인 후 비누를 넣는다. 약한 불을 유지하며 녹이고 잘 섞이도록 부드럽게 저어준다.

3 식용색소를 넣은 후 섞이도록 젓는다.

4 3을 호일 틀에 붓고 식힌다. 한번 사용해보고, 색이 옅으면 녹여서 색소를 더 넣으면 된다.

꿀벌 코스튬

손수 만든 꿀벌 옷을 입고 꿀벌로 변신해 보자.

재료 준비와 손질하기

신축성 좋은 노란색과 검은색 플리스 천(아동/성인의 크기에 맞춰 선택)
검은색 나일론 무릎 양말(니삭스, knee socks) 2개
검은색 나일론 전신 타이즈(스타킹) 1쌍
검은색 아트모루(파이프 클리너)[30]

1 어린이(또는 성인)의 어깨너비를 측정한다. 플리스(두 가지 색상 모두)의 길이는 130mm로, 너비는 어깨너비에 300mm를 추가하여 재단한다.

2 의상의 앞면을 만들기 위해서는 긴 가장자리를 따라 검은색과 노란색의 줄무늬를 어깨에서 허리 또는 무릎 아래로까지 번갈아 가며 의상 전체에 꿰맨다.

3 의상의 뒷면도 2의 과정을 반복한다.

4 의상의 뒷면(안쪽)을 서로 겹치고 팔을 뺄 공간을 남겨두고 양쪽을 꿰맨다.

30) 파이프 클리너(pipe cleaners): 담뱃대 청소용이었으나 오늘날은 다양한 공예품을 만드는 데 쓰인다. 셔닐 스템(Chenille stem)이라고 불리기도 한다. – 옮긴이

5 머리를 넣을 공간을 남겨두고 윗부분을 꿰맨다.

6 엉덩이에 잘 맞도록 밑단을 따라 안쪽에 신축성 좋은 옷감을 더 꿰맨다.

7 팔에는 무릎 양말을 끼고 다리에는 전신 타이즈(나일론)를 착용한다.

8 검은색 모루로 더듬이를 2개 만들어 머리에 쓴다.

꽃 밀랍 코팅하기

이 방법을 사용하면 갓 자른 꽃의 형태와 향기를 그대로 유지하면서 오래 감상할 수 있다.

분량: 약 4~8개의 밀랍 코팅한 꽃(크기와 품종에 따라 차이가 있을 수 있음)

재료 준비와 손질하기

벌 밀랍 약 500g
갓 자른 꽃(장미, 데이지, 튤립, 백합)
주방용 알루미늄 호일

1 밀랍을 약한 불에서 중탕하여 녹인 후 계속 뜨겁게 유지한다.

2 꽃줄기를 5cm로 자른다.

3 꽃의 머리를 녹여둔 밀랍에 약 1초 정도 아주 잠깐 담갔다가 들어 올리고 밀랍이 중탕 그릇에 떨어지도록 잠시 둔다. 꽃잎이 많은 꽃은 밀랍에 담근 후, 숟가락으로 밀랍을 떠서 가운데 부분에 골고루 발라준다.

4 꽃에 묻은 밀랍을 30초 정도 식힌 다음 쟁반 위에 일렬로 놓고 5분간 식힌다.

5 밀랍이 딱딱하게 굳으면 꽃의 머리를 부드럽게 잡고 줄기를 밀랍에 담근다. 잠시 식힌 후 딱딱하게 굳힌다.

6 모든 과정을 한 번 더 반복하되, 밀랍이 완전히 굳었을 때 다시 담그도록 한다.

감사의 말

책에 방대한 자료를 담아내기 위해 오랜 시간 동안 많은 분들이 도와주셨습니다.

하퍼 콜린스(Harper Collins)는 도와주신 다음 분들의 노력과 헌신에 감사를 표합니다. 리차드 존스(Richard Jones), 쉐런 스위니 린치(Sharon Sweeney-Lynch), 클레어 워링(Claire Waring), 샐리 벅낼(Sally Bucknall), 사라 밴버리(Sarah Banberry), 버트랜드 사우기어(Bertrand Saugier), 니콜라 샤를튼(Nicola Charlton), 파스칼 시빌론(Pascal Thivillon), 폴 캐니(Paul Carney), 안나 마틴(Anna Martin), 커스티 애디스(Kirstie Addis), 조프 헤이스(Geoff Hayes), 리차드 핍스(Richard Phipps), 케이트 파커(Kate Parker), 레슬리 롭(Lesley Robb), 팀 윈터(Tim Winter), 캐서린 힐(Catherine Hill), 레이첼 주크(Rachel Jukes), 노먼 카렉(Norman Carreck), 리즈 마일스(Liz Miles), 리차드 로젠펠드(Richard Rosenfeld), 벤 머피(Ben Murphy).

버트랜드 사우기어는 사진 촬영에 시간을 내어준 다음 분들께 감사를 표합니다. 프랑스 생 헤지스 듀 꼬앙(Saint-Régis du Coin)의 양봉가 장 폴 수크(Jean-Paul Suc)와 수크(Suc) 집안 분들, 모리스 차우디에르(Maurice Chaudière), 세인트 에티엔느(Saint-Etienne)의 어피어리 센트레(Apiary Centre), 레스 러셔스 드 버서우(Les Ruchers de Verseau), 니콜라스 기티니(Nicolas Guitini), 빈센트 클레어(Vincent Clair), 진 피에르 바스텟(Jean-Pierre Bastet), 클레어와 에이드리언 워링(Claire and Adrian Waring), 피터 스프링올(Peter Springall), 니콜라스 프리맷(Nicolas Primat), 올리비아 대너(Olivier Darné).

클레어 워링이 다음 분들에게 감사를 표합니다. 에이드리언 워링, NDB, 앤 W. 하먼(Ann W. Harman).

리차드 존스가 다음과 같이 전합니다. 저와 이름이 같은 국제 벌 연구 협회의 리차드 존스 씨 감사합니다.

샐리 벅낼이 다음 분들에게 감사의 말을 전합니다. 데이비드 애스턴(David Aston), 존 핍스(John Phipps), 제러미 버비지(Jeremy Burbidge).

니콜라 샤를튼과 파스칼 시빌론이 다음의 분들에게 감사를 표합니다. 폴린 아슬린(Pauline Aslin), 피터 스프링올, 넌헤드(Nunhead) 프로그 온 더 그린(Frog on the Green)의 존(John)과 에카테리나(Ekaterina).

참고문헌

- Anon, *Beeswax Crafts* (Search Press, 1996)
- Aston, D. and Bucknall, S., *Plants and Honey Bees: Their Relationships* (Northern Bee Books, 2004)
- Bailey, L. and Ball, B.V., *Honey Bee Pathology* (Academic Press, 2nd Ed., 1991)
- Benjamin, A. and McCallum, B., *A World Without Bees* (Guardian Newspapers Ltd, 2008)
- Benton, T., *Bumblebees* (Collins, New Naturalist Series, 2006)
- Berthold, R., Jr., *Beeswax Crafting* (Wicwas Press, 1993)
- Briggs, M., *Honey and Its Many Health Benefits* (Abbeydale Press, 2007)
- Brown, R., *Beeswax* (Bee Books New and Old, 1981)
- Butler, C.G., *The World of the Honey Bee* (Collins, 1976)
- Caron, D., *Africanized Honeybees in the Americas* (A.I. Root Co., 2001)
- Charlton, J. and Newdick, J., *A Taste of Honey* (Reader's Digest, 1995)
- Coggeshall, W.L. and Morse, R.A., *Beeswax: Production, Harvesting, Processing and Products* (Wicwas Press, 1984)
- Collision, C.H., *What Do You Know?* (A.I. Root Co., 2003)
- Cooper, B.A., *The Honeybees of the British Isles* (British Isles Bee Breeders' Association, 1986)
- Cramp, D., *A Practical Manual of Beekeeping* (How to Books, 2008)
- Crane, E., *Bees and Beekeeping: Science, Practice and World Resources* (Heinemann, 1990)
- Crane, E., *A Book of Honey* (IBRA, 1980)
- Crane, E., *Honey: A Comprehensive Survey* (Heinemann, 1975)
- Crane, E., *The World History of Beekeeping and Honey Hunting* (Duckworth, 1999)
- Dade, H.A., *Anatomy and Dissection of the Honeybee* (IBRA, 1994)
- Davies, A., *Beekeeping* (Collins & Brown, 2007)
- Davis, C., *The Honey Bee Around and About* (Bee Craft Ltd, 2007)
- Davis, C., *The Honey Bee Inside Out* (Bee Craft Ltd, 2004)
- de Bruyn, C., *Practical Beekeeping* (Crowood Press, 1997)
- Delaplane, K., *First Lessons in Beekeeping* (Dadant and Sons, 2007)
- Diemer, I., *Bees and Beekeeping* (Merehurst Press, 1988)
- Digges, J.G., *The Practical Bee Guide* (Talbot Press)

- Edwards, M., *Field Guide to the Bumblebees of Great Britain and Ireland* (Ocelli Ltd, 2005)
- Edwards, R., *Social Wasps: Their Biology and Control* (Rentokil, 1980)
- Fearnley, J., *Bee Propolis: Natural Healing from the Hive* (Souvenir Press, 2001, reprinted 2005)
- Fernandez. N. and Coineau, Y., *Varroa: The Serial Bee Killer Mite* (Atlantica, 2007)
- Flottum, K., *The Complete and Easy Guide to Beekeeping* (Apple Press, 2005)
- Free, J.B., *Pheromones of Social Bees* (Chapman and Hall, 1987)
- Free, J.B., *The Social Organization of Honeybees* (Edward Arnold, Studies in Biology No. 81, 1977)
- Furness, C., *How To Make Beeswax Candles* (British Bee Journal, N.D.)
- Goodman, L., *Form and Function in the Honey Bee* (IBRA, 2003)
- Gould, J.L, and Gould, C.G., *The Honey Bee* (Scientific American, 1988)
- Graham, J.M., *The Hive and the Honey Bee* (Dadant and Sons, 2005)
- Hands, P., *Beekeeping for Beginners* (The Kitchen Garden, 2000)
- Hanssen, M., *The Healing Power of Pollen and other Products from the Beehive* (Thorsons, 1979)
- Herrod-Hempsall, W., *Beekeeping New and Old Described with Pen and Camera* (BBJ, 1930 (Vol.1), 1937 (Vol.2))
- Hodges, D., *The Pollen Loads of the Honeybee* (IBRA, 1974)
- Hooper, T., *Guide to Bees and Honey* (Northern Bee Books, 4th Ed., 2008)
- Hooper, T. and Taylor, M., *The Beekeeper's Garden* (A. & C. Black, 1988)
- Howes, F.N., *Plants and Beekeeping* (Faber and Faber, Rev. Ed., 1979)
- IBRA, *Garden Plants Valuable to Bees* (IBRA, 1981)
- Johansson, T.S.K. and Johansson, M.P., *Some Important Operations in Bee Management* (IBRA, 1974)
- Kesseler, R. and Harley, M., *Pollen: The Hidden Sexuality of Flowers* (Papadakis Publishers, 2006)
- Kevan, P.G., *The Asiatic Hive Bee* (Enviroquest Ltd, 1995)
- Kirk, W., *A Colour Guide to Pollen Loads of the Honey Bee* (IBRA, 2nd Rev. Ed., 2006)
- Langstroth, L.L., *Langstroth's Hive and the Honeybee: The Classic Beekeeper's Manual* (Dover Publications, 2004)
- Macfie, D.T., *Practical Bee Keeping and Honey Production* (Collingridge, 1936)
- Matheson, A., *Practical Beekeeping in New Zealand* (GP Publishing, 1993)
- Meyer, O., *Basic Beekeeping: Everything a Beginner Should Know to Ensure Honey from Home* (Thorsons, 1978)
- Meyer, O., *The Beekeeper's Handbook: A Practical Manual of Bee Management* (Thorsons, 1981)
- Morse, R.A. and Flottum, K., *Honey Bee Pests, Predators and Diseases* (A. I. Root Co., 3rd Ed., 1997)
- Morse, R.A. and Hooper, T., *The Illustrated Encyclopaedia of Beekeeping* (Blandford Press, 1985)
- Oldroyd, B.P. and Wongsiri, S., *Asian Honey Bees: Biology, Conservation and Human Interactions* (Harvard University Press, 2006)
- O'Toole, C. and Raw, A., *Bees of the World* (Blandford Press, 1991)
- Procter, M., Yeo, P. and Lack, A., *The Natural History of Pollination* (Collins, New Naturalist Series, 1996)
- Ribbands, R., *The Behaviour and Social Life of Honey Bees* (Bee Research Association, 1953)

- Riches, H., *Insect Bites and Stings: A Guide to Prevention and Treatment* (IBRA, 2003)
- Riches, H., *Mead–Making, Exhibiting and Judging* (Riches, H.R.C., 1997)
- Ruttner, F., *Biogeography and Taxonomy of Honeybees* (Springer-Verlag, 1988)
- Schramm, K., *The Compleat Meadmaker* (Brewers, 2003)
- Seeley, T.D., *The Wisdom of the Hive* (Harvard University Press, 1995)
- Shimanuki, H., Flottum, K. and Harman, A., *The ABC & XYZ of Bee Culture* (A.I. Root and Co., 2007)
- Snodgrass, R.E., *Anatomy of the Honey Bee* (Comstock Publishing Associates, 1985)
- Stephens-Potter, L.A., *The Beekeeper's Manual* (David & Charles, 1984)
- Tautz, J., *The Buzz About Bees: Biology of the Superorganism* (Springer-Verlag, 2008)
- Tonsley, C.C., *Honey for Health* (Tandem, 1969)
- Traynor, J., *Honey, the Gourmet Medicine* (Kovak Books, 2002)
- Verma, L., *Beekeeping in Integrated Mountain Development* (Aspect Publications Ltd, 1991)
- von Frisch, K., *The Dance Language and Orientation of Bees* (Oxford University Press, 1967)
- von Frisch, K., *The Dancing Bees* (Methuen, 1966)
- Vosnjak, M., *The Miracle of Propolis* (Thorsons, 1980)
- Waring, A.C., *Better Beginnings for Beekeepers* (BIBBA, 2nd Ed., 2004)
- Waring, A.C. and Waring, I.C., *Teach Yourself Beekeeping* (Hodder Education, 2006)
- Wedmore, E.B., *A Manual of Beekeeping* (Bee Books New and Old, 1979)
- White, E.C., *Super Formulas: Arts and Crafts* (Valley Hills Press, 1993)
- Winston, M., *The Biology of the Honey Bee* (Harvard University Press, 1987)
- Wood, Rev. J.G., *Bees: Their Habits, Management and Treatment* (Routledge, 1853)
- Zahradnik, J., *Bees, Wasps and Ants* (Hamlyn, 1991)

사진 및 그림 저작권

COMMISSIONED IMAGES

Commissioned nature photography by Bertrand Saugier

p37 [top], p76, p80 [bottom], p81, p83 [columns 1 & 2], p99, pp101~103, pp106~107, p108 [top right & bottom], pp110~111, p117, p119, p121, p125, p126 [bottom], pp130~131, pp139~140, p154, p156 [bottom], p157, p159 (hive design © Maurice Chaudiere), p163, pp166~167, p169, pp171~175, p176 [top], pp177~178, pp182~186, p187 [right], p188, pp190~192, p193 [middle & bottom], p195, pp197~206, p208, pp212~215, p218, pp220~221, p222 [top], pp223~225, pp228~233, p235 [left], pp241~244, p247, pp250~257, p259, pp262~263, p264 [left] (hive design © Maurice Chaudiere), p265 (hive design © Maurice Chaudiere), p268, p285, p288, pp297~300

Commissioned food and cosmetics photography © Tim Winter

pp307~339, p343, p347, pp351~365, p373, p386

Cover illustration and chapter opener illustrations © Richard Phipps

p10, p78, p152, p266, p304

Commissioned bee illustrations by Paul Carney

pp87~92, pp96~97, p100, p108 [top left], p112, p114, p116, p120, p128

STOCK IMAGE PERMISSIONS

© *Alamy*

p12, p45, p71, p118, p127, p226, p261, pp269~270, p275, p279, p303

© *Basement Press*

p155, p160, p161 [left], p162, p164, p260, pp271~274

© *Bridgeman Art Library*

pp8~9, pp42~43, p73, p75

© *Corbis*

p21, pp67~68, p196, pp248~249, p302

© *FLPA*

p133 [Leatherwood & Tupelo], p136 [Ivy], p142 [Broom & Wallflower], pp150~151, p179, p207

© Getty

p29

© Heritage Image Partnership

p51

©istockphoto

p133 [Gum & Manuka], p134 [Hawthorn], p135 [Sainfoin & Thistle], p136 [Goldenrod & Sunflower], p138 [Rhododendron], p142 [Teasel], p143 [Currant, Mint, Grape hyacinth, Bergamot & Valerian], p284, p296, p340, p366, p368

© Mary Evans Picture Library

p14

© NHPA

p115 [left]

© NPL

p93 [top & bottom left], p109, p113, p126 [top]

© Photolibrary

p6, p24, p31 [top], p49, p133 [Holly & Needlebush], p134 [False acacia], p135 [Lucerne, Rata tree, Sweet chestnut & Tulip tree], p142 [Angelica & Elaeagnus], p146, p176 [bottom], p258, p277, p282, p291, p294 [top], p395

© Shutterstock

p132 [all images], p133 [Maple, Mesquite, Orange, Rosemary & Thyme], p134 [Acacia, Blueberry, Borage, Bramble, Buckwheat & Knapweed], p135 [Lavender, Lime, Melilots, Oil-seed Rape], p136 [Cotton, Fireweed, Fuchsia, Heather
bell & Heather ling], p138 [Mountain laurel, Privet, Ragwort & Spurge], p142 [Cosmea, Viper's bugloss, Bellflower & Hop], p143 [Poached egg plant, Loosestrife, Mallow, Evening primrose, Phlox, Primula & Rose]

Other © permissions

p30 [bottom] Egyptian and Papyrus Museum, Berlin; p41 Sally Bucknal; p52 University of Guelph Library; p54 Grace Doherty Library; pp55~56 University of Oklahoma Libraries; p70 Sally Bucknal; p82 [top] Richard Jones; p83 [column 4] Susan Ellis, Bugwood.org; p161 [right] Claire Waring; p170 John Howe / Green Brooklyn; p181 Ettamarie Peterson; p187 [left] & p223 Claire Waring; p264 [right] Omlet UK; p281 [right] National Honey Show

COMMONS LICENCES

Dartmouth Electron Microscope Facility

p301

Flickr Creative Commons

p18, p40 [top left] (Fimb), p80 [top] (RaduP), p82 [right] (*pascal*), p85 (Bob MacInnes), p216 (NerdAcres), p281 [left] (Indigo Goat), p292 (Annie Mole), p293 (Scott Feldstein), p294 [bottom] (A.www.viajar24h.com)

US Department of Agriculture

p222 [bottom], pp236~237, pp239~240, p246

Visipix.com

p16 (Claude Vignon), p17, p22, p33 (Joos van Gent), p38 (Pieter Bruegel the Elder), p64 (Willem van de Velde), p280 (Gerard de Lairesse)

Wiki Commons

p20 (Public Domain Art), p27 (Public Domain Art), p32 (Public Domain) p36 (wojsyl – GNU free documentation license), p47 (Public Domain Art), p93 [bottom right] (Takahashi), p115 [right] (Nino Barbieri), p137 (Jesse Hickman), p210 (Nino Barbieri), p290 (Public Domain Art c/o The Yorck Project), p295 (Public Domain Art)

OUT-OF-COPYRIGHT IMAGERY

Sourced from the London Library

p15, p30 [top], p31 [bottom], p35, p37 [bottom], p39, p58, p60, p62, pp65~66, p86, pp94~95, pp104~105, p122, p124, p129, p141, p144, p158, p193 [top], p211, p219, p278, p289.

Sourced from the Naturalist's Library

p28, p145, pp147~148

All etchings in Chapter 5 sourced from London Library titles and Dover Books.

찾아보기

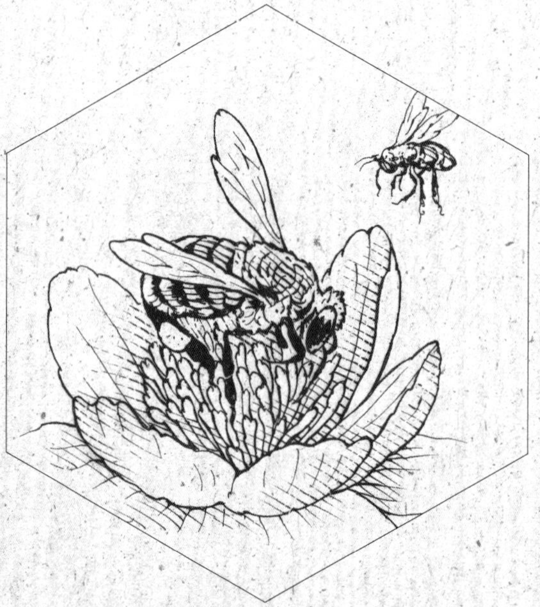

옮긴이 **방경오**
바른번역 소속 번역가로 실용서와 아동 도서 번역을 전문 분야로 활동 중이다. 옮긴 책으로는 『우리 개, 왜 이러는 걸까요?』, 『문북』, 『새가 궁금해!』, 『바다가 궁금해!』, 『당당한 육아』 등이 있다.

양봉 바이블

벌과 꿀에 대한 모든 것

초판 인쇄 2024년 3월 20일
초판 발행 2024년 3월 25일

지은이 양봉 바이블 편집위원회
옮긴이 방경오
펴낸이 조승식
펴낸곳 돌배나무
등록 제2019-000003호
주소 01043 서울시 강북구 한천로 153길 17
전화 (02) 994-0071
팩스 (02) 994-0073
인스타그램 @bookshill_official
블로그 blog.naver.com/booksgogo
이메일 bookshill@bookshill.com

ISBN 979-11-90855-40-2
정가 26,000원

* 이 도서는 돌배나무에서 출판된 책으로 북스힐에서 공급합니다.
* 잘못된 책은 구입하신 서점에서 교환해 드립니다.